畜禽屠宰加工标准汇编

（上）

中国质检出版社第一编辑室　编

中国质检出版社
中国标准出版社

北京

图书在版编目(CIP)数据

畜禽屠宰加工标准汇编. 上/中国质检出版社第一编辑室编. —北京:中国标准出版社,2011

ISBN 978-7-5066-6366-3

Ⅰ.①畜… Ⅱ.①中… Ⅲ.①畜禽-屠宰加工-标准-汇编-中国 Ⅳ.①TS251.4-65

中国版本图书馆 CIP 数据核字（2011）第 141686 号

中国质检出版社
中国标准出版社 出版发行

北京市朝阳区和平里西街甲 2 号(100013)

北京市西城区复外三里河北街 16 号(100045)

网址：www.spc.net.cn

电话:(010)64275360 68523946

中国标准出版社秦皇岛印刷厂印刷

各地新华书店经销

*

开本 880×1230 1/16 印张 33.75 字数 995 千字

2011 年 8 月第一版 2011 年 8 月第一次印刷

*

定价 174.00 元

前　言

肉及肉制品是食品工业的主力行业，是直接关系到人们的生活水准和身体健康的重要产业。近几年来，我国肉制品行业进入黄金发展时期，成为我国食品工业中发展最快、成长最好的行业之一。

畜禽的屠宰加工是保障肉类食品安全的重要一环，也是基础一环。本汇编从畜禽屠宰加工安全生产出发，以畜禽屠宰加工环节为主线，收录了截至2011年4月底发布的畜禽屠宰加工中所涉及的国家标准和行业标准，并将相关的法规和部门规章作为附录以供参考，以便为畜禽屠宰加工企业的生产经营行为提供技术指导，为畜禽屠宰加工产品的质量监督检验部门的监督执法提供技术依据。

本汇编分上、下两册出版，上册主要内容包括基础标准、卫生标准、产品标准及加工设备标准；下册主要内容包括测定方法标准。本册收录畜禽屠宰加工相关国家标准38项，行业标准27项。

本汇编收集的标准的属性已在目录上标明(GB或GB/T，NY或NY/T，SB或SB/T)，年号用四位数字表示。鉴于部分国家标准和行业标准是在标准清理整顿前出版的，现尚未修订，故正文部分仍保留原样，读者在使用这些标准时，其属性以本目录上标明的为准(标准正文“引用标准”中的标准的属性请读者注意查对)。

本汇编可供畜禽屠宰加工企业相关人员、国内贸易部门、质量技术监督部门及有关科研单位使用，也可供大专院校有关专业的师生参考。

本汇编由中国质检出版社第一编辑室选编。

编　者

2011年6月

目　录

一、基础标准

二、卫生标准

注：本汇编收集的标准的属性已在目录上标明(GB 或 GB/T，NY 或 NY/T，SB 或 SB/T)，年号用四位数字表示。鉴于部分国家标准和行业标准是在标准清理整顿前出版的，现尚未修订，故正文部分仍保留原样，读者在使用这些标准时，其属性以本目录上标明的为准(标准正文“引用标准”中的标准的属性请读者注意查对)。

三、产品标准

四、加工设备标准

一、基础标准

ICS 67.120.01
X 01

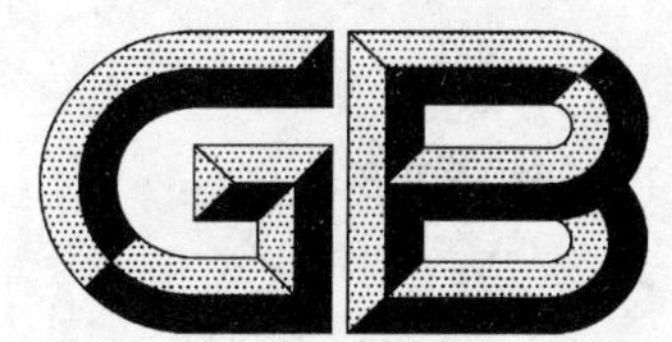

中华人民共和国国家标准

GB/T 17236—2008
代替 GB/T 17236—1998

生猪屠宰操作规程

Operating procedures of pig-slaughtering

2008-06-27 发布 2008-10-01 实施

中华人民共和国国家质量监督检验检疫总局
中国国家标准化管理委员会 发布

前　言

本标准代替 GB/T 17236—1998《生猪屠宰操作规程》。

本标准与 GB/T 17236—1998 相比主要变化如下：

——规范性引用文件中增加部分新引用标准；

——增加了部分术语和定义；

——增加了蒸汽烫毛内容；

——增加了割尾、头、蹄工序内容；

——增加了预冷、分割、冻结、包装、贮存等工序要求；

——增加了屠宰厂人员、环境与设施、记录要求的引用。

本标准由中华人民共和国商务部提出并归口。

本标准起草单位：商务部屠宰技术鉴定中心、临沂新程金锣肉制品有限公司。

本标准主要起草人：张立峰、张季川、张京茂、张新铃、胡新颖。

本标准所代替标准的历次版本发布情况为：

——GB/T 17236—1998。

生猪屠宰操作规程

1 范围

本标准规定了生猪屠宰加工各工序的操作规程和要求。

本标准适用于各类生猪屠宰加工厂(场)。

2 规范性引用文件

下列文件中的条款通过本标准的引用而成为本标准的条款。凡是注日期的引用文件,其随后所有的修改单(不包括勘误的内容)或修订版均不适用于本标准,然而,鼓励根据本标准达成协议的各方研究是否可使用这些文件的最新版本。凡是不注日期的引用文件,其最新版本适用于本标准。

GB/T 5737 食品塑料周转箱

GB/T 6388 运输包装收发货标志

GB/T 6543 运输包装用单瓦楞纸箱和双瓦楞纸箱

GB 7718 预包装食品标签通则

GB 9683 复合食品包装袋卫生标准

GB 9687 食品包装用聚乙烯成型品卫生标准

GB 9688 食品包装用聚丙烯成型品卫生标准

GB 10457 聚乙烯自粘保鲜膜

GB 16548 病害动物和病害动物产品生物安全处理规程

GB/T 19479 生猪屠宰良好操作规范

GB/T 19480 肉与肉制品术语

肉品卫生检验试行规程[(59)农牧委字第113号、(59)卫防字第556号、(59)检一联字第231号和(59)商卫联字第399号文]

3 术语和定义

GB/T 19480 确立的以及下列术语和定义适用于本标准。

3.1

猪屠体 pig body

猪屠宰、放血后的躯体。

3.2

猪胴体 pig carcass

猪屠宰放血后,去头、蹄、尾、毛及内脏的躯体。

3.3

分割肉 cut meat

胴体去骨后,按规格要求分割成各个部位的肉。

3.4

内脏 viscera

脏器

猪胸、腹腔内的器官,包括心、肝、肺、脾、胃、肠、肾、胰脏、膀胱等。

注1:内脏是生猪屠宰行业常用的概念。

注2:改写 GB/T 19480—2004,定义 2.1.12。

3.5

挑胸 breast splitting

用刀或设备沿胸中部挑开胸骨。

3.6

同步检验 online inspection

生猪屠宰剖腹后,取出内脏放在设置的盘子上或挂钩装置上并与胴体生产线同步运行,以便兽医对照检验和综合判断的一种检验方法。

3.7

屠宰车间 slaughtering room

自致昏放血到加工成片猪肉的场所。

3.8

分割车间 cutting and deboning room

胴体分段、剔骨、分割的场所。

3.9

片猪肉 half carcass

白条

将宰后的整只猪胴体沿脊椎中线,纵向锯(劈)成两分体的猪肉。包括带皮片猪肉、无皮片猪肉。

3.10

非清洁区 non-hygienic area

待宰、致昏、放血、烫毛、脱毛、剥皮和白脏加工处理的场所。

3.11

清洁区 hygienic area

胴体加工,修整,红脏加工,头、蹄、尾加工(脱毛除外),暂存发货间,分割、分级和计量等场所。

3.12

冻结间 freezing room

冻结产品的房间。

4 宰前要求

4.1 待宰猪应来自非疫区,健康良好,并有兽医检验合格证书。

4.2 待宰猪临宰前应停食静养 12 h~24 h,宰前 3 h 停止喂水。

4.3 应将待宰猪喷淋干净,猪体表面不应有灰尘、污泥、粪便。

4.4 检验人员应按《肉品卫生检验试行规程》进行宰前检验。

4.5 送宰猪应经检验人员签发《宰前合格证》。送宰猪通过屠宰通道时,应按顺序赶送,不应脚踢、棒打。

5 屠宰操作规程及操作要求

5.1 致昏

宜采用电致昏或二氧化碳(CO_2)麻醉法进行致昏。

5.1.1 电致昏

5.1.1.1 人工麻电

操作人员应穿戴合格的绝缘靴、绝缘手套和绝缘围裙。使用人工麻电器应在其两端分别蘸盐水(防止电源短路),操作时在猪头颞颥区(俗称太阳穴)额骨与枕骨附近(猪眼与耳根交界处)进行麻电;将电极的一端揿在颞颥区,另一端揿在肩胛骨附近。应按生猪品种和屠宰季节,适当调整电压和麻电时间。

5.1.1.2 自动麻电

采用自动麻电器对猪进行麻电。

5.1.1.3 三点式低压高频麻电

采用麻电设备对猪的两边头部、心脏进行麻电。

5.1.2 麻醉法

将猪赶入麻醉室后麻醉致昏。麻醉室内气体组成为：二氧化碳（CO_2）65%～75%，空气25%～35%，时间设定为15 s。

5.1.3 致昏要求

猪致昏后应心脏跳动，呈昏迷状态。不应使其致死或反复致昏。

5.2 刺杀放血

5.2.1 致昏后应立即进行卧式放血或用链钩套住猪左后脚跗骨节，将其提升上轨道（套脚提升）进行立式放血。从致昏至刺杀放血，不应超过30 s。刺杀放血刀口长度约5 cm。沥血时间不宜少于5 min。

5.2.2 刺杀时操作人员应一手抓住猪前脚，另一手握刀，对准第一肋骨咽喉正中偏右0.5 cm～1 cm处向心脏方向刺入，再侧刀下拖切断颈部动脉和静脉，不应刺破心脏或割断食管、气管。刺杀时不应使猪呛膈、淤血。

5.2.3 放血刀应经不低于82 ℃热水消毒后轮换使用。

5.2.4 沥血后的猪屠体应喷淋水（40 ℃左右温水）或清洗机冲淋，清洗血污、粪便及其他污物。屠体放血后，可采用浸烫脱毛（5.4）或者剥皮（5.3）工艺进行后序加工。

5.3 剥皮

可采用机械剥皮或人工剥皮。

5.3.1 机械剥皮

按剥皮机性能，预剥一面或两面，确定预剥面积。剥皮按以下程序操作。

5.3.1.1 挑腹皮：从颈部起沿腹部正中线切开皮层至肛门处。

5.3.1.2 剥前腿：挑开前腿腿裆皮，剥至脖头骨脑顶处。

5.3.1.3 剥后腿：挑开后腿腿裆皮，剥至肛门两侧。

5.3.1.4 剥臀皮：先从后臀部皮层尖端处割开一小块皮，用手拉紧，顺序下刀，再将两侧臀部皮和尾根皮剥下。

5.3.1.5 剥腹皮：左右两侧分别剥；剥右侧时，一手拉紧、拉平后裆肚皮，按顺序剥下后腿皮、腹皮和前腿皮；剥左侧时，一手拉紧脖头皮，按顺序剥下脖头皮、前腿皮、腹皮和后腿皮。

5.3.1.6 夹皮：将预剥开的大面猪皮拉平、绷紧，放入剥皮机卡口夹紧。

5.3.1.7 开剥：水冲淋与剥皮同步进行，按皮层厚度掌握进刀深度，不应划破皮面，少带肥膘。

5.3.2 人工剥皮

将屠体放在操作台上，按顺序挑腹皮、剥臀皮、剥腹皮、剥脊背皮。剥皮时不应划破皮面，少带肥膘。

5.4 浸烫脱毛

5.4.1 浸烫：采用蒸汽烫毛隧道或浸烫池进行烫毛。应按猪屠体的大小、品种和季节差异，调整浸烫温度、时间。

蒸汽烫毛隧道：调整隧道内温度至59 ℃～62 ℃，烫毛时间为6 min～8 min。遇到紧急情况时应立即开启隧道的紧急保护系统。

浸烫池：调整水温至58 ℃～63 ℃，烫毛时间为3 min～6 min，应设有溢水口和补充净水的装置。浸烫池水根据卫生情况每天更换1次～2次。不应使猪屠体沉底、烫生、烫老。

5.4.2 脱毛：采用脱毛机进行脱毛。应根据季节不同适当调整脱毛时间，脱毛机内的喷淋水温度控制在59 ℃～62 ℃之间，脱毛后屠体应无浮毛、无机械损伤、无脱皮现象。

5.4.3 猪屠体修刮、冲淋后应按《肉品卫生检验试行规程》进行头部和体表检验。

5.4.4 对每头屠体进行编号，不应漏编、重编。

5.5 预干燥

采用预干燥机或人工刷掉猪体上的残留猪毛与水分。

5.6 燎毛

采用喷灯或燎毛炉燎毛，烧去猪体表面残留猪毛及杀死体表微生物。

5.7 清洗抛光

采用人工或抛光机将猪屠体体表残毛、毛灰清刮干净并进行清洗。然后将屠体送入清洁区作进一步的加工。

5.8 割尾、头、蹄

此工序也可以放在5.10后进行。

5.8.1 割尾

一手抓猪尾，一手持刀，贴尾根部关节割下，使割后肉尸没有骨梢突出皮外，没有明显凹坑。

5.8.2 割头

割杭头，从生猪左右嘴角、眼角处各4 cm齐两耳根割下；割平头，经颈部第一皱纹下1 cm～2 cm位置下刀，走势呈弧形，刀中圆滑，不应出现刀茬和多次切割。

5.8.3 割蹄

前蹄从腕关节处下刀，后蹄从跗关节处下刀，割断连带组织。

5.9 雕圈

刀刺入肛门外围，雕成圆圈，掏开大肠头垂直放入骨盆内。应使雕圈少带肉，肠头脱离括约肌，不应割破直肠。

5.10 开膛、净腔

5.10.1 挑胸、剖腹：自放血口沿胸部正中线挑开胸骨，沿腹部正中线自上而下剖腹，将生殖器从脂肪中拉出，连同输尿管全部割除，不应刺伤内脏。放血口、挑胸、剖腹口应连成一线，不应出现三角肉。

5.10.2 拉直肠、割膀胱：一手抓住直肠，另一手持刀，将肠系膜及韧带割断，再将膀胱和输尿管割除，不应刺破直肠。

5.10.3 取肠、胃(肚)：一手抓住肠系膜及胃部大弯头处，另一手持刀在靠近肾脏处将系膜组织和肠、胃共同割离猪体，并割断韧带及食道，不应刺破肠、胃、胆囊。

5.10.4 取心、肝、肺：一手抓住肝，另一手持刀，割开两边隔膜，取横膈膜肌脚备检。左手顺势将肝下掀，右手持刀将连接胸腔和颈部的韧带割断，并割断食管和气管，取出心、肝、肺，不应使其破损。

5.10.5 冲洗胸、腹腔：取出内脏后，应及时用足够压力的净水冲洗胸腔和腹腔，洗净腔内淤血、浮毛、污物，并摘除两侧肾上腺。

5.10.6 摘除内脏各部位的同时，应由检验人员按《肉品卫生检验试行规程》进行同步检验。

5.11 劈半(锯半)

5.11.1 可采用手工劈半或自动劈半。劈半时应沿着脊柱正中央线将胴体劈成两半。

5.11.2 劈半后的片猪肉应摘除肾脏(腰子)，撕断腹腔板油，冲洗血污、浮毛等。

5.12 整修、复验

5.12.1 按顺序整修腹部，修割乳头、放血刀口、割除槽头、护心油、暗伤、脓包、伤斑和遗漏病变腺体。

5.12.2 整修后的片猪肉应进行复验，计量分级。

5.13 整理副产品

5.13.1 分离心、肝、肺

切除肝膈韧带和肺门结缔组织，摘除胆囊时，不应使其损伤、残留；猪心上不应带护心油、横膈膜；猪肝上不应带水泡；猪肺上允许保留5 cm肺管。

5.13.2 分离脾、胃(肚)

将胃底端脂肪割除,切断与十二指肠连接处和肝胃韧带。剥开网油,从网膜上割除脾脏,少带油脂。翻胃清洗时,一手抓住胃尖冲洗胃部污物,用刀在胃大弯处戳开约 5 cm~8 cm 小口,再用洗胃机或长流水将胃翻转冲洗干净。

5.13.3 扯大肠

摆正大肠,从结肠末端将花油撕至离盲肠与小肠连接处约 15 cm~20 cm,割断,打结。不应使盲肠破损,残留油脂过多。翻洗大肠,一手抓住肠的一端,另一手自上而下挤出粪污,并将肠子翻出一小部分,用一手二指撑开肠口,另一手向大肠内灌水,使肠水下坠,自动翻转。经清洗、整理的大肠不应带粪污,不应断肠。

5.13.4 扯小肠

将小肠从割离胃的断面拉出,一手抓住花油,另一手将小肠末梢挂于操作台边,自上而下排除粪污,操作时不应扯断、扯乱。扯出的小肠应及时采用机械或人工方法清除肠内污物。

5.13.5 摘胰脏

从肠系膜中将胰脏摘下,胰脏上应少带油脂。

5.14 预冷

将片猪肉送入冷却间进行预冷,采用一段式预冷或二段式预冷工艺。

5.14.1 一段式预冷

片猪肉冷却间相对湿度应为 75%~95%,温度 −1 ℃~4 ℃,胴体间距 3 cm~5 cm,时间 16 h~24 h。

5.14.2 二段式预冷

快速冷却:将片猪肉送入 −15 ℃以下的快速冷却间进行冷却,时间 1.5 h~2 h,然后进入预冷间预冷。

预冷:预冷间温度 −1 ℃~4 ℃,胴体间距 3 cm~5 cm,时间 14 h~20 h。

5.15 分割

5.15.1 分割间温度应控制在 15 ℃以下。

5.15.2 分割肉加工工艺宜采用冷剔骨工艺,即片猪肉在冷却后进行分割剔骨。

5.15.3 分割肉应修割净伤斑、出血点、碎骨、软骨、血污、淋巴结、脓包、浮毛及杂质。严重苍白的肌肉及其周围有浆液浸润的组织应剔除。

5.15.4 片猪肉可采用卧式或立式分段,并分别使用卧式分段锯和立式分段锯。

5.15.5 分割的原料及产品采用平面带式输送设备,其传动系统应选用电辊筒减速装置,在输送带两侧设置不锈钢或其他符合食品卫生要求的材料制作的分割工作台,进行剔骨分割,输送机末端配备分检台,对分割产品进行检验。

5.15.6 屠宰车间非清洁区的器具和运输工具不应进入分割间,非分割间工作人员不应随意进入分割区。

5.16 冻结

5.16.1 冻结间:温度应为 −28 ℃以下。

5.16.2 分割冻结猪肉系列产品应在 24 h~48 h 内使中心温度降至 −15 ℃以下。

5.17 包装、标签和标识

5.17.1 包装材料应符合 GB/T 5737、GB/T 6543、GB 9683、GB 9687、GB 9688、GB 10457 及相关法规、标准的规定。标签应符合 GB 7718 的要求。

5.17.2 包装材料和标签应由专人保管,每批产品标签凭相应的出库证明才能发放、领用。销毁的包装材料应有记录。

5.17.3 在印字或贴签过程中,应随时抽查印字或贴签质量。印字应清晰;贴签应贴正、贴牢。

5.17.4 分割产品的包装箱外的标识应符合 GB/T 6388 的规定，两侧应标明产品的名称、质量、企业名称和贮存条件。

5.18 **成品贮存**

5.18.1 经检验合格的包装产品应贮存于成品库，其容量与生产能力应相适应，并应设有温、湿度监测装置和防鼠、防虫等设施，定期检查和记录。

5.18.2 冷却片猪肉及其分割产品应在相对湿度为75%～95%、温度为－1 ℃～4 ℃的冷却间贮存，并且片猪肉需吊挂，肉体间距不宜低于5 cm。

5.18.3 冻片猪肉及其分割产品应在相对湿度为95%～100%、温度为－18 ℃以下的冷藏库贮存，且冷藏库一昼夜温度升降幅度不应超过1 ℃。

6 其他要求

6.1 应在屠宰加工各有关工序中配备专职检验人员，按《肉品卫生检验试行规程》要求进行宰后检验及处理。

6.2 从放血到摘取内脏，不应超过30 min。全部屠宰过程应不超过45 min。

6.3 经检验不合格的肉品和副产品，应按 GB 16548 中的规定处理。

6.4 屠宰厂(场)的人员、环境与设施、生产记录等方面的要求应按 GB/T 19479 中的规定执行。

ICS 67.120.10
X 01

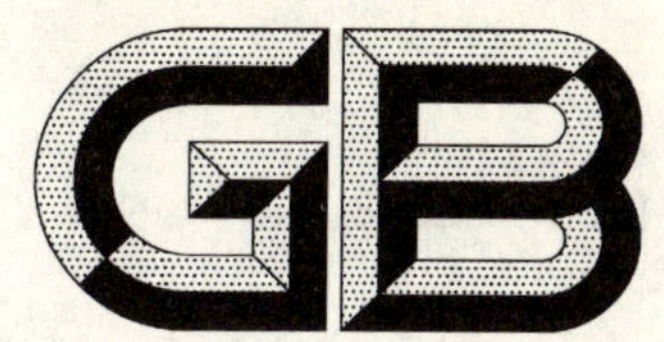

中华人民共和国国家标准

GB/T 17237—2008
代替 GB/T 17237—1998

畜类屠宰加工通用技术条件

General qualification of technology on livestock animal slaughtering process

2008-06-17 发布　　2008-10-01 实施

中华人民共和国国家质量监督检验检疫总局
中国国家标准化管理委员会　发布

前 言

本标准代替 GB/T 17237—1998《畜类屠宰加工通用技术条件》。

本标准与 GB/T 17237—1998 相比主要变化如下：

——扩大了标准的适用范围，扩大为除猪、牛、羊外的畜类可参照本标准执行；

——规定了不同车间的环境温度条件；

——增加了同步检验装置的定义及配备要求；

——增加了化验室(检验室)的要求；

——增加了旋毛虫检验室操作台面上的照明度要求；

——增加了悬挂输送轨道长度的要求；

——规定了不同产品的贮存温度条件；

——增加了特殊屠宰的相关要求。

本标准由中华人民共和国商务部提出并归口。

本标准由商务部屠宰技术鉴定中心、江苏雨润食品产业集团有限公司起草。

本标准主要起草人：闵成军、樊成艳、韩飞、张新玲、胡新颖。

本标准所代替标准的历次版本发布情况为：

——GB/T 17237—1998。

畜类屠宰加工通用技术条件

1 范围

本标准规定了畜类屠宰加工应具备的基本技术条件。

本标准适用于猪、牛、羊屠宰厂(场),其他畜类屠宰加工可参照本标准要求执行。

2 规范性引用文件

下列文件中的条款通过本标准的引用而成为本标准的条款。凡是注日期的引用文件,其随后所有的修改单(不包括勘误的内容)或修订版均不适用于本标准,然而,鼓励根据本标准达成协议的各方研究是否可使用这些文件的最新版本。凡是不注日期的引用文件,其最新版本适用于本标准。

GB 5749 生活饮用水卫生标准

GB 12694 肉类加工厂卫生规范

GB 13457 肉类加工工业水污染物排放标准

GB 50317 猪屠宰与分割车间设计规范

3 术语和定义

下列术语和定义适用于本标准。

3.1

验收间 inspection and reception department

畜类进厂(场)后检验接收的场所。

3.2

隔离间 isolating room

隔离可疑病畜,观察、检查疫病的场所。

3.3

待宰间 waiting pens

宰前停食、饮水、冲淋的场所。

3.4

急宰间 emergency slaughtering room

屠宰病、伤畜的场所。

3.5

屠宰加工间 slaughtering room

自致昏放血到加工成二分体的场所。

3.6

副产品整理间 by-products handling room

心、肝、肺、脾、肠、胃、肾及头、蹄、尾等器官加工整理的场所。

3.7

分割肉加工间 cutting and deboning room

剔骨、分割、分部位肉的场所。

3.8

同步检验装置　synchronous inspection instrument

屠宰剖腹后取出内脏放在设置的盘子上或挂钩装置上并与胴体生产线同步运行，以便对照检验和综合判断的一种检验装置。

3.9

冷却间　chilling room

对产品进行冷却的房间。

3.10

包装间　packing room

对胴体及分割产品进行包装的场所。

3.11

冻结间　freezing room

用于冻结产品的房间。

3.12

冷藏库　deepfreezing storage room

用于贮存冻结后产品的房间。

3.13

发货间　deliver department

畜类产品发货的场所。

3.14

有条件可食肉处理间　edible processing room

采用高温、冷冻或其他有效方法，使有条件可食肉中的寄生虫和有害微生物致死的场所。

3.15

不可食用肉处理间　inedible and waste processing room

对病、死畜、废弃物进行化制处理的场所。

3.16

非清洁区　non-hygienic area

送宰、致昏、放血、烫毛、剥皮和白脏加工处理(包括脾脏)、头蹄加工处理的场所。

3.17

半清洁区　semi-hygienic area

从剖腹到同步(或编号对照)检验的场所。

3.18

清洁区　hygienic area

整修、复验、胴体冷却、红脏加工处理(不包括脾脏)、暂存发货间、分级、计量等的场所。

4　屠宰厂(场)选址

4.1　畜类屠宰加工厂(场)选址除应符合 GB 12694 和 GB 50317 的相关要求外，还应选在当地常年主导风向的下风侧，远离水源保护区和饮用水取水口，避开居民住宅区、公共场所以及畜禽饲养场。

4.2　畜类屠宰加工厂(场)应设在交通运输方便，电源稳定，水源充足，水质符合 GB 5749 要求，环境卫生条件良好，无有害气体、粉尘、污浊水及其他污染源的地区。

5 畜类屠宰厂(场)应具备的条件

5.1 车间

5.1.1 应设置与屠宰加工量相适应的验收间、隔离间、待宰间、急宰间、屠宰加工间、副产品整理间、有条件可食肉处理间、不可食用肉处理间、发货间、冷藏库。

5.1.2 生产分割肉产品的企业还应设置与屠宰加工量相适应的冷却间、分割肉加工间、包装间、冻结间。

5.1.3 各车间环境温度应符合下列要求:

a) 包装间环境温度:12℃以下;

b) 冷却间环境温度:0℃~4℃;

c) 冻结间环境温度:-23℃以下(卫生注册温度-28℃以下);

d) 冷藏库环境温度:-18℃以下,温度波动不超过±1℃。

5.2 厂区布局

厂(场)内应分置非清洁区、半清洁区和清洁区。分设产品和人员出入口,同时要求原料、产品各行其道,不应交叉污染。

5.3 加工设备、工器具

厂(场)应配置与屠宰加工量相适应的屠宰加工设备、产品专用容器、专用运载工具、消毒设备(人员、车辆、刀器具、容器、车间设施或环境等的消毒)及生物安全处理设施(焚烧炉、高温灶或高压湿化炉)。

5.4 同步检验装置

厂(场)应配置与屠宰加工量相适应的同步检验装置。

5.5 化验室(检验室)

5.5.1 厂(场)内应设有化验室,配备能够进行微生物化验和常规理化化验的相应药品和化验仪器。

5.5.2 实验室应有便利的上、下水设施,有满足实验室日常工作必要的通风和光照条件,相对稳定的电源,如有大型仪器应配备大型仪器防静电地板。

5.5.3 实验室应设有理化化验间、微生物化验间。

5.5.4 实验室内应设置砂箱、灭火器等消防器材,由指定专人负责维护和补充,灭火器材应放在固定地点。

5.6 照明

作业场所的照明设施应齐备,屠宰与分割车间宜采用局部照明与分区一般照明相结合的照明方式:

a) 屠宰和分割车间工作场所照度不宜小于 200 Lx;

b) 屠宰和分割剔骨操作面照度不宜小于 300 Lx;

c) 生产线上检验位置处照度不宜小于 500 Lx;

d) 检验检疫岗位及旋毛虫检验室操作台面上的照明强度不宜小于 750 Lx。

5.7 污水处理和排放

屠宰厂(场)内应设置污水处理设施,污水排放应符合 GB 13457 的规定。

5.8 屠宰设备

5.8.1 致昏设备

应配备致昏设备。

5.8.2 悬挂输送设备

5.8.2.1 猪屠宰悬挂输送设备

放血线轨道面应距地面 3 m~3.5 m;胴体加工线轨道面距地面高度为:单滑轮 2.5 m~2.8 m,双滑轮 2.8 m~3 m;挂猪间距应大于 0.8 m。

5.8.2.2 牛屠宰悬挂输送设备

放血线轨道面应距地面4.5 m～5 m，挂牛间距应不小于1.2 m。

5.8.2.3 羊屠宰悬挂输送设备

放血线轨道面应距地面2.4 m～2.6 m，挂羊间距应大于0.8 m。

5.8.3 悬挂输送轨道长度应能保证畜类放血时间不少于5 min。

5.8.4 设置疑似病畜吊轨叉道，用于运送病畜和需化制的头、蹄、尾、胴体、内脏等。

5.8.5 采用悬挂法输送屠宰牲畜时，在牲畜击昏处应设置存放回空滑轮及挂套蹄链的装置。

5.8.6 宜配备相应的胴体分级设施设备。

5.9 分割加工

热分割加工环境温度应控制在20℃以下，冷分割加工环境温度应控制在12℃以下。

5.10 产品贮存

5.10.1 冷却产品应贮存在环境温度0℃～4℃条件中。

5.10.2 冻结产品应贮存在环境温度－18℃以下条件中，温度波动不超过±1℃。

5.11 清洗消毒

应配备相应的清洗消毒设施设备。

5.12 特殊屠宰

供应少数民族食用的畜类产品的屠宰厂(场)，应尊重民族风俗习惯，设置适宜的设施设备，并应经过有关机构的同意。

前　言

本标准首次制定。

制定本标准是为了贯彻落实国务院发布的《生猪屠宰管理条例》和原国内贸易部发布的《生猪屠宰管理条例实施办法》，规范生猪屠宰行业行为，促进技术进步，加强行业管理，提高肉类产品的质量，保护消费者利益。

本标准不涉及传染病和寄生虫病的检验及处理。传染病和寄生虫病按照1959年农业部、卫生部、对外贸易部、商业部《肉品卫生检验试行规程》的规定执行。

本标准部分采用CAC/RCP12—1976的部分条款和GB/T 17236—1998《生猪屠宰操作规程》、GB/T 9959.1—1988《带皮鲜、冻片猪肉》的有关规定。

本标准的附录A是标准的附录。

本标准由国家国内贸易局提出。

本标准由国家国内贸易局归口。

本标准起草单位：国家国内贸易局肉禽蛋食品质量检验测试中心（北京）。

本标准主要起草人：毓厚基、阮炳琪、金社胜、刘志仁、吴英、曹贤钦、王贵际。

本标准由国家国内贸易局负责解释。

中华人民共和国国家标准

生猪屠宰产品品质检验规程

GB/T 17996—1999

Code for product quality inspection for pig in slaughtering

1 范围

本标准规定了生猪屠宰加工过程中产品品质检验的程序、方法及处理。

本标准适用于中华人民共和国境内的生猪屠宰加工厂或场。

2 引用标准

下列标准所包含的条文，通过在本标准中引用而构成为本标准的条文。本标准出版时，所示版本均为有效。所有标准都会被修订，使用本标准的各方应探讨使用下列标准最新版本的可能性。

GB/T 9959.1—1988 带皮鲜、冻片猪肉

GB/T 9959.2—1988 无皮鲜、冻片猪肉

GB/T 17236—1998 生猪屠宰操作规程

3 定义

本标准采用下列定义。

3.1 产品 product

生猪屠宰后的胴体、头、蹄、尾、皮张和内脏。

3.2 品质 quality

生猪产品的卫生、质量和感官性状。

4 宰前检验及处理

宰前检验包括验收检验、待宰检验和送宰检验。

4.1 验收检验

4.1.1 活猪进屠宰厂或场后，在卸车或船前检验人员要先向送猪人员索取产地动物防疫监督机构开具的检疫合格证明，经临车观察未见异常，证货相符时准予卸车或船。

4.1.2 卸车或船后，检验人员必须逐头观察活猪的健康状况，按检查结果进行分圈、编号，健康猪赶入待宰圈休息；可疑病猪赶入隔离圈，继续观察；病猪及伤残猪送急宰间处理。

4.1.3 对检出的可疑病猪，经过饮水和充分休息后，恢复正常的，可以赶入待宰圈；症状仍不见缓解的，送往急宰间处理。

4.2 待宰检验

4.2.1 生猪在待宰期间，检验人员要进行“静、动、饮水”的观察，检查有无病猪漏检。

4.2.2 检查生猪在待宰期间的静养、喂水是否按 GB/T 17236 执行。

4.3 送宰检验

4.3.1 生猪在送宰前，检验人员还要进行一次全面检查，确认健康的，签发《宰前检验合格证明》，注明

国家质量技术监督局 1999-11-10 批准 1999-12-01 实施

货主和头数，车间凭证屠宰。

4.3.2 检查生猪宰前的体表处理，是否按GB/T 17236执行。

4.3.3 检查送宰猪通过屠宰通道时，是否按GB/T 17236执行。

4.4 急宰猪处理

4.4.1 送急宰间的猪要及时进行屠宰检验，在检验过程中发现难以确诊的病猪时，要及时向检验负责人汇报并进行会诊。

4.4.2 死猪不得冷宰食用，要直接送往不可食用肉处理间进行处理。

5 宰后检验及处理

宰后检验必须对每头猪进行头部检验、体表检验、内脏检验、胴体初验、复验与盖章。

无同步检验设备的屠宰厂或场屠体的统一编号，按GB/T 17236执行。

5.1 头部检验

屠体经脱毛吊上滑轨后进行，首先观察头颈部有无脓肿，然后切开两侧颌下淋巴结，检查有无肿大、出血、化脓和其他异常变化，脂肪和肌肉组织有无出血、水肿和淤血，对检出的病变淋巴结和脓肿要进行修割处理。

当发现颌下淋巴结肿大、出血，周围组织水肿或有胶样浸润时，应报告检验负责人进行会诊。

5.2 体表检验

5.2.1 对屠体的体表和四肢进行全面观察，剥皮猪还要检查皮张，检查有无充血、出血和严重的皮肤病。当发现皮肤肿瘤或皮肤坏死时，要在屠体上做出标志，供胴体检验人员处理。

5.2.2 检查颈部耳后有无注射针孔或局部肿胀、化脓，发现后应做局部修割。

5.2.3 检查屠体脱毛是否干净，有无烫生、烫老和机损，修刮后浮毛是否冲洗干净，剥皮猪体表是否残留毛、小皮，是否冲洗干净。

5.3 内脏检验

屠体挑胸剖腹后进行，首先检查肠系膜淋巴结和脾脏，随后对摘出的心肝肺进行检验，当发现肿瘤等重要病变时，将该胴体推入病肉岔道，由专人进行对照检验、综合判定和处理。

5.3.1 肠系膜淋巴结和脾脏的检查：于挑胸剖腹后，先检验胃肠浆膜面上有无出血、水肿、黄染和结节状增生物，触检全部肠系膜淋巴结，并拉出脾脏进行观察。对肿大、出血的淋巴结要切开检查，当发现可疑肿瘤、白血病、霉菌感染和黄疸时，连同心肝肺一起将该胴体推入病猪岔道，进行详细检验和处理。胃肠于清除内容物后，还要对粘膜面进行检验和处理。

5.3.2 在剖腹后，还应注意观察膀胱和生殖器官有无异常，当发现膀胱中有血尿、生殖器官有肿瘤时，要与胴体进行对照检验和处理。

5.3.3 心肝肺检验

a）心脏检验：观察心包和心脏有无异常，随即切开左心室检查心内膜。注意有无心包炎、心外膜炎、心肌炎、心内膜炎、肿瘤和寄生性病变等。

b）肝脏检验：观察其色泽、大小，并触检其弹性有无异常，对肿大的肝门淋巴结、胆管粗大部分要切检。注意有无肝包膜炎、肝淤血、肝脂肪变性、肝脓肿、肝硬变、胆管炎、坏死性肝炎、寄生性白瘢和肿瘤等。

c）肺脏检验：观察其色泽、大小是否正常，并进行触诊，发现硬变部分要切开检查，切检支气管淋巴结有无肿大、出血、化脓等变化。注意有无肺呛血、肺呛水、肺水肿、小叶性肺炎、肺气肿、融合性支气管肺炎、纤维素性肺炎、寄生性病变和肿瘤等。气管上附有甲状腺的必须摘除。

5.4 胴体初验

观察体表和四肢有无异常，随即切检两侧浅腹股沟淋巴结有无肿大、出血、淤血、化脓等变化，检验皮下脂肪和肌肉组织是否正常，有无出血、淤血、水肿、变性、黄染、蜂窝织炎等变状。检查肾脏，剥开肾包膜观察其色泽、大小并触检其弹性是否正常，必要时进行纵剖检查。注意有无肾淤血、肾出血、肾浊肿、肾脂变、肾梗死、间质性肾炎、化脓性肾炎、肾囊肿、尿潴留以及肿瘤等。检查胸腹腔中有无炎症、异常渗出液、肿瘤病变。结合内脏检验结果做出综合判定。对可疑病猪做上标记，推入病肉岔道，通过复验做出处理。

5.5 复验与盖章

胴体劈半后，复验人员结合胴体初验结果，进行全面复查。检查片猪肉的内外伤、骨折造成的淤血和胆汁污染部分是否修净，检查椎骨间有无化脓灶和钙化灶，骨髓有无褐变和溶血现象。肌肉组织有无水肿、变性等变化，仔细检验膈肌有无出血、变性和寄生性损害。检查有无肾上腺和甲状腺及病变淋巴结漏摘。

经过全面复验，确认健康无病，卫生、质量及感官性状又符合要求的，盖上本厂或场的检验合格印章，见附录A中图A1。对检出的病肉，按照5.6的规定分别盖上相应的检验处理印章，见附录A中图A2～图A6。

5.6 检验后不合格肉品的处理

5.6.1 放血不全

a）全身皮肤呈弥漫性红色，淋巴结淤血，皮下脂肪和体腔内脂肪呈灰红色，以及肌肉组织色暗，较大血管中有血液滞留的，连同内脏做非食用或销毁。

b）皮肤充血发红，皮下脂肪呈淡红色，肾脏颜色较暗，肌肉组织基本正常的高温处理后出厂或场。

5.6.2 白肌病

a）后肢肌肉和背最长肌见有白色条纹和条块，或见大块肌肉苍白，质地湿润呈鱼肉样，或肌肉较干硬，晦暗无光，在苍白色的切面上散布有大量灰白色小点，心肌也见有类似病变。胴体、头、蹄、尾和内脏全部做非食用或销毁。

b）局部肌肉有病变，经切检深层肌肉正常的，割去病变部分后，经高温处理后出厂或场。

5.6.3 白肌肉(PSE肉)

半腱肌、半膜肌和背最长肌显著变白，质地变软，且有汁液渗出。对严重的白肌肉进行修割处理。

5.6.4 黄脂、黄脂病和黄疸

a）仅皮下和体腔内脂肪微黄或呈蛋清色，皮肤、粘膜、筋腱无黄色，无其他不良气味，内脏正常的不受限制出厂或场。如伴有其他不良气味，应做非食用处理。

b）皮下和体腔内脂肪明显发黄乃至呈淡黄棕色，稍浑浊，质地变硬，经放置一昼夜后黄色不消褪，但无不良气味的，脂肪组织做非食用或销毁处理，肌肉和内脏无异常变化的，不受限制出厂或场。

c）皮下和体腔内脂肪、筋腱呈黄色，经放置一昼夜后，黄色消失或显著消褪，仅留痕迹的，不受限制出厂或场。黄色不消失的，作为复制原料肉利用。

d）黄疸色严重，经放置一昼夜后，黄色不消失，并伴有肌肉变性和苦味的，胴体和内脏全部做非食用或销毁处理。

5.6.5 骨血素病(卟啉症)

肌肉可以食用，有病变的骨骼和内脏做非食用或销毁处理。

5.6.6 种公母猪和晚阉猪

未经阉割带有睾丸的猪，即为种公猪；乳腺发达，乳头长大，带有子宫和卵巢的猪，即为种母猪；晚阉猪一般体形较大，分别在会阴部和左肷部有阉割的痕迹，这类猪均按GB/T 9959.1或GB/T 9959.2的规定处理。

5.6.7 在肉品品质检验中，有下列情况之一的病猪及其产品全部做非食用或销毁：

a）脓毒症；

b）尿毒症；

c）急性及慢性中毒；

d）全身性肿瘤；

e）过度瘠瘦及肌肉变质、高度水肿的。

5.6.8 组织器官仅有下列病变之一的，应将有病变的局部或全部做非食用或销毁处理。局部化脓、创伤部分、皮肤发炎部分、严重充血与出血部分、浮肿部分、病理性肥大或萎缩部分、钙化变性部分、寄生虫损害部分、非恶性局部肿瘤部分、带异色、异味及异臭部分及其他有碍食肉卫生部分。

5.6.9 检验结果的登记

每天检验工作完毕，要将当天的屠宰头数、产地、货主、宰前检验和宰后检验病猪和不合格产品的处理情况进行登记备查。

6 肉的分级

片猪肉的分级按 GB/T 9959.1 或 GB/T 9959.2 执行。

附 录 A
（标准的附录）
检验处理章印模

A1 检验合格章印模，见图 A1，直径 75 mm，上线距圆心 5 mm，下线距圆心 10 mm，“××××”为厂或场名，要刻制全称，字体为宋体，铜制材料，日期可调换。

A2 无害化处理章印模

A2.1 非食用处理章印模，长 80 mm，宽 37 mm，见图 A2。

A2.2 高温处理章印模，等边三角形，边长各 45 mm，见图 A3。

A2.3 食用油处理章印模，长 45 mm，宽 20 mm，见图 A4。

A2.4 销毁处理章印模，对角线长 60 mm，见图 A5。

A2.5 复制处理章印模，菱形，长轴 60 mm，短轴 30 mm，见图 A6。

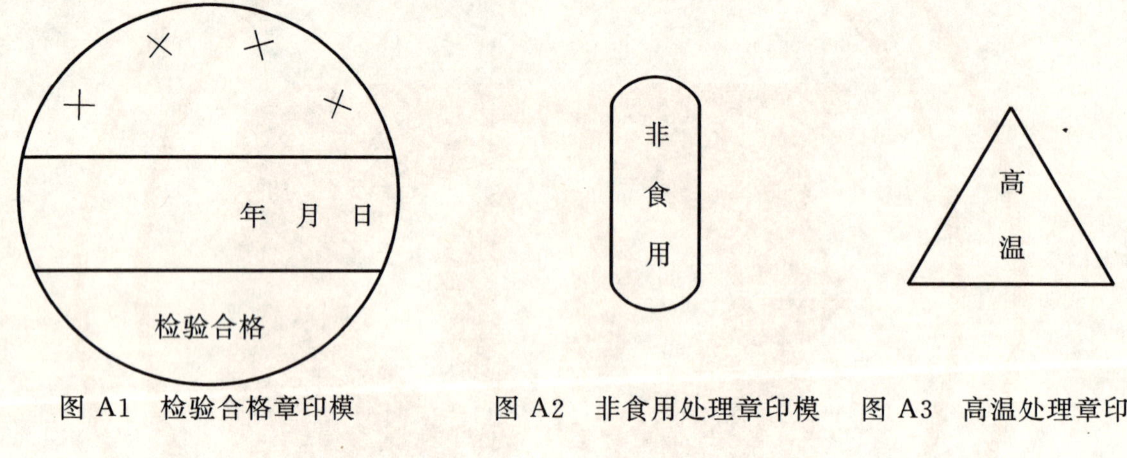

图 A1 检验合格章印模　　图 A2 非食用处理章印模　　图 A3 高温处理章印模

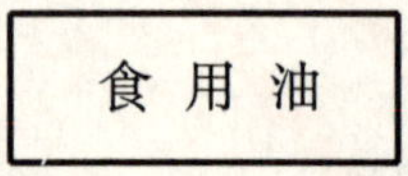

食 用 油

图 A4 食用油处理章印模

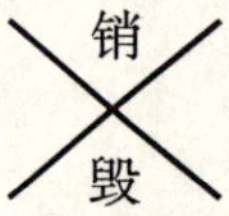

销
毁

图 A5 销毁处理章印模

复 制

图 A6 复制处理章印模

前　言

本标准的5.5及附录A为强制性条文，其余为推荐性条文。

本标准的4.1.1、4.1.2、4.3.1、4.4.2、第5章、5.4和5.5采用了CAC/RCP12—1976《屠宰牲畜宰前宰后卫生实施法规》的15(a)、16(b)、17(a)、26、34和59(a)。

本标准不涉及传染病和寄生虫病的检验及处理。传染病和寄生虫病按照1959年农业部、卫生部、对外贸易部、商业部联合颁发的《肉品卫生检验试行规程》和GB 16548—1996《畜禽病害肉尸及其产品无害化处理规程》的规定执行。

本标准的附录A是标准的附录。

本标准由国家国内贸易局提出。

本标准起草单位：国家国内贸易局肉禽蛋食品质量检测中心(北京)。

本标准主要起草人：毓厚基、阮炳琪、金社胜、刘志仁、曹贤钦、王贵际。

中华人民共和国国家标准

牛羊屠宰产品品质检验规程

GB 18393—2001

Code for product quality inspection for cattle or sheep in slaughtering

1 范围

本标准规定了牛、羊屠宰加工的宰前检验及处理、宰后检验及处理。

本标准适用于牛、羊屠宰加工厂(场)。

2 引用标准

下列标准所包含的条文,通过在本标准中引用而构成为本标准的条文。本标准出版时,所示版本均为有效。所有标准都会被修订,使用本标准的各方应探讨使用下列标准最新版本的可能性。

CAC/RCP 12—1976《屠宰牲畜宰前宰后卫生实施法规》

3 定义

本标准采用下列定义。

3.1 牛羊屠宰产品 product of cattle or sheep

牛、羊屠宰后的胴体、内脏、头、蹄、尾,以及血、骨、毛、皮。

3.2 牛羊屠宰产品品质 quality of cattle or sheep product

牛、羊屠宰产品的卫生质量和感官性状。

4 宰前检验及处理

宰前检验包括验收检验、待宰检验和送宰检验。宰前检验应采用看、听、摸、检等方法。

4.1 验收检验

4.1.1 卸车前应索取产地动物防疫监督机构开具的检疫合格证明,并临车观察,未见异常,证货相符时准予卸车。

4.1.2 卸车后应观察牛、羊的健康状况,按检查结果进行分圈管理。

a)合格的牛、羊送待宰圈;

b)可疑病畜送隔离圈观察,通过饮水、休息后,恢复正常的,并入待宰圈;

c)病畜和伤残的牛、羊送急宰间处理。

4.2 待宰检验

4.2.1 待宰期间检验人员应定时观察,发现病畜送急宰间处理。

4.2.2 待宰牛、羊送宰前应停食静养12 h～24 h、宰前3 h停止饮水。

4.3 送宰检验

4.3.1 牛、羊送宰前,应进行一次群检。

4.3.2 牛还应赶入测温巷道逐头测量体温(牛的正常体温是37.5℃～39.5℃)。

中华人民共和国国家质量监督检验检疫总局2001-07-20批准 2001-12-01实施

4.3.3 羊可以进行抽测(羊的正常体温是38.5℃～40.0℃)。

4.3.4 经检验合格的牛、羊,由宰前检验人员签发《宰前检验合格证》,注明畜种、送宰头(只)数和产地,屠宰车间凭证屠宰。

4.3.5 体温高、无病态的,可最后送宰。

4.3.6 病畜由检验人员签发急宰证明,送急宰间处理。

4.4 急宰牛、羊的处理

4.4.1 急宰间凭宰前检验人员签发的急宰证明,及时屠宰检验。在检验过程中发现难于确诊的病变时,应请检验负责人会诊和处理。

4.4.2 死畜不得屠宰,应送非食用处理间处理。

5 宰后检验和处理

宰后检验包括头部检验、内脏检验、胴体检验和复验盖章。宰后检验采用视、触、嗅等感官检验方法。

头、屠体、内脏和皮张应统一编号,对照检验。

5.1 头部检验

5.1.1 牛头部检验

a) 剥皮后,将舌体拉出,角朝下,下颌朝上,置于传送装置上或检验台上备检;

b) 对牛头进行全面观察,并依次检验两侧颌下淋巴结,耳下淋巴结和内外咬肌;

c) 检验咽背内外淋巴结,并触检舌体,观察口腔粘膜和扁桃体;

d) 将甲状腺割除干净;

e) 对患有开放性骨瘤且有脓性分泌物的或在舌体上生有类似肿块的牛头做非食用处理;

f) 对多数淋巴结化脓、干酪变性或有钙化结节的;头颈部和淋巴结水肿的;咬肌上见有灰白色或淡黄绿色病变的;肌肉中有寄生性病变的将牛头扣留,按号通知胴体检验人,将该胴体推入病肉岔道进行对照检验和处理。

5.1.2 羊头部检验

a) 发现皮肤上生有脓泡疹或口鼻部生疮的连同胴体按非食用处理;

b) 正常的将附于气管两侧的甲状腺割除。

5.2 内脏检验

在屠体剖腹前后检验人员应观察被摘除的乳房、生殖器官和膀胱有无异常。随后对相继摘出的胃肠和心肝肺进行全面对照观察和触检,当发现有化脓性乳房炎,生殖器官肿瘤和其他病变时,将该胴体连同内脏等推入病肉岔道,由专人进行对照检验和处理。

5.2.1 胃肠检验

a) 先进行全面观察,注意浆膜面上有无淡褐色绒毛状或结节状增生物、有无创伤性胃炎、脾脏是否正常;

b) 然后将小肠展开,检验全部肠系膜淋巴结有无肿大、出血和干酪变性等变化,食管有无异常;

c) 当发现可疑肿瘤、白血病和其他病变时,连同心肝肺将该胴体推入病肉岔道进行对照检验和处理;

d) 胃肠于清洗后还要对胃肠粘膜面进行检验和处理;

e) 当发现脾脏显著肿大、色泽黑紫、质地柔软时,应控制好现场,请检验负责人会诊和处理。

5.2.2 心肝肺检验:与胃肠先后做对照检验。

a) 心脏检验

1) 检验心包和心脏,有无创伤性心包炎、心肌炎、心外膜出血。

2) 必要时切检右心室,检验有无心内膜炎、心内膜出血、心肌脓疡和寄生性病变。

3) 当发现心脏上生有蕈状肿瘤或见红白相间、隆起于心肌表面的白血病病变时,应将该胴体推入病肉岔道处理。

4）当发现心脏上有神经纤维瘤时，及时通知胴体检验人员，切检腋下神经丛。

b）肝脏检验

1）观察肝脏的色泽、大小是否正常，并触检其弹性。

2）对肿大的肝门淋巴结和粗大的胆管，应切开检查，检验有无肝瘀血、混浊肿胀、肝硬变、肝脓疡、坏死性肝炎、寄生性病变、肝富脉斑和锯屑肝。

3）当发现可疑肝癌、胆管癌和其他肿瘤时，应将该胴体推入病肉岔道处理。

c）肺脏检验

1）观察其色泽、大小是否正常，并进行触检。

2）切检每一硬变部分。

3）检验纵膈淋巴结和支气管淋巴结，有无肿大、出血、干酪变性和钙化结节病灶。

4）检验有无肺呛血、肺瘀血、肺水肿、小叶性肺炎和大叶性肺炎，有无异物性肺炎、肺脓疡和寄生性病变。

5）当发现肺有肿瘤或纵膈淋巴结等异常肿大时，应通知胴体检验人员将该胴体推入病肉岔道处理。

5.3 胴体检验

5.3.1 牛的胴体检验在剥皮后，按以下程序进行：

a）观察其整体和四肢有无异常，有无瘀血、出血和化脓病灶，腰背部和前胸有无寄生性病变。臀部有无注射痕迹，发现后将注射部位的深部组织和残留物挖除干净。

b）检验两侧髂下淋巴结、腹股沟深淋巴结和肩前淋巴结是否正常，有无肿大、出血、瘀血、化脓、干酪变性和钙化结节病灶。

c）检验股部内侧肌、内腰肌和肩胛外侧肌有无瘀血、水肿、出血、变性等变状，有无囊泡状或细小的寄生性病变。

d）检验肾脏是否正常，有无充血、出血、变性、坏死和肿瘤等病变。并将肾上腺割除掉。

e）检验腹腔中有无腹膜炎，脂肪坏死和黄染。

f）检验胸腔中有无肋膜炎和结节状增生物，胸腺有无变状，最后观察颈部有无血污和其他污染。

5.3.2 羊的胴体检验以肉眼观察为主，触检为辅。

a）观察体表有无病变和带毛情况；

b）胸腹腔内有无炎症和肿瘤病变；

c）有无寄生性病灶；

d）肾脏有无病变；

e）触检髂下和肩前淋巴结有无异常。

5.4 胴体复验与盖章

5.4.1 牛的胴体复验于劈半后进行，复验人员结合初验的结果，进行一次全面复查。

a）检查有无漏检；

b）有无未修割干净的内外伤和胆汁污染部分；

c）椎骨中有无化脓灶和钙化灶，骨髓有无褐变和溶血现象；

d）肌肉组织有无水肿，变性等变状；

e）膈肌有无肿瘤和白血病病变；

f）肾上腺是否摘除。

5.4.2 羊的胴体不劈半，按初检程序复查。

a）检查有无病变漏检；

b）肾脏是否正常；

c）有无内外伤修割不净和带毛情况。

5.4.3 盖章

a）复验合格的，在胴体上加盖本厂（场）的肉品品质检验合格印章（见附录A中的图A1），准予出厂；

b）对检出的病肉按照5.5的规定分别盖上相应的检验处理印章（见附录A，图A2～图A5）。

5.5 不合格肉品的处理

5.5.1 创伤性心包炎

根据病变程度，分别处理。

a）心包膜增厚，心包囊极度扩张，其中沉积有多量的淡黄色纤维蛋白或脓性渗出物、有恶臭，胸、腹腔中均有炎症，且膈肌、肝、脾上有脓疡的，应全部做非食用或销毁；

b）心包极度增厚，被绒毛样纤维蛋白所覆盖，与周围组织膈肌、肝发生粘连的，割除病变组织后，应高温处理后出厂（场）；

c）心包增厚被绒毛样纤维蛋白所覆盖，与膈肌和网胃愈着的，将病变部分割除后，不受限制出厂（场）。

5.5.2 神经纤维瘤

牛的神经纤维瘤首先见于心脏，当发现心脏四周神经粗大如白线，向心尖处聚集或呈索状延伸时，应切检腋下神经丛，并根据切检情况，分别处理。

a）见腋下神经粗大、水肿呈黄色时，将有病变的神经组织切除干净，肉可用于复制加工原料；

b）腋下神经丛粗大如板，呈灰白色，切检时有韧性，并生有囊泡，在无色的囊液中浮有杏黄色的核，这种病变见于两腋下，粗大的神经分别向两端延伸，腰荐神经和坐骨神经均有相似病变。应全部做非食用或销毁。

5.5.3 牛的脂肪坏死

在肾脏和胰脏周围、大网膜和肠管等处，见有手指大到拳头大的、呈不透明灰白色或黄褐色的脂肪坏死凝块，其中含有钙化灶和结晶体等。将脂肪坏死凝块修割干净后，肉可不受限制出厂（场）。

5.5.4 骨血素病（卟啉沉着症）

全身骨骼均呈淡红褐色、褐色或暗褐色，但骨膜、软骨、关结软骨、韧带均不受害。有病变的骨骼或肝、肾等应做工业用，肉可以作为复制品原料。

5.5.5 白血病

全身淋巴结均显著肿大、切面呈鱼肉样、质地脆弱、指压易碎，实质脏器肝、脾、肾均见肿大，脾脏的滤泡肿胀，呈西米脾样，骨髓呈灰红色。应整体销毁。

注：在宰后检验中，发现可疑肿瘤，有结节状的或弥漫性增生的，单凭肉眼常常难于确诊，发现后应将胴体及其产品先行隔离冷藏，取病料送病理学检验，按检验结果再作出处理。

5.5.6 种公牛、种公羊

健康无病且有性气味的，不应鲜销，应做复制品加工原料。

5.5.7 有下列情况之一的病畜及其产品应全部做非食用或销毁。

a）脓毒症；

b）尿毒症；

c）急性及慢性中毒；

d）恶性肿瘤、全身性肿瘤；

e）过度瘠瘦及肌肉变质、高度水肿的。

5.5.8 组织和器官仅有下列病变之一的，应将有病变的局部或全部做非食用或销毁处理。

a）局部化脓；

b）创伤部分；

c）皮肤发炎部分；

d）严重充血与出血部分；

e）浮肿部分；

f）病理性肥大或萎缩部分；

g）变质钙化部分；

h）寄生虫损害部分；

i）非恶性肿瘤部分；

j）带异色、异味及异臭部分；

k）其他有碍食肉卫生部分。

5.5.9 检验结果登记

每天检验工作完毕，应将当天的屠宰头（只）数、产地、货主、宰前和宰后检验查出的病畜和不合格肉的处理情况进行登记。

附 录 A

（标准的附录）

检验处理章印模

A1 检验合格印章印模，见图 A1，直径 75 mm，上线距圆心 5 mm，下线距圆心 10 mm，“××××”为厂或场名，要刻制全称，字体为宋体，铜制材料，日期可调换。

A2 无害化处理章印模

A2.1 高温处理章印模，等边三角形，边长 45 mm，见图 A2。

A2.2 非食用处理章印模，长 80 mm，宽 37 mm，见图 A3。

A2.3 复制处理章印模，菱形，长轴 60 mm，短轴 30 mm，见图 A4。

A2.4 销毁处理章印模，对角线长 60 mm，见图 A5。

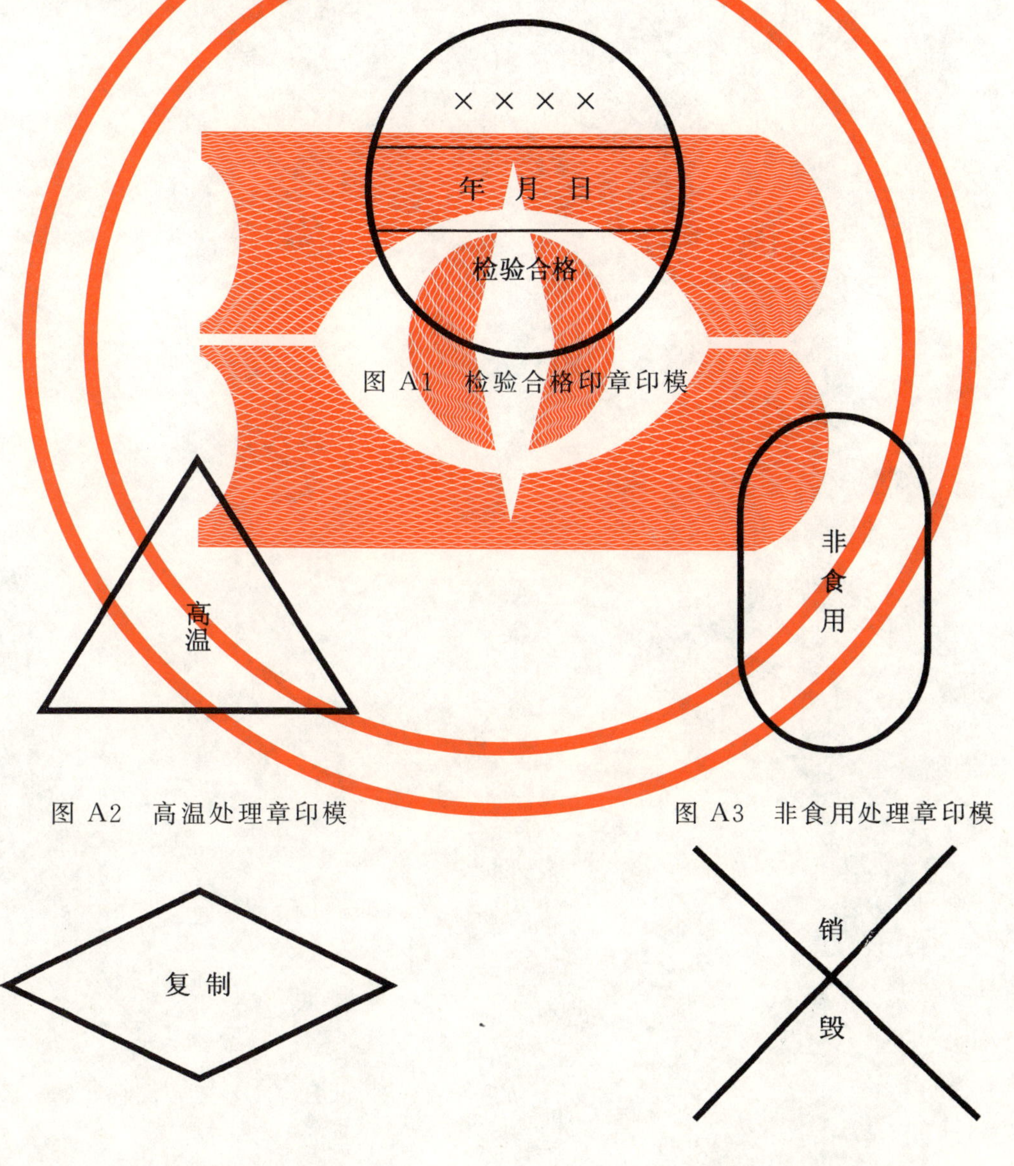

图 A1 检验合格印章印模

图 A2 高温处理章印模

图 A3 非食用处理章印模

图 A4 复制处理章印模

图 A5 销毁处理章印模

前　　言

本标准的第3章和4.2.1条为强制性条文,其余为推荐性条文。

本标准与GB 9959.1—2001《鲜、冻片猪肉》、GB 9959.2—2001《分割鲜、冻猪瘦肉》、GB 9961—2001《鲜、冻胴体羊肉》、GB 17238—1998《鲜、冻分割牛肉》、GB 16869—2000《鲜、冻禽产品》配套使用。

本标准由国家国内贸易局提出。

本标准起草单位:国家国内贸易局肉禽蛋食品质量检测中心(北京)。

本标准主要起草人:金社胜、阮炳琪、刘文娟、吴爱华、赵志云、曹贤钦、王贵际。

中华人民共和国国家标准

畜禽肉水分限量

GB 18394—2001

Permitted level of moisture in meat of livestock and poultry

1 范围

本标准规定了畜禽肉水分限量指标、测定方法等要求。

本标准适用于鲜冻猪肉、牛肉、羊肉和鸡肉。

2 引用标准

下列标准所包含的条文，通过在本标准中引用而构成为本标准的条文。本标准出版时，所示版本均为有效。所有标准都会被修订，使用本标准的各方应探讨使用下列标准最新版本的可能性。

GB/T 9695.15—1988 肉与肉制品 水分含量测定

GB/T 9695.19—1988 肉与肉制品 取样方法

3 畜禽肉水分限量指标

畜禽肉水分限量指标见表1。

表1

品种	水分含量，%
猪肉	≤77
牛肉	≤77
羊肉	≤78
鸡肉	≤77

4 样品制备

4.1 抽样

按GB/T 9695.19规定的方法执行。

4.2 试样制备

4.2.1 鲜肉：将剔除脂肪、筋、腱后的肌肉组织用绞肉机（孔径不大于4 mm）至少绞两次。绞碎的样品应保存于密封容器中。

4.2.2 冻肉：自然解冻，并记录解冻前后的样品质量 m_1 和 m_2（精确至0.01 g），解冻后的样品按4.2.1处理。

5 测定方法

5.1 干燥箱干燥法（仲裁法）

按GB/T 9695.15规定的方法测定。

中华人民共和国国家质量监督检验检疫总局2001-07-20批准 2001-12-01实施

5.2 红外线干燥法(快速法)

5.2.1 原理

用红外线加热将水分从样品中去除,再将干燥前后的质量差计算成水分含量。

5.2.2 仪器

红外线快速水分分析仪:水分测定范围 0%～100%,读数精度 0.01%,称量范围(0～30)g,称量精度 1 mg。

5.2.3 测定

5.2.3.1 接通电源并打开开关,设定干燥加热温度为 105℃,加热时间为自动,结果表示方式为 0%～100%。

5.2.3.2 打开样品室罩,取一样品盘置于红外线水分分析仪的天平架上,并回零。

5.2.3.3 取出样品盘,将约 5.00 g 按本标准 4.2.1 制备而成的样品均匀铺于盘上,再放回样品室。

5.2.3.4 盖上样品室罩,开始加热,待完成干燥后,读取在数字显示屏上的水分含量。在配有打印机的状况下,可自动打印出水分含量。

6 结果表述

6.1 鲜肉的水分含量按 5.1 或 5.2 的测定值报告结果。

6.2 冻肉的水分含量 X 按式(1)计算:

$$X(\%)=\frac{(m_1-m_2)+m_2\times C}{m_1}\times 100 \quad\cdots\cdots(1)$$

式中:X——冻肉的水分含量;

m_1——解冻前样品质量,g;

m_2——解冻后样品质量,g;

C——解冻后样品的水分含量,%。

前　　言

辐照处理冷却包装分割猪肉可杀灭各种致病性微生物和人畜共生的寄生虫，减少食源性疾病，延长猪肉保质期。为规范辐照工艺，确保辐照产品质量，特制定本标准。

本标准在技术内容上非等效采用了国际食品辐照咨询组制定的《辐照包装畜禽肉工艺规范》(ICGFI Doc. No. 4 1991)。

本标准由中华人民共和国农业部提出。

本标准起草单位：湖北省农业科学院原子能应用研究所。

本标准主要起草人：林若泰、唐年鑫、曹宏云、熊光权、徐志成、谢宗传。

本标准由湖北省农业科学院原子能应用研究所负责解释。

中华人民共和国国家标准

冷却包装分割猪肉辐照杀菌工艺

Code of good irradiation practice for chilled packaged pork cuts to control pathogens and/or extend shelf-life

GB/T 18526.7—2001

1 范围

本标准规定了冷却包装分割猪肉辐照工艺和要求。

本标准适用于以杀灭致病微生物和寄生虫、延长保质期为目的的辐照冷却包装分割猪肉。其他冷却包装畜禽肉类可参照执行。本标准不适用于加工过的肉，如香肠、熏(腌)肉、干肉或罐装肉。

2 引用标准

下列标准所包含的条文，通过在本标准中引用而构成为本标准的条文。本标准出版时，所示版本均为有效。所有标准都会被修订，使用本标准的各方应探讨使用下列标准最新版本的可能性。

GB 2707—1994 猪肉卫生标准

GB 4789.4—1994 食品卫生微生物学检验 沙门氏菌检验

GB 4789.17—1994 食品卫生微生物学检验 肉与肉制品检验

GB 12694—1990 肉类加工厂卫生规范

GB 14891.7—1997 辐照冷冻包装畜禽肉类卫生标准

GB/T 17236—1998 生猪屠宰操作规程

GB/T 18524—2001 食品辐照通用技术要求

3 定义

本标准采用下列定义。

3.1 冷却分割猪肉 chilled pork cuts

新鲜的被分割成块或切碎的处于冷却 0℃～5℃状态的生猪肉，包括带骨肉和其他器官(心、肝、舌)。

3.2 最低有效剂量 minimum effective dose

为达到辐照目的所需的工艺剂量下限值。本标准中指达到冷却包装分割猪肉杀菌、保鲜目的的最低剂量。

3.3 最高耐受剂量 maximum tolerance dose

不影响被辐照产品质量的工艺剂量上限值。本标准中指不影响猪肉感官品质的最高剂量。

4 辐照前要求

4.1 产品

4.1.1 猪肉加工环境应符合 GB 12694 卫生规范。

中华人民共和国国家质量监督检验检疫总局 2001-12-05 批准　　2002-03-01 实施

4.1.2 供辐照的鲜猪肉应符合 GB 2707 的规定。

4.2 包装

4.2.1 产品内包装选用食品级、耐辐照、保护性材料，真空或充气密封包装。

4.2.2 外包装用瓦楞纸箱，胶带密封，防潮。

4.3 前处理

4.3.1 生猪屠宰后应将猪肉迅速降温到 0℃～5℃。必须遵守生产管理规范，防止微生物污染。

4.3.2 冷却分割猪肉辐照前应进行微生物检测，测定初始含菌量。检验方法按 GB 4789.4 和 GB 4789.17执行。

4.3.3 冷却分割猪肉辐照前沙门氏菌初始含菌量不能超过 2.5×10^2 个/g，菌落总数不能超过 1×10^6 个/g。

4.4 贮藏和运输

4.4.1 猪肉必须贮藏在 0℃～5℃的冷藏库中。

4.4.2 辐照猪肉需用冷藏车或保温车运输。

5 辐照

5.1 辐照装置和管理

按 GB/T 18524—2001 第 4 章规定执行。

5.2 工艺剂量

以杀病原菌为目的的辐照最低有效剂量为 1.5 kGy，以杀寄生虫为目的的辐照最低有效剂量为 1.0 kGy，以延长保质期为目的的辐照最低有效剂量为 1.0 kGy。

产品最高耐受剂量为 4.0 kGy。

5.3 辐照条件

猪肉应在肉温 0℃～5℃条件下进行辐照，如果辐照场不能满足该条件时，应控制肉温不超过 10℃，滞留时间不超过 6 h。

6 辐照后要求

6.1 检验

辐照后猪肉应进行微生物检验并留样备查。

6.2 贮藏

辐照后猪肉应贮藏在 0℃～5℃的冷藏库内。

6.3 运输

辐照后猪肉需用冷藏车或保温车运输。

7 辐照后产品的质量指标

7.1 感官指标

感官指标应符合表 1 规定。

表 1

项　目	指　　标
色　泽	肌肉有光泽，红色均匀，脂肪乳白色
组织状态	纤维清晰，有坚韧性，指压后凹陷立即恢复
粘　度	外表湿润，不粘手

表 1(完)

项　目	指　　标
气　味	除具有微弱辐照味和鲜猪肉固有气味外,无其他异味
煮沸后肉汤	澄清透明,脂肪团聚于表面

7.2　理化指标

按 GB 14891.7 规定执行。

7.3　微生物指标

辐照后冷却包装分割猪肉中不得检出沙门氏菌。沙门氏菌检验按 GB 4789.4 规定执行。

7.4　寄生虫指标

辐照后猪肉中寄生虫必须灭活,不能发育为成虫在动物肠道内寄生。寄生虫检验按 GB/T 17236—1998 中附录 A 执行。

8　标识

按 GB/T 18524—2001 中第 8 章规定执行。

9　重复照射

本产品不允许重复照射。

10　保质期

在 0℃～5℃下,保质期 15 天。

ICS 67.120.10
X 22

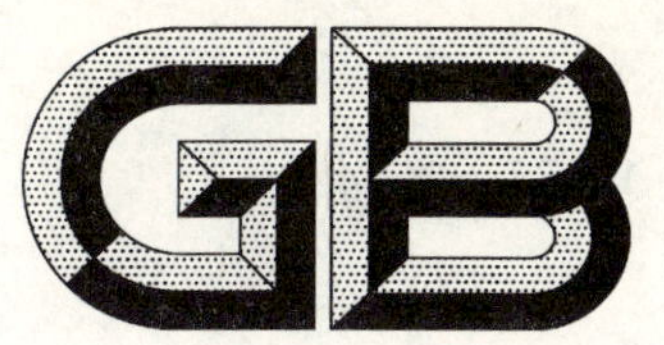

中华人民共和国国家标准

GB/T 19477—2004

牛屠宰操作规程

Operating procedures of cattle slaughtering

2004-03-16 发布　　　　2004-08-01 实施

中华人民共和国国家质量监督检验检疫总局
中国国家标准化管理委员会
发布

前言

制定本标准是为了规范牛屠宰加工厂(场)的行为,促进行业的技术进步,提高肉类产品质量,保护消费者身体健康。

本标准的附录A为规范性附录。

本标准由中国商业联合会提出并归口。

本标准由河南省漯河双汇实业集团有限责任公司、国家经贸委屠宰技术鉴定中心负责起草,内蒙古远大肉牛产业开发公司参加起草。

本标准主要起草人:王玉芬、王永林、王巧玲、赵建生、刘桂珍、王贵际、张新玲、刘虎成。

牛 屠 宰 操 作 规 程

1 范围

本标准规定了牛屠宰各工序的操作要求。

本标准适用于中华人民共和国境内的各类活牛屠宰厂(场)。

2 规范性引用文件

下列文件中的条款通过本标准的引用而成为本标准的条款。凡是注日期的引用文件,其随后所有的修改单(不包括勘误的内容)或修订版均不适用于本标准,然而,鼓励根据本标准达成协议的各方研究是否可使用这些文件的最新版本。凡是不注日期的引用文件,其最新版本适用于本标准。

(59)商卫联字第399号文《肉品卫生检验试行规程》

3 术语和定义

下列术语和定义适用于本标准。

3.1

牛屠体 beef body

牛屠宰、放血后的躯体。

3.2

牛胴体 beef carcass

牛屠体去皮、头、蹄、尾、内脏及生殖器(母牛去乳房)的躯体。

3.3

二分体牛肉 half carcass

将牛胴体沿脊椎中线纵向锯(劈)成两半的胴体。

3.4

四分体牛肉 quarter

将二分体牛肉从第十一(十二)至第十二(十三)肋骨间按自然弧线横截成前后两部分,有前四分体(四分体牛前)和后四分体(四分体牛后)。

3.5

内脏 offal

3.5.1

白内脏

牛的胃、肠、脾。

3.5.2

红内脏

牛的心、肝、肺、肾。

3.6

四分体牛前(前四分体) forequarter

将牛胴体横截成四分体后的前段部位牛肉。

3.7

四分体牛后(后四分体) hindquarter

将牛胴体横截成四分体后的后段部位牛肉。

4 宰前要求

4.1 待宰牛应来自非疫区，健康良好，并有产地兽医检疫合格证明。

4.2 活牛进厂(场)后停食，充分休息 12 h～24 h，充分饮水至宰前 3 h。

4.3 送宰牛只应由兽医检疫人员签发《准宰证》或《准宰通行单》方可宰杀。

4.4 待宰前牛体充分沐浴，体表无污垢。

4.5 牛只通过赶牛道时，应按顺序赶送，不能用硬器鞭打牛体。

5 屠宰操作规程及操作要求

5.1 致昏

致昏的方法有多种，推荐使用刺昏法、击昏法、麻电法。

5.1.1 刺昏法：固定牛头，用尖刀刺牛的头部“天门穴”(牛两角连线中点后移 3 cm)使牛昏迷。

5.1.2 击昏法：用击昏枪对准牛的双角与双眼对角线交叉点，启动击昏枪使牛昏迷。

5.1.3 麻电法：用单杆式电麻器击牛体，使牛昏迷(电压不超过 200 V，电流为 1 A～1.5 A，作用时间7 s～30 s)。

5.1.4 致昏要适度，牛昏而不死。

5.2 挂牛

5.2.1 用高压水冲洗牛腹部，后腿部及肛门周围。

5.2.2 用扣脚链扣紧牛的右后小腿，匀速提升，使牛后腿部接近输送机轨道，然后挂至轨道链钩上。

5.2.3 挂牛要迅速，从击昏到放血之间的时间间隔不超过 1.5 min。

5.3 放血

5.3.1 从牛喉部下刀，横断食管、气管和血管，采用伊斯兰“断三管”的屠宰方法，由阿訇主刀。

5.3.2 刺杀放血刀应每次消毒，轮换使用。

5.3.3 放血完全，放血时间不少于 20 s。

5.4 结扎肛门

5.4.1 冲洗肛门周围。

5.4.2 将橡皮筋套在左臂上。

5.4.3 将塑料袋反套在左臂上。

5.4.4 左手抓住肛门并提起。

5.4.5 右手持刀将肛门沿四周割开并剥离，随割随提升，提高至 10 cm 左右。

5.4.6 将塑料袋翻转套住肛门。

5.4.7 且橡皮筋扎住塑料袋。

5.4.8 将结扎好的肛门送回深处。

5.5 剥后腿皮

5.5.1 从跗关节下刀，刀刃沿后腿内侧中线向上挑开牛皮。

5.5.2 沿后腿内侧线向左右两侧剥离，从跗关节上方至尾根部牛皮，同时割除生殖器。

5.5.3 割掉尾尖，放入指定器皿中。

5.6 去后蹄

从跗关节下刀，割断连接关节的结缔组织、韧带及皮肉，割下后蹄，放入指定的容器中。

5.7 剥胸、腹部皮

5.7.1 用刀将牛胸腹部皮沿胸腹中线从胸部挑到裆部。

5.7.2 沿腹中线向左右两侧剥开胸腹部牛皮至肷窝止。

5.8 **剥颈部及前腿皮**

5.8.1 从腕关节下刀，沿前腿内侧中线挑开牛皮至胸中线。

5.8.2 沿颈中线自下而上挑开牛皮。

5.8.3 从胸颈中线向两侧进刀，剥开胸颈部皮及前腿皮至两肩止。

5.9 **去前蹄**

从腕关节下刀，割断连接关节的结缔组织、韧带及皮肉，割下前蹄放入指定的容器内。

5.10 **换轨**

启动电葫芦，用两个管轨滚轮吊钩分别钩住牛的两只后腿跗关节处，将牛屠体平稳送到管轨上。

5.11 **扯(撕)皮**

5.11.1 用锁链锁紧牛后腿皮，启动扯皮机由上到下运动，将牛皮卷撕。要求皮上不带膘，不带肉，皮张不破。

5.11.2 扯到尾部时，减慢速度，用刀将牛尾的根部剥开。

5.11.3 扯皮机均匀向下运动，边扯边用刀轻剥皮与脂肪、皮与肉的连接处。

5.11.4 扯到腰部时适当增加速度。

5.11.5 扯到头部时，把不易扯开的地方用刀剥开。

5.11.6 扯完皮后将扯皮机复位。

5.12 **割牛头**

5.12.1 用刀在牛脖一侧割开一个手掌宽的孔，将左手伸进孔中抓住牛头。

5.12.2 沿放血刀口处割下牛头，挂同步检验轨道。

5.13 **开胸、结扎食管**

5.13.1 从胸软骨处下刀，沿胸中线向下贴着气管和食管边缘，锯开胸腔及脖部。

5.13.2 剥离气管和食管，将气管与食管分离至食道和胃结合部。

5.13.3 将食管顶部结扎牢固，使内容物不流出。

5.14 **取白内脏**

5.14.1 在牛的裆部下刀向两侧进刀，割开肉至骨连接处。

5.14.2 刀尖向外，刀刃向下，由上向下推刀割开肚皮至胸软骨处。

5.14.3 用左手扯出直肠，右手持刀伸入腹腔，从左到右割离腹腔内结缔组织。

5.14.4 用力按下牛肚，取出胃肠送入同步检验盘，然后扒净腰油。

5.14.5 取出牛脾挂到同步检验轨道。

5.15 **取红内脏**

5.15.1 左手抓住腹肌一边，右手持刀沿体腔壁从左到右割离横隔肌，割断连接的结缔组织，留下小里脊。

5.15.2 取出心、肝、肺，挂到同步检验轨道。

5.15.3 割开牛肾的外膜，取出肾并挂到同步检验轨道。

5.15.4 冲洗胸腹腔。

5.16 **劈半**

5.16.1 沿牛尾根关节处割下牛尾，放入指定容器内。

5.16.2 将劈半锯插入牛的两腿之间，从耻骨连接处下锯，从上到下匀速地沿牛的脊柱中线将胴体劈成二分体，要求不得劈斜、断骨，应露出骨髓。

5.17 **胴体修整**

5.17.1 取出骨髓、腰油放入指定容器内。

5.17.2 一手拿镊子，一手持刀，用镊子夹住所要修割的部位，修去胴体表面的淤血、淋巴、污物和浮毛等不洁物，注意保持肌膜和胴体的完整。

5.18 冲洗

用32℃左右温水，由上到下冲洗整个胴体内侧及锯口、刀口处。

5.19 检验

5.19.1 下货检验：按《肉品卫生检验试行规程》的规定进行。

5.19.2 胴体检验：按《肉品卫生检验试行规程》的规定进行。

5.20 胴体预冷

5.20.1 将预冷间温度降到－2℃～0℃。

5.20.2 推入胴体，胴体间距保持不少于10 cm。

5.20.3 启动冷风机，使库温保持在0℃～4℃，相对温度保持在85%～90%。

5.20.4 预冷后检查胴体pH值及深层温度，符合要求进行剔骨、分割、包装。

附 录 A
（规范性附录）
屠宰加工过程的检验

A.1 宰后检验

A.1.1 同一屠体的胴体、内脏、头和皮应编为同一号码。

A.1.2 屠体应进行下列各项检验：

A.1.2.1 头部检验

检验颌下淋巴结和咽后内外侧淋巴结、腮淋巴结，检视口腔及咽喉粘膜有无出血、溃疡和色泽变化，并检查舌根纵剖面和内外咬肌。

A.1.2.2 胴体检验

a) 检查胴体表面、脂肪、肌肉及其他组织有无病理变化；
b) 剖检股前淋巴结、肩胛淋巴结及腹股沟淋巴结，必要时剖检国淋巴结和腰下淋巴结；
c) 剖开深腰肌、膈肌及腹斜肌有无囊虫或孢子虫寄生。

A.1.2.3 内脏检验

a) 肺脏：观察外表色泽、大小及组织有无病理变化，触检有无异常，剖检支气管淋巴结和纵隔淋巴结，必要时剖开检验；
b) 心脏：检查心包膜和心包液，剖开心室，观察心内膜、心瓣膜、心肌有无病理变化，注意血凝状态；
c) 肝脏：触检其弹性，检查有无肿胀、坏死和寄生虫，并剖检肝门淋巴结，必要时切开胆囊及肝脏；
d) 脾脏：观察有无肿胀、出血点，触检弹性，必要时剖检实质；
e) 胃肠：剖检胃淋巴结及肠系膜淋巴结，并观察胃肠浆膜，并要时剖检胃肠，观察粘膜有无异常现象；
f) 肾脏：剥离肾包膜，观察色泽、大小、有无出血点和坏死，触检弹性，必要时剖检肾脏，观察有无病理变化；
g) 必要时检验乳房、膀胱、子宫和睾丸等。

A.1.3 经检验后胴体、内脏和皮张，应按不同处理情况分别加盖不同印记。

A.1.3.1 如宰后发现恶性传染病或其疑似的病牛，应立即停止工作，封锁现场，采取防范措施，将可能被污染的场地，所有屠宰用的工具以及工作服（鞋、帽）等进行严格消毒。在保证消灭一切传染源后，方可恢复屠宰。患牛粪便、胃肠内容物以及流出的污水、残渣等应经消毒后移出场外。

A.1.3.2 宰后发现各种恶性传染病时，其同群未宰牛的处理办法同宰前。

A.1.3.3 发现疑似炭疽等恶性传染病时，应将病变部分密封，送至化验室进行化验。

A.1.3.4 宰后发现人畜共患传染病时，凡与病牛接触过的人员应立即采取防范措施。

A.1.3.5 检验人员应将宰后检验结果及处理情况详细记录，以备统计查考。

ICS 67.120.10
X 22

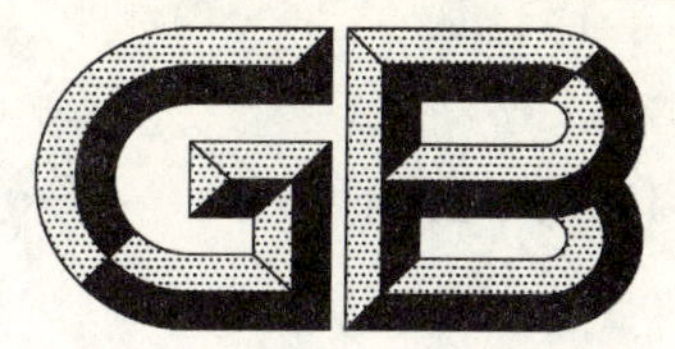

中华人民共和国国家标准

GB/T 19478—2004

肉鸡屠宰操作规程

Operating procedure of chicken slaughtering

2004-03-16 发布　　　　2004-08-01 实施

中华人民共和国国家质量监督检验检疫总局
中国国家标准化管理委员会　发布

前　言

本标准的附录A为规范性附录。

本标准由中国商业联合会提出并归口。

本标准由河南省漯河双汇实业集团有限公司、国家经贸委屠宰技术鉴定中心负责起草。

本标准主要起草人：王玉芬、王永林、王巧玲、赵建生、王贵际、张新玲、刘虎成。

肉 鸡 屠 宰 操 作 规 程

1 范围

本标准规定了肉鸡屠宰各工序的操作要求。

本标准适用于中华人民共和国境内的各类活鸡屠宰厂(场)。

2 规范性引用文件

下列文件中的条款,通过本标准的引用而成为本标准的条款。凡是注日期的引用文件,其随后所有的修改单(不包括勘误的内容)或修订版均不适用于本标准,然而,鼓励根据本标准达成协议的各方研究是否可使用这些文件的最新版本。凡是不注日期的引用文件,其最新版本适用于本标准。

GB 12694 肉类加工厂卫生规范

GB 16548 畜禽病害肉尸及其产品无害化处理规程

3 术语和定义

下列术语和定义适用于本标准。

3.1

肉鸡 chicken

一般为(6～8)周龄,毛重在(1.5～2.5)kg 的肉用品种鸡。

3.2

鸡屠体 chicken body

经过屠宰、放血、脱毛后的鸡体,包括内脏。

3.3

鸡胴体(整鸡) whole chicken

去除内脏后的鸡屠体。

4 宰前要求

4.1 待宰鸡应来自非疫区,健康状况良好,并有当地农牧部门畜禽防疫机构出具的检疫合格证明。

4.2 按家畜家禽防疫条例,由质检人员严格把关,确认健康无病的鸡群,方可进入候宰圈,分批候宰。

4.3 鸡在宰前必须断食休息(12～24)h,并应充分给水。

5 屠宰操作要求

5.1 挂鸡

5.1.1 轻抓轻挂,将鸡的双腿同时挂在挂钩上。

5.1.2 死鸡、病弱、瘦小鸡只不得挂上线。

5.1.3 鸡体表面和肛门四周粪便污染严重的鸡只集中处理,最后上挂。

5.1.4 挂鸡间与屠宰间要分开。

5.2 麻电

挂鸡上传送带后,自动麻电,电压(30～50)V,要求麻昏不致死。

5.3 刺杀放血

在下颌后的颈部,横切一刀,将颈部的气管、血管和食管一齐切断,放血时间为(3～5)min。

5.4 浸烫

5.4.1 浸烫水温一般以(60～62)℃为宜,浸烫时间(60～90)s。

5.4.2 烫池中应设有温度显示装置。浸烫时采用流动水或经常换水,一般要求每烫一批需调换一次。保持池水清洁。

5.5 脱毛

5.5.1 鸡出烫毛池后,要经过至少二道打毛机进行脱毛。第一台去除屠体上的微毛及体表黄衣,在第二台打毛机后设专人去除屠体表面残留的毛及毛根。

5.5.2 脱毛后要用清水冲洗鸡屠体,要求体表不得有粪污。

5.6 去嗉囊

割开嗉囊处表面皮肤,将嗉囊拉出割除。

5.7 摘取内脏

5.7.1 切肛:从肛门周围伸入旋转环行刀切成半圆形或用剪刀斜剪成半圆形,刀口长约 3 cm,要求切肛部位准确,不得切断肠管。

5.7.2 开腹皮:用刀具或自动开腹机从肛门孔向前划开(3～5)cm,不得超过胸骨,不得划破内脏。

5.7.3 用自动摘脏机或专用工具从肛门剪口处伸入腹腔,将肠管、心、肝、肫全部拉出,并拉出食管。消化道内容物、胆汁不得污染胴体,损伤的肠管不得垂挂在鸡胴体表面。

5.7.4 取出内脏后,要用一定压力的清水冲洗体腔,并冲去机械或器具上的污染物。

5.7.5 落地或粪污、胆污的肉尸,必须冲洗干净,另行处理。

5.8 冷却

5.8.1 预冷却水控制在 5℃以下。

5.8.2 终冷却水温度控制在(0～2)℃,勤换冷却水。冷却总时间控制在(30～40)min。

5.8.3 鸡胴体在冷却槽中逆水流方向移动。

5.8.4 冷却后的鸡屠体中心温度降至 5℃以下。

5.9 全鸡整理

5.9.1 摘取胸腺、甲状腺、甲状旁腺及残留气管。

5.9.2 修割整齐、冲洗干净,要求无肿瘤、无溃疡、无毛囊炎、无严重创伤、无出血点、无骨折、无血污、无杂质、无残毛、无青黑跗关节等。

5.10 分割加工

5.10.1 鸡全翅:从臂骨与喙状骨结合处紧贴肩胛骨下刀,割断筋腱,不得划破骨关节面和伤残里脊。

5.10.2 鸡胸:紧贴胸骨两侧用刀划开,切断肩关节,紧握翅根连同胸肉向尾部方向撕下,剪下翅。修净多余脂肪、鸡膜。使胸皮与肉大小相称,无淤血、无熟烫。

5.10.3 鸡小胸(胸里脊):在锁骨与喙状骨间取下胸里脊,要求条形完整,无破碎,无污染。

5.10.4 鸡全腿:从背部到尾部居中和两腿与腹部之间割一刀。从坐骨开始,切断髋关节,取下鸡腿,皮与肉大小相称,剔除骨折、畸形腿。

6 其他要求

6.1 刺杀、放血、摘取内脏、修整各工序都要设立检验点,配备专职检验人员,按附录 A 的规定严格检验。

6.2 人工挂鸡上传送链,从挂鸡到分割等各道工序,应在链条上进行操作,从宰杀到成品进入冷冻间的时间不得超过 2 h。

6.3 经检验不符合食用条件的肉品和副产品,应按 GB 12694 的规定处理。

6.4 经检验不合格的肉品和副产品,应按 GB 12694 的规定处理。

6.5 对于患有传染性疾病、寄生虫病和中毒性疾病的肉尸及其产品(内脏、血液)应按 GB 16548 的有关规定进行相应处理。

附　录　A
（规范性附录）
屠宰加工过程的检验

A.1　宰后检验

A.1.1　同一屠体的胴体、内脏、爪应编为同一号码。

A.1.2　屠体应进行下列各项检验：

A.1.2.1　头部检验

检验头部有无肿胀、色泽有无异常，检视口腔及咽喉粘膜有无出血、溃疡和色泽变化。

A.1.2.2　胴体检验

a)　检查胴体表面、脂肪、肌肉、皮肤及其他组织有无病理变化；

b)　剖检淋巴结，观察鸡翅、鸡腿有无异常。

A.1.2.3　内脏检验

a)　气囊：观察有无异常，必要时剖开检验；

b)　心脏：检查有无病理变化，注意有无渗出物；

c)　肝脏：触检其弹性，检查有无肿胀、坏死，并剖检肝门淋巴结，必要时切开胆囊及肝脏；

d)　脾脏：观察有无肿胀、出血点，触检弹性。

A.1.3　经检验后胴体、内脏和爪，应按不同处理情况分别加盖不同印记。

A.1.3.1　如宰后发现恶性传染病，应立即停止工作，封锁现场，采取防范措施，将可能被污染的场地，所有屠宰用的工具以及工作服(鞋、帽)等进行严格消毒。在保证消灭一切传染源后，方可恢复屠宰。患鸡粪便、胃肠内容物以及流出的污水、残渣等应经消毒后移出场外。

A.1.3.2　宰后发现各种恶性传染病时，其同群未宰鸡的处理办法同宰前。

A.1.3.3　发现疑似恶性传染病时，应将病变部分密封，送至化验室进行化验。

A.1.3.4　检验人员应将宰后检验结果及处理情况详细记录，以备统计查考。

ICS 67.120.10
X 22

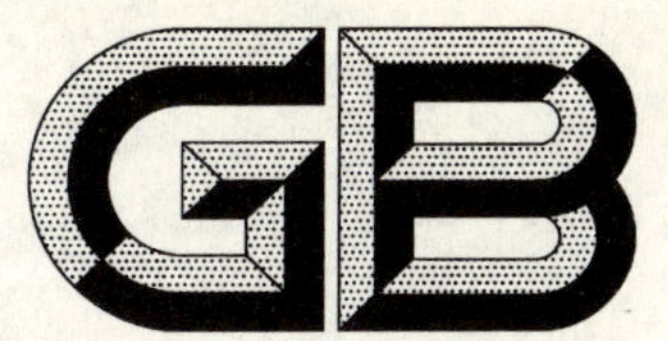

中华人民共和国国家标准

GB/T 19479—2004

生猪屠宰良好操作规范

Good manufacturing practice for pig slaughting

2004-03-16 发布 2004-08-01 实施

中华人民共和国国家质量监督检验检疫总局
中国国家标准化管理委员会 发布

前　言

本标准是在依据了 CAC/RCP1—1969,Rev.3(1997)和 CAC/RCP1—1969,Rev.3(1997)Annex 原则,参考了美国 FDA21part110 及加拿大相关标准内容的基础上,结合我国国情制定的。标准中明确规范了屠宰加工企业的厂区环境、厂房及设施,设备,组织结构,人员,卫生管理,加工管理,包装和卫生标志、标签,品质管理,储运管理,质量信息反馈及处理,制度建立与记录等内容。

本标准由中国商业联合会提出。

本标准由中国肉类协会归口。

本标准由中国农业大学食品科学学院、国家经贸委屠宰技术鉴定中心负责起草。

本标准主要起草人:马长伟、金志雄、徐静、王贵际、张新玲、刘虎成。

生猪屠宰良好操作规范

1 范围

本标准规定了对生猪屠宰分割企业的人员、环境与设施、宰前、屠宰、宰后处理及分割、贮藏和运输过程中品质和卫生管理等方面的基本技术要求。

本标准适用于生猪屠宰及分割加工企业。

2 规范性引用文件

下列文件中的条款通过本标准的引用而成为本标准的条款。凡是注日期的引用文件，其随后所有的修改单(不包括勘误的内容)或修订版均不适用于本标准，然而，鼓励根据本标准达成协议的各方研究是否可使用这些文件的最新版本。凡是不注日期的引用文件，其最新版本适用于本标准。

GB 5749 生活饮用水卫生标准

GB/T 6388 运输包装收发货标志

GB 7718 食品标签通用标准

GB 9959.2 分割鲜、冻猪瘦肉

GB 9959.3 分部位分割冻猪肉

GB 13457 肉类加工工业水污染物排放标准

GB/T 17236—1998 生猪屠宰操作规程

GB/T 17996—1999 生猪屠宰产品品质检验规程

GB 50317—2000 猪屠宰与分割车间设计规范

《中华人民共和国食品卫生法》

3 术语和定义

下列术语和定义适用于本标准。

3.1

猪屠体 pig body

猪屠宰、放血后的躯体。

3.2

猪胴体 pig carcass

生猪屠宰，放血，去毛、头、蹄、尾、内脏的躯体。

3.3

片猪肉 half carcass

沿背脊正中线将猪胴体劈成两片的分体。

3.4

分割肉 cut meat

胴体去骨后，按规格要求分割成各个部位的肉。

3.5

内脏 offal

猪脏腑内的心、肝、肺、脾、胃、肠、肾等。

3.6

挑胸　breast splitting

用刀刺入放血口，沿胸部正中挑开胸骨。

3.7

雕圈　cutting of around anus

沿肛门外围，将刀刺入雕成圆形。

3.8

描脊　cutting the middle line of back fat

沿背脊正中线，用刀切开皮层、皮下脂肪。

3.9

同步检验　synchronous inspection

生猪屠宰剖腹后，取出内脏放在设置的盘子上或挂钩装置上并与胴体生产线同步运行，以便兽医对照检验和综合判断的一种检验方法。

3.10

验收间　inspection and reception department

活猪进厂后检验接收的场所。

3.11

隔离间　isolating room

隔离可疑病猪，观察、检验疫病的场所。

3.12

待宰间　waiting pens

宰前停食、饮水、冲淋的场所。

3.13

急宰间　emergency slaughtering room

屠宰病、伤猪的场所。

3.14

屠宰车间　slaughtering room

自致昏放血到加工成片猪肉的场所。

3.15

分割车间　cutting and deboning room

胴体冷却、剔骨、分割、分部位肉的场所。

3.16

副产品加工间　by-products processing room

心、肝、肺、脾、胃、肠、肾及头、蹄、尾等器官加工整理的场所。

3.17

有条件可食用肉处理间　edible processing room

采用高温、冷冻或其他有效方法，使有条件可食肉中的寄生虫和有害微生物致死的场所。

3.18

不可食用肉处理间(化制车间)　inedible and waste processing room

将不符合卫生要求(不可食用)的屠体(病、死猪)或其病变组织、器官经过干法或湿法处理，达到对人、畜无害的处理的场所。

3.19

非清洁区　non-hygienic area

待宰、致昏、放血、烫毛、脱毛、剥皮和胃、肠、头、蹄、尾加工处理的场所。

3.20

清洁区　hygienic area

胴体加工,修整,心、肝、肺加工,暂存发货间,分割,分级和计量等场所。

3.21

胴体发货间　carcass deliver goods department

猪宰后胴体和片猪肉成品发货的场所。

3.22

副产品发货间　by-products deliver goods department

猪副产品发货的场所。

3.23

包装间　packing department

猪分割肉产品的包装场所。

3.24

冷却间　chilling room

对产品进行冷却的房间。

3.25

冻结间　freezing room

冻结产品的房间。

4　人员

4.1　卫生教育

工厂对新参加工作及临时参加工作的人员要进行上岗卫生安全教育。定期对全厂职工进行《中华人民共和国食品卫生法》、各种卫生规范、操作规程进行宣传教育,做到卫生培训制度化和规范化。

4.2　健康检查

生产人员及与生产有关的管理人员至少每年进行一次健康检查,新参加工作和临时参加工作的人员,应经过健康检查取得健康合格证后方可上岗,并建立职工健康档案。凡患有下述疾病之一者,不得从事屠宰和接触肉品的工作:痢疾、伤寒、病毒性肝炎及消化道传染病(包括病源携带者)、活动性肺结核、化脓性或渗出性皮肤病及其他有碍食品卫生的疾病。

4.3　受伤处理

凡受刀伤或其他外伤的生产人员,应立即采取妥善措施包扎防护,否则不得从事屠宰和接触肉品的工作。

4.4　洗手要求

生产人员遇到下列情况之一,必须洗手消毒:开始工作之前;上厕所之后;处理被污染的原料或病猪及其内脏之后;从事与生产无关的其他活动之后。

4.5　个人卫生

4.5.1　生产人员应保持良好的个人卫生,勤洗澡、勤换衣、勤理发,不留长指甲和涂抹指甲油。

4.5.2　进车间必须穿工作服、工作鞋、戴工作帽,头发不得外露。

4.5.3　生产工作人员不得在工作岗位或工作区域从事可能影响产品质量的活动。

4.5.4　生产人员不得穿戴工作服、鞋、帽到非生产场所和厕所。

4.6　监督措施

对人员卫生及健康的要求必须作为工作制度予以监督,并确定监管人员监督员工的卫生、健康状况。

5 环境与设施

5.1 厂址选择

5.1.1 所选厂址应远离居民区，不得靠近城市水源的上游，并位于城市居住区夏季主导风向下风侧至少500 m以上。并且应避开产生有害气体、烟雾、粉尘等物质的工业企业及其他产生污染源的地区或场所。

5.1.2 厂址选择应考虑电源、水源及运输条件，并有经过处理的污水排放渠道和途径。

5.2 厂区规划

5.2.1 厂区内应划分生产区和非生产区。生产区应包括验收间、隔离间、待宰间、急宰间、屠宰车间、分割车间、副产品加工间、有条件可食用肉处理间、不可食用肉处理间。

5.2.2 生产区中待宰猪及废弃物的出入口和产品及人员出入口应分开，单独设立，且产品和废弃物及待宰猪不得共用同一通道。

5.2.3 屠宰和分割车间应设置在不可食用肉处理间、废弃物集存区域、污水处理场所、锅炉房、煤场、待宰间的上风向，远离养殖区域，并根据卫生要求将厂区内的清洁区和非清洁区明显分开，防止非清洁区对清洁区的污染。

5.2.4 厂区内建筑物周围、道路两侧空地均应绿化。屠宰及分割车间所在的区域周围路面、场地必须平整、无积水。主要通道及场地宜采用混凝土铺设。

5.3 屠宰场(厂)设施要求

5.3.1 车间内地面应采用不渗水、防滑、易清洗、耐腐蚀的材料，其表面应平整无裂痕、无局部积水。排水坡度：分割车间不应小于1%，屠宰车间不应小于2%。车间内墙面及墙裙应光滑平整，并应采用无毒、不渗水、耐冲洗的材料制作，颜色宜为白色或浅色。墙裙如采用不锈钢或塑料板制作时，所有板缝间及边缘连接处应是密闭的。墙裙高度：屠宰车间不应低于3 m，分割车间不应低于2 m。

5.3.2 地面、顶棚、墙、柱、窗口等处的阴阳角，必须设计成弧形。顶棚或吊顶应采用光滑、无毒、耐冲洗、不易脱落的材料，其表面应平整简洁，不应有不易清洗的缝隙、凹角或突起物，不宜设过密的次梁。门窗应采用密闭性能好、不变形、不渗水、防锈蚀的材料制作。内窗台宜设计成向下倾斜45°的斜坡，或采用无窗台构造。楼梯及扶手、栏板均应做成整体式，面层应采用不渗水材料制作。楼梯与电梯应便于清洗消毒。

5.3.3 产品或半成品通过的门，应有足够宽度，避免与产品接触。通行吊环的门洞，其宽度不应小于1.2 m；通行手推车的双扇门，应采用双向自由门，其门扇上部应安装由不易破碎材料制作的通视窗。

5.3.4 车间采光、照明良好，能满足生产要求。

5.3.5 车间内应设有防止蚊蝇、昆虫、鼠类进入的设施。

5.3.6 宰前建筑设施应包括卸猪站台、赶猪道、验收间(包括司磅间)、待宰间(包括待宰冲淋间)、隔离间，并有专门的兽医工作室与药品间等。这些设施应符合GB 50317—2000的4.2中规定的要求。

5.3.7 急宰间应设在隔离间附近，并设有单独的更衣室和淋浴室。地面排水坡度不可小于2%。

5.3.8 屠宰车间内应划分为清洁区和非清洁区。两区域划分明确，不得交叉污染，使用器具也不得随意窜用。

5.3.9 冷却间、胴体发货间与屠宰车间相连，发货间应通风良好，并宜采用冷却措施。发货间外应设发货站台，有条件的地方做成封闭式发货站台。

5.3.10 放血槽和集血池应采用不渗水、耐腐蚀材料制作，表面光滑平整，便于清洗消毒。放血槽起始段(8～10)m坡度不应低于5%，最低处应分设血、水输送管道。集血池最小应能容纳3 h屠宰的集血量，池底应有2%坡度，并与排血管相连。

5.3.11 烫毛生产线的烫池部位宜设天窗，且烫毛生产线和剥皮生产线之间设置隔墙。

5.3.12 疑似病猪胴体间和病猪胴体间应设置在胴体、内脏同步检验轨道的邻近处。病猪胴体间应有直通车间外的门。

5.3.13 分割车间应包括胴体预冷间、分割剔骨间、产品冷却间、包装间、包装材料间、磨刀清洗间和空调设备间。

5.3.14 胴体预冷间、产品冷却间至少应各设两间，室内墙面和地面应易于清洗和消毒。胴体预冷间的设计温度为(0～4)℃；分割肉冷却间温度应为0℃；分割剔骨间的温度为15℃以下；包装间的室温不应高于10℃。并且分割剔骨间、包装间应做吊顶，室内净高不应低于3 m。

5.3.15 屠宰车间和分割车间的设计面积可参照GB 50317—2000中4.4和4.5中的相关条款执行。

5.3.16 所有接触肉品的加工设备以及操作台面、工具、容器、包装及运输工具等设计和制作应符合卫生要求，使用的材料应表面光滑、无毒、不渗水、耐腐蚀、不生锈，并便于清洗消毒。屠宰车间设备采用不锈蚀金属或热镀锌钢材制作；分割车间设备采用不锈蚀金属和符合食品卫生的其他材料制作。

5.4 卫生设施

5.4.1 废弃物临时存放设施

在厂区的非清洁区内设置废弃物临时存放设施，该设施必须采用便于清洗、消毒的材料制作，结构严密，能防止害虫、鼠类等进入繁殖，日产日清。并确保废弃物不会漏出，污染厂区或道路。厂区的清洁区内不得有其他堆放垃圾的场所。

5.4.2 废水、废气(汽)处理系统

必须有废水、废气(汽)处理系统，并保持良好状态。处理效果能够达到GB 13457的规定。生产车间的下水道口须设地漏、铁箅，并不得和厕所下水道及其他不洁净排水水管相通。有防止污染水源和鼠类、昆虫通过排水管道进入车间的有效措施。

5.4.3 淋浴室、更衣室及厕所

5.4.3.1 淋浴室应设置天窗或通风排气孔和采暖设施。淋浴器按每班工作人员计每20人一个，并与更衣室相通。

5.4.3.2 更衣室衣柜应设储衣柜和衣架，储衣柜应分设，离地面20 cm以上，并配备穿衣镜供工作人员自检。

5.4.3.3 生产车间的厕所应设置在车间外侧，并一律为水冲式。备有洗手设施和排臭装置，其出入口不得正对车间门，并要避开通道，其排污管道与车间排水管道分设。

5.4.4 洗手消毒设施

5.4.4.1 生产车间进口处及车间内的适当地点、厕所出口等，应设有热水、冷水非手动开关的洗手设施，并配有洗手液及干手器。

5.4.4.2 屠宰间和分割间内，必须有非手动式的洗手设施。

5.4.4.3 活猪进厂入口处设置与门同宽，长3 m、深0.1 m～0.15m便于排放消毒液的车轮消毒池；病猪隔离间、急宰间和化制车间的门口，必须设有便于手推车出入的与门同宽，长2 m、深0.1 m便于排放消毒液的消毒池。

5.4.4.4 车间内应设有工器具、容器和固定设备的清洗、消毒设施，并应有充足的冷热水源。这些设施采用无毒、耐腐蚀、易清洗的材料制作，固定设备的清洗设施应配有食用级的软管。

5.5 给水系统

5.5.1 给水系统应能适应生产需要，设施应合理有效，经常保持畅通，生产用水应符合GB 5749的要求。车间的储水设备应有防污染设施和清洗消毒设施，定期对其进行清洗消毒。

5.5.2 根据生产需要，车间在用水位置合理设置冷热水管，清洗用热水温度不宜低于40℃，消毒用热水不宜低于82℃。消毒热水管出口应配备温度指示计。

5.5.3 车间内应配备清洗墙裙和地面的高压冲洗设备和软管。

6 屠宰分割加工过程

6.1 宰前要求

6.1.1 待宰猪应来自非疫区，健康良好，严格按照 GB/T 17996—1999 规定的检验程序检验并有开具的宰前检验合格证明。

6.1.2 待宰猪临宰前应静养(12～24)h，充分喂水至宰前 3 h 停止。

6.1.3 待宰猪在屠宰前先进入喷淋通道，充分洗净猪体表面的灰尘、污泥、粪便等。

6.1.4 送宰猪在经过屠宰通道时，应按顺序赶送，不得采用脚踢、棒打等粗暴方式驱赶。

6.2 电致昏

6.2.1 麻电设备应安装电压表、电流表、调压器，并能根据生猪和屠宰季节，适当调节电压和麻电时间。

6.2.2 麻电操作人员应穿戴合格的绝缘靴、绝缘手套。

6.2.3 使用人工麻电器应在其两端分别蘸盐水(防止电源短路)，操作时在猪头颞颥区(俗称太阳穴)额骨与枕骨附近(猪眼与耳根交界处)进行麻电：将电极的一端按在颞颥区，另一端按在肩胛骨附近。

6.2.4 猪被麻电后心脏应跳动，呈昏迷状态，不得致其死亡。

6.2.5 麻电后用链钩套住猪左后脚跗骨节，将其提升到轨道上(套脚提升)。

6.3 刺杀放血

6.3.1 从麻电致昏至刺杀放血，时间不得超过 30 s。刺杀放血刀口长度约 5 cm。沥血时间不得少于5 min。

6.3.2 刺杀时操作人员一手抓住猪前脚，另一手握刀，刀尖向上，刀锋向前，对准第一肋骨咽喉正中偏右(0.5～1)cm 处向心脏方向刺入，再侧刀下拖切断颈部动脉和静脉，不得刺破心脏。刺杀时不得使猪呛膈、淤血。

6.3.3 刺杀刀应消毒后轮换使用。

6.4 浸烫脱毛

6.4.1 放血后的猪屠体应用喷淋水或清洗机冲淋，清洗血污、粪污及其他污物。

6.4.2 应按猪屠体的大小、品种和季节差异，控制浸烫水温在(58～63)℃，浸烫时间为(3～6)min，不得使猪屠体沉底、烫老。浸烫池应有溢水口和补充净水的装置。

6.4.3 经机械脱毛或人工刮毛后，将猪体提升悬挂，用清水洗刷浮毛、污垢，再修割，冲淋。

6.4.4 按 GB/T 17996—1999 对检验刮毛、冲淋后的猪屠体做头部和体表检验。

6.4.5 在每头屠体的耳部或腿部外侧，用变色笔编号，字迹应清晰。不得漏编、重编。

6.5 开膛、净腔

可采用带皮开膛、净腔或去皮开膛、净腔。开膛时不得割破肠、胃、胆囊、膀胱、子宫等。

6.5.1 带皮开膛、净腔

6.5.1.1 雕圈：刀刺入肛门外围，雕成圆圈，掏开大肠头垂直放入骨盆内。应使雕圈少带肉，肠头脱离括约肌，不得割破直肠。

6.5.1.2 开膛：自放血口沿胸部正中挑开胸骨，沿腹部正中线自上而下剖开腹腔，将生殖器从脂肪中拉出，连同输尿管全部割除，不得刺伤内脏。放血口、挑胸、剖腹口应连成一线，不得出现三角肉。

6.5.1.3 拉直肠、割膀胱：一手抓住直肠，另一手持刀，将肠系膜及韧带割断，再将膀胱和输尿管割除，不得刺破直肠。

6.5.1.4 摘除肠、胃(肚)：一手抓住肠系膜及胃部大弯头处，另一手持刀在靠近肾脏处将系膜组织和肠、胃共同割离猪体，并割断韧带及食道，不得刺破肠、胃、胆囊。

6.5.1.5 摘除心、肝、肺：一手抓住肝，另一手持刀，割开两边膈膜，取横膈膜的肌脚备检。左手顺势将肝向下拉，右手持刀将连接胸腔和颈部的韧带割断，并割断食管和气管，取出心、肝、肺，不得使其破损。

6.5.1.6 去除三腺：摘除甲状腺、肾上腺及病变的淋巴结等。摘除甲状腺应指定专人，不得遗漏并妥善保管。

6.5.1.7 冲洗胸、腹腔:取出内脏后,应及时用足够压力的净水冲洗胸腔和腹腔,洗净腔内淤血、浮毛、污物。

6.5.1.8 生猪屠宰时应做到胴体、内脏、头蹄不落地。

6.5.1.9 摘除内脏各部位的同时,应由检验人员按 GB/T 17996—1999 进行同步检验。

6.5.2 去皮开膛、净腔

6.5.2.1 去皮

可采用机械剥皮或人工剥皮。

6.5.2.1.1 机械剥皮

按剥皮机性能,预剥一面或两面,确定顶剥面积。剥皮按以下程序操作:

a) 挑腹皮:从颈部起沿腹部正中线切开皮层至肛门处;

b) 剥前腿:挑开前腿腿裆皮,剥至脖头骨脑顶处;

c) 剥后腿:挑开后腿腿裆皮,剥至肛门两侧;

d) 剥臀皮:先从后臀部皮层尖端处开一小块皮,用手拉紧,顺序下刀,再将两侧臀部皮和尾根皮剥下;

e) 剥腹皮:左右两侧分别剥;剥右侧时,一手拉紧、拉平后档肚皮,按顺序剥下后腿皮、腹皮和前腿皮;剥左侧时,一手拉紧脖头皮,按顺序剥下脖头皮、前腿皮、腹皮和后腿皮;

f) 夹皮:将预剥开的大面猪皮拉平、绷紧,放入剥皮机卡口、夹紧。

g) 开剥:水冲淋与剥皮同步进行,按皮层厚度掌握进刀深度,不得划破皮面,少带肥膘。

6.5.2.1.2 人工剥皮

将屠体放在操作台上,按顺序挑腹皮、剥臀皮、剥腹皮、剥脊背皮。剥皮时不得划破皮面,少带肥膘。

6.5.2.2 开膛、净腔

按 6.5.1 操作。

6.6 劈半(锯半)

6.6.1 将经检验合格的猪胴体去头、尾。

6.6.2 可采用手工劈半或电锯劈半。手工劈半或电锯劈半时应"描脊",使骨节对开,劈半均匀。采用桥式电锯劈半时,应使轨道、锯片、引进槽成直线,不得锯偏。

6.6.3 劈半后的片猪肉还应立即摘除肾脏(腰子),剥离腹腔板油,冲洗血污、浮毛、锯肉末。

6.7 修整、复检

6.7.1 按顺序修整腹部,修割乳头、放血刀口,割除槽头、护心油、暗伤、脓疮、伤疤和遗漏病变腺体,去净残留绒毛及长短毛。

6.7.2 修整后的片猪肉应进行复检,合格后割除前后蹄,加盖检验印章,计量分级。

6.7.3 全部屠宰过程不得超过 45 min,从放血到摘取内脏,不得超过 30 min,从屠体编号(6.4.5)到复检,加盖检验印章,不得超过 15 min。

6.8 整理副产品

6.8.1 分离心、肝、肺

切除肝膈韧带和肺门结缔组织及摘除胆囊时,不得使其损伤、不得残留;猪心上不得带护心油、横膈膜;猪肝上不得带水泡;猪肺上允许保留 5 cm 肺管。

6.8.2 分离脾、胃(肚)

将胃底端脂肪割断,切断与十二指肠连接处和肝胃韧带。剥开网油,从网膜上割除脾脏,少带油脂。翻胃清洗时,一手抓住胃尖冲洗胃部污物,用刀在胃大弯处戳开约 10 cm 的小口,再用洗胃机或长流水将胃翻转冲洗干净。

6.8.3 扯大肠

摆正大肠，从结肠末端将油脂撕至离盲肠与小肠连接处约(15～20)cm处，将大肠割断、打结。不得使盲肠被损，残留油脂过多。翻洗大肠：一手抓住肠的一端，另一只手自上而下挤出粪污，并将肠子翻出一小部分，用一手二指撑开肠口，另一手向大肠内灌水，使肠水下坠，自动翻转。经清洗、整理的大肠不得带粪污，不得断肠。

6.8.4 扯小肠

将小肠从割离胃的断面拉出，一手抓住油脂(花油)，另一手将小肠末梢挂于操作台边，自上而下排除粪污，操作时不得扯断、扯乱。扯出的小肠应及时采用机械或人工方法清除肠内污物。

6.8.5 摘胰脏

从肠系膜中将胰脏摘下，胰脏上应少带油脂。

6.9 分割

6.9.1 分割肉加工工艺宜采用冷剔骨工艺，即片猪肉在冷却后进行分割剔骨。

6.9.2 分割肉应修割净伤斑、出血点、碎骨、软骨、血污、淋巴结、脓疱、浮毛及杂质。严重苍白的肌肉及其周围有浆液浸润的组织应剔除。

6.9.3 片猪肉可以采用卧式或立式分段，并分别使用卧式分段锯和立式分段锯。

6.9.4 分割的原料及产品采用平面带式输送设备，其传动系统应选用电辊筒减速装置，在输送带两侧设置不锈钢或其他符合食品卫生要求的材料制作的分割工作台，进行剔骨分割，输送机末端配备分检台，对分割产品进行检验。

6.9.5 屠宰车间非清洁区的器具和运输工具不得进入分割间，非分割间工作人员不得随意进入分割区。

6.9.6 分割产品品种和质量要求根据需要按照 GB 9959.2 和 GB 9959.3 的要求执行。

6.10 冷却及冻结

6.10.1 分割冷却猪肉系列产品冷却终温应在 24 h 之内达到，其肌肉深层中心温度不得高于 7℃。

6.10.2 分割冻结猪肉系列产品的冻结终温须使其肌肉深层中心温度不得高于－15℃。

7 屠宰加工过程检验

7.1 宰前检验

应根据 GB/T 17996—1999 规定的要求，对送宰生猪做验收检验、待宰检验和送宰检验。其中送宰检验必须在屠宰前 24 h 之内进行。

7.2 宰后检验

在生猪屠宰后，应根据 GB/T 17996—1999 和 GB/T 17236—1998 附录 A 规定立即进行头部检验、体表检验、内脏检验、寄生虫检验、胴体初验、复验、盖章。

7.3 检验操作要求

7.3.1 从取肠胃开始至胴体初验，其间工序应采用胴体和内脏同步运行方法进行检验或同一屠体的肉尸、内脏、头和皮在屠宰过程中编号统一，便于复检。

7.3.2 刺杀、放血、挑胸、剖腹、摘取内脏、劈半、修整各工序都要设立检验点，配备专职检验人员，按上述检验方法严格检验。

7.3.3 经检验后的肉尸、内脏和皮张，应按不同处理情况分别加盖不同印记。印章规格和使用类别应遵照 GB/T 17996—1999 附录 A 的要求执行。印记使用色素必须是食品级。

7.4 检验结果异常的处理

7.4.1 如宰后发现炭疽等恶性传染病或其疑似病猪，应立即停止工作，封锁现场，采取防范措施，将可能被污染的场地、所有屠宰用的工具以及工作服(鞋、帽)等进行严格的消毒。在保证消灭一切传染源后，方可恢复屠宰。患猪粪便、胃肠内容物以及流出的污水、残渣等应消毒后移出场外。

7.4.2 宰后发现各种恶性传染病时，其同群未宰猪的处理办法同宰前。

7.4.3 发现疑似炭疽等恶性传染病时，应将病变部分密封，送至化验室进行化验。

7.4.4 宰后发现人畜共患传染病时，凡与病猪接触过的人员应立即采取防范措施。

8 包装、标签和标识

8.1 必须对产品的包装材料、标签进行检查，包装材料应符合相关国家标准的规定，不合格者不得使用。食品标签应符合 GB 7718 的规定。

8.2 包装材料和标签应由专人保管，每批产品标签凭相应的出库证明才能发放、领用。销毁的包装材料应有记录。

8.3 在印字或贴签过程中，应随时抽查印字或贴签质量。印字要清晰；贴签要贴正、贴牢。成品包装内不得夹放与食品无关的物品。

8.4 分割产品的包装箱外的标识应符合 GB/T 6388 的规定，两侧应标明肉的名称、质量、企业名称和贮存条件。

9 成品贮存、运输

9.1 经检验合格的包装产品应贮存于成品库，其容量与生产能力相适应，要设有温、湿度监测装置和防鼠、防虫等设施，定期检查和记录。

9.2 冷却片猪肉及其分割产品应在相对湿度为 75%～84%、温度为 0℃～1℃的冷却间贮存，并且片猪肉需吊挂，肉体间距不得低于(3～5)cm。

9.3 冻片猪肉及其分割产品应在相对湿度为 95%～100%，温度为 −18℃的冻藏间贮存，且冻藏间一昼夜温度升降幅度不得超过 1℃。

9.4 成品入库应有存量记录；成品出库应有出货记录，内容至少包括批号、出货时间、地点、接货方、数量等，以便发现问题及时回收。

9.5 公路水路运输应使用符合卫生要求的冷藏车(船)或保温车。

9.6 铁路运输应按国家有关规定执行。

10 记录

10.1 宰前检验

10.1.1 凡运到屠宰厂(场)的猪应具备养殖地检验合格证明并存查，并将验收的健康检查情况详细记录备查。

10.1.2 经宰前检验发现猪有传染病时，除按规定处理外应记录备案。

10.1.3 检验人员认为必须急宰的猪，应出具急宰证明单，以供宰后检验时查对。

10.2 宰后检验

10.2.1 检验人员应将宰后检验结果及处理情况详细记录，以备统计查考。

10.2.2 每天检验工作完毕，应将当天的屠宰头数、产地、货主以及宰前和宰后检验查出的病畜和不合格肉的处理情况进行登记。

10.3 生产记录

10.3.1 对生产车间的各关键工序要编制相应的操作规程和岗位说明书，建立严格岗位责任制。

10.3.2 各生产车间的生产技术和管理人员，应按照生产过程中各关键工序控制项目及检查要求，对产品质量和卫生指标等情况进行记录。

10.3.3 要对重要的生产设备定期检修，并做检修记录。

10.3.4 应具备对生产环境进行监测的能力，并定期对关键工艺环境的温度、湿度、空气净化度等指标进行监测记录。

10.3.5 应具备对生产用水的监测能力，定期进行监测并记录。

10.3.6　对品质管理过程中发现的异常情况，应迅速查明原因做好记录，并加以纠正。

10.3.7　应对用户提出的质量意见详细记录，并做好调查处理工作和记录。

10.3.8　应具备对排放污水的监测能力，定期进行监测并记录。

11　品质管理

11.1　屠宰厂(场)必须设置独立的与生产能力相适应的品质管理机构，直属工厂负责人领导。各车间设专职质检员，各班组设兼职质检员，形成一个完整而有效的品质监控体系，负责生产全过程的品质监督。

11.2　品质管理机构必须制定完善的品质管理制度，并且要确保这些管理制度切实可行、便于操作和检查。这些管理制度至少应包括下述内容：

11.2.1　在加工过程中检验的不合格品及成品检验中的不合格品的管理制度。

11.2.2　宰前、屠宰分割过程中及宰后的检验流程和检验制度，包括各环节的检验项目、检验标准、抽样和检验方法等管理制度。

11.2.3　生产工艺操作核查制度

11.2.4　清场管理制度

11.2.5　各种原始记录和生产管理记录管理制度

11.3　必须设置专门的与生产过程适应的检验室，配备必须的检验器材、仪器、设备，并定期校准鉴定，使其处于良好状态。

11.4　根据要求配备专业化的检验人员，其中主要品质检验人员必须取得兽医资格，品质管理人员和监督人员必须是相关专业毕业并经过严格的质量和卫生培训。

11.5　定期对生产设备和计量器具进行检修，并做好检修记录。

11.6　定期对生产环境、生产用水的相应指标进行检测，特别是关键工艺环境的湿度、温度、空气洁净度等指标进行监测。

11.7　定期对生产过程和质量体系运行情况进行检查，对生产过程中的各项操作流程、岗位责任制的执行进行校验，对检查和验证中发现的问题进行调整，并定期向卫生行政部门汇报产品的生产质量情况。

11.8　建立完整的品质管理档案，并设置专门的档案室和管理人员，各种记录分类归档，保存两年备查。

ICS 67.120.10
X 22

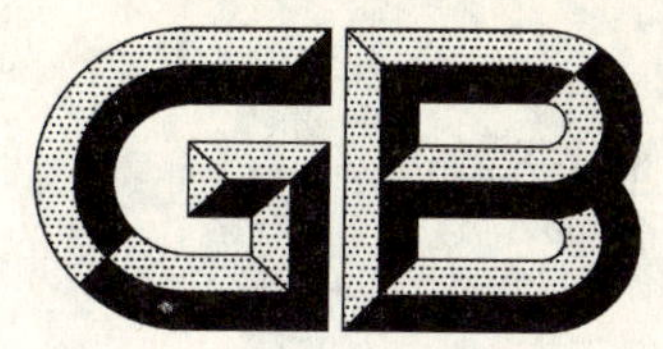

中华人民共和国国家标准

GB/T 19480—2009
代替 GB/T 19480—2004

肉与肉制品术语

Terms of meat and meat products

2009-04-27 发布　　　　2009-10-01 实施

中华人民共和国国家质量监督检验检疫总局
中国国家标准化管理委员会　发布

前 言

本标准代替 GB/T 19480—2004《肉与肉制品术语》。

本标准与 GB/T 19480—2004 相比，主要修改如下：

——删去了板油、网油、脏器和畜禽屠宰加工和肉加工等方面的术语；

——增加了里脊肉、五花肉、骨头产品和调制肉制品、肉灌肠等产品和发酵、二次杀菌等肉制品加工的术语；

——对红肉、腊肉、中国火腿、培根、酱卤制品、天然肠衣等术语作了修改补充陈述；

——以肉所处的“状况”、“色泽”、“组成部分”和“加工部位”等划分，对有关词条进行编序。

本标准由全国肉禽蛋制品标准化技术委员会提出并归口。

本标准主要起草单位：中国商业联合会商业标准中心、双汇集团、雨润集团、中国肉类食品综合研究中心、中国肉类协会、烟台市喜旺食品有限公司。

本标准主要起草人：曹德胜、王玉芬、赵宁、陈松、赵榕、邓富江、徐世明、郭锡铎、彭建华、靳晓蕾、刘振宇。

肉与肉制品术语

1 范围

本标准规定了肉与肉制品加工中常用的术语与定义。

本标准适用于肉与肉制品的加工、贸易和管理。

2 肉

2.1 按肉所处温度状况的称谓

2.1.1

热鲜肉　hot meat

屠宰后未经人工冷却过程的肉。

2.1.2

鲜片猪肉　fresh demi-carcass pork

经过晾肉,但不经过人工冷却的片猪肉。

2.1.3

冷却肉　chilled meat

冷鲜肉

在低于 0 ℃环境下,将肉中心温度降低到(0 ℃～4 ℃),而不产生冰结晶的肉。

2.1.4

冷却片猪肉　chilled demi-carcass pork

片猪肉经过人工冷却,其后腿肌肉中心温度不高于 4 ℃,不低于 0 ℃的猪肉。

2.1.5

冷冻肉　frozen meat

在低于－23 ℃环境下,将肉中心温度降低到≤－15 ℃的肉。

2.1.6

冻片猪肉　frozen demi-carcass pork

片猪肉经过冻结,其后腿肌肉中心温度为≤－15 ℃的猪肉。

2.1.7

冻鸡　frozen chicken

经冷冻,使鸡胴体肉的中心温度达到≤－15 ℃的整鸡。

2.2 按肉的色泽的称谓

2.2.1

红肉　red meat

含有较多肌红蛋白,呈现红色的肉类,如猪、牛、羊等畜肉。

2.2.2

白肉　white meat

肌红蛋白含量较少的肉类,指鸡、鸭、鹅等禽肉。

2.3 按肉的组成部分的称谓

2.3.1

胴体 carcas

畜禽经宰杀、放血后除去毛、内脏、头、尾及四肢(腕及关节以下)后的躯体部分。

2.3.2

片猪肉 shipper style

猪屠宰后,将胴体沿正中脊椎骨劈(锯)开,分成两分体的猪肉。

2.3.3

犊牛肉 baby beef

生长期在6个月以内的牛肉。

2.3.3.1

犊牛白肉 white baby beef

以牛奶或缺铁性代乳料为饲料,将处于哺乳期犊牛养至6月龄,体重250 kg以下加以屠宰获得的肉色淡红的牛肉。

2.3.3.2

犊牛红肉 red baby beef

以代乳料与全价配合饲料为日粮,将处于哺乳期或断乳后犊牛养至性成熟前加以屠宰获得的肉色浅红的牛肉。

2.3.4

肥肉 fat

肥膘

胴体皮下脂肪及肌间脂肪。

2.3.5

剔骨肉 deboned meat

用人工或机械方法剔除骨头后的肉。

2.3.6

分割肉 cut meat

根据有关标准与要求,对胴体按不同部位,去皮、去骨分割成的肉块。

2.3.7

肩颈肉 boneless boston shoulder

颈背肌肉

从胴体的第五、六肋骨之间平行斩下的颈脊部位的肌肉(俗称1号肉或Ⅰ号肉)。

2.3.8

前腿肌肉 boneless picnic shoulder

从胴体的第五、六肋骨之间平行斩下经剔骨后的前腿部位的肌肉(俗称2号肉或Ⅱ号肉)。

2.3.9

大排肌肉 boneless loin

从胴体的脊椎骨下约4 cm～6 cm的肋骨处,平行斩下的脊背部位的肌肉(俗称3号肉或Ⅲ号肉)。

2.3.10

后腿肌肉 boneless leg

从胴体的腰椎与荐椎连接处斩下经剔骨后的后腿部位的肌肉(俗称4号肉或Ⅳ号肉)。

2.3.11

背膘 back fat

脊膘

猪脊背部皮下的脂肪。

2.3.12

软骨 gristle

动物体内有弹性和脆性的骨组织。

2.3.13

里脊肉 loin

指猪的深腰肌,带或不带根部。

2.3.14

五花肉 abdominal muscle

猪腹部和腹肋部位肥瘦相间的肉。

2.4 按肉的加工部位的称谓

2.4.1

牛四分体带骨肉 bone-in quarter

将牛胴体先沿脊椎中线纵向锯成两分体,再从第十一至第十二肋骨间将两分体横成四分体的牛肉。

2.4.2

牛后小腿肉 behind shank hind shank

牛展

从牛后膝关节至跟腱处割下的净肉,包括排肠肌、趾伸肌和趾伸屈肌。

2.4.3

臀部牛肉 gluteus rump

烩牛扒

沿半腱肌上端至髋骨结节处与脊椎平直割下的净肉,包括半腱肌和股二头肌。

2.4.4

牛膝圆肉 boneless beef knuckle

沿股四头肌与半腱肌连接间膜处割下的股四头肌净肉。

2.4.5

牛短腰肉 short loin

尾龙扒

沿半腹肌上端至髓骨结节处与脊椎平直割下的上部净肉,包括臀中肌、半腱肌和股二头肌。

2.4.6

牛小腹肉 triangle muscle

三角肉

割下膝圆肉露出的三角形净肉。

2.4.7

牛里脊肉 fillet tenderloin

牛柳

从腰内侧割下的带里脊头的完整净肉。

2.4.8

牛腰部肉 loin striploin

从第5～6腰椎处切断,沿腰背侧肌下端割下的净肉。

2.4.9

牛腹部肉 belly steak

牛腩

从前13肋骨断体处,沿股四头肌肉前缘割下的全部腹部净肉。

2.4.10

牛肋条肌　beef rib meat brisket

从肋提肌和肋间内外割下的净肉。

2.4.11

牛胸部肉　chest meat chuck

牛腩

从胸骨、软骨、剑骨和胸部内套条割下的净肉。

2.4.12

牛背部肉　meat of the back of the sirloin roast

沿脊背骨两侧下的净肉,包括颈背棘肌、半棘肌和背最长肌。

2.4.13

牛肩部肉　shoulder meat huckc

从肩胛骨两侧割下的净肉,包括岗上肌和岗下肌。

2.4.14

牛颈部肉　boneless beef crop

从颈骨两侧割下的净肉。

2.4.15

牛前小腿肉　fore shank

牛展

取自牛前腿肘关节至腕关节处割下的净肉,包括腕挠侧伸肌。

2.4.16

牛股内肉　boneless beef topside

针扒

沿缝匠肌前缘连接间膜处割下的净肉,包括股弯肌(股薄肌)、缝匠肌和半膜肌。

2.4.17

眼肌　eye muscle

牛脊椎左右两侧的两条长大的肌肉,即大排肌肉。

2.4.18

白条鸡　chicken carcass

经放血、去毛、净膛后的鸡胴体的总称。

2.4.19

鸡头肉　chuck chicken

位于头骨上的鸡肉,主要由咀嚼肌组成。

2.4.20

鸡颈肉　chuck chicken

位于颈椎周围的肉,由腹肌、颈二腹肌、颈半棘肌、横突间肌和颈腹侧长肌等组成。

2.4.21

鸡胸脯肉　chesk chicken

位于胸骨肉龙骨嵴两侧,由肩带肌组成。

2.4.22

鸡翅　wing chicken

由前肩骨上翅根、翅中和翅尖组成。

2.4.23

鸡大腿肉　leg chicken

位于臀股部，为后肢膝关节以上的肌肉。由臀股部肌组成。

2.5　**其他**

2.5.1

气味　odor

由嗅觉器官察觉到的令人愉快或不愉快的感觉。

2.5.2

风味　flavour

用味觉和嗅觉来评价食品品质，是味觉和嗅觉的综合感觉。

2.5.3

保水性　water holding capacity

肌肉受外力作用时，如加压、切碎、加热、冷冻、解冻、腌制等加工中保持原有的水分与添加水分的能力。

2.5.4

肉汁　meat juice

畜禽肉的细胞中含有的汁液。

2.5.5

肉质　meat quality

对肉的各组织成分的状况和品质特性的评价。

2.5.6

嫩度　tenderness

肉在咀嚼或切割时所需的剪切力。

2.5.7

肉的僵直　meat rigor mortis

畜禽屠宰后，由于肌肉中肌凝蛋白凝固、肌纤维硬化，所产生的肌肉僵硬挺直的过程。

2.5.8

肉的成熟　meat ageing

肌肉在内源性酶的作用下，糖元减少，乳酸增加，肉质变软多汁的过程。这种变化称为肉的成熟，也叫后熟。

2.5.9

肉的自溶　meat autolysin

肌肉在内源性酶的作用下，出现肌肉松弛、色泽发暗、变褐、弹性降低、气味和滋味变劣的现象。

2.5.10

肉的腐败　meat taint

肌肉中蛋白质和非蛋白质的含氮物质，被有害微生物分解，引起的肌肉组织的破坏和色泽变化，产生酸败气味，肉表面发粘的过程。

2.5.11

热收缩　heat shortening

肌肉在僵直的后期，肉温尚未完全散发时发生的收缩。

2.5.12

冷收缩　cold shortening

当肌肉温度降低到10 ℃以下,pH值下降到5.9～6.2之际,所发生的收缩。

2.5.13

冰点　freezing point

肉在冷冻过程中开始冻结的温度,肉的冰点一般在-1.2 ℃左右。

2.5.14

PSE肉　pale,soft and exudative muscle

受到应激反应的猪、牛、羊,屠宰后产生色泽苍白、灰白或粉红、质地松软和肉汁渗出的肉。

2.5.15

DFD肉　dark,firm and dry muscle

受到应激反应的猪、牛、羊,屠宰后产生的色暗、坚硬和发干的肉。

2.5.16

DCB肉　dark,cutting beef

在饥饿应激下屠宰的牛,得到的肌肉切面颜色呈灰暗的牛肉。

2.5.17

副产品　by-product

指头、蹄、尾及内脏等可食用部位。

2.5.18

骨头产品　bone

只带肉或略带肉的肋骨、脊骨和腿骨等。

3　肉制品

3.1　中式肉制品

3.1.1

腊肉　cured meat

以鲜肉为原料,配以各种调味料,经腌制、烘烤(或晾晒、风干、脱水)、烟熏(或不烟熏)等工艺加工而成的生肉制品。

3.1.2

咸肉　corned meat

以鲜肉为原料,经食盐和其他辅料腌制,加工而成的生肉制品。

3.1.3

中国火腿　chinese ham

带皮、骨、爪的鲜猪后腿,经腌制、洗晒或风干、发酵等工艺而制成的具有独特风味的生肉制品。

3.1.4

肉松　dried meat floss

以畜禽瘦肉为主要原料,经修整、切块、煮制、撇油、调味、收汤、炒松、搓松制成的肌肉纤维蓬松成絮状的熟肉制品。

3.1.5

肉干　dried meat dice

以畜禽瘦肉为原料,经修割、预煮、切丁(或片、条)、调味、复煮、收汤、干燥制成的熟肉制品。

3.1.6

肉脯 dried meat slice

以去除筋腱和肥膘的猪、牛等瘦肉为原料，经切片(或绞碎)、调味、腌制、摊筛、烘干、烤制等工艺制成的熟肉制品。

3.1.7

酱卤肉制品 stewed meat in seasoning

以鲜(冻)畜禽肉和可食副产品放在加有食盐、酱油(或不加)、香辛料的水中，经预煮、浸泡、烧煮、酱制(卤制)等工艺加工而成的酱卤系列肉制品。

3.1.8

糟肉制品 meat flavored with fermented rice

将畜禽肉用酒糟或陈年香糟代替酱汁或卤汁制成的肉制品。

3.1.9

熏烤肉制品 smoked meat products

以熏烤为主要加工方法生产的肉制品。

3.1.10

中式香肠 chinese sausage

腊肠

风干肠

以畜禽等肉为主要原料，经切碎或绞碎后按一定比例加入食盐、酒、白砂糖等辅料拌匀，腌渍后充填入肠衣中，经烘焙或晾晒或风干等工艺制成的生干肠制品。

3.1.11

生鲜香肠 fresh sausage product

原料肉经绞碎后加入辅料灌入肠衣中而成的生肉肠类制品。

3.1.12

生熏香肠 smoked and fresh sausage

原料肉，经绞碎(或斩拌)后加入辅料灌入肠衣中，再经烟熏处理的生肉肠类制品。

3.1.13

半干香肠 semi-dry sausage

绞碎的肉经微生物的发酵作用，在热处理和烟熏过程中除去部分水分的肠类肉制品。

3.1.14

干香肠 dry sausage

经过微生物的发酵作用，干燥除去20%～50%的水分的生肉肠类制品。

3.1.15

调制肉制品 prepare meat products

以畜禽鱼肉为主要原料，添加(或不添加)时令蔬菜和(或)辅料、食品添加剂，经滚揉(或不滚揉)、切制或绞制、混合搅拌(或不混合)、成型(或预热处理)、包装、冷却(或冻结)等工艺加工而成的系列风味生肉制品。

3.1.16

肉糕 meat cake

以畜禽肉为主要原料，经绞碎(或斩拌乳化)、调味、成型、熟制、烟熏(或不烟熏)等工艺制成的熟肉制品。

3.1.17

腌制肉　salted meat

以鲜(冻)畜禽肉(或带骨肉)、副产品为原料,配以食盐、调料、食品添加剂等辅料,经修整、注射(或不注射)、滚揉(或搅拌、斩拌)、腌制、切割(或成型)、包装、冷藏等工艺加工而成的生肉制品。

3.2　西式肉制品

3.2.1

熏煮火腿　cooked cured ham

以畜、禽肉为主要原料,经精选、切块、盐水注射(或盐水浸渍)腌制后,加入辅料,再经滚揉、充填(或不充填)、蒸煮、烟熏(或不烟熏)、冷却、包装等工艺制作的火腿类熟肉制品。

3.2.2

熏煮香肠　cooked cured sausage

以畜禽鱼肉为主要原料,经修整、腌制(或不腌制)、绞碎后,加入辅料,再经搅拌(或斩拌)、乳化(或不乳化)、充填(或不充填成型)、烘烤、蒸煮、烟熏(或不烟熏)、冷却等工艺制作的香肠类熟肉制品。

3.2.3

香肠制品　sausage product

畜禽鱼肉经绞切,腌制(或不腌制),斩拌,乳化成肉馅、肉丁、肉糜或其他混合物,并添加调味料、香辛料、填充料,灌入肠衣(或成型),再经烧烤、蒸煮、烟熏、发酵、干燥等工艺(或其中几个工艺)制成的熟肉制品。

3.2.4

血肠　blood sausage

用畜禽血或混同畜禽肉或舌、皮、脂肪为原料经相关工序后灌入肠衣,通过蒸煮或低温烟熏等工艺制成的肉制品。

3.2.5

发酵香肠　fermented sausage

将绞碎的猪肉(或牛肉)、动物脂肪、盐、糖、发酵剂和香辛料等混合后灌进肠衣,经过微生物发酵而制成的香肠制品。

3.2.6

培根　bacon

通常以猪的背肉、腹肉、颈肉或肩肉为原料,经注射、腌制、滚揉、成型(或不成型)、干燥、烟熏(或不烟熏)、烘烤等工艺制成的肉制品。

3.2.7

火腿　ham

以带骨或不带骨的、整块或绞碎的鲜(冻)畜禽肉为原料,经过注射(或不注射)、滚揉(搅拌)或腌制、灌入肠衣成型(或直接成型或模具成型)、蒸煮(或熏煮或发酵)而成的一类肉制品。

3.2.8

肉灌肠　pour sausage

以鲜(冻)畜、禽、鱼肉为主要原料,经调味、充填(或不充填)、成型等工艺制作的肉制品。包括中西式灌肠和无皮肠。

4 肉制品加工

4.1

腌制剂　curing agent

用食盐、香辛料和食品添加剂等成分组成用来提高肉的防腐、风味、肉质和发色性能的一种混合料。

4.2

腌制　cure

用食盐或以食盐为主并添加香辛料和食品添加剂等辅料对原料肉进行腌渍的过程。

4.3

干腌法　dry salt curing

用食盐或盐硝混合物涂擦肉表面，进行腌制肉的一种方法。

4.4

湿腌法　pickle curing

用食盐或盐硝混合物溶液进行腌制肉的方法。

4.5

注射腌制法　injection curing

先用盐水注射，然后再滚揉或放入盐水中腌制肉的方法。

4.6

绞肉　grind

将原料肉通过绞肉机进行破碎的过程。

4.7

切丁　dicing

把肉切成小方块。

4.8

斩拌　chopping

用斩拌机对肉(含各种辅料)进行细切和乳化的过程。

4.9

滚揉　tumbling

利用滚揉机将肉胚进行翻滚和揉搓，使加入的腌制剂、调味料等辅料迅速均匀地扩散到肌肉纤维组织的过程。

4.10

灌制　filling

将肉馅充入肠衣内的操作。

4.11

装模　molding

将腌制好的肉装入包装袋或容器中使之成型的操作。

4.12

打卡　clip

香肠或火腿充填后用打卡机对两端进行封口的过程。

4.13

炖　braise

将肉放入水用文火慢慢地煮，使肉熟烂的过程。

4.14

烘烤　roast

将肉或肉制品置于高于 100 ℃烤箱或烟熏炉中烤制的过程。

4.15

油炸　fried

将肉或肉制品置于较高温度的油脂中，使其快速熟化的过程。

4.16

烧烤　roast

将肉或肉制品置于木炭或电加热装置中烤制的过程。

4.17

干燥　dry

肉制品在低于 100 ℃条件下失去水分的过程。

4.18

卤制　stew in soy sauce

主料配以辅料煮的过程。

4.19

炒制　stir-fry

食品放在锅内，边加热边翻动的过程。

4.20

烘焙　bake over a slow fire

用微火使食品变熟的过程。

4.21

高温蒸煮　high evaporate

用高于 121 ℃蒸汽的热力使食物变熟的过程。

4.22

骨肉分离　separate

将残存在骨头上的肉通过挤压或其他的方法，使肉和骨分离。

4.23

中心温度　core-temperature

系指肉制品在加工中，从其中心处所测得的温度。该温度是测试肉制品成熟程度的主要温度指标。

4.24

蒸煮损失　cooking loss

生肉加工成熟肉过程中因蒸煮使水分损失而发生的质量减少。

4.25

熏制　smoking

利用木材、木屑、茶叶、糖等材料不完全燃烧而产生的熏烟和热量使肉制品增添特有的熏烟风味的一种方法。

4.25.1

直接烟熏法　direct-smoking

在烟熏炉内，将木材燃烧直接发烟熏制。

4.25.2

间接烟熏法　indirect-smoking

利用单独的烟雾发生器发烟，将燃烧好的具有一定温度和湿度的熏烟引进烟熏室，对肉制品进行熏烤的方法。

4.25.3

冷熏法 cold smoking

温度在 15 ℃～30 ℃条件下，进行长达 4 h～20 h 的烟熏方法。

4.25.4

液熏法 liquid-smoking

将木材干馏去掉有害成分，保留有效成分的烟收集起来进行浓缩，制成水溶性或油溶性的液体，将肉浸泡其中进行熏制的方法。

4.25.5

温熏法 warm-smoking

温度在 30 ℃～50 ℃条件下的熏制方法。

4.25.6

热熏法 heat-smoking

温度在 50 ℃～80 ℃条件下的熏制方法。

4.25.7

焙熏法 roast-smoking

温度在 90 ℃～120 ℃条件下的熏烤方法。

4.25.8

电熏法 electrical smoking

应用静电进行烟熏的方法。

4.26

发酵 ferment

在微生物作用下对物质进行分解的过程。

4.27

二次杀菌 again disinfeet

在低于 100 ℃水温条件下杀死有害菌的过程。

5 肉制品包装材料

5.1

天然肠衣 natural casings

采用健康牲畜的食道、胃、小肠、大肠和膀胱等器官，经过特殊加工，对保留的组织进行腌渍或干制的动物组织，是灌制香肠的衣膜。

5.1.1

盐渍肠衣 salted casings

专用盐腌制的天然肠衣。

5.1.2

干制肠衣 dried casings

腌制清洗后经晾干或烘干的天然肠衣。

5.2

人造肠衣 artificial casing

把动物皮、塑料、纤维、纸等加工成的片状或管状薄膜。

5.3

胶原蛋白肠衣　collagen casing

以猪、牛真皮层的胶原蛋白纤维为原料，在碱液中挤压成型制成的管状肠衣。

5.4

纤维肠衣　cellulose casing

用纤维挤压而成的肠衣。

5.5

塑料肠衣　plastic casing

用聚偏二氯乙烯(PVDC)，聚乙烯(PE)、聚丙烯(PP)等制成的肠衣。

5.6

玻璃纸肠衣　glassine casing

再生胶质纤维素薄膜制成的片状或筒状肠衣。

5.7

复合膜　compound film

由两种或两种以上的具有不同性能的物质结合在一起组成的材料。

5.8

保鲜膜　protect film

用聚乙烯(PE)、聚偏二氯乙烯(PVDC)等制成的具有保鲜、自粘性能的薄膜。

中 文 索 引

英 文 索 引

O

P

R

S

T

W

ICS 65.020.30
B 40

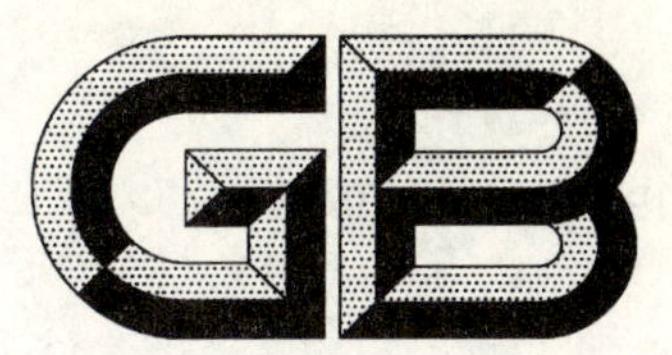

中华人民共和国国家标准

GB/T 19525.1—2004

畜禽环境　术语

Animal environment—Terminology

2004-05-31 发布　　2004-10-01 实施

中华人民共和国国家质量监督检验检疫总局
中国国家标准化管理委员会　发布

前　言

本标准由中华人民共和国农业部提出。

本标准由农业部畜牧兽医局技术归口。

本标准起草单位：中国农业科学院、中国农业大学、农业部规划设计研究院。

本标准主要起草人：董红敏、黄宏坤、何晴、王新谋、豆小敏、廉亚平、陈清明、陶秀萍、田立亚、赵书广、李保明、耿如林。

畜禽环境　术语

1　范围

本标准规定了与畜禽环境相关的术语。

本标准适用于畜禽环境领域中的专用术语。

2　一般术语

2.1

畜禽环境　animal environment

畜禽周围空间中对其生存有直接或间接影响的各种因素的总和。包括(1)物理因素：主要包括温度、湿度、气流、气压、降水、太阳辐射、灰尘、噪声、土壤、牧场、畜舍等。(2)化学因素：空气中的各种固有气体成分（如 O_2、N_2）、畜舍中的有害气体（如 H_2S、NH_3、CO_2、CO 等）和污染大气的有害气体（如 SO_2、HF、O_3 等）以及饲料、牧草中所含的营养成分和水体、土壤、饲料中所含有的或混入的有毒物质；(3)生物因素：空气、饮水、土壤、饲料中存在的病原微生物、寄生虫以及家畜群体之间关系；(4)人为因素：人们对畜禽的饲养、管理、调教和利用等。

2.2

畜禽环境工程　animal environmental engineering

运用工程技术原理和生物科学的原理和方法，进行畜牧场及畜禽舍环境控制设计与管理、预防、消除与减轻环境污染、保护和改善环境质量所采取的技术途径与技术措施。

2.3

畜禽环境卫生学　animal environmental hygiene

研究环境因素对畜禽健康和生产性能的影响规律，制定卫生标准和要求，提出环境改善措施，达到畜禽健康、安全和安全生产的一门学科。

2.4

环境控制　environmental control

根据畜禽的生物学要求和生理学特点，通过工程技术和管理措施，以改善和控制畜禽环境，使之尽可能有利于畜禽的健康与生产。

2.5

环境监测　environmental monitoring

人们对影响人类和生物生存发展的环境质量状况进行监视性测定的活动。

2.6

环境污染　environmental pollution

有害物质或因子进入环境，并在环境中扩散、迁移及转化，使环境系统的结构和功能发生变化，对人类或其他生物的正常生存和发展产生不利影响的现象。

2.7

畜产公害　public hazard of animal production

畜禽生产和畜产品加工过程中产生的废弃物所引起的严重的环境污染。

2.8

环境保护　environmental protection

人类为解决现实的或潜在的环境问题，维持自身的存在和发展而进行的各种具体实践活动的总称。

在畜牧业中环境保护包括两方面:(1)防止畜牧业废弃物污染环境;(2)避免工农业生产、交通运输及居民生活对畜牧业环境的污染。

2.9

环境管理 environmental management

为了实现预期的环境目标,对畜牧业生产过程中的环境质量进行调节和控制,实现经济、社会及环境效益的统一。

2.10

环境影响评价 environmental impact assessment,EIA

对建设项目、区域开发计划及国家政策实施后可能对环境造成的影响进行预测和估计。

2.11

环境标准 environmental standards

在综合考虑自然环境特征、科学技术水平和经济条件及畜禽生理和生产要求的基础上,国家有关部门在一定时期内对畜禽环境各项指标所作的具体规定。

2.12

资源化 reclamation

通过管理和工艺措施等,把废弃物转化为资源的系列过程。

2.13

无害化 harmless

使废弃物的有害成分达到不危害人类生存环境和畜禽生产环境的系列过程。

2.14

减量化 reducing quantity

使废弃物减小体积、减小重量、减少污染总量的处理过程。

2.15

清洁生产 cleaner production

清洁生产是将综合预防的环境策略持续地用于生产过程和产品之中,以便减少对人类和环境风险性的过程,是低消耗、低污染、高产出,是实现与经济效益、社会效益和环境效益相统一的生产模式。

2.16

生态系统 ecosystem

一定区域内生物有机体和外界环境通过相互作用形成的一个整体,基本结构包括无机环境、生产者、消费者和分解者四部分。

2.17

生态畜牧业 eco-animal husbandry

以生态平衡为前提,以畜牧业为主,兼顾环境效益、社会效益和经济效益的复合生产体系。

2.18

饲养密度 stocking density

畜禽舍内每单位面积容纳畜禽的数量。

2.19

应激 stress

有机体对外界或内部的各种非常刺激所产生的非特异性应答反应的总和。

2.20

气候驯化 acclimatization

动物对不良气候环境较长期的生理适应过程。

2.21

气候服习　acclimation

动物对不良气候环境短期的生理适应过程。

2.22

气候适应　adaptation

动物在生存竞争中为适应气候条件而形成一定性状的现象。

2.23

小气候　microclimate

由于地表性质不同或人类和生物的活动所造成的小范围的特殊气候。

3　畜禽场环境质量

3.1　温度

3.1.1

温度场　temperature field

介质中所有各点在同一时刻的温度分布状态。

3.1.2

空气温度　air temperature

表示空气冷热程度的物理量。气象台以设置在距地面 1.5 m 高处的百叶箱内的温度代表当地的气温。

3.1.3

环境温度　environment temperature

畜禽周围空间的温度。

3.1.4

平均气温　average air temperature

不同时间内空气温度的平均值。如日、旬、月和年的平均气温。日平均温度为一天二十四小时每隔一小时观察一次的平均值;或一天内 2:00、8:00、14:00 和 20:00 观察四次的平均值。旬、月、年平均气温可根据日平均气温推算。

3.1.5

适宜温度　optimum temperature

适宜于畜禽生产和维持健康的环境温度。

3.1.6

等热区　thermoneutral zone

恒温动物主要依靠物理调节维持体温平衡的环境温度范围。在该范围内,动物的代谢率最低且恒定,并且不受环境温度的影响。

3.1.7

临界温度　critical temperature

等热区的上下限,即畜禽仅靠物理调节就能保持体热平衡的最高和最低温度。

3.1.8

有效温度　effective temperature

畜禽在不同温度、湿度和风速的综合作用下所产生的热感觉指标。

3.1.9

综合温度　sol-air temperature

在计算畜禽舍外围护结构的得热量时,所采用的一种假想的舍外空气温度,在该温度的作用下进入围护结构外表面的热量,等于在舍外空气温度和太阳辐射共同作用下进入该外表面的热量。

3.2 湿度

3.2.1

空气湿度 air humidity

表示空气中水气含量或潮湿程度的物理量。通常用绝对湿度、相对湿度、露点温度等表示。

3.2.2

相对湿度 relative humidity

空气中实际水气压与当时气温下饱和水气压的百分比。

3.2.3

绝对湿度 absolute humidity

单位容积空气中所含的水气质量。单位是 g/m^3。

3.2.4

温湿度指数 temperature-humidity index,THI

气温和气湿相结合以估计炎热程度的一种指标。

3.2.5

露点 dew point

当空气中水汽含量不变且气压一定时,由于气温下降,使空气中所含水汽达到饱和时的温度。它实际表示空气湿度。

3.3 光照

3.3.1

照度 illumination intensity

物体表面所得到的光通量与被照射面积之比,即到达物体表面的光通量密度,故亦称"光通量密度",单位为勒(lx)。

3.3.2

勒 lux

勒(勒克斯)为照度单位,1 流明光通量平均分布于 1 平方米表面积上的照度为 1 勒。

3.3.3

太阳辐射 solar radiation

太阳发射的电磁辐射。辐射的波长范围为 4 nm～300 000 nm,其光谱组成按人类视觉可分为红外线、可见光、紫外线。

3.3.4

紫外线 ultraviolet rays

波长范围为 4 nm～380 nm 的电磁辐射。

3.3.5

红外线 infrared rays

波长范围在 760 nm～10^6 nm 之间的电磁辐射。

3.3.6

光周期 photoperiod

一定时间内明暗交替循环的变化规律。

3.3.7

光周期性 photoperiodism

畜禽对光明暗周期的生理性反应。

3.3.8

昼夜节律　circadian rhythm

随着昼夜变化，动物在生理、行为上表现出的周期性变化。

3.4　气流

3.4.1

气流　air movement

由于热或动力作用引起的空气流动。

3.4.2

气流组织　air distribution, space air diffusion

对舍内空气的流动形态和分布进行合理组织，以满足畜禽舍对空气温度、湿度、洁净度以及舒适感等方面的要求。

3.4.3

气流方向　airflow direction

空气有组织运动的方向。

3.4.4

速度场　velocity field

空间所有各点在同一时刻的流体速度矢量分布状态。

3.4.5

主导风向　cardinal wind

一定时间内在当地出现频率最高的风向。

3.4.6

贼风　draft, draught

畜禽舍外围护结构有缝隙时形成的一股温度较低且速度较大的气流。

3.4.7

穿堂风　through flow, through-draught, cross-ventilation

在风压作用下，室外空气从建筑物一侧进入，贯穿内部，从另一侧流出的自然通风。

3.4.8

倒灌　wind blow in, down draft

天窗、风帽等处于正压作用下，导致从室内排向室外的空气倒流入室内的现象。

3.4.9

风速　wind velocity

单位时间内空气在水平方向上的位移。单位是米/秒、公里/小时或海里/小时。

3.4.10

平均风速　mean wind velocity

a) 某给定时段内的风速的平均值。在观测规范中，以正点前10分钟至正点的平均风速作为该正点的风速。

b) 给定空间内同时的风速平均值。

3.4.11

风级　wind force scale

根据风对地面或海面上物体的影响引起的各种征象来估计风速大小而制定的等级。通常划分为13个风级(0级～12级)。

3.4.12

风向频率　wind direction frequency

风向在一定时段内的出现次数，占同一时段内风向(包括静风)观测总次数的百分比。

3.4.13

风向频率图　wind rose

又称风玫瑰图。表示某地一定时期内风向频率的气候统计图解。图的作法是：由图中心引出八条直线代表八个方位的风向，将一定时期内各风向频率值按比例画在直线上（无风在中心作圆），然后将各点用直线联接起来即可。从图上不仅可以看出各风向频率的大小，并可确定当地某一时期内的主导风向。

3.5　热量

3.5.1

畜舍热平衡　thermal balance in animal house

畜舍内得热与散热之间的平衡。

3.5.2

畜体热平衡　thermal balance of animals

畜体在维持体温恒定的过程中，代谢产热量和自外界获得热量与畜体散热之间的平衡。

3.5.3

体热调节　thermoregulation

动物为达到热平衡，保持体温恒定，通过中枢神经系统对产热和散热所进行的调节。包括化学调节和物理调节。借助提高或降低代谢率以调节产热量的调节称为化学调节；通过提高或降低辐射、传导、对流、蒸发散热量的调节称为物理调节

3.5.4

畜体产热　heat production of animal

畜体为达到热平衡、保持体温恒定，而与周围环境进行的热量转移。

3.5.5

热损失　heat loss

畜体或畜舍向外散失的热量。畜体的热损失指从畜体散发到周围环境的热量，其中有蒸发散热、对流散热、辐射散热和少量的热传导。畜舍的热损失包括通过围护结构传导向室外的散热、空气渗透和通风带走的热量、地面传热、室内水分蒸发及蒸汽渗透带走的潜热等。

3.5.6

蒸发散热　evaporative heat loss

水分蒸发引起热量转移的过程。

3.5.7

辐射散热　radiation heat loss

依靠电磁波辐射实现冷热物体间热量转移的过程。

3.5.8

传导散热　conductive heat loss

温度不同的各部分物质之间仅由于直接接触，没有宏观相对位移而实现热量转移的过程。

3.5.9

对流散热　convective heat loss

依靠流体微团的宏观运动实现热量转移的过程。

3.5.10

热容量　heat capacity

某物体的温度升高1℃所需要的热量。

3.5.11

热流量　heat flow rate

单位时间的传热量。

3.5.12

显热　sensible heat

在物质吸热或放热过程中，能使其温度发生变化的热量。

3.5.13

潜热　latent heat

在一定温度和压力下，物质发生相变的过程中所吸收或放出的热量。

3.5.14

全热　total heat

显热与潜热之和。

3.6　有害气体与粉尘

3.6.1

恶臭　odor

从受污染的大气、水体和各种固态物质散发出的令人不愉快的一类气味的总称。

3.6.2

臭气浓度　odor concentration

大气中单位容积内所含臭气的值。

3.6.3

嗅觉阈值　olfactory threshold

物质刺激人的嗅觉器官产生嗅觉的最小浓度。

3.7　颗粒物

3.7.1

气溶胶　aerosol

以固体或液体为分散质(又称分散相)和气体为分散介质所形成的溶胶。

3.7.2

粉尘　dust

悬浮于气体介质的小固体粒子。

3.7.3

飘尘　floating dust

大气中粒径小于 10 μm 的固体颗粒，它能长期地在大气中漂浮。

3.7.4

降尘　dustfall

大气中粒径大于 10 μm 的固体颗粒物的总称。它在重力作用下，可在较短时间内沉降到地面。

3.7.5

总悬浮颗粒物　total suspended particulate，TSP

大气中粒径小于等于 100 μm 的所有固体颗粒物。

3.7.6

可吸入颗粒物　particular matter less than 10 μm，PM10

悬浮在空气中，空气动力学当量直径小于 10 μm 的颗粒物。

3.8 微生物

3.8.1

细菌总数 total number of bacteria

单位体积、单位面积或重量的样品在一定的培养条件下所生长的菌落总数。

3.8.2

大肠菌指数 coliform index

反映水、土壤、蔬菜等直接或间接地受人、畜粪便污染程度的一个指标，指单位容积(L)或单位重量(g)样品所含大肠菌的数量。

3.8.3

大肠菌群值 colititer

反映水、土壤、蔬菜等直接或间接地受人、畜粪便污染程度的一个指标，被测物平均多少样品(容积或体积)中能查出一个大肠菌群。

3.8.4

大肠菌群 coliform group

所有在37℃培养下，在48 h能使乳糖发酵而产酸、产气的、不生芽孢的、革兰氏阴性好氧与兼性厌氧的杆菌。

3.8.5

嗜温性微生物 mesophilic microorganism

最佳活动温度范围在35℃～45℃之间的各种微生物。

3.8.6

嗜热性微生物 thermophilic microorganism

最佳活动温度范围大于55℃的各种微生物。

3.8.7

需氧细菌 aerobic bacteria

需要游离态氧来生长的细菌。

3.8.8

厌气性细菌 anaerobic bacteria

在生命活动过程中不需要氧气而进行无氧呼吸的细菌。

4 畜禽舍环境控制

4.1 光照

4.1.1

自然采光 natural lighting

使太阳的散射光或直射光通过畜舍的开露部分或窗户进入舍内而达到照明目的的一种采光方式。

4.1.2

人工照明 artificial lighting

用电灯等人工光源进行畜禽舍照明。

4.1.3

采光系数 lighting coefficient

畜禽舍窗户的有效透光面积与畜禽舍地面面积之比，表示畜禽舍对自然采光的需求。

4.2 防寒采暖

4.2.1

稳态传热 steady-state heat transfer

传热体系中任何一点的温度和热流量均不随时间变化的传热过程。

4.2.2

非稳态传热　unsteady-state heat transfer

传热体系中任何一点的温度和热流量均随时间变化的传热过程。

4.2.3

热流量　heat flow rate

单位时间的热传量。

4.2.4

采暖热负荷　heating load

根据畜禽舍耗热量和得热量的平衡，计算出需要采暖系统供给的热流量。

4.2.5

传热系数　coefficient of heat transfer

稳态条件下，在物体两侧的冷热流体之间的单位温差作用下，单位面积通过的热通量。

4.2.6

畜禽舍耗热量　animal house heat loss

围护结构在室内外温差作用下向外传递的热流量，分为基本耗热量和附加耗热量。

4.2.7

基本耗热量　basic heat loss

在稳态传热条件下，由于舍内外温差作用，通过畜禽舍各部分围护结构向外传递的热流量。

4.2.8

附加耗热量　additional heat loss

基于风力和房间朝向及高度等因素的影响．对基本耗热量所采取的附加或折减量。

4.2.9

隔热　heat insulation，thermal insulation

采用适当的材料或构件作隔离层，以减少热量传递的措施。

4.2.10

蓄热　heat storage，thermal storage effect

由于围护结构与畜禽舍内其他物件具有一定的热容量，而使畜禽舍产生对于得热量的蓄积和释放现象。

4.2.11

导热系数　thermal conductivity

稳态条件时，在单位温差作用下，通过单位厚度、单位面积的匀质材料的热流量。

4.2.12

热阻　thermal resistance

表征物体阻抗热传导能力大小的物理量。

4.2.13

采暖设备　heating equipment，heating appliance

用于采暖的各种设备，如锅炉、换热器、暖风机、散热器等。

4.3　防暑降温

4.3.1

防暑降温　cooling

为缓解畜禽舍内高温环境而采取的工程措施或管理措施。

4.3.2

蒸发降温　evaporative cooling

利用水蒸发吸收空气中的显热，达到降低空气温度的一种降温措施。

4.3.3

喷雾降温　spray cooling

将水喷成雾滴,使水迅速汽化吸收畜禽舍内显热量的一种降温措施。

4.3.4

湿帘降温　pad-fan cooling

在强制通风条件厂,迫使空气穿过被水淋湿的多孔材料,通过水汽蒸发吸收显热进行空气降温的一种技术。

4.3.5

滴水降温　drip cooling

在动物颈背部等血管密集部位进行滴水,以缓解动物热应激的一种降温方式。

4.4　畜禽舍通风

4.4.1

通风　ventilation

通过向建筑物内引入新鲜空气而排除污浊空气的过程。

4.4.2

畜禽舍通风　ventilation in animal house

为改善畜禽生产和其健康条件,采用自然或机械方法,增加畜禽舍内外空气交换,提高舍内风速、改善舍内小气候的措施。

4.4.3

纵向通风　tunnel ventilation

在畜禽舍纵向一端安装风机排气,另外一纵墙设置进气口,从而在畜禽舍内形成纵向气流的通风方式。

4.4.4

横向通风　cross ventilation

在畜禽舍一侧纵墙安装风机排气,另外一侧纵墙设置进气口,从而在畜禽舍内形成横向气流的通风方式。

4.4.5

通风短路　short circuit of ventilation

进入畜禽舍内的气流未参与舍内空气交换直接流出舍外的现象。

4.4.6

机械通风　mechanical ventilation

利用通风机械实现畜禽舍换气的通风方式。

4.4.7

自然通风　natural ventilation

在畜禽舍内外空气温差、密度差和风压作用下实现畜禽舍内外空气交换的通风方式。

4.4.8

负压通风　negative pressure ventilation

利用通风装置将畜禽舍内空气排出舍外,从而造成舍内的空气压力低于舍外压力,使舍外空气通过进气口进入舍内,形成空气交换的通风方式。

4.4.9

正压通风　positive pressure ventilation

利用通风装置向畜禽舍内送风,从而造成舍内空气压力大于舍外压力,使舍内空气通过排气口排出舍外,形成空气交换的通风方式。

4.4.10

正压过滤通风 pressurized filtering ventilation

在进风口增加过滤设备的正压通风方式。

4.4.11

滤网 filter

作为过滤层的网状介质。

4.4.12

导流装置 baffle

改善气体或液体流动特性的装置。

4.4.13

粘附现象 adhereing phenomenon

在实地送风时,多将进气口靠近顶棚安装,射流将粘附于顶棚上的现象。

4.4.14

通风量 ventilation rate

单位时间内进入畜禽舍内或从畜禽舍内排出的空气量。

4.4.15

必需通风量 ventilation rate requirements

维持畜禽健康条件和生产所必需的通风量,以立方米每头(只)·分或立方米每公斤体重·时表示。必需通风量又分最大通风量和最小通风量。

4.4.16

新风量 fresh air rate

单位时间内引入畜禽舍或系统的新鲜空气量。

4.4.17

换气次数 ventilation frequency

单位时间内,畜禽舍内空气的更换次数,即通风量与畜禽舍容积的比值。

4.5 系统压力

4.5.1

静压 static pressure

流体在流动时产生的垂直于流体运动方向的压力。

4.5.2

动压 velocity pressure

流体在流动过程中受阻时,由于动能转变为压力能而引起的超过流体静压部分的压力。

4.5.3

全压 total pressure

动压与静压之和。

4.5.4

热压 heat pressure

由于温差引起的畜禽舍内外空气柱的重力差。

4.5.5

风压 wind pressure

风流经建筑物时,在其周围形成的静压与稳定气流静压的差值。

4.5.6

磨擦阻力 friction loss,frictional resistance

当流体沿管道流动时,由于流体分子间及其与管壁间的磨擦而引起的阻力。

4.5.7

局部阻力　local resistance

当流体流经设备及管道中的三通、弯头等附件时，在边界急剧改变的区域，由于涡流和速度的重新分布而产生的阻力。

4.6　自动控制

4.6.1

自动控制　automatic control

在无人直接参与的情况下，采用控制装置使被控设备、系统、生产过程或环境按照预定的方式运行或使被控参数保持规定值的操作。

4.6.2

控制装置　control device

在控制系统中，除调节对象以外的所有装置的统称。

4.6.3

调节对象　controlled objectives

控制系统中被控制的设备、系统、生产过程或环境，也称作被控对象。

4.6.4

被控参数　controlled variable

调节对象要求保持恒定的或按一定规律变化的物理量，也称被控制量。

4.7　畜禽舍

4.7.1

密闭舍　enclosed houses

通过墙体、屋顶等外围护结构形成封闭状态、人工调控舍内外环境的畜禽舍形式。

4.7.2

有窗舍　house with windowns

外围护结构设窗户的畜禽舍形式。

4.7.3

开放舍　open-front houses

墙体一面或两面敞开的畜禽舍。

4.7.4

半开放舍　semi-open-front houses

墙体一面或两面为半截矮墙的畜禽舍形式。

4.7.5

凉棚　shelter，sun shade

主要用以为畜禽遮阳的设施。一般只是有棚，无墙。

4.7.6

围护结构　building envelope

建筑物及房间各面的围挡物，如墙体、屋顶、地板和门窗等。分内、外围护结构两类。

4.7.7

场址选择　site selection

从工程学、环境学、经济学、法律及政治学等诸方面综合考虑，选择拟建项目的最适地点。

4.7.8

畜牧场功能分区　functional zoning in animal farm

根据建(构)筑物的使用功能进行分区布置。

4.7.9

场区绿化带 plantings

畜禽场内部或四周种植的一定宽度的草本、乔灌木相配的林带。

4.7.10

缝隙地板 slotted floor

铺设于粪沟上带缝隙的畜舍地面。

5 畜禽场废弃物处理利用

5.1 废弃物

5.1.1

畜禽废弃物 animal waste

畜禽生产过程中产生的废弃物,包括粪便、垫草、尸体和残渣等。

5.1.2

粪便 manure

畜禽的粪尿排泄物。

5.1.2.1

液态粪便 liquid manure

总固体含量少于8%～10%的粪便。

5.1.2.2

半固态粪便 semi-solid manure

总固体含量为8%～22%的粪便。

5.1.2.3

固态粪便 solid manure

鲜粪中的总固体含量:猪粪18%～20%、鸡粪20%～22%、牛粪18%称为固态粪便。

5.1.3

垫料 bedding

畜禽舍中与畜体直接接触的铺垫材料。

5.2 废弃物处理

5.2.1

生化需氧量 biochemical oxygen demand

水中有机物在需氧性细菌作用下进行生物化学分解时所消耗的溶解氧量。通常以20℃培养5日后1 L水中减少的溶解氧量(以mg/L计)表示,其符号为BOD_5。

5.2.2

化学需氧量 chemical oxygen demand

水中有机物在强氧化剂(如重铬酸钾、高锰酸钾)作用所消耗的氧化剂的量(以mg/L计),其符号为CODcr或CODmn。

5.2.3

总有机物碳 total organic carbon,TOC

水中溶解性和悬浮性有机物中存在的全部碳(以mg/L计),符号为TOC。

5.2.4

浊度 turbidity

由于水中存在微细分散的悬浮离子,使水透明度降低的程度。

5.2.5

总需氧量　total oxygen demand

高温燃烧时，样品中可以氧化的物质氧化时所消耗氧的量。

5.2.6

溶解氧　dissolved oxygen，DO

溶解在水、废水或其他液体中的分子态氧，一般用 mg/L 或饱和百分比表示。

5.2.7

溶解氧曲线　dissolved oxygen curve

表示沿着流动水道剖面的溶解氧含量图。

5.2.8

电导率(电导系数)　specific conductance，electrical conductivity

又称比电导。在水溶液中插入面积为 1 cm^2 的两个电极片，相隔 1 cm 时所测得的电导值。

5.2.9

pH

全称“氢离子浓度指数”，也称“氢离子指数”。指水溶液中氢离子浓度(H 有效浓度)的常用对数的负值。

5.2.10

碱度　alkalinity

水中所有能与强酸发生作用的物质接受质子的总量。碱度的单位通常用 mg/L 碳酸钙或 mmol/L 表示。

5.2.11

氨化　ammonification

微生物分解畜禽废弃物中含氮的有机物，释放氨的过程。

5.2.12

硝化　nitrification

氨态氮通过生化反应生成亚硝酸盐或硝酸盐的过程。

5.2.13

反硝化　denitrification

在微生物作用下，将氮氧化物转化成氮气或氧化亚氮气体的过程。

5.2.14

总固体含量　total solids content

水、废水或半固体物质的水样经过蒸发，残留物在一定温度下(一般是 103℃持续 24 h)干燥后剩余物质的量，通常以 mg/L 或百分比表示。

5.2.15

溶解固体　dissolved solids

对水样进行过滤操作，滤液(包括溶解物质和一部分胶体物质)在 103℃～105℃温度下烘干后的残渣。

5.2.16

悬浮固体　suspended solids

对水样进行过滤操作，滤渣(包括溶解物质和一部分胶体物质)在 103℃～105℃温度下烘干后的残渣。

5.2.17

挥发性固体　volatile solids

在 550℃(±50℃)温度下加热 1 h 以上后，作为挥发性(可燃性)气体从总固体中逸散出来的部分。

5.2.18

非挥发性固体　non-volatile solids

在550℃(±50℃)温度下加热1 h以上后,灼烧后的残余物质。

5.2.19

沼气　biogas

生物体或其排泄物经过厌氧微生物分解后产生的气体。其主要成份是甲烷和二氧化碳。

5.2.20

污泥　sludge

经自然或人工过程从粪便和各种污水中分离出来的固体及污水经生物处理后产生的生物团块。

5.2.20.1

活性污泥　activated sludge

好氧微生物处理废水时生成并累积的生物团块(絮凝体)。

5.2.20.2

污泥浓度　sludge concentration

单位体积混合液中活性污泥的干重。

5.2.20.3

污泥体积指数　sludge volume index,SVI

简称污泥指数(SI),指曝气池污泥混合液经30 min沉降后,1 g干污泥所占的体积。

5.2.20.4

污泥沉降比　sludge settling ratio

将混合均匀的活性污泥混合液迅速倒入1 000 mL量筒中至满刻度,静置30 min,沉降污泥与所取混合液之体积比为污泥沉降比。

5.2.20.5

富营养化　eutrophication

氮、磷等营养元素含量过高的水体状况。

5.2.21

水力负荷　hydraulic loading

单位体积滤料或单位面积水池每天可以处理的废水的量。单位是立方米(废水)每立方米(滤料)·日或立方米(废水)每平方米(水池)·日。

5.2.22

稳定化　stabilization

使复杂的有机物质转化成简单的无机物质的过程。

5.3　固态废弃物处理技术

5.3.1

堆肥处理　composting

将畜禽有机固体废物集中堆放并在微生物作用下逐渐稳定的过程。

5.3.1.1

好氧堆肥　aerobic composting

在充分供氧的条件下,主要利用好氧微生物进行的堆肥化过程。

5.3.1.2

厌氧堆肥　anaerobic composting

在隔绝氧气的条件下,主要利用厌氧微生物进行的堆肥化过程。

5.3.1.3

高温堆肥　thermophilic composting

主要利用嗜热性微生物作用的堆肥过程，最佳温度范围为55℃～65℃。

5.3.1.4

中温堆肥　mesophilic composting

主要利用嗜温性微生物作用的堆肥过程，最佳温度范围为35℃～45℃。

5.3.1.5

动态发酵　dynamic fermentation

物料在外力作用下处于持续或间歇运动状态的堆肥发酵过程。

5.3.1.6

静态发酵　static fermentation

物料处于相对静止状态的堆肥发酵过程。

5.3.1.7

堆肥基质　compost substrate

提供堆肥微生物群落生命活动所需的能量与合成细胞质的物质。

5.3.1.8

腐熟度　putrescibility

在堆肥领域，描述有机物稳定化程度的指标。

5.3.1.9

腐殖质　humus

生物体物质在土壤、水和沉积物中由缩合和聚合作用转化而成的一系列比较稳定的、黑色的高分子有机化合物。

5.3.1.10

碳氮比　C/N ratio，carbon-nitrogen ratio

垃圾、堆肥、土壤等物料中碳元素和氮元素含量之比。

5.3.1.11

熟化　maturation

堆肥物料在微生物的作用下降解并达到稳定化的过程。

5.3.1.12

腐熟堆肥　matured compost

熟化后的堆肥。

5.3.1.13

堆肥周期　composting period

物料完成堆肥化所需的时间。

5.3.1.14

堆肥耗氧速率　oxygen consumption rate of compost

在堆肥过程中，单位反应体积或单位质量的物料在单位时间内所消耗的氧量。

5.3.1.15

需氧量　oxygen demand

达到指定的熟化程度时，堆肥反应所需的氧量。

5.3.1.16

供氧量　oxygen supply

向堆肥反应区供应的氧量。

5.3.1.17

一级发酵 primary fermentation

堆肥发酵的第一阶段,以废弃物中易分解的有机组分被微生物迅速分解为特征的发酵过程。

5.3.1.18

二级发酵 secondary fermentation

堆肥的熟化阶段。一级发酵后,微生物以较低的速度分解较难降解有机物和发酵中间产物的发酵过程。

5.3.1.19

堆肥微生物 compost microorganism

导致堆肥反应的各种微生物种群。

5.3.1.20

堆肥的稳定性 stabilization of compost

利用微生物的作用,使畜禽固体废弃物稳定化的程度。

5.3.1.21

机械化堆肥 mechanized composting

堆肥过程中的物料移动、通风等环节均由机械完成的堆肥化工艺之总称。

5.3.1.22

连续堆肥法 continuous composting

持续进出料的堆肥方式。

5.3.1.23

间歇堆肥法 intermittent composting

分批次进出料的堆肥方式。

5.3.2

填埋 landfill

将废弃物掩埋覆盖,使其稳定化的处理方法。

5.3.3

焚烧 incineration

废弃物在高温下燃烧的处理方法。

5.4 废水处理

5.4.1

废水物化处理 wastewater physico-chemical treatment

用物理和(或)化学方法对废水进行处理的过程。

5.4.1.1

过滤 filtration

通过多孔性物质层除去水中悬浮微粒的过程。

5.4.1.2

沉淀 precipitation

利用重力分离液体中固体颗粒的过程。

5.4.1.3

消毒 disinfection

使所有的病原体消灭或失活的处理过程。

5.4.1.4

灭菌 sterilization

杀灭物体上所有的微生物,包括病原体和非病原体,繁殖体和芽胞的措施。

5.4.1.5

混凝 coagulation

投加混凝剂，使胶体分散体系凝聚和絮凝的过程。

5.4.1.6

凝聚 aggregation

使胶体脱稳并聚集成为微絮粒的过程。

5.4.1.7

絮凝 flocculation

微絮粒通过吸附、卷带和桥连作用形成更大絮体的过程。

5.4.1.8

澄清 clarification

悬浮微粒与水分离的过程。

5.4.1.9

气浮 air floatation

利用气泡的粘附作用，将水中悬浮物质上浮到液体表面并去除的方法。

5.4.1.10

臭氧处理 ozonation

利用臭氧杀菌、消毒和氧化污染物质的处理方法。

5.4.2

废水生物处理 biological treatment of wastewater

利用微生物代谢作用去除废水中污染物污染物的方法。

5.4.2.1

活性污泥法 activated sludge process

利用活性污泥的代谢活动，吸附和氧化水中的污染物，使污水净化的一种方法。

5.4.2.2

生物膜法 biological film process

利用固体填料表面的附着性微生物的代谢活动，吸附和氧化水中的污染物，使污水净化的一种方法。

5.4.2.3

普通生物滤池 tricking filter

利用附着生长在固定大粒径滤料表面的生物膜去除水中污染物的生物反应器。

5.4.2.4

生物转盘 biological rotating disk

又称旋转式生物反应器，利用生长在旋转盘片上的生物膜去除水中污染物的一种生物反应器。

5.4.2.5

生物接触氧化法 biological contact oxidation process

利用生长在人工填料表面的生物膜和人工曝气方式供氧去除水中污染物的一种生物处理方法。

5.4.2.6

生物流化床 biological fluidized bed

以水流或气流为动力使附着生物膜的微小颗粒载体与活性污泥一起循环流动，去除水中污染物的一种生物反应器。

5.4.2.7

厌氧接触法 anaerobic contact process

通过污水与回流厌氧污泥充分接触，吸附和降解水中有机物的生物处理方法。

5.4.2.8

曝气　aeration

将氧溶入污水的过程。

5.4.2.9

污水稳定塘　lagoon

以塘为主要构筑物的半天然污水处理系统。是各种形式池塘处理系统的统称。

5.4.2.10

好氧塘　aerobic pond

主要利用菌靠藻类共生系统处理有机废水的稳定塘。其水深为0.3 m～0.6 m。

5.4.2.11

兼性塘　facultative pond

塘底部为厌氧区，中部为兼性区，上部为由光合作用维持的好氧区的稳定塘。其水深为1.2 m～2.5 m。

5.4.2.12

厌氧塘　anaerobic pond

整个池塘都处于厌氧条件的稳定塘。其水深为3.0 m～5.0 m。

5.4.2.13

氧化沟　oxidation ditch

污水和活性污泥混合液在动力推动下，水平循环流动的一种改良活性污泥法。

5.4.2.14

土地处理系统　land treatment system

利用土壤及其生物系统截留、吸附及降解作用去除污水中有机物的一种处理方法。

5.4.2.15

污染物负荷　pollution loading

单位面积或容积在单位时间内去除污染物能力的指标。

参 考 文 献

[1] CJJ 65—1995 环境卫生术语标准
[2] CJ/T 3038—1995 潜水排污泵
[3] CJ/T 3060—1996 潜水轴流泵
[4] GB/T 4774—1984 离心机和过滤机 名词术语
[5] GB/T 6274—1997 肥料和土壤调理剂 术语
[6] GB/T 6956—1986 喷灌机械名词术语
[7] GB/T 7021—1986 离心泵名词术语
[8] GB/T 7785—1987 往复泵分类和名词术语
[9] GB/T 8531.1—1987 真空吸污车分类
[10] GB/T 16662—1996 建筑给水排水设备器材术语
[11] GB/T 17446—1998 流体传动系统及元件 术语
[12] GB/T 50083—1997 建筑结构设计通风符号、计量单位和基本术语
[13] 中国畜牧兽医辞典编纂委员会.中国畜牧兽医辞典.上海科技出版社.上海.1996
[14] 环境科学大辞典编辑委员会.环境科学大辞典.中国环境科学出版社.北京.1991
[15] 祈国颐等.建筑实用大辞典.沈阳出版社.沈阳.1992
[16] 农业大词典编辑委员会.农业大词典.中国农业出版社.北京.1998
[17] 杨胜等.畜牧名词术语标准.农业出版社.北京.1987
[18] 土木建筑术语标准编纂委员会.土木建筑术语标准.建筑工业出版社.北京.1997
[19] Uniform terminology for rural waste management(ASAE S292.5 OCT94)
[20] Uniform terminology for livestock production facilities(ASAE S501 DEC95)
[21] Nomenclature/terminology for livestock waste/manure handling equipment(ASAE S466)

中 文 索 引

英 文 索 引

A

B

I

L

M

N

O

T

U

V

W

ICS 67.120.10
X 01

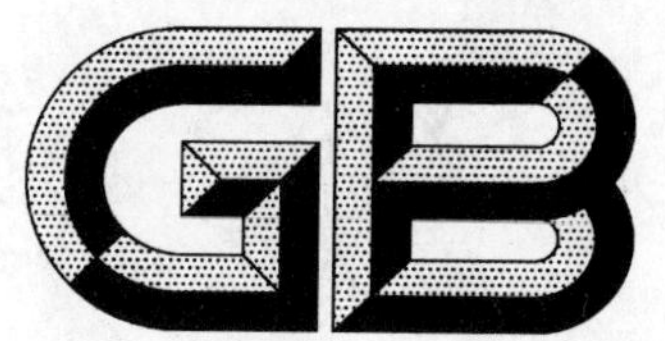

中华人民共和国国家标准

GB/T 20551—2006

畜禽屠宰 HACCP 应用规范

Evaluating specification on the HACCP certification in the slaughter of livestock and poultry

2006-09-29 发布 2006-12-01 实施

中华人民共和国国家质量监督检验检疫总局
中国国家标准化管理委员会 发布

前言

本标准参考了国际食品法典委员会(CAC)发布的 Annex to CAC/RCP 1-1969,Rev. 3(1997),Amd,1999《HACCP 体系及其应用准则》(Guidelines for the application of the HACCP system)的有关内容,并结合我国畜禽屠宰行业的现状制定的。

本标准的附录 A、附录 B、附录 C、附录 D、附录 E 和附录 F 为规范性附录,附录 G、附录 H、附录 I 和附录 J 为资料性附录。

本标准由中华人民共和国商务部提出并归口。

本标准起草单位:商务部屠宰技术鉴定中心、国家认证认可监督管理委员会注册管理部、河南漯河双汇实业股份有限公司、内蒙古草原兴发股份有限公司、北京大发正大有限公司、北京华都肉鸡公司、深圳南山肉联厂、山东肥城银宝食品有限公司。

本标准主要起草人:王贵际、龚海岩、赵箭、史小卫、石瑞芳、李红伟、刘景德、谢丽华、邹杰、李载道、李登芹。

本标准由商务部屠宰技术鉴定中心负责解释。

畜禽屠宰 HACCP 应用规范

1 范围

本标准规定了畜禽屠宰加工企业 HACCP 体系的总要求以及文件、良好操作规范(GMP)、卫生标准操作程序(SSOP)、标准操作规程(SOP)、有害微生物检验和 HACCP 体系的建立规程方面的要求，提供了畜禽屠宰 HACCP 计划模式表。

本标准适用于畜禽屠宰加工企业 HACCP 体系的建立、实施和相关评价活动。

2 规范性引用文件

下列文件中的条款通过本标准的引用而成为本标准的条款。凡是注日期的引用文件，其随后所有的修改单(不包括勘误的内容)或修订版均不适用于本标准，然而，鼓励根据本标准达成协议的各方研究是否可使用这些文件的最新版本。凡是不注日期的引用文件，其最新版本适用于本标准。

GB/T 191 包装储运图示标志(GB 191—2000，eqv ISO 780：1997)
GB/T 4456 包装用聚乙烯吹塑薄膜
GB 5749 生活饮用水卫生标准
GB/T 6388 运输包装收发货标志
GB/T 6543 瓦楞纸箱
GB 7718 预包装食品标签通则
GB 9959.1 鲜、冻片猪肉
GB 9959.2 分割鲜、冻猪瘦肉
GB/T 9960 鲜、冻四分体带骨牛肉
GB 9961 鲜、冻胴体羊肉
GB 16869 鲜、冻禽产品
GB/T 17236 生猪屠宰操作规程
GB/T 17238 鲜、冻分割牛肉
GB/T 17996 生猪屠宰产品品质检验规程
GB 18393 牛羊屠宰产品品质检验规则
GB/T 19000 质量管理体系 基础和术语(GB/T 19000—2000，idt ISO 9000：2000)
GB/T 19080 食品与饮料行业 GB/T 19001—2000 应用指南
GB 50317 猪屠宰与分割车间设计规范
《中华人民共和国食品卫生法》1995 年 10 月 30 日
(59)商卫联字第 399 号 附件：《肉品卫生检验(试行)规程》1959 年 11 月 1 日

3 术语和定义

GB/T 19000、GB/T 19080 和 GB 50317 确立的以及下列术语和定义适用于本标准。

3.1

控制(动词) control

采取一切必要措施，以确保和保持符合 HACCP 计划所制定的指标。

3.2

控制(名词)　control

遵循正确的方法和达到安全指标的状态。

3.3

控制措施　control measure

用以防止或消除食品安全危害或将其降低到可接受的水平,所采取的任何行动和活动。

3.4

偏差　deviation

不符合关键限值。

3.5

关键控制点　critical control point(CCP)

能够进行控制,并且该控制对防止、消除某一食品安全危害或将其降低到可接受水平是必需的某一步骤。

3.6

危害分析和关键控制点　hazard analysis and critical control point(HACCP)

对食品安全有显著意义的危害加以识别、评估和控制的体系。

3.7

危害分析和关键控制点计划　HACCP plan

根据 HACCP 原理所制定的用以确保食品链各考虑环节中对食品有显著意义的危害予以控制的文件。

3.8

监控　monitor

为了确定 CCP 是否处于控制之中,对所实施的一系列对预定控制参数所作的观察或测量进行评估。

3.9

HACCP 原理　principle of HACCP

HACCP 包括下列 7 项原理:

原理 1　进行危害分析;

原理 2　确定关键控制点;

原理 3　建立关键限值;

原理 4　建立监控关键控制点控制体系;

原理 5　当监控表明个别 CCP 失控时所采取的纠偏措施;

原理 6　建立验证程序、证明 HACCP 体系工作的有效性;

原理 7　建立关于所有适用程序和这些原理及其应用的记录系统。

3.10

卫生标准操作程序　sanitation standard operating procedure(SSOP)

为保障产品卫生质量,组织在产品加工过程中应遵守的操作规范。

注:SSOP 主要包括以下内容:接触产品(包括原料、半成品、成品)或与产品有接触的物品(包括水和冰)应符合安全、卫生要求;接触产品的器具、手套和内外包装材料等必须清洁、卫生和安全;确保产品免受交叉污染;保证操作人员手的清洗消毒,保持洗手间设施的清洁;防止润滑剂、燃料、清洗消毒用品、冷凝水及其他化学、物理和生物等污染物对产品造成安全危害;正确标注、存放和使用各类有毒化学物质;保证与产品有接触的员工的身体健康和卫生;预防和清除鼠害、虫害。

3.11

标准操作规程　standard operating procedure（SOP）

为保障产品质量，组织在产品加工过程中应遵守的设备及工艺操作规范。

4　HACCP 体系

4.1　总要求

4.1.1　管理层及 HACCP 工作小组应对 HACCP 体系的建立、实施及验证给予全面责任承诺和参与。

4.1.2　HACCP 体系应用前，应建立实施 HACCP 体系所必须的前提质量管理文件，加以实施和保持，并持续改进其有效性。

4.1.3　应按本标准的要求建立 HACCP 体系，形成文件。

4.1.4　HACCP 体系应充分体现 3.9 中的 7 项原理。

4.2　文件要求

4.2.1　HACCP 体系前提文件与记录

4.2.1.1　基础前提文件

a）良好操作规范；

b）卫生标准操作程序；

c）标准操作规程；

d）职工培训计划；

e）产品标志、质量追踪和产品召回制度；

f）设备、设施的维护、校准、校验和保养程序；

g）有害微生物检验规程。

4.2.1.2　其他前提文件

a）产品标准；

b）屠宰检验规程；

c）实验室管理制度；

d）委托社会实验室检测的合同或协议；

e）文件与资料控制程序；

f）其他文件化内容（以书面或电子形式）可包括：

——规范；

——图纸：厂区及周围地区平面图、车间平面图（物流、人流图和气流图）、工艺流程图、供水与排水网络图和捕鼠图；

——现行法规；

——其他支持性文件（如设备手册，制定抑制细菌性病原体生长方法时所使用的资料，建立产品货架期所使用的资料，以及在确定杀死细菌性病原体加热强度时所使用的资料。除了数据资料外，支持文件也包含向有关顾问或专家进行咨询的信件）。

4.2.1.3　前提文件记录表

4.2.2　HACCP 体系文件与记录

a）HACCP 体系建立规程；

b）HACCP 小组名单及职责分配；

c）产品描述表；

d）产品加工流程图；

e）危害分析表；

f）HACCP 计划表；

g) HACCP计划记录表。

4.2.3 文件控制

按照附录A的逻辑程序建立HACCP体系文件，并对此文件进行控制。

4.2.4 记录控制

应建立并保持记录，以提供符合要求和HACCP体系有效运行的证据。

5 良好操作规范

应执行附录B的规定。

6 卫生标准操作程序

应执行附录C的规定。

7 标准操作规程

生猪屠宰应执行附录D的规定；

牛羊屠宰应执行附录E的规定；

禽类屠宰应执行附录F的规定。

8 有害微生物检验

8.1 应建立对大肠菌群、沙门氏菌等有害微生物进行检验的程序并达到合格要求。

8.2 应建立对其他可能存在的有害微生物进行检验的程序并达到合格要求。

9 HACCP体系的建立规程

9.1 HACCP体系建立前期程序

9.1.1 组建HACCP工作小组

HACCP工作小组负责制定HACCP计划以及实施和验证HACCP体系。HACCP工作小组的人员组成应保证建立有效HACCP体系所需要的相关专业知识和经验，应包括具体管理HACCP体系实施的领导、生产技术人员、工程技术人员、品控人员以及其他必要人员，技术力量不足的部分小型组织可以外聘专家。

9.1.2 描述产品，确定产品的预期用途

HACCP工作小组的首要任务是对实施HACCP体系管理的产品进行描述，描述的内容包括：

a) 产品名称；

b) 产品的原料和主要成分；

c) 产品的理化性质(如pH)及加工处理方式(如冷却、冷冻)；

d) 包装方式；

e) 贮存条件；

f) 保质期限；

g) 销售方式；

h) 销售区域；

i) 有关食品安全的流行病学资料(必要时)；

j) 产品的预期用途和消费人群；

k) 畜禽屠宰产品描述表。

9.1.3 绘制和确认产品加工流程图

9.1.3.1 HACCP工作小组应深入生产线，详细了解产品的生产加工过程，在此基础上绘制产品的加

工流程图，绘制完成后需要现场验证流程图。

9.1.3.2　畜禽屠宰加工流程图按照国家现行的相关标准制定。

9.2　HACCP 体系建立程序

9.2.1　危害分析(原理 1)

9.2.1.1　危害分析类型

危害分析分为自由讨论和危害评估。

9.2.1.1.1　自由讨论时，范围要求广泛、全面。讨论的内容包括从原料、加工到贮存、销售的每一阶段，应尽量列出所有可能出现的潜在危害。

9.2.1.1.2　危害评估是对每一个危害发生的可能性及其严重性进行评价，以确定出对食品安全非常关键的显著危害，并将其纳入 HACCP 计划。

9.2.1.2　涉及安全问题的危害

进行危害分析时应区分安全问题与一般质量问题，应考虑的涉及安全问题的危害包括：

a)　生物危害：包括细菌、病毒及其毒素、寄生虫和有害生物因子；

b)　化学危害：包括畜禽饲养中国家所禁用的兽药残留或未按休药期规定导致的兽药残留等化学物质；

c)　物理危害：任何潜在于畜禽屠宰产品中的有害异物，如断针、金属和碎骨等。

9.2.1.3　列出危害分析表

危害分析表可以明确危害分析的思路。HACCP 工作小组应考虑对每一危害可采取的控制措施。控制某一个特定危害可能需要一个以上的控制措施，而某一个特定的控制措施也可能控制一个以上的危害。

9.2.2　确定关键控制点(原理 2)

9.2.2.1　应用附录 D 中判断树的逻辑推理方法，确定 HACCP 体系中的关键控制点(CCP)。对判断树的应用应当灵活，必要时也可采用其他方法。如果在某一步骤上对一个确定的危害进行控制对保证食品安全是必要的，然而在该步骤及其他的步骤上都没有相应的控制措施，那么，应在该步骤或其前后的步骤上对生产或加工工艺包括控制措施进行修改。

9.2.2.2　通过畜禽屠宰危害分析表确定关键控制点。

9.2.3　建立每个关键控制点的关键限值(原理 3)

9.2.3.1　每个关键控制点会有一项或多项控制措施确保预防、消除已确定的显著危害或将其减至可接受的水平，每一项控制措施要有一个或多个相应的关键限值。

9.2.3.2　关键限值的确定应以科学为依据，参考资料可来源于科学刊物、法规性指南、专家和试验研究等，用来确定限值的依据和参考资料应作为 HACCP 体系支持文件的一部分。

9.2.3.3　通常关键限值所使用的指标包括温度、时间、湿度、物理参数、pH 值、Aw 和感官指标等。

9.2.4　建立对每个关键控制点进行监控的系统(原理 4)

9.2.4.1　通过监测能够发现关键控制点是否失控，此外，通过监控还能提供必要的信息，以便及时调整生产过程，防止超出关键限值。

9.2.4.2　一个监控系统的设计必须确定：

a)　监控内容：通过观察和测量评估一个 CCP 的操作是否在关键限值内；

b)　监控方法：设计的监控措施必须能够快速提供结果。物理和化学检测能够比微生物检测更快地进行，常用的物理、化学检测指标包括时间和温度组合、酸度或 pH 值、感官检验等；

c)　监控设备：如温湿度计、钟表、天平、金属探测仪和化学分析设备等；

d)　监控频率：监控可以是连续的或非连续的。连续监控对许多物理或化学参数都是可行的。非连续监控应确保关键控制点是在监控之下；

e)　监控人员：进行 CCP 检测的人员包括流水线上的人员、设备操作者、监督员、维修人员、品控人员等。负责CCP检测的人员必须接受CCP监控技术的培训，理解CCP监控的重要性，能及时进行监控活动，准确报告每次监控工作，随时报告违反关键限值的情况以便及时采取纠偏行动。

9.2.5 **建立纠偏措施**(原理5)

9.2.5.1 在HACCP体系中，应对每一个关键控制点预先建立相应的纠偏措施，以便在出现偏离时实施。

9.2.5.2 纠偏措施应包括：

a) 确定引起偏离的原因；

b) 确定偏离期采取的处理方法，例如进行隔离和保存并做安全评估、退回原料、重新加工、销毁产品等，纠偏措施必须保证CCP重新处于受控状态；

c) 记录纠偏措施，包括偏离的描述、对受影响产品的最终处理、采取纠偏措施人员的姓名、必要的评估结果。

9.2.6 **建立验证程序**(原理6)

9.2.6.1 通过验证、审查、检验(包括随机抽样化验)，确定HACCP体系是否有效运行，验证程序包括对CCP的验证和对HACCP体系的验证。

9.2.6.2 CCP的验证活动

a) 校准：CCP验证活动包括监控设备的校准，以确保测量的准确度；

b) 校准记录的复查：复查设备的校准记录、检查日期和校准方法，以及实验结果；

c) 针对性的采样检测；

d) CCP记录的复查。

9.2.6.3 HACCP体系的验证

a) 验证的频率：验证的频率应足以确认HACCP体系的有效运行，每年至少进行一次或在计划发生故障时、产品原材料或加工过程发生显著改变时或发现了新的危害时进行；

b) 体系的验证内容包括检查产品说明和生产流程图的准确性；检查CCP是否按HACCP的要求被监控；监控活动是否在HACCP计划中规定的场所执行；监控活动是否按照HACCP计划中规定的频率执行；当监控表明发生了偏离关键限值的情况时，是否执行了纠偏措施；设备是否按照HACCP计划中规定的频率进行了校准；工艺过程是否在既定的关键限值内进行；检查记录是否准确和按照要求的时间来完成等。

9.2.7 **建立记录档案**(原理7)

HACCP体系须保存的记录应包括：

a) 危害分析表：用于进行危害分析和建立关键限值的任何信息的记录；

b) HACCP计划表：HACCP计划表应包括产品名称、CCP所处的步骤和危害的名称、关键限值、监控程序、纠偏措施、验证程序和记录保持程序；

c) HACCP体系运行记录表：包括监控记录、纠偏措施记录及验证记录。

9.2.8 **畜禽屠宰HACCP计划模式表**

遵照附录E的内容。

10 宣传与培训

应定期对HACCP体系相关人员进行培训并形成记录，确保与HACCP体系有关的人员在上岗前掌握相关的HACCP知识。

11 其他

11.1 应将实施 HACCP 体系和组织的基础设施、技术设备的改造相结合起来。

11.2 在执行 HACCP 体系过程中应当定期或者根据需要及时对 HACCP 体系进行内部审核和调整。

11.3 本标准中提供了一系列有关 HACCP 计划的表格供组织和评审机构实施和评审 HACCP 体系时参考。这些表格的具体格式灵活,内容应结合实际情况编写,同时可考虑将 HACCP 体系与其他体系整合。

附 录 A
（规范性附录）
HACCP 应用逻辑程序图

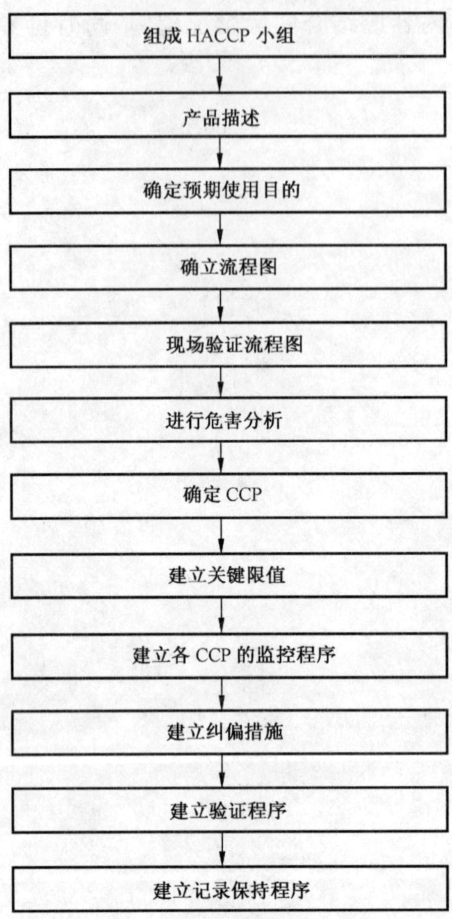

图 A.1 HACCP 应用逻辑程序图

附 录 B
（规范性附录）
良好操作规范

B.1 一般要求

a) 卫生质量方针和目标；
b) 组织机构及其职责；
c) 生产、质量管理人员的要求；
d) 环境卫生的要求；
e) 车间及设施卫生的要求；
f) 原料卫生的要求；
g) 生产、加工卫生的要求；
h) 包装、贮存、运输卫生的要求；
i) 有毒有害物品的控制；
j) 检验的要求；
k) 保证卫生质量体系有效运行的要求；
l) 人员培训。

B.2 具体要求

B.2.1 应制定卫生质量方针和目标，形成文件，并贯彻执行。

B.2.2 应建立与生产相适应的、能够保证其产品卫生质量的组织机构，并规定其职责和权限。

B.2.3 生产、质量管理人员应当符合下列要求：

a) 与生产有接触的人员经体检合格后持健康证明方可上岗；
b) 生产、质量管理人员每年进行一次健康检查，必要时做临时健康检查，凡患有影响产品卫生的人员，必须调离生产岗位；
c) 生产、质量管理人员应保持个人清洁，不得将与生产无关的物品带入车间；工作时不得戴首饰、手表，不得化妆；进入车间时洗手、消毒并穿戴好工作服、帽、鞋，工作服、帽、鞋应当定期清洗消毒；
d) 生产、质量管理人员经过培训并考核合格后方可上岗；
e) 配备足够数量的、具备相应资格的专业人员从事卫生质量管理工作。

B.2.4 环境卫生应当符合下列要求：

a) 不得建在有碍产品卫生的区域，厂区内不得兼营、生产、存放有碍卫生的其他产品；
b) 厂区路面平整、无积水，厂区无裸露地面；
c) 厂区卫生间应当有冲水、洗手、防蝇、防虫、防鼠设施，墙裙以浅色、平滑、不透水、无毒、耐腐蚀的材料修建，并保持清洁；
d) 生产中产生的废水、废料的排放或处理应符合国家有关规定；
e) 厂区建有与生产能力相适应且符合卫生要求的原料、化学物品、包装材料贮存等辅助设施和废物、垃圾暂存设施；
f) 生产区与生活区隔离。人员进出、成品出厂与畜禽进厂、废弃物出厂的厂门应分设；畜禽进口处及隔离间、急宰间、化制间的门口，必须设车轮、鞋靴消毒池；畜禽与成品运送通道分开；生产冷库应与屠宰、分割车间直接相连；急宰间、化制间、锅炉房与贮煤场所、污水污物处理设施等应与加工间间隔一定距离并处于主导风向下风处。

B.2.5 生产加工车间及设施的卫生应当符合下列要求：

a) 车间面积与生产能力相适应，布局合理，排水畅通；车间地面用防滑、坚固、不透水、耐腐蚀的无毒材料修建，平坦、无积水并保持清洁；车间出口和与外界相连的排水、通风处应当安装防鼠、防蝇、防虫等设施；

b) 车间内墙壁、屋顶或者天花板使用无毒、浅色、防水、防霉、不脱落、易于清洗的材料修建，墙角、地角、顶角具有弧度；

c) 车间窗户有内窗台的，内窗台下斜约45°；车间门窗用浅色、平滑、易清洗、不透水、耐腐蚀的坚固材料制作，结构严密；

d) 车间内位于生产线上方的照明设施装有防护罩，工作场所和检验台的照度符合生产、检验的要求，光线以不改变被加工物的本色为宜；

e) 车间供电、供气和供水应满足生产需要；

f) 在适当的地点设有足够数量的洗手、消毒、烘干手的设备和用品，洗手水龙头应为非手动开关；

g) 根据产品加工需要，车间入口处设有鞋、靴和车轮消毒设施；

h) 设有与车间相连接的更衣室，不同清洁程度要求的区域设有单独的更衣室，视需要设立与更衣室相连接的卫生间和淋浴室，更衣室、卫生间、淋浴室应当保持清洁卫生，其设施和布局不得对车间造成潜在的污染风险；

i) 车间内的设备、设施和工器具应使用无毒、耐腐蚀、不生锈、易清洗消毒、坚固的材料制作，其构造易于清洗消毒；

j) 冷却间设备的设计应当防止胴体与地面和墙壁接触；

k) 应设有专门区域用于贮存胃肠内容物和其他废料；

l) 按照生产工艺流程及不同卫生要求分别设置屠宰和分割工器具的清洗消毒、成品内包装、成品外包装、成品检验和成品贮存等区域，防止交叉污染；

m) 有温度和湿度要求的车间(库)应根据工艺要求控制环境的温度和湿度，配备记录装置，并定期进行校准。

B.2.6 生产加工用原料的卫生应当符合下列要求：

a) 生产用原料应符合安全卫生的要求，避免来自空气、土壤、水、饲料、肥料中的农药、兽药或者其他有害物质的污染；

b) 作为生产原料的畜禽，应来自非疫区，并经官方兽医的进厂检验合格后方可屠宰；

c) 加工用水和冰应当按GB 5749的规定执行，对水质的公共防疫卫生检测每年不得少于两次，自备水源的组织应当具备有效的卫生保障设施。

B.2.7 生产加工过程应当符合下列要求：

a) 生产设备布局合理，人流、物流、水流和气流不交叉；

b) 盛放产品的容器不得直接接触地面；

c) 班前班后应对车间的环境和设备进行卫生清洁工作，专人负责检查，并保持检查记录；

d) 原料、半成品、成品分别存放在不会受到污染的区域；

e) 对加工过程中产生的不合格品、跌落地面的产品和废弃物，在固定地点用有明显标志的专用容器分别收集盛装，并在检验人员监督下及时处理，其容器和运输工具应及时清洗和消毒；

f) 对不合格品产生的原因进行分析，并及时采取纠偏措施。

B.2.8 包装、贮存、运输过程应当符合下列要求：

a) 包装材料符合卫生标准并且保持清洁卫生，不得含有有毒有害物质，不易褪色；

b) 包装材料间应干燥通风，内、外包装材料分别存放，不得有污染；

c) 运输工具符合卫生要求，并根据产品特点配备防雨、防尘、冷藏和保温等设施；

d) 贮存间(库)应保持清洁,定期消毒,有防霉、防鼠、防虫设施,其内物品与墙壁、地面、顶、排管保持一定距离,不得存放有碍卫生的物品;同一贮存间(库)内不得存放可能造成交叉污染的产品。

B.2.9 严格执行有毒有害物质的贮存、使用的管理规定,确保使用的洗涤剂、消毒剂、杀虫剂、燃油、润滑油和化学试剂等有毒有害物质得到有效控制,避免对产品、产品接触表面和包装材料造成污染。

B.2.10 产品的卫生质量检验应当符合下列要求:

a) 有与生产能力相适应的内设检验机构和具备相应资格的检验人员;

b) 内设检验机构具备检验工作所需要的标准资料、检验设施和仪器设备,检验仪器按规定进行计量检验并有记录;

c) 使用社会实验室承担组织卫生质量检验工作的,该实验室应当具有相应的资格,并与组织签订合同。

B.2.11 应当保证卫生质量体系能够有效运行并达到如下要求:

a) 应制定并有效执行畜禽屠宰产品及生产过程卫生控制程序,做好记录;

b) 应建立并执行卫生标准操作程序,做好记录,确保加工用水和冰的安全卫生、产品接触表面的卫生、有毒有害物质、虫害防治等处于受控状态;

c) 对影响卫生的关键工序,应制定明确的操作规程并得到连续的监控,同时做好监控记录;

d) 应制定并执行对不合格品的控制制度,包括不合格品的标志、记录、评价、隔离处置和可追溯性等内容;

e) 应制定并执行加工设备、设施的维护程序,保证加工设备、设施满足生产加工的需要;

f) 应建立内部审核和管理评审制度,每半年进行一次内部审核,每年进行一次管理评审,并做好记录;

g) 应对反映产品卫生质量情况的有关记录制定并执行标记、收集、编目、归档、保存和处理等管理规定,所有质量记录必须真实、准确、规范并具有卫生质量的可追溯性,保存期不少于2年。

B.2.12 应制定并实施职工培训计划并做好培训记录,保证不同岗位的人员熟练完成本职工作。

附　录　C
（规范性附录）
卫生标准操作程序

C.1　一般要求

C.1.1　接触产品（包括原料、半成品、成品）或与产品有接触的物品包括水和冰应符合安全、卫生要求。

C.1.2　接触产品的器具、手套和内外包装材料等必须清洁、卫生和安全。

C.1.3　确保产品免受交叉污染。

C.1.4　保证操作人员手的清洗消毒和保持洗手间设施的清洁。

C.1.5　防止润滑剂、燃料、清洗消毒用品、冷凝水及其他化学、物理和生物等污染物对产品造成安全危害。

C.1.6　正确标注、存放和使用各类有毒化学物质。

C.1.7　保证与产品接触的员工的身体健康和卫生。

C.1.8　预防和清除鼠害、虫害。

C.2　具体要求

C.2.1　加工生产用水和冰的卫生安全控制

a)　生产用自来水/自备深水井等水源卫生，由当地的卫生防疫部门每半年检测一次，按 GB 5749 的规定执行，并保留检测记录；

b)　应制定供水和排水网络图，各执行部门须对各自辖区内的加工生产用水龙头进行标志编号；

c)　应每月一次对生产用水管道及污水管道进行检查，重点对可能出现问题的交叉连接进行检查，并予以记录；软管使用后应盘起挂在架子或墙壁上，管口不许接触地面；

d)　开工前和工作期间应对软管进行监测，防止虹吸、回流和交叉现象的发生，并予以记录；

e)　加工用水按 C.2.1 c)、C.2.1 d)的要求进行监测，对加工用冰的破碎、贮存及使用按产品接触面的状况及清洁要求实施监测，并予以记录；

f)　当监测发现加工用水和冰存在问题时，组织的质检部门或 HACCP 工作小组必须及时评估，如有必要，应终止使用存在问题的加工用水和冰，直到问题得到解决，并重新检测合格后，方准继续使用。

C.2.2　产品接触面的卫生安全控制

a)　产品接触面指工器具、工作台面、传送带、产品周转箱、盘、制冰机、加工用碎冰、贮水池、手套、围裙和套袖等；

b)　监测的目的是确保产品接触面的设计、安装、制作便于操作、维护、保养、清洁及消毒，以符合卫生要求；

c)　监测对象是接触面的卫生状况、消毒剂的类型和浓度、接触产品的传送带、工器具、手套、套袖、外衣、围裙、加工用碎冰的清洁及状态等；

d)　监测方法有视觉检查、化学检测、微生物检测和验证检查；

e)　生产用的工作台、运输车、链条、盘、刀等应为不易生锈的材质和无毒白色塑料制成；

f)　工作服每天一次由洗衣房统一进行清洗，不同清洁区的工作服应分别清洗消毒；

g)　应按规定对加工车间内的空气进行消毒；

h)　化验室对生产中及消毒后的接触面（工器具、工作服、手样）和车间空气进行微生物抽样检测，一旦发现问题及时纠正。

C.2.3 **防止交叉污染**

a) 交叉污染指通过原料、包装材料、产品加工者或加工环境把物理的、化学的、生物的污染转移到产品的过程；

b) 控制交叉污染的目的是为了预防不卫生的物品污染产品、包装材料和其他产品接触面导致的交叉污染；

c) 控制交叉污染的范围包括人员、工器具、工作服、手套和包装材料等；

d) 手、设备、器械等在接触了不卫生的物品后应及时清洗消毒；

e) 生产车间内禁止使用竹、木器具，禁止堆放与生产无关的物品；

f) 所有加工中产生的废弃物应用专用容器收集、盛放，并及时清除，处理时，防止交叉污染；

g) 清洁区、非清洁区用隔离门分开，两区工作人员不得串岗，不同加工工序的工器具不得交叉使用；

h) 车间废水排放从清洁度高的区域流向清洁度低的区域，污水直接排入下水道中。

C.2.4 **洗手消毒及卫生间设施**

a) 应建立洗手、消毒及卫生间设施，洗手、消毒设施应为非手触式，安放于车间入口，并有醒目标志；

b) 洗手、消毒及卫生间的设施应保持清洁并有专人负责；

c) 车间入口处有鞋、靴消毒池，用 $200\times10^{-6}\sim300\times10^{-6}$ 的次氯酸钠溶液或使用其他有效的消毒剂消毒，各种消毒液应交替使用，配制消毒液要有配制记录；

d) 消毒剂具有良好的杀菌效果，消毒液浓度的标志要醒目；

e) 流动的消毒车以一定的消毒频率(建议每隔 30 min 或 60 min)对人员进行消毒；

f) 应制定明确的洗手消毒程序及相应的方法、时间、频率；

g) 质检部门应对洗手消毒进行监控，并做好记录，化验室定期做表面微生物的检验，并进行记录；

h) 卫生间设施如与车间相连，门不得直接朝向车间；

i) 进入卫生间的程序宜参照以下流程进行：换下工作服→卫生间拖鞋→进入卫生间→洗手消毒→干手(用一次性手巾或干手器)→换拖鞋→换上工作服；

j) 卫生间采用单个冲水式设置，通风良好，地面干燥，保持清洁，无异味，并有防蚊蝇设施。

C.2.5 **防止产品被污染**

a) 防止产品被污染，即防止产品、包装材料和产品所有接触表面被生物、化学和物理的污染物所污染；

b) 污染物的来源主要是水滴、冷凝水、灰尘、外来物质、地面污物、无保护装置的照明设备及消毒剂、杀虫剂、化学药品的残留等；

c) 包装材料贮存间应保持干燥、清洁、通风、防霉，内外包装材料应分别存放，并设有防虫、防鼠设施；

d) 洗涤剂、消毒剂应符合卫生要求，不得与产品接触，消毒后的车间地面、墙面、工器具、操作台要用清水洗净洗涤剂、消毒剂的残留物；

e) 每天班前和班后将所有工器具和操作台进行全面清洗消毒，在加工过程中断、重新启动前也应重新清洗消毒，并予以记录；

f) 每天班中对工器具及操作台以一定的消毒频率参照以下流程进行消毒(建议每隔 30 min)：清水→清洗剂→清水→82℃热水/消毒剂→清水→擦干晾干；

g) 每天班后参照以下流程对地面进行清洗消毒：清水→82℃热水/清洗剂→消毒剂→清水；

h) 每班班后或在设备停止使用时参照以下流程对设备进行清洗消毒：清水→$100\times10^{-6}\sim200\times10^{-6}$次氯酸钠溶液/82℃热水→清水；

i) 加工车间通风良好，通风道清洁，车间温度控制在要求的范围内，并有专人负责，防止水滴、冷凝水、冰霜对产品造成污染；

j） 设备与产品接触面出现凹陷或裂缝、不光滑并影响残留物清洗应及时修补、更换，防止造成污染；

k） 加工设备出现故障时，立即关机，清理干净产品，防止其他杂物污染产品，设备维修后必须及时清洗消毒后方可投入生产。

C.2.6 有毒化学物质的标志、贮存和使用

a） 所使用的有毒化学物质有主管部门批准生产、销售和使用说明的证明，化学物质的使用说明包括主要成分、药性、使用剂量的注意事项等；

b） 应制定并公布有毒化学物质的使用、贮存规章制度，并对操作人员进行培训；

c） 应有专门的场所、固定容器贮存有毒化学物质；

d） 有毒化学物质的使用由专人管理，定期检查，做好记录；

e） 对清洁剂、消毒剂、杀虫剂等有毒化学物质作好标志与登记，列明名称、毒性、生产厂名、生产日期、使用剂量、注意事项、使用方法等；

f） 对清洁剂、消毒剂、杀虫剂等有毒化学物质的使用严格控制，防止污染产品、产品接触面和包装材料。

C.2.7 员工的健康与卫生控制

a） 从事生产的人员必须经卫生防疫部门体检合格，获得健康证明方可上岗；

b） 加工（检验）人员每年进行一次健康检查，肠伤寒及带菌者、细菌性痢疾及带菌者、化脓性或渗出性脱屑皮肤病患者、肝炎患者及带菌者、结核病患者、手外伤未愈者，不得直接参与生产，痊愈后经卫生防疫部门检查合格后方可重新上岗；

c） 应教育员工发现患有疾病或可能患有疾病的人员及时报告；

d） 每年定期或不定期对员工进行培训，记录存档。

C.2.8 虫害的防治

a） 应加强对昆虫、老鼠等的控制，确保车间、库房等区域无苍蝇、蚊子、老鼠等虫害；

b） 应制定虫害防治计划并加以实施，控制的重点场所包括卫生间、下水道出口、垃圾箱周围、食堂等虫害易孳生的地方；

c） 应清除蚊蝇、鼠类易孳生的地方；

d） 应采用风幕、纱窗、暗道、捉鼠板、灭蝇灯、水封等措施，防止虫害进入车间；

e） 厂区内禁止使用灭鼠药。

附 录 D
（规范性附录）
生猪屠宰标准操作规程

D.1 总则

应确保生猪、屠宰及分割产品为合格品，并分别制定相应的采购、验收、屠宰、分割、不合格品、包装、标志、贮存和运输控制程序以及加工设备的操作规范。

D.2 采购

D.2.1 原料

应确保生猪来自非疫区，并要求供方提供产地动物防疫监督机构出具的有效的动物产品兽医检疫合格证明、动物及动物产品运载工具消毒证明和非疫区证明。

D.2.2 供方评价

D.2.2.1 应对供方的供货能力、产品质量保证能力进行综合评价，以确定合格供方，建立并保存“供方评价表”和“合格供方明细表”，并提供生猪的农药和兽药残留评价报告。

D.2.2.2 应对合格供方的能力、业绩和供货质量等进行动态综合评价，并建立和保存相关质量记录。

D.2.3 原料的验收

D.2.3.1 应按 D.2.1 的要求索取、查验进厂生猪的相关证明，符合要求方可卸车。

D.2.3.2 兽医卫生检验人员应按 GB/T 17996 和《肉品卫生检验（试行）规程》的规定对进厂的生猪进行检验、核对数量，发现可疑生猪，应隔离观察，并填写“进厂检验记录”。

D.3 待宰控制

D.3.1 兽医卫生检验人员应按 GB/T 17996 和《肉品卫生检验（试行）规程》的规定对进厂的生猪进行检验、核对数量，发现可疑生猪，应隔离观察，并填写“进厂检验记录”。

D.3.2 生猪屠宰前应停食静养 12 h～24 h，宰前 3 h 停止饮水。

D.3.3 兽医卫生检验人员应对生猪进行宰前检验，经确定合格的填发“宰前检验合格证”。

D.4 屠宰过程控制

D.4.1 生猪屠宰工艺宜参照下列流程

冲淋→致昏→刺杀放血→烫毛/脱毛→雕圈→开膛→净腔→去头蹄→劈半→修整→冲洗→冷却→分割。

D.4.1.1 冲淋

生猪屠宰前应喷淋干净，猪体表面不得有灰尘、污泥和粪便。

D.4.1.2 致昏

采用电麻致昏时应符合 GB/T 17236 的规定。

D.4.1.3 刺杀放血

刺杀部位应准确，放血刀口长约 5 cm，沥血时间不少于 5 min。从电麻到放血不超过 30 s。刀具必须经 82℃以上的热水消毒后轮换使用。

D.4.1.4 烫毛/脱毛

a) 放血后的屠体应淋水冲洗干净；

b) 烫毛水温应控制在 58℃～63℃；

c) 机械或人工脱毛后应燎毛刮黑，去除污物；

d) 应对每头屠体进行编号，不具备同步检测设施能力的组织应对每头屠体的耳部和腿部外侧统一编号。

D.4.1.5 雕圈、开膛、净腔

a) 雕圈不应割破直肠，肠头需脱离括约肌；

b) 挑胸、剖腹时应将生殖器连同输尿管割除，不得刺伤内脏；

c) 拉直肠、割膀胱，取出肠、胃和心、肝、肺，要求内脏保持完整，不得刺破肠、胃和胆囊；

d) 取出内脏后，应清洗胸、腹腔内的淤血。

D.4.1.6 劈半

a) 劈半前应先摘除甲状腺、肾上腺和病变淋巴结；

b) 从脊骨骨节对开，劈半均匀；

c) 劈半后的片猪肉应及时清除血污、浮毛和肉屑。

D.4.1.7 修整

按顺序整修腹部，修割乳头、放血刀口，割除槽头、护心油、暗伤、脓疮、伤斑和遗漏病变腺体。

D.4.1.8 冲洗

修整后应将屠宰半胴体冲洗干净。

D.4.2 屠宰过程的检验

屠宰过程的检验应符合 GB/T 17996 和《肉品卫生检验(试行)规程》的规定。

D.4.3 分割过程控制

D.4.3.1 鲜、冷冻猪肉分割

a) 鲜分割猪肉

宰后胴体不经过冷却过程而直接进行分割，分割时必须控制卫生条件，从生猪放血到分割成品进入冷却间的时间不应超过 2 h，分割间的温度不高于 20℃。

b) 冷冻分割猪肉

分割猪肉应在冷冻 16 h 内使其肌肉深层中心温度达到－15℃以下。

D.4.3.2 冷却猪肉分割

a) 冷却

宰后片猪肉应在 45 min 内进入冷却间，冷却 16 h 内使其后腿肌肉中心温度达到 0℃～4℃。

b) 分割

冷却片猪肉应在良好卫生条件和车间温度低于 12℃的环境中进行分割，分割猪肉的肌肉中心温度不高于 7℃。

D.4.3.3 修整

分割后，应去除各部位的淤血、血污、伤斑、浮毛和其他杂质等。

D.5 包装、标志、贮存和运输操作规程

D.5.1 包装

包装材料应无毒无害、符合卫生要求，瓦楞纸箱应符合 GB/T 6543 的规定，薄膜应符合 GB/T 4456 的规定。

D.5.2 标志

标志应符合 GB/T 191、GB/T 6388 和 GB/T 7718 的规定。

D.5.3 贮存

冷却分割猪肉应贮存于 0℃～4℃的冷却间，冷冻分割猪肉应贮存在－18℃的冷藏间，冷藏间温度昼夜波动不得超过±1℃。

D.5.4 运输

使用的冷藏车或保温车(船)的卫生应符合《中华人民共和国食品卫生法》及其他相关法律法规的卫生要求,不得与对产品发生不良影响的物品混装。运输过程中,对于冷却分割猪肉,冷藏车温度应控制在 7℃以下,对冷冻分割猪肉,冷藏车温度应控制在－18℃以下。

D.6 加工设备操作规程

加工设备的操作按照不同设备的操作规程进行。

D.7 不合格品控制

在生猪的采购、屠宰、分割、贮存和运输中发现的不合格品按有关规定处理并记录。

附 录 E
（规范性附录）
牛羊屠宰标准操作规程

E.1 总则

应确保牛羊、屠宰和分割产品为合格品，并分别制定相应的采购、验收、屠宰、分割、不合格品、包装、标志、贮存和运输控制程序以及加工设备的操作规范。

E.2 采购

E.2.1 原料

应确保牛羊来自非疫区，并要求供方提供产地动物防疫监督机构出具的有效的动物产品兽医检疫合格证明、动物及动物产品运载工具消毒证明和非疫区证明。

E.2.2 供方评价

E.2.2.1 应对供方的供货能力、产品质量保证能力进行综合评价，以确定合格供方，建立并保存“供方评价表”、“合格供方明细表”，并提供牛羊的农药和兽药残留评价报告。

E.2.2.2 应对合格供方的能力、业绩、供货质量等进行动态综合评价，并建立和保存相关质量记录。

E.2.3 原料的验收

E.2.3.1 应按 E.2.1 的要求索取、查验进厂牛羊的相关证明，符合要求方可卸车。

E.2.3.2 兽医卫生检验人员应按 GB 18393 和《肉品卫生检验（试行）规程》的规定对进厂的牛羊进行检验，核对数量，发现可疑牛羊，应隔离观察，填写“进厂检验记录”。

E.3 待宰控制

E.3.1 应对健康圈和隔离圈进行明确标志，并在健康圈舍标牌上注明该批牛羊的产地、供方名称、数量和进厂时间，并根据牛羊调出情况改写标牌上的内容。

E.3.2 牛羊屠宰前应停食静养 12 h～24 h，宰前 3 h 停止饮水。

E.3.3 兽医卫生检验人员应对牛羊进行一次群体检验，再逐头进行个体检验（包括测温），发现明显临床症状的牛羊，分别进行急宰、缓宰和禁宰处理，经确定合格的填发“宰前检验合格证”。

E.4 屠宰过程控制

E.4.1 活牛屠宰工艺宜参照下列流程

冲淋→致昏→放血→去头→结扎食管→剥皮→去前后蹄→开膛取内脏→清洗→修整→劈半→冲洗→冷却→分割。

E.4.1.1 冲淋

活牛屠宰前应充分淋浴，洗净体表的污垢。

E.4.1.2 致昏

采用电致昏时，电压不得超过 80 V，电麻部位要准确，要求达到有效致昏。

E.4.1.3 放血

按规定将挂在链条上的牛只准确割断三管（食管、气管和颈动静脉），充分放血 10 min～15 min，放血刀必须经 82℃以上的热水消毒后轮换使用。

E.4.1.4 剥皮、去前后蹄

剥皮时不可将肌肉和脂肪带在皮子上，同时也不可损伤皮子；自跗关节处下刀，分别割下前后蹄。

E.4.1.5 开膛去内脏

取出肚油、肠胃、心、肝、肺、腰油和腰子等,开膛时不得划破胃、肠和胆囊。

E.4.1.6 清洗、修整

去三腺(甲状腺、肾上腺和病变淋巴结),修去体表伤斑、病变组织和淤血,冲洗干净。

E.4.1.7 劈半、冲洗

从牛的后部骨盆正中处沿脊柱中轴线锯至第一颈椎,将胴体分成二分体。劈半后应将二分体冲洗干净。

E.4.2 屠宰过程检验

活牛屠宰过程检验应符合 GB 18393 和《肉品卫生检验(试行)规程》的规定,合格的加盖验讫印章 。

E.4.3 分割过程控制

E.4.3.1 鲜、冷冻牛肉分割

a) 鲜分割牛肉

宰后胴体不经过冷却过程而直接进行分割,分割时必须控制卫生条件,从活牛放血到分割成品进入冷却间的时间应控制在 1.5 h～2 h,分割间的温度不高于 20℃。

b) 冷冻分割牛肉

宰后的片牛肉及分割牛肉进入冷冻间冷冻,应分别在 72 h 和 24 h 内使其肌肉深层中心温度降至 −15℃以下。

E.4.3.2 冷却牛肉分割

a) 冷却

宰后片牛肉应在 45 min 内进入冷却间,并在 48 h 内使其后腿部或肩胛部肌肉深层中心温度降至 0℃～4℃。

b) 分割

冷却片牛肉应在良好的卫生条件和车间温度低于 12℃的环境中进行分割,分割后牛肉肌肉深层中心温度不高于 7℃。

E.4.3.3 修整

分割后,应去除各部位的淤血、血污、伤斑、浮毛和其他杂质等。

E.4.3.4 分割肉检验

活牛屠宰分割产品的检验应符合 GB/T 9960 和 GB/T 17238 的规定,并保存检验记录。

E.4.4 羊只的屠宰与分割

E.4.4.1 羊只的屠宰、分割、检验参照本标准牛的规定执行。

E.4.4.2 羊只分割肉检验应符合 GB 9961 的规定,并保存检验记录。

E.5 包装、标志、贮存和运输操作规程

E.5.1 包装

包装材料无毒无害、符合卫生要求,瓦楞纸箱应符合 GB/T 6543 的规定,薄膜应符合 GB/T 4456 的规定。

E.5.2 标志

标志应符合 GB/T 191、GB 6388 和 GB 7718 的规定,清真产品按伊斯兰教风俗在包装箱上注明。

E.5.3 贮存

冷却分割牛羊肉应贮存于 0℃～4℃的冷却间,冷冻分割牛羊肉应贮存在 −18℃的冷藏间,冷藏间温度昼夜波动不得超过±1℃。

E.5.4 运输

使用的冷藏车或保温车(船)的卫生应符合《中华人民共和国食品卫生法》等其他相关法律法规的要

求，不得与对产品产生不良影响的物品混装。运输过程中，对于冷却分割牛羊肉，冷藏车温度应控制在7℃以下；对冷冻分割牛羊肉，冷藏车温度应控制在－18℃以下。

E.6 加工设备操作规程

加工设备的操作按照不同设备的操作规程进行。

E.7 合格品控制

在牛羊的采购、屠宰、分割、贮存和运输中发现的不合格品应按有关规定处理并记录。

附 录 F
（规范性附录）
禽类屠宰标准操作规程

F.1 总则

应确保禽类、屠宰及分割产品为合格品，并分别制定相应的采购、验收、屠宰、分割、不合格品、包装、标志、贮存和运输控制程序以及加工设备的操作规范。

F.2 采购

F.2.1 原料

应确保禽类来自非疫区，并要求供方提供产地动物防疫监督机构出具的有效的动物产品兽医检疫合格证明、动物及动物产品运载工具消毒证明和非疫区证明。

F.2.2 供方评价

应对合格供方的能力、业绩和供货质量等进行动态综合评价，并建立和保存相关质量记录。

F.2.3 原料的验收

F.2.3.1 应按 F.2.1 的要求索取、查验进厂禽类的相关证明，符合要求方可卸车、验收。

F.2.3.2 兽医卫生检验人员应依据《肉品卫生检验（试行）规程》的规定，对进厂的禽类进行检验，核对数量，发现临床异常禽，应隔离观察，并填写“进厂检验记录”。

F.3 待宰控制

F.3.1 应提供该批禽类的产地、供方名称、数量和进厂时间等相关的记录。

F.3.2 禽类宰前应停食静养 10 h 以上，宰前 3 h 停止饮水。

F.3.3 兽医卫生检验人员对待宰的禽类进行临床观察，根据观察结果对可疑病禽进行实验室检验。

F.3.4 兽医卫生检验人员应进行宰前检验，经确定合格的填发“宰前检验合格证”。

F.4 屠宰过程控制

F.4.1 成鸡屠宰工艺宜参照下列工艺流程

致昏→屠宰→浸烫→脱毛→去嗉囊→开膛→净腔→内脏分离→冲洗→冷却→分割。

F.4.1.1 致昏、屠宰

应根据设备选择适当的电压，屠宰后应充分放血，放血时间控制在 3 min～4 min。

F.4.1.2 浸烫、脱毛

根据不同季节和不同品种，控制适宜的温度和时间（温度控制在 59℃±2℃，浸烫时间控制在 1.5 min～3 min），脱毛应充分。浸烫水应保持循环并及时补充热水。

F.4.1.3 去嗉囊

应将嗉囊完整去除。

F.4.1.4 开膛、净腔

开膛、净腔时禁止划破肠管和胆囊。

F.4.1.5 内脏分离

分离内脏，将可食部分摘取后分类、冷却和包装。

F.4.1.6 冲洗喷淋

净腔后将胴体内外用高压水冲洗干净。

F.4.1.7 冷却

风冷或水冷，冷却介质的温度控制在0℃～4℃，冷却时间控制在45 min以内，冷却后成鸡胴体中心温度达到7℃以下。

F.4.2 屠宰过程检验

F.4.2.1 成鸡屠宰过程的检验应符合《肉品卫生检验(试行)规程》的规定。

F.4.2.2 体表检验

成鸡在脱毛后应检查体表，有无皮肤病变、肿瘤、大面积淤血等病理变化，如有应及时处理。

F.4.2.3 内脏检验

实施同步检验，发现病变内脏及时剔除并做无害化处理。

F.4.3 分割过程控制

F.4.3.1 分割

按不同规格要求进行分割，整个分割过程应在车间温度低于12℃的环境中进行。

F.4.3.2 修整

成鸡分割后的各部分应修剪外伤、淤血、绒毛等。

F.4.3.3 分割肉的检验

成鸡分割产品的检验应符合GB 16869的规定，并保存检验记录。

F.4.4 其他禽类

其他禽类的屠宰、分割、检验等参照本标准成鸡的规定执行。

F.5 包装、标志、贮存和运输过程控制

F.5.1 包装

包装材料应无毒无害、符合卫生要求，瓦楞纸箱应符合GB/T 6543的规定，薄膜应符合GB/T 4456的规定。

F.5.2 标志

标志应符合GB/T 191、GB/T 6388和GB 7718的规定。

F.5.3 贮存

鲜禽肉应贮存在温度0℃～4℃、相对湿度75%～84%的冷却间，冷冻禽肉应贮存在温度－18℃以下、相对湿度95%以上冷藏间，冷藏间温度昼夜波动不得超过±1℃。

F.5.4 运输

使用的冷藏车或保温车(船)的卫生应符合《中华人民共和国食品卫生法》等其他相关法律法规的要求，不得与对产品产生不良影响的物品混装。运输过程中，对于鲜禽肉，冷藏车温度应控制在7℃以下；对冷冻禽肉，冷藏车温度应控制在－18℃以下。

F.6 加工设备操作规程

加工设备的操作按照设备的操作规程进行。

F.7 不合格品控制

在禽类的采购、屠宰、分割、贮存和运输中发现的不合格品应按有关规定处理并记录。

附　录　G
（资料性附录）
判断树以及CCP识别顺序图

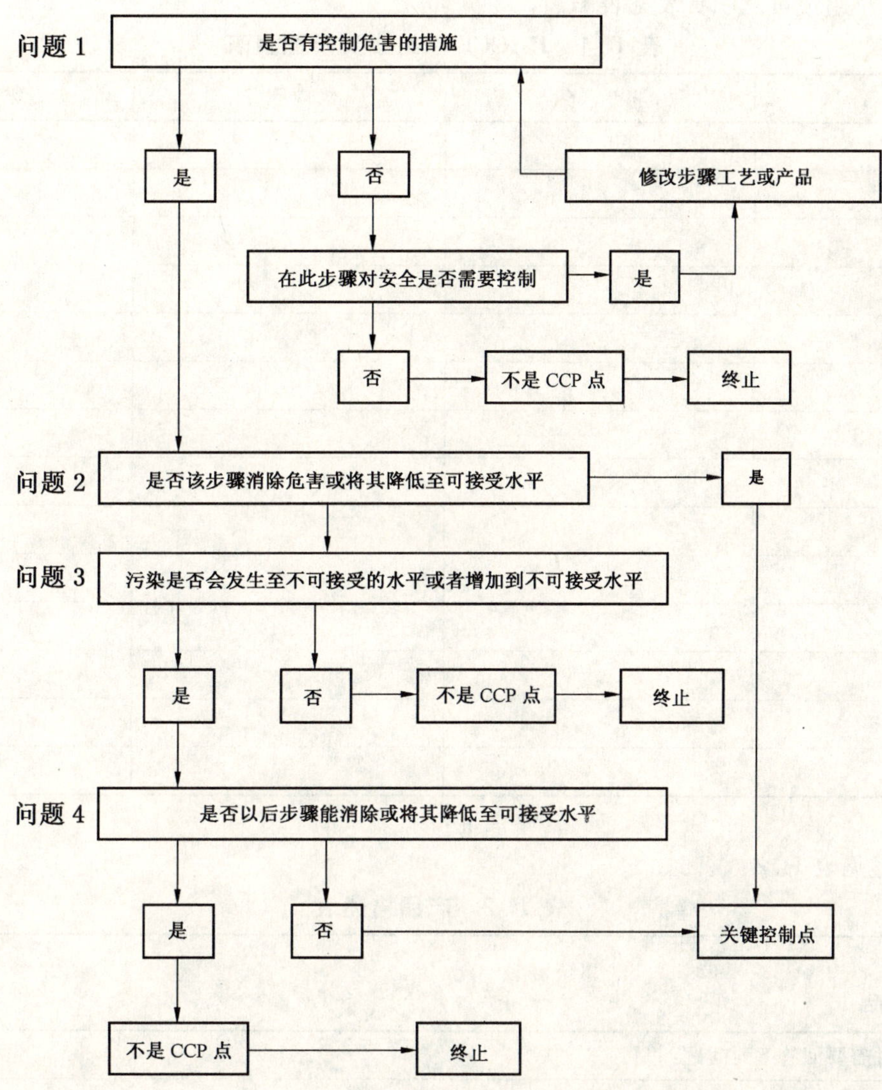

注：本图引用自 Annex to CAC/RCP 1-1969，Rev. 3(1997)。

图 G.1　判断树以及 CCP 识别顺序图

附 录 H
（资料性附录）
生猪屠宰 HACCP 计划模式表

H.1 HACCP 小组成员及职责表见表 H.1。

表 H.1 HACCP 小组成员及职责表

姓　名	职　务	组内职务	职　责

编制：　　　　　　　　　　　　　　审批：　　　　　　　　　　　　　　日期：

H.2 产品描述见表 H.2。

表 H.2 产品描述表

加工类别：屠宰 产品：猪屠宰产品
进行产品描述时需要回答下列问题：
1. 产品名称：猪胴体、猪头、可食用内脏和不可食内脏。 2. 使用方法：胴体进一步加工。 3. 包装：胴体、头无包装，内脏进行箱装。 4. 保质期：14 d～21 d（依温度和储存条件不同而变化），头、内脏最好保存于－6℃以下。 5. 销售地点：批发给零售商或进一步加工的工厂。 6. 标签说明：符合国家的有关规定。 7. 特殊的销售方法：各种产品需冷冻或冷藏保存，胴体需冷藏保存。

编制：　　　　　　　　　　　　　　审批：　　　　　　　　　　　　　　日期：

H.3 产品加工流程见图 H.1。

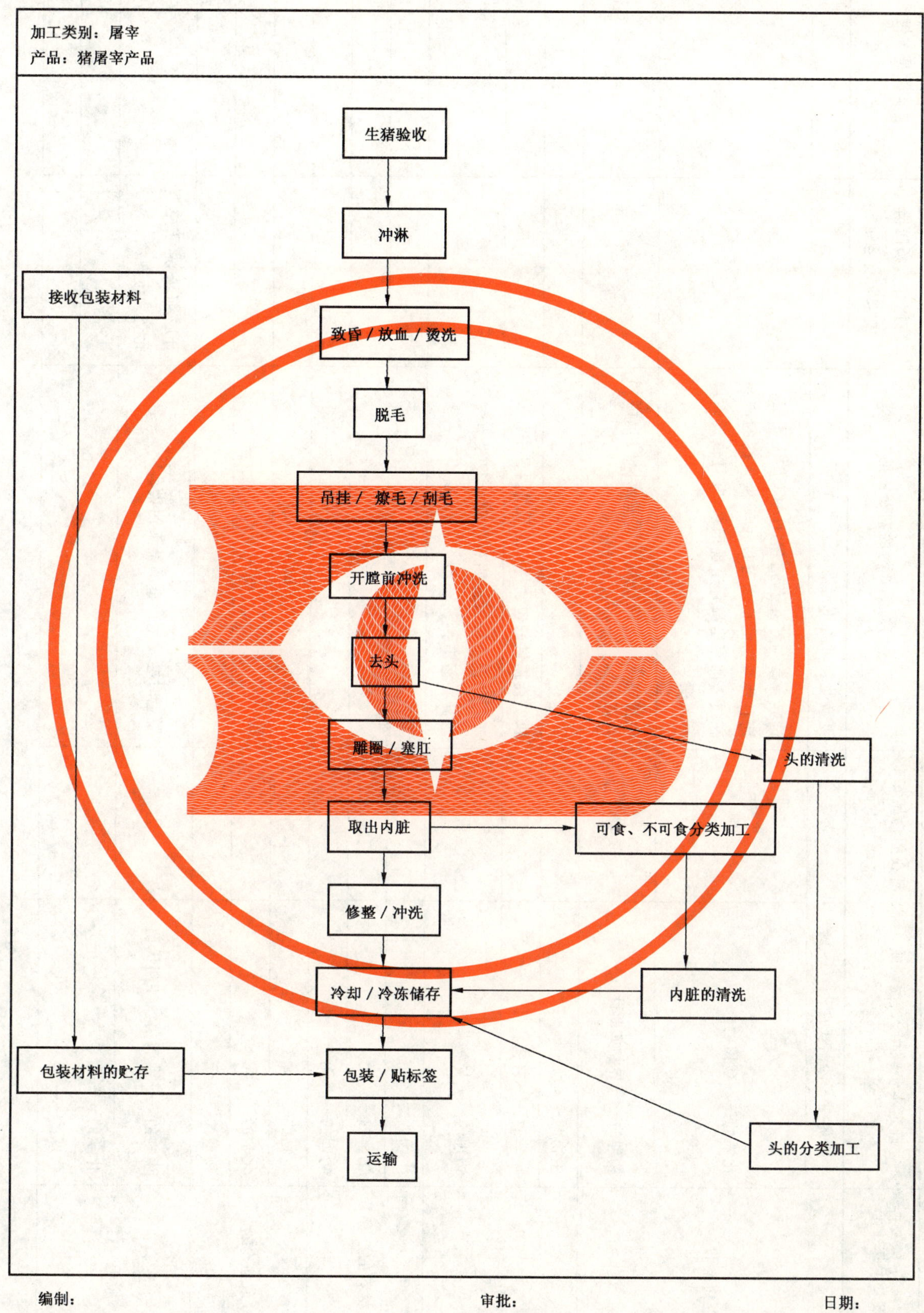

图 H.1 产品加工流程图

H.4 危害分析表和 HACCP 计划表分别见表 H.3 和表 H.4。

表 H.3 危害分析表

加工步骤	确定本步骤引入、控制或增加的危害	潜在的食品安全危害显著吗?	说明对第3栏的判断依据	应用什么预防措施来防止危害?	本步骤是关键控制点吗?
生猪验收	生物的——沙门氏菌	否	更换着装可防止污染。		
	化学的——残留物	否	饲养者参与了生猪屠宰HACCP认证工作而且残留物的检测可以说明供货商的产品在过去两年里没有违规记录,并且供货商没有改变。		
	物理的——异物如断针	否	生猪供应商实施质量保证措施以防止诸如断针之类的异物留在动物体内。		
接收包装材料	生物的——无				
	化学的——有害物质	否	供货商提供的包装材料的质量保证书。		
	物理的——异物	否	工厂的记录可以证明过去两年里没有发生过异物污染。		
包装材料的贮存	生物的——无				
	化学的——无				
	物理的——无				
致昏/放血/烫洗	生物的——无				
	化学的——无				
	物理的——无				
脱毛	生物的——致病菌如沙门氏菌	是	脱毛时会发生严重的交叉污染。	开膛前清洗可控制此交叉污染。	
	化学的——无				
	物理的——无				

表 H.3（续）

加工步骤	确定本步骤引入、控制或增加的危害	潜在的食品安全危害显著吗？	说明对第3栏的判断依据	应用什么预防措施来防止危害？	本步骤是关键控制点吗？
吊挂/燎毛/刮毛	生物的——无				
	化学的——无				
	物理的——无				
开膛前冲洗	生物的——致病菌	是	脱毛是一个公认的致病菌污染源。通过本工序的清洗可以在致病菌附着生长前将其清除。	应采取有效去除致病菌的清洗方法。	CCP1
	化学的——无				
	物理的——无				
去头	生物的——沙门氏菌	是	该步骤可能发生潜在的污染。	采取有效的致病菌清洗方法，后面的步骤——头的清洗可控制此污染。	
	化学的——无				
	物理的——无				
雕圈/塞肛	生物的——致病菌	否	工厂的记录可以证明过去两年里没有发生过此类污染。		
	化学的——无				
	物理的——无				
取出内脏	生物的——无	是	该步骤中可能发生潜在的污染。	可以通过后面的修整/冲洗控制。	
	化学的——无				
	物理的——无				

表 H.3（续）

加工步骤	确定本步骤引入、控制或增加的危害	潜在的食品安全危害显著吗？	说明对第3栏的判断依据	应用什么预防措施来防止危害？	本步骤是关键控制点吗？
可食、不可食分类加工	生物的——致病菌	是	该步骤中可能发生潜在的污染。	可以通过后面内脏的清洗控制。	
	化学的——无				
	物理的——无				
头的清洗	生物的——沙门氏菌	是	采取适当的措施可减少致病菌。	应采取有效的冲洗方式。	CCP2
	物理的——无				
	化学的——无				
修整/冲洗	生物的——致病菌	是	采取适当的措施可减少致病菌。	应采取有效的冲洗方式。	CCP3
	物理的——无				
	化学的——无				
内脏的清洗	生物的——致病菌	是	采取适当的措施可减少致病菌。	应采取有效的冲洗方式。	CCP4
	物理的——无				
	化学的——无				
头的分类加工	生物的——无				
	物理的——无				
	化学的——无				
冷却/冷冻储存	生物的——沙门氏菌	是	如果冷却操作的程序和温度不正确可能使致病菌生长。	采取有效的冷却措施。	CCP5
	物理的——无				
	化学的——无				

表 H.3（续）

加工步骤	确定本步骤引入、控制或增加的危害	潜在的食品安全危害显著吗？	说明对第3栏的判断依据	应用什么预防措施来防止危害？	本步骤是关键控制点吗？
包装/贴标签	生物的——无				
	物理的——无				
	化学的——无				
运输	生物的——无				
	物理的——无				
	化学的——无				

编制： 审批： 日期：

表 H.4 HACCP 计划表

加工类别：屠宰

产品：猪屠宰产品

关键控制点	显著危害	关键限值	监控	纠偏措施	验证	记录
			对象/方法/频率/人员			
CCP1 开膛前冲洗	生物的——致病菌	胴体无可见污染(粪便接受限量为零)； 冲洗的水压控制在 7 kg/cm²～24.6 kg/cm² 之间。	品控人员对25%的产品进行检查，观察是否有渣滓污染物；品控人员对冲洗器械每2 h监控一次，确保冲洗设备的设置适合屠宰和加工要求； 记录所有监视结果并签名。	对胴体进行感官检验，发现粪便污染将退回上一检查步骤；当冲洗设备的状态超过关键限值，品控人员下令停止生产，产品由品控人员处理； 如果水压低于7 kg/cm²，品控人员应找到偏离原因和纠偏措施，使压力达到所要求的范围； 品控人员将确证偏离产生的原因并防止再次发生； 对超出关键限值后生产的产品进行质量检查和确认，如果合格，可继续下一步加工，如果不合格，则需要重新加工，再进行质量检查； 必要情况下，调整设备设置，审核维修计划。	验证人员审核所有记录，并观察品控人员对可见污染物的监控； 对冲洗设备的校准进行验证。	冲洗设备监视记录； 冲洗设备校正记录； 纠偏措施记录。

表 H.4（续）

加工类别：屠宰 产品：猪屠宰产品						
关键控制点	显著危害	关键限值	监控 对象/方法/频率/人员	纠偏措施	验证	记录
CCP2 头的清洗	生物的——沙门氏菌	同 CCP1。	同 CCP1。	同 CCP1。	同 CCP1。	同 CCP1。
CCP3 最后的修整/冲洗	生物的——致病菌	同 CCP1。	同 CCP1。	同 CCP1。	同 CCP1。	同 CCP1。
CCP4 内脏的冲洗	生物的——致病菌	同 CCP1。	同 CCP1。	同 CCP1。	同 CCP1。	同 CCP1。
CCP5 冷却/冷冻储存	生物的——沙门氏菌	生猪屠宰产品在放血后 45 min 内进入冷却间，16 h 内所有产品的内部中心温度达到 4℃或－15℃以下。成品储存室温度不超过 4℃或－15℃。	品控人员观察屠宰及冷却操作过程，确保符合关键限值。存放胴体和内脏的冷藏间及冷冻间应被连续监控并记录温度。品控人员应在产品冷却 16 h 后，抽查 10 个（份）胴体（分割产品），确认内部中心温度达到 4℃或－15℃以下。	时间和温度发生偏离时，品控人员将拒收和实施产品处置； 产品处置由产生偏离的原因决定； 品控人员找出发生偏离的原因，防止再次发生； 维修人员应检查冷库操作情况，必要时进行维修； 对产品到达冷却间的时间和对产品扣留程序要进行审核。	验证人员审核胴体冷却记录表和内脏冷却记录表（每班一次）； 验证所用的监控温度计的精确度，必要时将其校正到 2℃以内； 检查冷却间和冷冻间产品的中心温度。	胴体冷却记录； 冷却间和冷冻间温度记录；温度计校正记录； 纠偏措施记录。

编制：　　　　　　审批：　　　　　　日期：

附 录 I
（资料性附录）
牛屠宰 HACCP 计划模式表

I.1 HACCP 小组成员及职责表见表 I.1。

表 I.1 HACCP 小组成员及职责表

姓　　名	职　　务	组内职务	职　　责

编制：　　　　　　　　　　审批：　　　　　　　　　　日期：

I.2 产品描述见表 I.2。

表 I.2 产品描述表

加工类别：屠宰 产品：牛屠宰产品
进行产品描述时需要回答下列问题：
1. 产品名称：牛胴体、牛头、可食用内脏和不可食内脏。 2. 使用方法：胴体进一步加工。 3. 包装：胴体、头无包装，内脏进行箱装。 4. 保质期：14 d～21 d（依温度和储存条件不同而变化），头、内脏最好保存于－6℃以下。 5. 销售地点：批发给零售商或进一步加工的工厂。 6. 标签说明：符合国家的有关规定。 7. 特殊的销售方法：各种产品需冷冻货冷藏保存，胴体需冷藏保存。

编制：　　　　　　　　　　审批：　　　　　　　　　　日期：

I.3 产品加工流程见图 I.1。

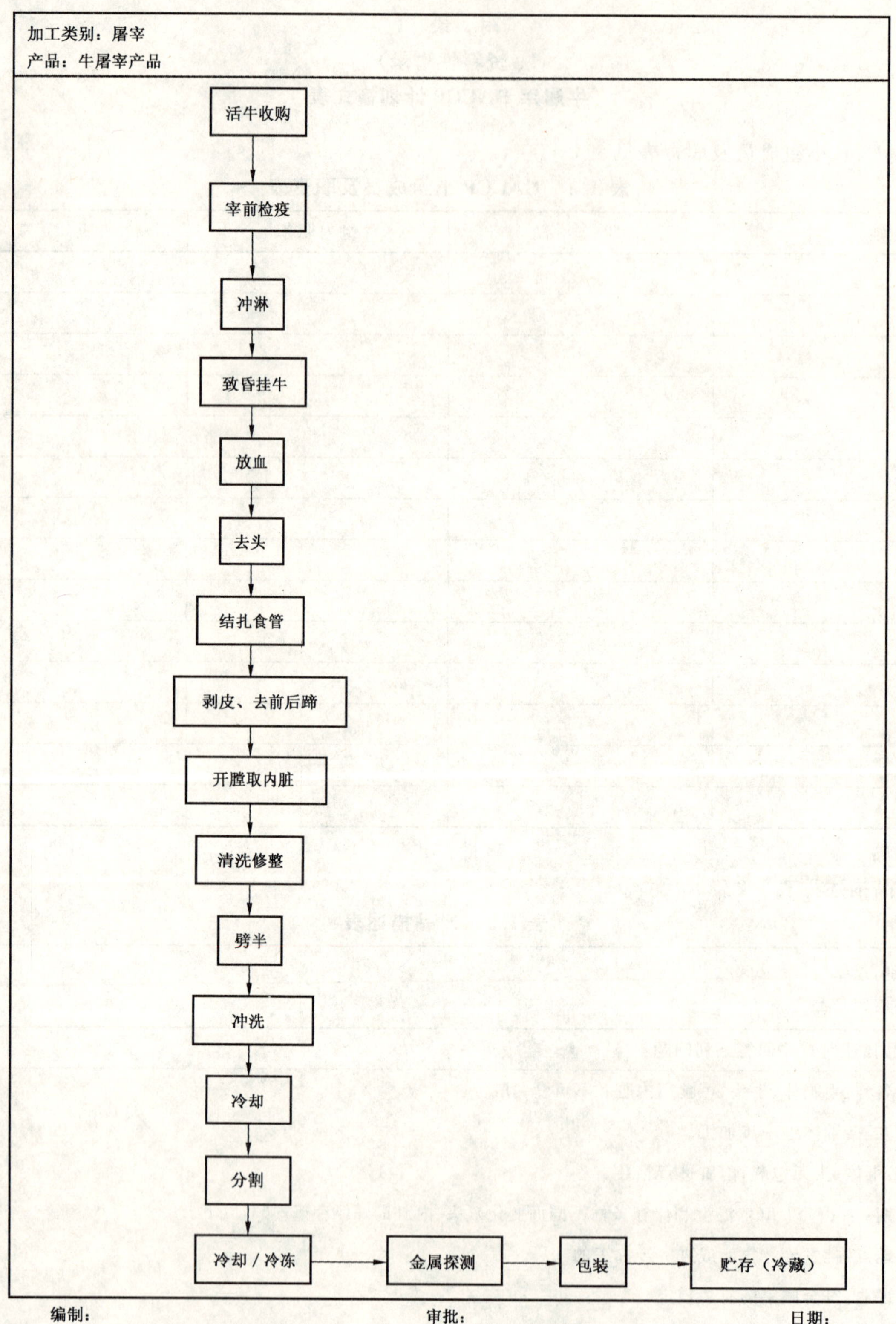

图 I.1 产品加工流程图

I.4 危害分析表和 HACCP 计划表分别见表 I.3 和表 I.4。

表 I.3 危害分析表

加工步骤	确定本步骤引入、控制或增加的危害	潜在的食品安全危害显著吗？	说明对第3栏的判断依据	应用什么预防措施来防止危害？	本步骤是关键控制点吗？
活牛收购	生物的——埃希氏大肠杆菌、O157:H7	否	良好的SSOP可预防此污染。		
	化学的——残留物	否	组织的记录证明在过去没有残留物。		
	物理的——异物如断针	否	从有质量保证的农户处收购活牛可以防止异物残留在牛体内。		
宰前检疫	生物的——无				
	化学的——无				
	物理的——无				
冲淋	生物的——无				
	化学的——无				
	物理的——无				
致昏/挂牛	生物的——无				
	化学的——无				
	物理的——无				
放血	生物的——无				
	化学的——无				
	物理的——无				
去头	生物的——无				
	化学的——无				
	物理的——无				
结扎食管	生物的——无				
	化学的——无				
	物理的——无				

表 I.3（续）

加工步骤	确定本步骤引入、控制或增加的危害	潜在的食品安全危害显著吗？	说明对第3栏的判断依据	应用什么预防措施来防止危害？	本步骤是关键控制点吗？
剥皮、去前后蹄	生物的——从皮肤污染的致病菌如大肠杆菌和E. ColiO157:H7	是	皮毛污染是一个众所周知的致病菌污染源；潜在的污染可能在此步骤发生。	后面的清洗修整步骤可消除此污染。	
	化学的——无				
	物理的——无				
开膛取内脏	生物的——致病菌如从胃肠道污染的大肠杆菌和O157:H7	是	潜在的污染可能在此步骤发生。	后面的清洗修整步骤可消除此污染。	
	化学的——无				
	物理的——无				
清洗修整	生物的——致病菌如大肠杆菌和E. ColiO157:H7	否	此步骤可以消除前面步骤引起的污染。		
	化学的——无				
	物理的——无				
劈半	生物的——无				
	化学的——无				
	物理的——无				
冲洗	生物的——致病菌(有皮毛和胃肠道污染引起的)	是	此步骤可以减少致病菌的污染。	采取有效的冲洗方式。	CCP1
	化学的——无				
	物理的——无				
冷却	生物的——致病菌如大肠杆菌和E. ColiO157:H7	是	若采用不当的冷却步骤，则致病菌有可能生长。	应采用恰当合理的冷却步骤。	CCP2
	化学的——无				
	物理的——无				

表 I.3（续）

加工步骤	确定本步骤引入、控制或增加的危害	潜在的食品安全危害显著吗？	说明对第3栏的判断依据	应用什么预防措施来防止危害？	本步骤是关键控制点吗？
分割	生物的——无				
	化学的——无				
	物理的——无				
冷却/冷冻	生物的——无	是	若采用不当的冷却步骤，则致病菌有可能生长。	应采用恰当合理的冷却步骤。	
	化学的——无				
	物理的——无				
金属探测	生物的——无				
	化学的——无				
	物理的——无				
包装	生物的——无				
	化学的——无				
	物理的——无				
贮存(冷藏)	生物的——致病菌如大肠杆菌和 E. ColiO157:H7	是	若温度没有维持在足以抑制致病菌生长的水平下，则致病菌很有可能生长。	维持产品的温度在足以抑制致病菌生长的水平下。	CCP3
	化学的——无				
	物理的——无				

编制：　　　　　　审批：　　　　　　日期：

表 I.4 HACCP 计划表

加工类别：屠宰
产品：牛屠宰产品

关键控制点	显著危害	关键限值	监 控	纠偏措施	验 证	记 录
			对象/方法/频率/人员			
CCP1 冲洗	生物的——致病菌（由皮毛和胃肠道污染引起的）	胴体无粪污； 消毒剂的浓度保持在 0.5%～2.5%之间； 消毒用的喷嘴液压应在 2.5 kg/cm² 以上； 胴体清洗设备的压强应在 7 kg/cm²～24.6 kg/cm² 上。	品控人员应监督清洗和消毒设备的运行情况，保证胴体表面可见污染物、消毒剂的浓度、喷嘴的液压符合关键限值。	超过关键限值生产的产品要接受重检，通过重检的胴体用于继续加工，未通过重检的胴体，将被返工； 当清洗/消毒间隔超过关键限值时，将停止生产，所有受影响的胴体返回到前一加工步骤进行肉眼观察； 品控人员确认引起偏离的原因； 如果浓度超标，品控人员应调整消毒剂的浓度使之符合限定的范围； 如果清洗设备的压强低于 7 kg/cm²，品控人员应调整压强使之符合限定的范围。	品控人员每班检查所有的记录并观察 CCP 的操作和监控情况； 设备维护人员定时检查清洗和消毒设备的校准记录；	清洗设备监控记录； 消毒间隔监督记录； 清洗设备验证记录； 纠偏措施记录。
CCP2 冷却	生物的——致病菌如大肠杆菌和 O157:H7	热分割产品：从活牛放血到分割后进入冷却间的时间为 1.5 h～2 h； 冷分割产品：宰后片牛肉应在 45 min 内进入冷却间，48 h 内其后腿部或肩胛的肌肉深层中心温度在 0℃～4℃之间。	品控人员检查冷却步骤； 温度计将自动记录冷却间的温度； 品控人员选择 10 个胴体和 5 个各部位的肉测量温度。	品控人员确认引起偏离的原因； 品控人员根据时间和温度偏差处理偏离的产品； 设备维护人员对冷却间进行维护。	品控人员每班检查一次胴体和各部位肉的冷却记录； 设备维护人员每班一次检查冷却间内温度计的准确度； 设备维护人员每天对温度计进行校验使其偏差在 2℃以内。	胴体冷却记录表； 各部位肉冷却记录表； 冷却间温度记录表； 温度校正记录表； 纠偏措施记录。

表 I.4（续）

加工类别：屠宰
产品：牛屠宰产品

关键控制点	显著危害	关键限值	监控 对象/方法/频率/人员	纠偏措施	验证	记录
CCP3 贮存（冷藏）	生物的——致病菌如大肠杆菌和 E. ColiO157:H7	成品贮存区温度不超过 7℃。	设备维护人员每 2 h 检查一次成品贮存区的温度，并在记录表上填写冷却间的记录。	品控人员追查温度超过 7℃的原因； 采取纠偏措施后每小时检查一次贮存区的温度； 超过关键限值的产品由品控人员负责处理。	品控人员每班检查一次胴体和各部位肉的冷却记录； 设备维护人员每班一次检查冷却间内温度计的准确度； 设备维护人员每天对温度计进行校验使其偏差在 2℃以内。	室温记录； 温度校正记录； 纠偏措施记录。

编制：　　　　审批：　　　　日期：

附　录　J
（资料性附录）
禽类屠宰 HACCP 计划模式表

J.1　HACCP 小组成员及职责表见表 J.1。

表 J.1　HACCP 小组成员及职责表

姓　　名	职　　务	组内职务	职　　责

编制：　　　　　　　　　　　　审批：　　　　　　　　　　　　日期：

J.2　产品描述见表 J.2。

表 J.2　产品描述表

加工类别：屠宰 产品：鸡屠宰产品
进行产品描述时需要回答下列问题：
1. 产品名称：鸡胴体、内脏等。 2. 使用方法：胴体进一步加工或烹饪等。 3. 包装：胴体真空包装；分割产品真空包装或盘装。 4. 保质期：－18℃以下保存 3 个月～6 个月，4℃保存 7 d。 5. 销售地点：批发给零售商或进一步加工的工厂。 6. 标签说明：符合国家的有关规定。 7. 特殊的销售方法：冷冻或冷藏保存。

编制：　　　　　　　　　　　　审批：　　　　　　　　　　　　日期：

J.3　产品加工流程见图 J.1。

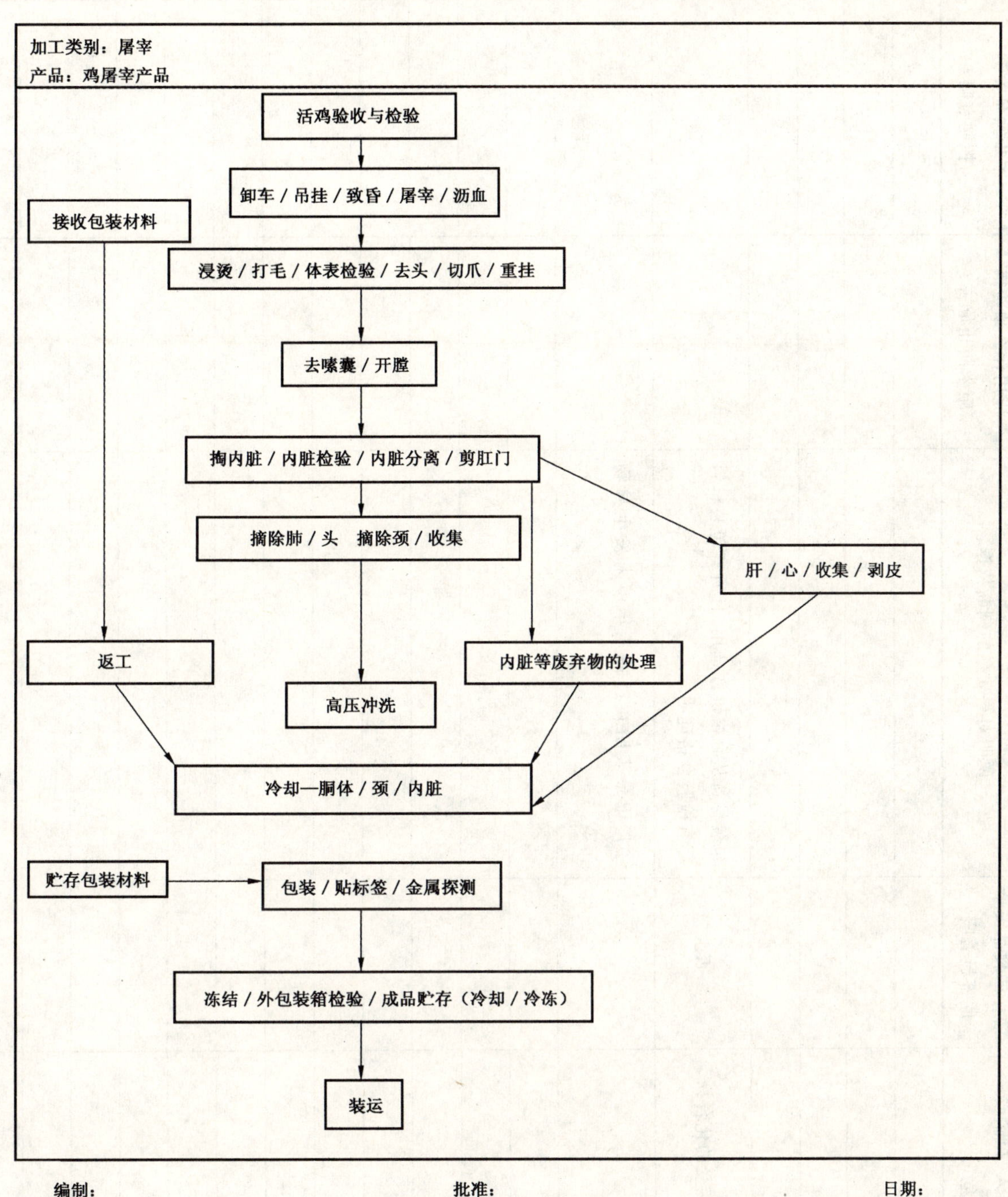

图 J.1　产品加工流程图

J.4　危害分析表和 HACCP 计划表分别见表 J.3 和表 J.4。

表 J.3 危害分析表

加工步骤	确定本步骤引入、控制或增加的危害	潜在的食品安全危害显著吗？	说明对第3栏的判断依据	应用什么预防措施来防止危害？	本步骤是关键控制点吗？
活鸡验收与检验	生物的——无				
	化学的——无				
	物理的——无				
接收包装材料	生物的——无				
	化学的——不能接受的化合物。	否	包装材料从合格供方选用，且所有包装材料都有检验合格证明。		
	物理的——异物	否	工厂记录表明在过去几年中未发生异物污染。		
贮存包装材料	生物的——无				
	化学的——无				
	物理的——无				
卸车/吊挂/致昏/屠宰/沥血	生物的——无				
	化学的——无				
	物理的——无				
浸烫/打毛/体表检验/去头/切爪/重挂	生物的——无				
	化学的——无				
	物理的——无				
去嗉囊/开膛	生物的——无				
	化学的——无				
	物理的——无				

表 J.3（续）

加工步骤	确定本步骤引入、控制或增加的危害	潜在的食品安全危害显著吗？	说明对第3栏的判断依据	应用什么预防措施来防止危害？	本步骤是关键控制点吗？
掏内脏/内脏检验/内脏分离/剪肛门	生物的——沙门氏菌				
	化学的——无	是	含致病菌的肠道内容物的泄露可能导致污染的发生。	适当调整去内脏设备，并对员工进行现场培训将降低污染水平； 对胴体进行肉眼检查。	CCP1
	物理的——无				
摘除肺/头 摘除颈/收集	生物的——无				
	化学的——无				
	物理的——无				
返工	生物的——致病菌（沙门氏菌、大肠杆菌类）	是	致病菌有污染和增殖的潜力； 随后的冷却步骤有助于减少致病菌的威胁。	恰当的清洗、修整和温度控制将有效控制致病菌的生长。	CCP2
	化学的——无				
	物理的——无				
内脏等废弃物的处理	生物的——无				
	化学的——无				
	物理的——无				
高压冲洗	生物的——无				
	化学的——无				
	物理的——无				

表 J.3（续）

加工步骤	确定本步骤引入、控制或增加的危害	潜在的食品安全危害显著吗？	说明对第3栏的判断依据	应用什么预防措施来防止危害？	本步骤是关键控制点吗？
肝/心/收集/剥皮	生物的——无				
	化学的——无				
	物理的——无				
冷却—胴体/颈/内脏	生物的——沙门氏菌	是	产品与产品的接触； 冷却系统的不当操作会导致最终产品致病菌的流行。	适当地冷却产品以防止致病菌的生长； 二氧化氯可以防止沙门氏菌的进一步生长。	CCP3
	化学的——无				
	物理的——无				
包装/贴标签/金属探测	生物的——无				
	化学的——无				
	物理的——无				
冻结/外包装箱检验/成品贮存（冷却/冷冻）	生物的——致病菌	是	对于冷却产品，如果温度不能维持在或低于限制致病菌生长的温度，则它们有可能生长。	控制产品的温度低于或等于足以抑制致病菌生长的温度。	CCP4
	化学的——无				
	物理的——无				
装运	生物的——无				
	化学的——无				
	物理的——无				

编制：　　　　审批：　　　　日期：

表 J.4 HACCP 计划表

加工类别：屠宰
产品：鸡屠宰产品

关键控制点	显著危害	关键限值	监控 对象/方法/频率/人员	纠偏措施	验证	记录
CCP1 掏内脏/内脏检验/内脏分离/剪肛门	生物的——沙门氏菌	加工后无粪污； 设备使用良好； 不应因设备的使用不当导致消化道破裂。	肉眼检查； 冲洗前检查并随机抽查； 品控人员应记录结果； 每班检查设备的运行情况。	受污染的产品被宣布废弃或重加工； 停止生产后调整和修理设备； 冲洗期间进行肉眼检查； 重审设备维护和修理记录。	品控人员每班一次检查工厂的消毒记录和氯的含量； 品控人员每班两次检查设备维护记录。	消毒记录； 纠偏措施记录； 设备维护记录。
CCP2 返工	生物的——致病菌（沙门氏菌、大肠杆菌类）	重加工后无粪污； 设备进行恰当维修； 用 20×10^{-6}～50×10^{-6} 的 NaClO 溶液冲洗设备。	肉眼检查； 冲洗前检查并随机抽查； 品控人员应记录结果； 每班检查设备的运行情况。	品控人员确定偏差原因； 品控人员将拒绝或保留产品； 受污染的产品被宣布废弃或重加工； 调整和维修设备。	品控人员每班一次检查重加工记录和消毒记录； 品控人员每班两次检查设备维护记录。	重加工记录； 消毒记录； 纠偏措施记录； 设备维护记录。
CCP3 冷却——胴体/颈/内脏	生物的——沙门氏菌	产品的中心温度在冷却 45 min 内降到 7℃以下； 冷却水的二氧化氯含量大于 20×10^{-6}。	品控人员在冷却加工结束时监督检查产品的中心温度； 每 2 h 检查一次冷却水中氯的含量。	品控人员根据时间和温度拒绝或保留产品； 品控人员将确认引起偏离的原因并预防其再次发生； 设备维护员将检查冷却液的循环和水交换速率并按要求进行调整。	品控人员每班检查一次冷却记录和消毒记录； 设备维护员每班检查冷却水温度记录表； 品控人员每天校正所有用于监督和校验的温度计。	消毒记录； 冷却记录； 冷却水温度记录； 纠偏措施记录； 温度计校正记录。

表 J.4（续）

加工类别：屠宰
产品：鸡屠宰产品

关键控制点	显著危害	关键限值	监控	纠偏措施	验证	记录
			对象/方法/频率/人员			
CCP4 冻结/外包装箱检验/成品贮存（冷却/冷冻）	生物的——病原菌	成品贮存温度不超过4℃。	品控人员每2 h检查一次产品的中心温度。	品控人员确认温度超过4℃的原因； 品控人员采取措施防止温度超过4℃； 超过关键限值的产品，加工监督机构在装运前对产品进行评估，并作相应的处理。	品控人员每班检查一次产品温度记录的准确性； 品控人员每天检查所有的用于检测检验用的温度计，并根据需要每天校正其准确性在2℃范围内； 品控人员每班视察一次维护人员检查成品贮存区的情况。	冷却记录； 纠偏措施记录； 温度计校正记录。

编制：　　　　审批：　　　　日期：

参 考 文 献

[1] GB 12694—1990 肉类加工厂卫生规范

[2] GB 13754—1992 肉类加工工业水污染物排放标准

[3] GB 16548—1996 畜禽病害肉尸及其产品无害化处理规程

[4] 国家质量监督检验检疫总局 2002 年第 3 号 附件:《食品生产企业危害分析与关键控制点(HACCP)管理体系认证管理规定》2002 年 3 月 20 日

[5] CAC/RCP 1-1969,Rev. 3(1997),Amd. (1999)《食品卫生通则》

ICS 67.120.01
X 04

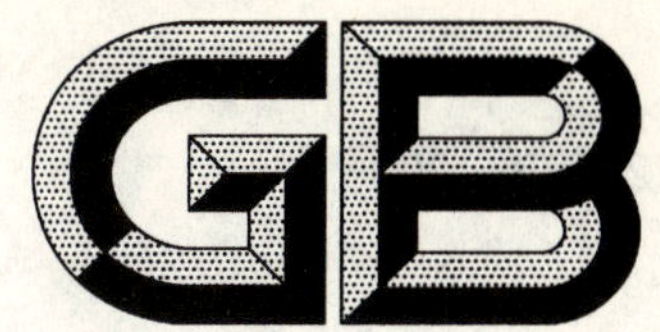

中华人民共和国国家标准

GB/T 20575—2006

鲜、冻肉生产良好操作规范

Specification of good manufacture practice for fresh and frozen meat processing

2006-09-14 发布　　2007-01-01 实施

中华人民共和国国家质量监督检验检疫总局
中国国家标准化管理委员会　发布

前　言

本标准参考了国际食品法典委员会(CAC)发布的CAC/RCP 011—1976,Rev.1(1993)《国际推荐的鲜肉卫生操作规程》(Recommended international code of hygienic practice for fresh meat)的有关内容,并结合我国畜类屠宰加工和肉品加工企业的现状制定。

本标准由中华人民共和国商务部提出并归口。

本标准起草单位:商务部屠宰技术鉴定中心。

本标准主要起草人:王贵际、龚海岩、赵箭、张萍萍。

本标准由商务部屠宰技术鉴定中心负责解释。

鲜、冻肉生产良好操作规范

1 范围

本标准规定了鲜、冻肉生产的术语和定义，用于生产鲜、冻肉的动物饲养要求，屠宰动物的运输要求，屠宰动物的要求，屠宰厂、肉品企业设施、设备要求，卫生要求，过程控制，检验检疫的要求等内容。

本标准适用于供人类消费的鲜、冻猪、牛和羊肉产品，包括售出后直接或经进一步加工后供食用的鲜、冻猪、牛和羊肉产品，但不包括其他法规规定的家禽、鱼类与野生动物。

2 规范性引用文件

下列文件中的条款通过本标准的引用而成为本标准的条款。凡是注日期的引用文件，其随后所有的修改单(不包括勘误的内容)或修订版均不适用于本标准，然而，鼓励根据本标准达成协议的各方研究是否可使用这些文件的最新版本。凡是不注日期的引用文件，其最新版本适用于本标准。

GB 5749　生活饮用水卫生标准

GB 16548　病害动物和病害动物产品生物安全处理规程

GB/T 17996　生猪屠宰产品品质检验规程

GB 18393　牛羊屠宰产品品质检验规则

GB 50317　猪屠宰与分割车间设计规范

3 术语和定义

下列术语和定义适用于本标准。

3.1

屠宰厂　abattoir

由政府监管部门批准注册的用于可食用猪、牛和羊动物屠宰与加工的场所。

3.2

肉品企业　establishment

除屠宰厂之外，经政府监管部门批准注册的进行鲜、冻肉加工、包装、运输或储藏的企业。

3.3

标记　brand

政府监管部门批准加盖的印记或印章，或带有印记或印章的标记、标签。

3.4

屠宰动物　slaughter animal

法律允许在屠宰厂屠宰的动物，如猪、牛、羊等。

3.5

屠体　animal body

活畜经屠宰、放血后的躯体。

3.6

胴体　carcass

活畜经屠宰、放血后除去鬃毛、内脏、头、尾及四肢下部(腕及关节以下)后的躯体部分。

3.7

肉 meat

屠宰动物胴体及副产品的任何可食部分。

3.8

鲜、冻肉 fresh and frozen meat

指热鲜肉、冷却肉和冷冻肉，包括仅为保存需要经气调包装、真空包装的肉品。

3.9

可食用副产品 edible offal

屠宰动物中可以供人食用的内脏、头、蹄、尾等。

3.10

监管部门 controlling authority

负责动物屠宰加工、肉品检验检疫和卫生监督的官方机构。

3.11

屠宰加工 dressing

在加工车间将屠宰动物加工成胴体(或分割肉)、内脏及皮毛等其他副产品的过程。

3.12

清洗 cleaning

去除胴体的污染物。

3.13

污染 contamination

污物、微生物等因素使鲜、冻肉产品安全性降低或影响正常感官特征的过程。

3.14

疾病或缺陷 disease or defect

指病理变化或其他异常。

3.15

残留 residues

肉品中残存的兽药、农药和其他污染物。

3.16

消毒 disinfection

在不影响肉品品质的情况下，通过符合质量和卫生要求的化学或物理方法将肉品中的微生物减少到最低水平的过程。

3.17

可食用 fit for human consumption

经检验检疫是安全卫生，并在后续的检验中未发现不卫生因素的肉品。

3.18

不可食用 inedible

经检验、判断认定不适于食用，但不必要销毁的肉品。

3.19

饮用水 potable water

符合 GB 5749 规定的水。

3.20

防护服 protective clothing

屠宰厂或肉品企业工人用于防止肉品受到污染而穿戴的专用服装、帽、头罩、靴子和口罩等。

3.21

危害分析　risk analysis

包括危害评估、危害管理和危害信息交流三个步骤，通过分析确定危害的可接受水平，并采取相应的控制措施。

3.22

安全卫生肉品　safe and wholesome meat

符合下列要求，适于食用的肉品：

a) 根据预期的食用目的经过恰当的加工处理后不会引起食源性感染或中毒；

b) 残留量不超过相关国家标准中的规定水平；

c) 无明显污染；

d) 无通常认为不宜食用的缺陷；

e) 在保证卫生的条件下生产；

f) 未经违禁物质处理。

4　用于生产鲜、冻肉的动物饲养要求

4.1　动物养殖场所的设立和管理应符合政府监管部门的要求，以确保屠宰动物的健康及肉品的安全卫生。养殖场的养殖和防疫规程应以相关法规为基础，并包括以下措施：

a) 防止外来公共卫生疾病或严重动物性疾病的侵入和传播；

b) 对地方性重大公共卫生疾病或严重动物性疾病进行监控，并制定恰当的控制和/或根除措施。

4.2　养殖场应按国家相关规定控制化学物质(如兽药、杀虫剂和其他农药)或可能导致鲜、冻肉中残留及污染物有害水平升高的化学物质的使用。

4.3　饲养用于屠宰的动物应按照良好的饲养管理规范进行。不应饲喂以下饲料：

a) 可能含有人畜共患病病原体的饲料；

b) 含有国家禁用药物，或者含有导致鲜、冻肉中残留或污染物水平超过国家规定的兽药残留限量的饲料。

4.4　集约化养殖生产系统中的饲养或废弃物处理方式不应对公共卫生和动物健康造成危害，不应对周围环境造成污染。

4.5　宜建立从屠宰厂生产线末端追溯到屠宰动物状况的可追溯系统。

4.6　政府监管部门应鼓励在鲜、冻肉生产过程中建立并实施HACCP体系。

4.7　饲养员及相关人员应明确动物发生下列情况时，其肉可能不适于人类消费：

a) 事故；

b) 疾病或缺陷；

c) 使用药物或化学品；

d) 任何治疗。

应对发生上述任一情况的动物进行检疫，检疫合格后方能送往屠宰厂，兽医检疫员应是唯一决定动物是否适于屠宰的仲裁者。

5　屠宰动物的运输要求

5.1　运输屠宰动物的车辆应达到以下要求：

a) 装卸方便；

b) 不同畜种的动物或可能相互攻击的动物，在运输过程中应隔离；

c) 装有地板格栅或类似的装置，防止动物排泄物在地板上堆积；

d) 通风良好；

e) 两层或多层的运输车辆，每层都应具有防渗漏隔板；

f) 容易清洁和消毒。

5.2 运输屠宰动物的车辆应保持良好，卸车后应尽快清洗消毒。

5.3 运往屠宰厂的动物应保持标志。

6 屠宰动物的要求

6.1 动物的识别

应采取一切必要措施保持待宰动物产地的标记。

6.2 需特殊处理动物的识别

当屠宰动物在运输、宰前、宰中和宰后过程中被鉴定为需要特殊处理的，应采取一切必要措施确保动物或胴体及其相关信息的正确传递。

6.3 屠宰厂的信息传递和隔离

屠宰厂应建立有效的信息传递系统，保证动物到达屠宰场以前及宰前、宰后检验检疫信息的传递；对有特殊要求的屠宰动物的相关信息，应及时传递到相关人员，并采取有效的隔离措施隔离有特殊要求的屠宰动物。

6.4 动物宰前要求

6.4.1 动物在屠宰之前应保证停食静养 12 h～24 h，宰前 3 h 停止喂水。

6.4.2 应将患有任何影响或可能影响鲜、冻肉安全性的疾病或缺陷的动物同其他动物隔离。

6.4.3 不同畜种应在不同的屠宰线上屠宰。

6.4.4 待宰动物临宰前应喷淋冲洗干净。

6.5 兽医的职责

动物宰前应经兽医检疫人员进行卫生检疫。动物宰前应有兽医检疫人员签发的《宰前检验合格证明》。

7 屠宰厂、肉品企业设施、设备要求

7.1 厂房与设施

7.1.1 屠宰厂和肉品企业应：

a) 位于不易出现洪涝，无不良气味、烟、尘及其他污染源的地方；

b) 有足够能完成符合要求的操作空间；

c) 结构合理，通风良好，有充足的天然或人工光源，易于清洁；

d) 厂房和设施结构合理、坚固，便于清洗和消毒；

e) 布局和设施利于进行肉品卫生监督和肉品检验；

f) 设有防虫、防鼠、防蝇和防鸟等设施；

g) 可食用肉品处理区和不可食用肉品处理区之间应完全隔离；

h) 可食用肉品处理区和动物待宰区之间应完全隔离；

i) 除用于工人和检验人员休息的场所外，所有车间应满足以下要求：

——地面应使用防水、防滑、不吸潮、可冲洗、耐腐蚀、无毒的材料，表面无裂缝，易于清洗和消毒；

——地面应有一定的坡度便于液体流入有网罩防护的排水口中(不包括冻结间和冷藏间)；

——墙壁应防水、无毒、不吸潮、浅色，易清洗和消毒，光滑，高度适于操作；

——相邻墙壁之间的拐角以及墙壁和地板之间的拐角为弧形；

——天花板的设计和建造应防止污物积聚，表面涂层光滑，不易脱落，浅色，易清洗；

j) 排水系统和废弃物处理系统应满足以下要求：

——保持良好的状态；

——所有的管道，包括下水道，应满足排放的要求；

——所有的管道均不漏水，水流顺畅；

——排水系统和废弃物处理系统与鲜、冻肉加工和储藏车间完全隔离；

——废弃物的处理应避免对生产饮用水造成污染；

——来自卫生间的下水管道与工厂排水系统分开；

——排水方向应从清洁区流向非清洁区；

——获得主管部门认可。

7.1.2 屠宰厂应：

a) 按照本标准第10章的要求设有用于肉品检验检疫的专用场所；

b) 待宰圈的要求：

——有足够的圈舍容量；

——有顶棚，如果气候条件允许可以不设；

——适合宰前检疫；

——有足够的围栏便于进行宰前检疫；

——结构合理，便于维修；

——地面的铺设和排水良好；

——供水充足；

——供水管道的设置便于对待宰圈、通道、装卸台和运输工具进行清洗；

——有合适的隔离圈以便于对动物进行仔细的检查。

c) 对患病动物和疑似患病动物进行隔离的设施：

——如果环境条件要求应设有顶棚；

——能够上锁；

——有单独的排污管道，并且不与流经其他圈舍的排污管道相连；

d) 应设有与屠宰和加工相适应的屠宰和加工车间；

e) 屠宰和加工车间的设施应用防水、防渗和防腐蚀的材料建造，便于清洗，其设计、建造和安装应能保证肉不接触地面；

f) 猪和其他动物屠宰加工车间应分开；

g) 设有足够的空间分别进行浸烫、脱毛等相关操作，每个加工区域应和其他区域分开；

h) 设有对动物内脏进行清空和清洗的操作间；

i) 设有对动物内脏进行进一步处理的操作间；

j) 如需要，应设有对可食用脂肪进行处理和贮存的专用设备；

k) 应设有皮、角、蹄和非食用动物脂肪的储存间；

l) 设有适宜的预冷间、冷却间、冻结间和冷藏间；

m) 动物急宰间的设施应满足以下要求：

——带锁；

——只用于急宰动物的屠宰加工，并且用于存放急宰动物的肉；

——便于到达隔离急宰动物的围栏；

n) 设有病害肉的储存间，设计上应防止病害肉的交叉污染；

o) 不适于食用的肉应单独存放；

p). 有控制进出屠宰厂的设施；

q) 有对车辆进行彻底清洗和消毒的设施；

r) 有对动物粪便进行收集和无害化处理的设施。

7.1.3 屠宰厂和其他设施的设计、建造和安装应符合下列要求：

a) 工艺流程应合理设置，不造成交叉污染；

b) 肉不应与地面、墙面和其他设施表面接触；

c) 运输肉的轨道不应对肉造成污染；

d) 应在足够的压力下保证供应足够的符合卫生要求的饮用水，水的储存和使用条件应能避免回吸，且保证其不会受到污染；

e) 在动物的屠宰、剔骨和分割过程中设有相应的设备，应提供下列条件：

——不低于82℃的热水；

——适于洗手的温水；

——浓度适宜的冷热清洗剂或皂液；

——可正常使用的干手器；如必须使用一次性纸巾，应提供相应的放置废弃纸巾的容器；

f) 设有相应的设备提供非饮用水：

——非饮用水的供应应与饮用水完全分开；

——非饮用水管道和容器应用不同的颜色或主管部门允许的其他方式进行区分；

g) 应有足够的自然或人工照明设施，照明设施不应改变被加工物的本色，并且能够提供8.4.13规定的照明强度；

h) 所用照明灯泡或照明设施应选用保险型灯泡或装有安全防护罩，以防灯具破碎污染肉品；

i) 设有足够的通风设施避免照明设施过热或水蒸气聚集，保证空气不会被灰尘、水蒸气和烟尘污染；

j) 所有窗户应安装合适的玻璃，其他开口于户外的通风设施以及所有的其他通风开口，应有纱网或其他保护性的耐腐蚀材料制作的网罩，纱网或网罩应便于装卸和清洗；

k) 应有足够宽的通道，便于通行；

l) 可食用原料处理间的门，应牢固并且符合下列要求：

——尽可能使用自动门；

——采用双向自由门，关闭时密闭性好；

m) 可食用原料处理间的楼梯应易于清洁；

n) 所有的专用电梯能避免肉遭受污染，且易于进行有效的清洁；

o) 工作间用于处理肉的平台、梯子、滑槽和类似设备应能进行有效的清洁，制作这些设备的原材料应符合下列要求：

——不易破裂，耐磨损，耐腐蚀；

——易于进行有效的清洁；

p) 滑槽应便于检查，必要时应有清洁开口以保证能够进行有效的清洁；

q) 用于屠宰、开膛、剔骨、分割、包装和其他处理的车间应安装足够的洗手设备，洗手设备应满足下列要求：

——有下水道将废水及时排出；

——安装地点应便于使用；

——能够供应热水；

——水龙头为非手动式；

——有能提供皂液和其他洗手剂的装置；

r) 用于屠宰、开膛、剔骨、分割、包装和其他处理的车间应配备足够的对工具进行清洁和消毒的设备或设施，这些设备或设施应符合下列要求：

——有下水管道将废水及时排出；

——存放地点应便于使用；

——专门用于对刀、磨刀器具、钩、锯和其他工具进行清洁和消毒；

——易于清洁消毒；

s) 所有对胴体、分割胴体和可食用副产品进行冷却、冷冻和冷藏的车间应有合适的温度记录仪；

t) 所有胴体、分割胴体和可食用副产品冷却间的墙和屋顶应隔热，并且满足下列要求：

——如果安装悬挂式冷却排管，应配备隔热滴水盘；

——如果安装落地式冷却器，除非紧邻地面排水管道，否则应安装于具有独立排水设施的边缘区域。

7.1.4 冷却间、冻结间设施的设计和建造应满足 GB 50317 的相关规定。

7.1.5 屠宰厂和进行剔骨和/或分割的设施应具备下列条件：

a) 一个或几个用于保存肉的车间，并能控制温度；

b) 一个或几个与其他车间隔离用于对肉进行剔骨和分割的车间，并能控制车间温度；

c) 进行剔骨、分割和简单包装操作的区域应与进行包装的区域分开，除非主管部门允许采取必要的方法避免包装对肉造成污染。

7.2 附属设施

a) 更衣间、餐厅、水冲式厕所和淋浴室规模应与员工的数量相适应；

b) 厕所有洗手设施，并应满足以下要求：

——能够提供热水；

——水龙头为非手动式；

——有能提供液体肥皂或其他洗手剂的设施；

——配备卫生的干手设施；

c) 能够提供足够的照明、通风设施，必要时能够提供取暖设施；

d) 不直接向任何工作区域开放。

7.3 设备

7.3.1 屠宰厂或肉品企业使用的所有与肉品接触的设备、工器具在设计和制造上应易于清洗，并满足下列要求：

a) 表面光滑、耐磨损、防渗、无凹陷和裂缝；

b) 耐腐蚀，无毒，无异味；

c) 经得起反复的清洗和消毒，固定设备的安装方式应易于进行全面的清洗。

7.3.2 用于处理不可食用或不合格肉品的设备和工具应单独存放。

7.4 运输工具

7.4.1 用于运输肉品的工具，其设计和制造应能防止来自于外部和运输工具自身给肉品带来的污染，并能防止或抑制微生物的生长。

7.4.2 运输工具应满足下列要求：

a) 容器的表面应用耐腐蚀的原材料制成，光滑、防渗，易于清洗和消毒；

b) 有密封的门和接缝，能够防止昆虫和其他污染物的侵入；

c) 在设计、制造和装备上应能满足肉品运输所需的温度；

d) 在设计、制造和装备上应能保证肉品不会和车厢底面接触。

8 卫生要求

8.1 个人健康

8.1.1 应在上岗前对生产操作人员依据国家相关规定进行体检，生产操作人员应有体检合格证。当有临床和流行病症状出现时，或在政府监管部门要求的情况下，应对生产操作人员进行再次体检。

8.1.2 管理人员应确保不允许已知患有疾病、怀疑患有疾病、疾病的携带者或患有伤口感染、疮、腹泻的人员进行工作，也不允许其停留在屠宰厂的加工区域或肉品企业内可能直接或间接造成肉品污染的区域。在岗操作人员一旦发现患有疾病应立即向部门负责人报告。

8.2 厂房与设施的卫生

8.2.1 工厂和设备应保持清洁，保证肉品免受直接或间接的污染。

8.2.2、屠宰厂或肉品企业应建立卫生清洁制度，以保证：

a) 员工使用的设施（包括肉品检验检疫设施）保持清洁；

b) 所有设备、工具和用具（包括：刀具、刀袋、切肉刀、锯和盘）应满足以下要求：

——在工作期间进行清洗和消毒；

——接触了有病的或有传染病的肉品以及其他受到污染的物体，应立即进行彻底的清洗和消毒；

——每日工作结束后，对不同区域的设备和用具分开进行清洗和消毒；

c) 应确保按卫生清洁规则进行洗刷、清洗或消毒；

d) 在对工作间、设备或其他用具进行清洗和消毒时，应确保胴体和肉品不受到污染；

e) 洗涤剂、卫生清洁剂和消毒剂不应与肉有直接或间接的接触；

f) 用洗涤剂、卫生清洁剂和消毒剂洗刷地面、墙壁和设备后留下的残留物，应在该区域或设备再次处理肉品之前，用饮用水彻底清洗，以除去残留物；

g) 对动物进行屠宰、开膛、剔骨、分割、包装和其他处理的车间内，不应使用可能污染肉品的材料、漆料或清洗方式。

8.3 虫害控制

屠宰厂或肉品企业应建立有效、详细的文件化规章制度，以控制昆虫、鸟类、啮齿动物和其他虫害，内容包括：

a) 规章制度的实施应由此项任务的主管负责人直接监控；

b) 应对屠宰厂或肉品企业及其周围环境进行经常性的检查，以了解是否有虫害的侵扰；

c) 如发现害虫侵入屠宰厂或肉品企业，应采取消灭措施，且应在有经验的人员指导下实施，肉品检验员亦应对此有全面的了解；

d) 应包括杀虫剂、灭鼠药的使用规定，并符合国家的有关规定；

e) 使用杀虫剂时应避免污染肉品；

f) 只有在其他方法不能有效地控制害虫时才能使用杀虫剂；

g) 车间内使用杀虫剂之前，应将全部肉品移出；

h) 使用杀虫剂之后，车间内所有的设备和用具应在再次使用之前彻底清洗；

i) 杀虫剂和其他有毒物质应单独存放并加锁，其管理人员应经授权和适当的培训。应采取一切预防措施避免污染肉品。

8.4 一般性生产操作卫生要求

8.4.1 屠宰厂或肉品企业应定期对所有从事鲜、冻肉生产的工作人员进行肉品加工卫生管理和个人卫生方面的培训。

8.4.2 屠宰厂或肉品企业进行肉品加工处理区域内的任何人（包括参观者）都应保持良好的个人卫生，应穿戴可清洗的亮色防护服、帽子和鞋，应根据穿戴者的工作性质保持防护物处于相应的清洁状态。

8.4.3 进行屠宰、剔骨、分割、包装和其他处理的车间内，不应存放个人物品。防护服、刀袋、皮带和工具不用时应放在不会污染肉品或发生交叉污染的地方。

8.4.4 进行肉品加工、处理、包装和运输的工作人员在工作时应经常用洗手液和流动的温水彻底洗手；开始工作之前、去厕所和处理污染物后及在其他必要时均应立即洗手并消毒；应在明显位置张贴有关洗手的注意事项。

8.4.5 生产操作人员工作前应彻底洗手，如需使用手套处理肉品时，手套应保持干净卫生。手套应用防渗材料制成，只有在不会影响肉品卫生的情况下才可使用渗透材料制成的手套。

8.4.6 屠宰厂或肉品企业应禁止任何可能潜在污染肉品的行为和不卫生的操作。

8.4.7 受刀伤或其他外伤的生产人员，应立即采取妥善措施包扎防护，否则不应从事屠宰或接触肉品的工作；车间应配备相应的包扎用品。

8.4.8 可食用原料处理间的门若无有效的风幕应尽可能保持关闭状态。

8.4.9 可食用原料处理间内使用的料斗、手推车或任何容器进入到处理和贮存不可食用原料处理区域，应经清洗和消毒后，才能放回到可食用原料处理间。

8.4.10 进行屠宰、开膛、剔骨、分割、包装和其他处理车间内的容器、设备或用具应避免对肉品造成污染。

8.4.11 除了鞋以外，不应在地板上清洗围裙或其他防护物。

8.4.12 屠宰厂或肉品企业应提供有效的通风设备，防止车间内空气过热、蒸汽或冷凝水的产生，确保车间空气不被异味污染。

8.4.13 整个屠宰厂或肉品企业在动物的屠宰、剔骨和分割过程中照明强度不应低于：

a) 检验或剔骨分割区域：540 lx；

b) 工作间：220 lx；

c) 其他区域：110 lx。

8.4.14 与屠宰无关的动物不允许进入屠宰厂。

8.4.15 任何动物不允许进入肉品企业。

8.4.16 屠宰厂或肉品企业的建设和维修中使用的材料不应对肉品造成污染。

8.5 水的卫生

屠宰厂和肉品企业内的用水应符合 GB 5749 的规定，不符合该标准的水只能用于不会造成肉品污染的场合。

9 过程控制

9.1 过程控制程序

9.1.1 应制定保证肉品安全卫生的文件化过程控制程序，屠宰动物的检验检疫和产品品质检验应符合 GB 18393、GB/T 17996 和国家的有关规定。过程控制程序应把生产安全卫生的肉品作为其制定的目的。

9.1.2 屠宰厂或肉品企业的负责人应负责过程控制程序的开发和实施，负责人可以授权经过培训的有关人员对过程控制程序进行监督管理。

9.1.3 检验员应监督与鲜、冻肉安全和卫生相关的过程控制程序的应用。

9.1.4 应定期验证过程控制程序的有效性，企业应保证验证人员能全面了解过程控制程序的实施和记录。

9.2 屠宰加工的操作要求

9.2.1 屠宰加工的车间、设备和用具只能用于屠宰，不能用于剔骨分割。

9.2.2 需紧急屠宰的动物，应在肉品检验员的监督下进行屠宰加工。

9.2.3 进入屠宰间的动物应立即屠宰。

9.2.4 致昏、屠宰放血应和后续的屠宰加工速度相适应。

9.2.5 屠宰、放血和脱毛开膛的操作应确保肉的清洁卫生。

9.2.6 放血应彻底，如果动物的血液用于食用，必须采用安全卫生的方法进行收集和处理；需要搅拌时，应使用符合卫生标准要求的工具，不应用手进行操作。

9.2.7 脱毛或去皮后，胴体间应保持一定距离，防止交叉污染。胴体只能与屠宰加工和检验检疫设备的表面接触。

9.2.8 从头部分割供食用的肉和脑之前,头应彻底冲洗干净;除胴体浸烫脱毛外,头应剥皮,以便于头部的卫生检验及头部肉和脑的分割卫生。

9.2.9 取舌头时应避免割破扁桃体。

9.2.10 剥皮以及其他相关操作,应满足以下要求:

a) 剥皮应在开膛去内脏之前进行,避免对肉造成污染;

b) 剥皮后未去内脏的屠体若冲洗不要使水进入胸腔和腹腔;

c) 经浸烫、燎毛或相关处理的屠体,应冲洗掉其鬃、毛、皮屑和污垢;

d) 浸烫池中的水应定时更换;

e) 乳房的处理应:

——分泌乳汁期或有明显病症的乳房均应尽早在屠宰加工前期切除;

——禁止乳房分泌物和内容物污染胴体,切除乳房时,应保持乳头和乳房本身的完整,不应割破乳腺和乳窦。

9.2.11 进一步加工时应满足以下要求:

a) 应按照卫生要求迅速取出内脏;

b) 应有效地防止从食管、胃、小肠、直肠、胆囊、膀胱、子宫或乳房排出内容物;

c) 在开膛摘取内脏时,应避免肠道的破损,另行处理时结扎小肠以防内容物溢出;

d) 在冲洗胴体时,不应造成胴体的二次污染;

e) 在屠宰厂或肉品企业内的用于动物屠宰或加工、可食用肉的制备或存放处,不应对皮进行冲洗或其他处理,不应存放皮毛、皮或生皮;

f) 胃、小肠和所有屠宰加工过程中取下的不可食用部分,均应满足下列要求:

——按照检验检疫程序的要求,立即用密封的容器从屠宰加工车间运走,防止造成污染;

——运出后要在指定地点处理,以降低污染的危险;

g) 屠宰过程中,及时清除污染胴体的粪便和其他污物;

h) 检验员认为在屠宰、分割和包装加工过程中对以下方面造成不良影响时:

——胴体或肉的安全和卫生;

——生产的卫生;

——检验检疫的效率。

且管理人员不能采取有效的措施来消除不良影响时,检验员有权要求减慢生产速度或暂时中止某一工段的生产。

9.3 屠宰加工后的操作要求

9.3.1 检验合格适于食用的肉应满足下列要求:

a) 应在加工、贮存和运输过程中,防止污染变质;

b) 应尽快从加工区移走;

c) 对需进行冷分割的胴体,应尽快降低胴体温度和/或水分活度。

9.3.2 胴体、分割胴体、分割肉和可食副产品贮藏时,应遵守下列条款:

a) 应具备相应的监测设施;

b) 胴体之间通风良好;

c) 分割胴体应悬挂或放置在合适的容器中,并保证空气充分流通;

d) 防止汁液滴落污染其他肉品;

e) 温度、相对湿度和空气流通的控制应符合过程控制程序中的要求;

f) 应防止滴水,包括冷凝水。

9.3.3 用于剔骨、分割或对肉进行深加工的工作间、设备和器具不应另做他用。

9.3.4 剔骨分割间应保持一定的温度和湿度,适于操作。

9.3.5 冷剔骨分割时环境温度不应高于12℃。

9.3.6 对需进行热分割的，应满足下列要求：

a) 应直接从屠宰间转到剔骨分割间；
b) 应立即进行剔骨分割、包装和快速冷却或经快速冷却、剔骨分割和包装，操作过程应符合过程控制程序的要求；
c) 应控制剔骨分割间的环境温度不高于15℃。

9.3.7 肉品的包装应满足下列要求：

a) 应用清洁卫生的方式储存和使用包装材料；
b) 包装材料及包装方式应避免肉品在处理、加工和/或储存的过程中受到污染；
c) 包装材料应无毒无害；
d) 肉品的包装盒或瓦楞纸箱内应有合适的衬垫，单独包装的分割肉，则无需衬垫。

9.3.8 对所有的冷冻肉要监控冻结和储藏过程，并详细地记录，以确保其时间和温度参数能满足要求。

9.3.9 胴体、分割胴体、分割肉和可食用副产品进行冻结时，应遵守以下条款：

a) 未放在瓦楞纸箱中的肉品应悬挂或放置在适当的防腐盘内，并保证空气充分流通；
b) 盛放肉品的瓦楞纸箱应排放整齐，保证每个纸箱周围的空气流通；
c) 未放在瓦楞纸箱中的肉，应防止汁液滴落污染其他肉品；
d) 盛有肉品的托盘叠放时，应防止托盘底部同下边的肉品相接触；
e) 经冻结后肉品的中心温度不高于－15℃。

9.3.10 胴体、分割胴体、分割肉和可食用副产品放入冷藏间时，应满足下列要求：

a) 当肉的温度降低到可接受水平时，才能放入冷藏间；
b) 胴体或盛放肉的瓦楞纸箱，都不能直接接触地面，以保证空气的充分流通；
c) 冷藏间的温度应控制在一定范围内，以确保肉品的安全性；
d) 胴体、分割胴体在屠宰后24 h内使中心温度不高于4℃，不低于0℃；可食用副产品中心温度不高于3℃；冷却分割肉应在24 h之内使中心温度不高于7℃。

9.3.11 胴体、分割胴体、分割肉和可食用副产品放入冻结间或冷藏间时，应满足下列要求：

a) 只允许相关工作人员进入；
b) 开门的时间不宜过长，使用后要立即关闭；
c) 记录室内温度。

9.4 运输的操作要求

9.4.1 运输时应满足下列要求：

a) 运输工具装载前应清洗、消毒和维修；
b) 不应与其他货物混运；
c) 动物肠胃必须清洗或浸烫后方可运输；
d) 头和蹄应剥皮或浸烫脱毛后方可运输；
e) 整个、1/2和1/4胴体，运输时应悬挂起来；在包装和冻结良好的状态时可采用适宜的方式运输；
f) 对于未包装、未冷冻的副产品，应放入合适的密闭容器中运输；
g) 不应接触运输车辆底板；
h) 车辆或容器应密封良好，防止虫害和其他污染物侵入；
i) 防止运输过程中温度过度升高。

9.4.2 在运输过程中，肉的品质受到质疑时，应采取相应的处理措施，在采取进一步处理前请相关人员对其进行安全卫生的评价。

9.5 隔离屠宰的操作要求

9.5.1 经兽医检疫后认为需要隔离屠宰的动物应按相应的操作规范进行屠宰。

9.5.2 隔离屠宰加工生产的肉品，对其是否可食用应进行判断，对其食用性有怀疑的应分开存放，防止污染其他可食用肉并防止与其他肉品混淆。

9.6 不可食用肉品的操作要求

9.6.1 用于不可食肉品的工作间、设备和器具应专门使用，不可用于可食肉的操作。

9.6.2 不合格的或不适于食用的肉品应在兽医检验检疫人员的监督下，采取以下措施：

a) 立即放在专用且防漏的容器或房间内，或进行相应的处理；

b) 采用相应的标志进行区分；

c) 按照 GB 16548 中的相关规定进行处理。

10 检验检疫的要求

10.1 屠宰厂和肉品企业的布局和设备应便于肉品卫生的监督和检验检疫。

10.2 检验区域的照明强度不低于 540 lx。

10.3 屠宰厂和肉品企业应为检验检疫人员提供与生产相适应的专门检验室和办公设备。

10.4 应提供适当的实验室设施，建立文件化的实验室管理程序，并有效运行。

ICS 67.120.10
X 08

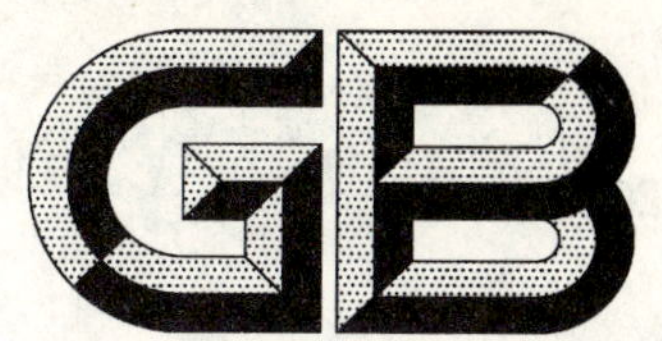

中华人民共和国国家标准

GB/T 20799—2006

鲜、冻肉运输条件

Fresh and frozen meat transport condition

2006-11-28 发布　　2007-03-01 实施

中华人民共和国国家质量监督检验检疫总局
中国国家标准化管理委员会　发布

前　言

本标准由中国商业联合会提出并归口。

本标准由南京雨润食品股份有限公司、商务部屠宰技术鉴定中心负责起草。

本标准主要起草人:祝义亮、赵宁、闵成军、唐玉桂、沈本君、王贵际、张新玲、刘虎成。

本标准系首次发布的国家标准。

鲜、冻肉运输条件

1 范围

本标准规定了直接用于销售或进一步加工的可食用鲜、冻肉的相关术语和定义、运输时的包装要求、温度和时间、卫生条件等内容。

本标准适用于鲜、冻肉的运输管理。

2 规范性引用文件

下列文件中的条款通过本标准的引用而成为本标准的条款。凡是注日期的引用文件，其随后所有的修改单(不包括勘误的内容)或修订版均不适用于本标准，然而，鼓励根据本标准达成协议的各方研究是否可使用这些文件的最新版本。凡是不注日期的引用文件，其最新版本适用于本标准。

GB/T 5737 食品塑料周转箱

GB/T 6388 运输包装收发货标志

GB/T 6543 瓦楞纸箱

GB 9683 复合食品包装袋卫生标准

GB/T 10005 双向拉伸聚丙烯(BOPP)/低密度聚乙烯(LDPE)复合膜、袋

GB 12694 肉类加工厂卫生规范

GB 14930.2 食品工具、设备用洗涤消毒剂卫生标准

GB 16332 食品包装材料用尼龙成型品卫生标准

3 术语和定义

下列术语和定义适用于本标准。

3.1

鲜肉 fresh meat

畜禽屠宰后未经任何处理和冷却工艺过程的肉。

3.2

冷却肉 chilling meat

胴体在屠宰后 24 h 内降为 0℃～4℃，并在加工、销售过程中始终保持 0℃～4℃条件下加工处理的生鲜肉。

3.3

冻肉 frozen meat

经过冻结工艺过程的肉，其中心温度不高于－15℃。

3.4

副产品 by-products

胴体外的其他部分，包括头、尾、蹄、内脏等。

4 运输时的包装要求

肉品运输所用包装应符合 GB/T 5737、GB/T 6543、GB 9683、GB 10005、GB 16332 的规定，其包装标志应符合 GB/T 6388 的规定。

5 运输工具

5.1 鲜、冻肉运输应使用冷藏或保温车(船),在外界气温达到运输贮存规定温度时可采用箱式车(船),不应使用敞篷车(船)。

5.2 运输车(船)内部材料应选用光滑、不渗透、容易清洗和消毒的材料。

5.3 运输车(船)应备有能使整个运输过程中维持规定温度的能力[1)]。

5.4 运输车(船)应具备必要的存放设施。

a) 鲜片肉应有防尘、吊挂设施;

b) 使用食品塑料周转箱盛装肉品时应有垫板。

5.5 长途运输时运输车(船)应该具备制冷设备和保温条件,并具有温度记录仪器。

6 运输温度和时间

6.1 鲜肉运输

6.1.1 鲜肉装运前应铺开冷却到室温。

6.1.2 鲜肉运输给零售商的过程中,在常温条件下运输时间不应超过 4 h;在 0℃～4℃条件下运输时间不应超过 12 h。

6.2 冷却肉运输

6.2.1 冷却肉装运前应该将产品温度降低到 0℃～4℃范围内。

6.2.2 将冷却肉从一个保鲜库运送到另一个保鲜库或从保鲜库到零售商的过程中,运输时间少于 4 h 的,可采用保温车(船)运输,但应加冰块以保持车厢温度;时间长于 4 h 的,运输设备应能使产品保持在 0℃～4℃;冷却肉运输时间不应超过 24 h。

6.2.3 在装货前,将车厢温度预冷至 10℃或更低。

6.2.4 冷却肉运输时无论运途长短,运输车应配有自动温度记录仪器,以便及时对车厢内温度进行调控。

6.3 冻肉运输

6.3.1 冻肉装运前应将产品中心温度降低至－15℃或者更低。

6.3.2 将冻肉从一个冷库运送到另一个冷库,运输时间少于 12 h 的,可采用保温车运输,但应加冰块以保持车厢温度;时间长于 12 h 的,运输设备应能使产品保持在－15℃或更低的温度。

6.3.3 在产品运输给零售商的过程中,应该使温度上升的速度维持在最低水平,不应使产品中心温度上升至－12℃。

6.3.4 在装货前,应将车厢温度预冷至 10℃或更低。

6.3.5 在运输途中,由于意外的环境条件,可以允许产品中心温度上升不超过－12℃,但任何产品的中心温度一旦高于－12℃,则应尽快在运输过程中将温度降下,或在交货后立即复冻至中心温度－15℃或以下,再进入冷藏库保存。

6.4 在产品运输中,定时使用车厢外的温度记录仪检查车厢内的温度。

6.5 在产品卸货进库前,应检查其温度。

7 装卸

7.1 产品入库、出库和装车、卸车的速度应尽快,使用的方法应以产品温度上升最少为宜。

7.2 产品装卸所使用的工器具、推车,在使用前后应进行清洗消毒,保持卫生。

---

1) 该能力可以为自身具有的制冷设备,车厢内放置降温用品如干冰、冰等,使用保温箱包装;短途运输保温车的保温厢也可视为具有维持规定温度的能力。

8 卫生条件

根据 GB 12694 的相关规定，肉品运输卫生应符合下列条件：

8.1 不能使用运送活牲畜的运输工具运输鲜、冻肉。

8.2 鲜、冻肉和副产品混合运输时，分别密闭包装并分别放置，防止交叉污染。

8.3 有特殊气味品种的肉应和其他肉分开运输，防止串味。

8.4 对有特殊要求的肉应分开运输。

8.5 头蹄、内脏、油脂等应使用不渗水的容器装运。胃、肠与心、肝、肺、肾不应盛装在同一容器内，并不应与肉品直接接触。

8.6 运输工具应该保持清洁卫生，符合食品卫生要求。

8.7 装、卸鲜、冻肉时，严禁脚踩、触地。

8.8 在运输前后所有运输车(船)、容器应进行清洗消毒，不应使用未经清洗、消毒的车辆、容器。

8.9 有下列情况之一时，运输工具应该彻底清洗消毒，其使用洗涤消毒剂应符合 GB 14930.2 的规定：

a) 更换运输品种时；

b) 每循环使用一次；

c) 停用一周以后开始使用前；

d) 运输过程中由于温差等原因造成肉汁液流出等非正常现象出现时；

e) 车厢具有异味和霉变现象时。

参 考 文 献

[1] 《肉与肉制品卫生管理办法》.卫生部令第5号,1990年11月20日颁布实施.

ICS 03.220.01
R 00

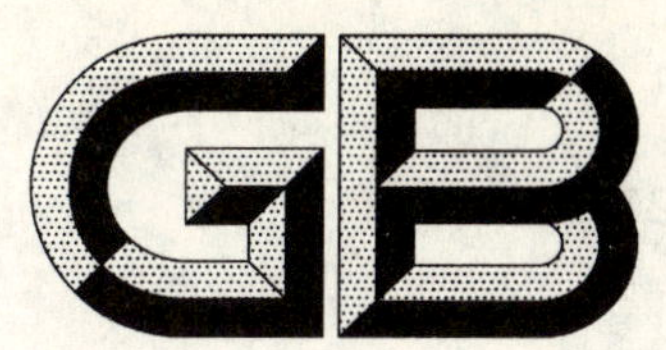

中华人民共和国国家标准

GB/T 21735—2008

肉与肉制品物流规范

Logistics code for meat and meat products

2008-05-07 发布　　　　2008-12-01 实施

中华人民共和国国家质量监督检验检疫总局
中国国家标准化管理委员会　发布

前 言

本标准由中国商业联合会提出。

本标准由全国物流标准化技术委员会归口。

本标准起草单位为：中国商业联合会商业标准中心、雨润集团、双汇集团、国内贸易工程设计研究院、山东风祥集团、中国肉类协会。

本标准主要起草人：曹德胜、赵宁、王玉芬、田英刚、陈松、赵秀兰、周福明、邓富江。

肉与肉制品物流规范

1 范围

本标准规定了肉与肉制品在商业的物流环节及其与食品安全有关的技术要求。

本标准适用于肉与肉制品在商业物流环节全过程的质量控制。

2 规范性引用文件

下列文件中的条款通过本标准的引用而成为本标准的条款。凡是注日期的引用文件，其随后所有的修改单(不包括勘误的内容)或修订版均不适用于本标准，然而，鼓励根据本标准达成协议的各方研究是否可使用这些文件的最新版本。凡是不注日期的引用文件，其最新版本适用于本标准。

GB 2707 鲜(冻)畜肉卫生标准

GB 7718—2004 预包装食品标签通则

GB 9959.1 鲜、冻片猪肉

GB 9959.2 分割鲜、冻猪瘦肉

GB 9961 鲜、冻胴体羊肉

GB 16869 鲜、冻禽产品

GB/T 17238 鲜、冻分割牛肉

GB/T 18354—2006 物流术语

GB 18357 宣威火腿

GB 19088 原产地域产品 金华火腿

GB/T 20094 屠宰和肉类加工企业卫生管理规范

GB/T 20711 熏煮火腿

GB/T 20712 火腿肠

SB/T 10003 广式腊肠

SB/T 10004 中国火腿

SB/T 10278 中式香肠

SB/T 10279 熏煮香肠

SB/T 10281 肉松

SB/T 10282 肉干

SB/T 10283 肉脯

SB/T 10293 乳猪肉

SB/T 10294 腌猪肉

食品召回管理规定(2007 年国家质量监督检验检疫总局令第 98 号)

3 术语和定义

GB/T 18354—2006 确立的以及下列术语和定义适用于本标准。

3.1

物流 logistics

物品从供应地向接收地的实体流动过程。根据实际需要，将运输、储存、装卸、搬运、包装、流通加工、配送、信息处理等基本功能实施有机结合。

[GB/T 18354—2006，2.2]

3.2

预冷　precooling

在下一道工序之前的冷却,或在运输及入库前,对产品进行的快速冷却。

3.3

召回　return

食品生产者按照规定程序,对由其生产原因造成的某一批次或类别的不安全食品,通过换货、退货、补充或修正消费说明等方式,及时消除或减少食品安全危害的活动。

3.4

门对门　door to door

食品是在不与外界空气直接接触或不在外界空间滞留的条件下,为食品的转送提供联接的方式。

3.5

暂存　storing

食品进入零售市场展示式冷藏柜前的短暂贮存。

3.6

冷藏链　cold chain

易腐食品从生产到消费的各个环节中,连续不间断地采用冷藏的方法保存食品的一个系统。

3.7

预包装食品　prepackaged foods

经预先定量包装,或装入(灌入)容器中,向消费者直接提供的食品。

[GB 7718—2004,3.1]

4　肉与肉制品物流的流程

4.1　肉的流程

4.1.1　冷却肉

生产厂宰杀的畜禽胴体经预冷(预冷间温度－20℃～0℃)⟶ 冷却后的胴体或分割肉(中心温度≈4℃)⟶ 冷藏暂存(冷藏间温度0℃～4℃)⟶ 冷藏运输(厢体温度0℃～4℃)(销售方提出需求量计划派送)⟶ 零售市场展示式冷藏柜(柜内温度0℃～4℃)⟶消费者。

└⟶不合格产品召回⟶生产厂。

4.1.2　冻肉

生产厂宰杀的畜禽胴体经预冷(预冷间温度－20℃～0℃)⟶冷却后的胴体或分割肉经冻结(冻结间温度≤－25℃,冻结的胴体中心温度≤－15℃)⟶冷藏(冷藏间温度≤－18℃)⟶冷藏运输(厢体温度≤－16℃)(销售方提出需求量计划派送)⟶零售市场冷藏库暂存(冷藏间温度≈－18℃)⟶ 展示式冷藏柜(柜内温度≤－16℃)⟶消费者。

└⟶不合格产品召回⟶生产厂。

4.2　肉制品的流程

4.2.1　低温肉制品

生产厂加工的产品⟶冷藏暂存(冷藏间温度0℃～4℃)⟶冷藏运输(厢体温度0℃～4℃)(销售方提出需求量计划派送)⟶ 零售市场展示式冷藏柜(柜内温度≈4℃)⟶消费者。

└⟶不合格产品召回⟶生产厂。

4.2.2　常温肉制品

生产厂加工的产品⟶常温暂存(≤25℃)⟶常温运输(≤25℃)(销售方提出需求量计划派送)⟶ 零售市场展示式冷藏柜(柜内温度≤25℃)⟶消费者。

└⟶不合格产品召回⟶生产厂。

5 肉与肉制品品质要求

5.1 肉类

5.1.1 猪肉:应符合 GB 9959.1、GB 9959.2 和 SB/T 10293 的要求。

5.1.2 牛肉:应符合 GB/T 17238 的要求。

5.1.3 羊肉:应符合 GB 9961 的要求。

5.1.4 禽肉:应符合 GB 16869 的要求。

5.1.5 肉类还应符合 GB 2707 等卫生标准。

5.2 肉制品

应符合 GB 18357、GB 19088、GB/T 20711、GB/T 20712、SB/T 10003、SB/T 10004、SB/T 10278、SB/T 10279、SB/T 10281、SB/T 10282、SB/T 10283、SB/T 10293、SB/T 10294 等标准的要求。

6 包装与标志

6.1 肉类

6.1.1 进入食品零售市场销售的肉类应进行分割预包装或设有可追溯的措施。

6.1.2 预包装标识应符合 GB 7718 的要求。

6.1.3 销售方式:

a) 冻肉应在≤16℃冷藏柜销售。

b) 冷却肉应在 0℃～4℃的冷藏柜内销售。

6.2 肉制品

6.2.1 进入食品零售市场销售的肉制品应预包装。

6.2.2 预包装标识应符合 GB 7718 的要求。

6.2.3 销售方式:

a) 低温肉制品应在 0℃～4℃的冷藏柜内销售。

b) 常温肉制品应在≤25℃的销售柜内销售。

6.3 肉与肉制品的预包装

应标明生产批次,肉制品预包装应有"QS"标识。

7 运输和储藏

7.1 运输设备

7.1.1 肉与肉制品的运输设备应是专用设备,每天用毕应进行清洗消毒。

7.1.2 运输中同肉与肉制品接触的器具应符合卫生要求,且利于清洗消毒。

7.1.3 运输的车辆或集装箱应具有降温和(或)保温功能。

7.1.3.1 运输冻肉的厢(箱)体内应能保持－16℃～－18℃。

7.1.3.2 运输冷却肉或低温肉制品的厢(箱)体内应保持 0℃～4℃。

7.2 储藏设备

7.2.1 各类储藏设备内表面与肉、肉制品接触的材料应符合卫生要求,并能满足清洗消毒的条件。

7.2.2 储藏设备应有降温和(或)保温功能。

7.2.2.1 储藏冻肉的设备应能保持－18℃及其以下的温度。

7.2.2.2 储藏冷却肉的设备应能保持 0℃～4℃的温度。

7.2.2.3 储藏常温肉制品的设备应具干燥、通风的功能。

7.2.3 冷藏设备应有除霜功能,温度遥测功能,温度自动控制功能。温度波动允许值为±2℃。

7.2.4 储藏设备内不能同时储藏有异味的其他食品(或产品)。

7.3 运输设备(车辆)

装卸肉与肉制品应采用“门对门”联接。肉与肉制品不应落地,不应滞留在常温条件。

8 配送、销售和召回

8.1 配送

8.1.1 供货方应根据客户的进货计划按物流要求实施配送。

8.1.2 生产厂送货或第三方物流配送应采用专用运输设备,定期回收、清洗、消毒。

8.2 销售

8.2.1 肉与肉制品应是来自符合 GB/T 20094 要求的企业的产品。

8.2.2 应配备适用于肉与肉制品销售温度要求的展示式冷藏柜。

8.2.3 在展示式冷藏柜内码放销售的肉或肉制品应遵守展示式冷藏柜冷藏的使用要求,非预包装的肉或肉制品不应在展示式冷藏柜内销售。

8.2.4 产品质量不合格的肉与肉制品应及时下架。

8.3 召回

应按《食品召回管理规定》执行。

ICS 67.120.10
X 22

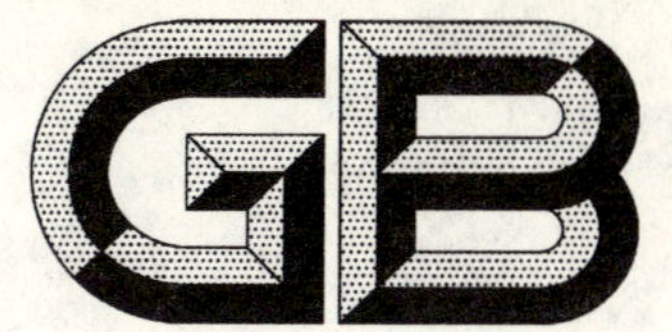

中华人民共和国国家标准

GB/T 22210—2008

肉与肉制品感官评定规范

Criterion for sensory evaluation of meat and meat products

2008-07-31 发布　　2009-02-01 实施

中华人民共和国国家质量监督检验检疫总局
中国国家标准化管理委员会　发布

前言

本标准由中华人民共和国农业部提出。

本标准由全国肉禽蛋制品标准化技术委员会归口。

本标准由农业部畜禽产品质量监督检验测试中心、北京国农工贸发展中心负责起草。

本标准主要起草人：刘素英、尤华、刘勇军、蔡英华。

肉与肉制品感官评定规范

1 范围

本标准规定了肉与肉制品感官评定实验室、评定人员、样品的要求以及感官评定程序。

本标准适用于肉与肉制品的感官评定。

2 规范性引用文件

下列文件中的条款通过本标准的引用而成为本标准的条款。凡是注日期的引用文件，其随后所有的修改单(不包括勘误的内容)或修订版均不适用于本标准，然而，鼓励根据本标准达成协议的各方研究是否可使用这些文件的最新版本。凡是不注日期的引用文件，其最新版本适用于本标准。

GB 2726 熟肉制品卫生标准

GB 2730 腌腊肉制品卫生标准

GB/T 5009.44 肉与肉制品卫生标准的分析方法

GB 9959.2 分割鲜、冻猪瘦肉

GB 9961 鲜、冻胴体羊肉

GB/T 13868 感官分析 建立感官分析实验室的一般导则

GB 16869 鲜、冻禽产品

GB/T 17238 鲜、冻分割牛肉

GB/T 17239 鲜、冻兔肉

GB 18357 宣威火腿

GB 19088 原产地域产品 金华火腿

GB/T 20711 熏煮火腿

GB/T 20712 火腿肠

SB/T 10003 广式腊肠

SB/T 10278 中式香肠

SB/T 10279 熏煮香肠

SB/T 10281 肉松

SB/T 10282 肉干

SB/T 10283 肉脯

SB/T 10294 腌猪肉

3 术语和定义

下列术语和定义适用于本标准。

3.1

感官评定 sensory evaluation

凭借人体的自身感觉器官，包括：眼、鼻、口(包括唇和舌)和手等对食品的品质进行评价。

4 感官评定实验室要求

感官评定实验室的建立应符合 GB/T 13868 的规定。感官评定实验室的用水应为双蒸水、去离子水或经过过滤处理除去异味的水。

5 感官评定人员的要求

5.1 感官评定人员应经体格检查合格,其视觉、嗅觉、味觉以及触觉等符合感官评定要求,且在文化上、种族上、宗教上或其他方面对所评定的肉与肉制品没有禁忌。

5.2 感官评定人员应经过专门培训与考核,取得职业资格证书,符合感官分析要求,熟悉评定样品的色、香、味、质地、类型、风格、特征及检测所需要的方法,掌握有关的感官评定术语。

5.3 感官评定的当天,评定人员不得使用有气味的化妆品,不得吸烟,患病人员不得参加。

5.4 感官评定时,感官评定人员应穿着清洁、无异味的工作服。

5.5 感官评定不应在评定人员饥饿、疲劳、饮酒后的情况下进行。

5.6 感官评定人员应在评定开始前 1 h 漱口、刷牙,并在此后至检测开始前,除了饮水,不吃任何东西。

5.7 每个品种感官评定时应先用优质干红葡萄酒、后用清茶漱口,再用清水漱口。

5.8 在感官评定的过程中,品评人员应独自打分,禁止相互交换意见。

6 感官评定样品的要求

6.1 供感官评定的样品,样品的处理方法及程序应完全一致。

6.2 在品评过程中应给每个评定人员相同体积、质量、形状、部位的样品评定,提供样品的量应根据样品本身的情况,以及感官评定时研究的特性来定。

6.3 供感官评定人员品评的样品温度适宜,并且分发到每个品评人员手中的样品温度一致。

6.4 供评定的样品应采用随机的三位数编码,避免使用喜爱、忌讳或容易记忆的数字。

6.5 评定中盛装样品的容器应采用同一规格、相同颜色的无味容器。

7 感官评定程序

7.1 样品采集及运输

7.1.1 样品采集时,不得破坏样品的感官品质,需要包装的样品应采用食品级聚乙烯薄膜及时包装。

7.1.2 运输工具应清洁、卫生,使用前应进行清洗、消毒。样品不得与有异味、有毒、有害的物品混装运输。

7.1.3 样品运输途中应防止产品变质。

7.1.4 样品送达感官分析实验室后,不能立即进行检验的样品应以恰当的方式及时贮藏。

7.1.5 热鲜肉、冷却肉应在样品到达的当天立即进行评定。

7.2 样品的制备

7.2.1 冷冻状态样品的制备要求

冷冻状态的样品应先在冻结状态下进行检查,然后采用室温自然解冻方式进行解冻,待样品中心温度达到 2 ℃～3 ℃时制样。

7.2.2 需加热样品的制备要求

需加热样品制备时应先经实验确定样品的加热时间及条件。样品制备中采用的不同加热方式应按下列要求进行:

a) 烤:将样品用铝箔包裹好,平放于平底煎锅中,将样品中心温度加热至 65 ℃～70 ℃。

b) 蒸:将样品用铝箔包好,放入蒸锅中,将样品中心温度加热至 65 ℃～70 ℃。

c) 隔水煮:将样品密封入耐热、不透水的薄膜袋中,于沸水中将样品中心温度加热至 65 ℃～70 ℃。

d) 微波加热:将样品放入适合微波加热、无异味的容器中,用微波将样品中心温度加热至 65 ℃～70 ℃。

e) 煮沸后肉汤的制备:按 GB/T 5009.44 操作。

7.3 样品的评定

7.3.1 冷冻肉的评定

在冻结状态下观察冷冻肉表面的变色脱水程度、有无霉斑、光泽等。

7.3.2 热鲜肉、冷却肉及解冻肉的评定

分割鲜、冻猪瘦肉按 GB 9959.2 的要求,鲜、冻分割牛肉按 GB/T 17238 的要求,鲜、冻胴体羊肉按 GB 9961 的要求,鲜、冻兔肉按 GB/T 17239 的要求,鲜、冻禽肉按 GB 16869 的要求,对照评分标准打分或做好详细记录。

7.3.3 肉制品的评定

7.3.3.1 咸肉类、腊肉类、风干肉类、生培根类、生香肠类、中国腊肠类和中国火腿类腌腊肉制品按 GB 2730 评定产品有无粘液、有无霉斑、有无异味、有无酸败味,并做好记录。咸肉类感官等级按 SB/T 10294 要求评定分级。中式香肠按 SB/T 10278、广式腊肠按 SB/T 10003、宣威火腿按GB 18357、金华火腿按 GB 19088 的要求,进行综合评定或评分。

7.3.3.2 白煮肉类、酱卤肉类、肉松类、肉干类、油炸肉类、肉糕类、肉冻类酱卤肉制品按 GB 2726 评定产品有无异味、有无酸败味、有无异物、熟肉干制品中有无焦斑和霉斑,并做好记录。肉松按 SB/T 10281、肉干按 SB/T 10282 要求,进行综合评定或评分。

7.3.3.3 熏烤肉类、烧烤肉类、肉脯类、熟培根类熏烧烤肉制品按 GB 2726 评定产品有无异味、有无酸败味、有无异物、熟肉干制品中有无焦斑和霉斑,并做好记录。肉脯类按 SB/T 10283 要求,进行综合评定或评分。

7.3.3.4 熏煮香肠火腿类制品按 GB 2726 评定产品有无异味、有无酸败味、有无异物、熟肉干制品中有无焦斑和霉斑,并做好记录。熏煮香肠按 SB/T 10279、火腿肠按 GB/T 20712、熏煮火腿按 GB/T 20711 的要求,进行综合评定或评分。

ICS 67.120.10
B 45

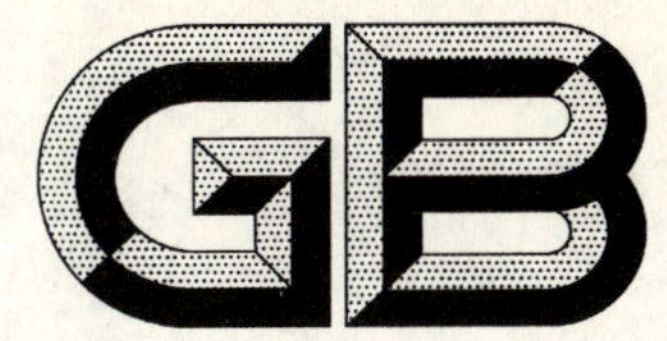

中华人民共和国国家标准

GB/T 22569—2008

生猪人道屠宰技术规范

Technical criterion of pig humane slaughter

2008-12-15 发布 2009-02-01 实施

中华人民共和国国家质量监督检验检疫总局
中国国家标准化管理委员会 发布

前 言

本标准的附录A为资料性附录。

本标准由中华人民共和国商务部提出并归口。

本标准由商务部畜禽屠宰管理办公室、北京安华动物产品安全研究所、江苏雨润食品产业集团有限公司、双汇集团负责起草。

本标准主要起草人:房爱卿、徐息和、邢文凯、贾自力、冯梁、张萍萍、闵成军、王永林。

生猪人道屠宰技术规范

1 范围

本标准规定了实施生猪人道屠宰的管理和技术要求。

本标准适用于生猪屠宰企业。

2 术语和定义

下列术语和定义适用于本标准。

2.1

人道屠宰 humane slaughter

减少或降低生猪压力、恐惧和痛苦的宰前处置和屠宰方式。

2.2

致昏 stunning

通过机械、电击、气体等方式使动物失去知觉,但保持心跳和呼吸。

2.3

赶猪板 driving board

用于驱赶生猪的工具,一般用橡胶或塑料制作。

3 管理

3.1 屠宰企业应建立人道屠宰管理体系,对设备设施、操作方法和人员要求作出规定,以保证实现相应的技术要求。该体系应采用体系文件形式予以明确,并记录其实施过程。

3.2 体系文件应包括标准操作程序、设备操作方法、维护清理方式、紧急情况应急预案和不同员工的职责。

3.3 体系文件应明确影响肉品质量的人道屠宰要求如何反馈到养殖、运输环节。

3.4 应制定处理突发事件的应急预案,应包括对生猪逃跑、设备事故、停电、火灾和气体泄露等紧急情况发生时的应对方案。方案中应明确紧急情况发生时的负责人。

3.5 参与宰前处置和宰杀生猪的员工应掌握该体系文件中相应的要求。

4 人员

4.1 屠宰企业应有专人对卸车、待宰、驱赶、致昏和刺杀过程中的操作进行监督。在处置和宰杀生猪过程中,监督员应全程跟踪屠宰过程,及时纠正不当行为。重大问题应及时报告管理层。

4.2 卸车、待宰、驱赶、致昏和刺杀等环节应至少有一名接受过人道屠宰知识培训的技术人员,负责操作或指导其他人员操作。从事专门设备操作、检测或维护的人员应具有相应的工作能力。

4.3 兽医卫生检验人员应具备相应的人道屠宰知识。

5 设施

5.1 屠宰厂应设置卸猪台,卸猪台应防滑,坡度小于20度。坡道的周边应有围挡,引导生猪进入圈舍。

5.2 围栏、圈舍、出入口、通道应随时可以对生猪进行检查,并能及时将患病或受伤的生猪转移到合适的圈舍中。

5.3 通道应有助于猪自由向前移动,应尽量减少拐角,不应有直角转弯。

5.4 通道应保持一定的亮度，越接近致昏点，通道光线应越亮。但应避免出现阴影或强烈明暗对比，禁止光线直接照射生猪的眼睛。

5.5 通往致昏点的通道应有紧急出口，供紧急情况或致昏延迟时使用。

5.6 通道中不应有任何可导致生猪停止、放缓或掉头的设施。

5.7 通道地面应平整，没有明显的凸起或凹槽，排水系统不应位于通道下方，如果通道需经过排水系统上方，排水系统的盖板应经过加固，并与周围地板融为一体，不应影响生猪的行动。

5.8 圈舍应有一定弧度的不透明围墙和饮水系统。

5.9 在天气过热或过冷的情况下，圈舍应具备适当的通风和保温设施。

5.10 伤残生猪圈舍应尽可能靠近卸猪坡道，圈舍应易于识别，易于进入。

6 伤残生猪处置

6.1 对有病或受伤的生猪应立即宰杀。不具备立即宰杀条件时，应采取减少痛苦的方法转移至伤残生猪圈舍中。

6.2 应采用致昏后放血的屠宰方式宰杀伤残生猪。

6.3 执行紧急宰杀任务的员工应能正确识别有效的致昏迹象。

6.4 应全天为伤残生猪圈舍中的生猪提供清洁饮水。

7 卸车与待宰

7.1 卸猪时应保持安静，动作平缓，让生猪自己行走，任何情况下都不应强迫猪跳下运输车辆。

7.2 生猪在待宰圈中的密度要求为应能使所有生猪同时站起、躺下和自由转身。

7.3 因性别、来源或年龄不同而可能具有攻击性的生猪在圈舍中应单独隔离。

7.4 待宰圈应有淋浴系统，淋浴时间不应超过 2 h。当环境温度低于 5 ℃时，禁止使用淋浴系统。

8 驱赶生猪

8.1 驱赶生猪应保持安静并有耐心，不应粗暴的驱赶生猪。只有在保持前方通道畅通才可驱赶生猪。在使用赶猪板时，应降低通道和圈舍中的声音。

8.2 一般情况下不应使用电棒赶猪。只有在待宰圈前方通道通畅，生猪拒绝向前移动时方可使用电棒，禁止在从待宰圈舍通往致昏点的通道以外的其他地点使用电棒赶猪。使用电棒赶猪时，只能接触成年生猪身体后部，不应接触生猪的眼睛、嘴、耳、肛门、生殖器和腹部等敏感部位。电击时间不能应超过 2 s。

8.3 参与卸猪、赶猪和待宰圈管理的员工应穿深色衣服。

9 电击致昏

9.1 电击致昏设备应能确保生猪立即失去知觉，并持续足够时间，保证生猪在被宰杀前不恢复意识。

9.2 生猪被有效电击致昏是一个可逆过程，包括僵直期、抽搐期和复苏期。僵直期、抽搐期和复苏期的特征参见附录 A。

9.3 二点式电击致昏

9.3.1 电极与皮肤接触位置为头部两侧、眼与耳之间或两耳后部，确保电流能穿过大脑。

9.3.2 电流不应低于 1.3 A，通电时间 1 s～3 s。

9.3.3 操作人员应检查电击后生猪症状，确保生猪被有效致昏。如果没有致昏，应立即对生猪进行二次致昏。

9.4 三点式电击致昏

9.4.1 电流不应低于 1.3 A，通电时间 1 s～2 s。

9.4.2 使用三点式电击致昏设备，应配备二点式手持电击致昏设备作为备用设备。

9.4.3 电击后应确保生猪被有效致昏。如果没有致昏,应立即对生猪进行二次致昏。

9.5 设备维护要求

9.5.1 工作前应检查所有致昏设备(包括备用设备),确保设备可以正常工作。

9.5.2 工作前致昏设备的输出电压和电流应使用能够模仿猪头部电阻(200 Ω～400 Ω)的设备进行测试。

9.5.3 电压表和电流表应安装在操作人员易于看到的位置。

9.5.4 电致昏设备在使用结束后应进行清理,确保电极清洁。

9.5.5 备用电致昏设备应存放在专用地点,供紧急情况或在致昏设备发生故障时使用。

10 刺杀

10.1 未经致昏的生猪不应刺杀。

10.2 致昏后应立即刺杀,致昏至刺杀时间应小于 15 s。

附 录 A
（资料性附录）
生猪电击致昏僵直期、抽搐期和复苏期的特征

A.1 生猪被有效电致昏是一个可逆过程，包括僵直期、抽搐期和复苏期。一般情况下，生猪离开电击致昏设备 0 s～20 s 为僵直期；15 s～45 s 为抽搐期；60 s 后为复苏期。

A.1.1 僵直期的特征：

a) 生猪瘫倒逐渐僵直；

b) 呼吸失去节律；

c) 瞳孔放大，失去眼角膜反射；

d) 大(小)便失禁；

e) 前肢伸直，后肢弯向身体。

A.1.2 抽搐期的特征：

a) 肌肉逐渐松弛；

b) 四肢无规律抽搐。

A.1.3 复苏期的特征：

a) 出现正位反射；

b) 呼吸恢复节律；

c) 瞳孔恢复正常。

ICS 67.040
X 00

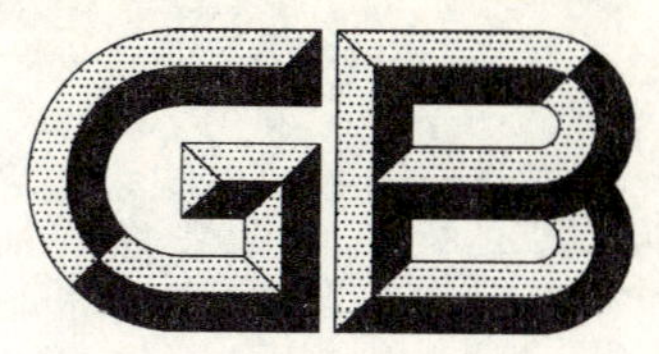

中华人民共和国国家标准

GB/T 27301—2008

食品安全管理体系 肉及肉制品生产企业要求

Food safety management system—
Requirements for meat and meat product establishments

2008-08-28 发布　　　　2008-12-01 实施

中华人民共和国国家质量监督检验检疫总局
中国国家标准化管理委员会　发布

前　言

本标准附录 A 为资料性附录。

本标准由中国合格评定国家认可中心和中华人民共和国河北出入境检验检疫局提出。

本标准由全国认证认可标准化技术委员会(SAC/TC 261)归口。

本标准起草单位:中国合格评定国家认可中心、中华人民共和国河北出入境检验检疫局、国家认证认可监督管理委员会注册管理部、中国质量认证中心、石家庄市牧工商开发总公司、河南双汇集团、福喜食品有限公司、北京华都肉鸡公司、中华人民共和国江苏出入境检验检疫局、商务部屠宰技术鉴定中心。

本标准主要起草人:王孝霞、高永丰、樊恩健、游安君、张涛、孟凡亚、佘峰、刘庆龙、王刚、赵箭、延静清、陈忘名。

引　言

本标准从我国肉及肉制品产品安全存在的关键问题入手，采取自主创新和积极引进并重的原则，结合肉及肉制品企业生产特点，提出了建立我国肉及肉制品企业食品安全管理体系的特定要求。

本标准的编制基础为“十五”国家重大科技专项“食品企业和餐饮业 HACCP 体系的建立和实施”科研成果之一“食品安全管理体系　肉及肉制品生产企业要求”。

GB/T 22000—2006《食品安全管理体系　食品链中各类组织的要求》提供了通用要求，肉及肉制品生产企业及相关方在使用 GB/T 22000 中，提出了针对本类型食品企业生产特点对通用要求进一步细化的需求。

为了确保肉及肉制品生产企业的食品安全管理体系符合国内外有关法规、文件要求，本标准明确提出应用 GB 19303—2003《熟肉制品企业生产卫生规范》和 GB/T 20094—2006《屠宰和肉类加工企业卫生管理规范》中的相关要求。本标准提出了“关键过程控制”要求，其中包括原料验收，用以强调食品安全始于农场的理念；包括宰前、宰后检验要求，用以体现肉类屠宰的特殊性；同时也引入微生物控制的要求，提倡通过过程卫生监控，确保产品的安全。鉴于肉制品生产企业在生产加工过程方面的差异，本标准只提出了对肉制品生产企业的一般要求。为了确保与其他法规的一致性，本标准还引入了卫生标准操作程序（SSOP）的概念和要求。

食品安全管理体系
肉及肉制品生产企业要求

1 范围

本标准规定了肉及肉制品生产企业食品安全管理体系的特定要求，包括人力资源、前提方案、关键过程控制、检验、产品追溯和撤回。

本标准配合 GB/T 22000 以适用于肉及肉制品生产企业建立、实施与自我评价其食品安全管理体系，也可用于对此类生产企业食品安全管理体系的外部评价和认证。

本标准用于认证目的时，应与 GB/T 22000 一起使用。GB/T 22000 与本标准之间的对应关系参见附录 A。

2 规范性引用文件

下列文件中的条款通过本标准的引用而成为本标准的条款。凡是注日期的引用文件，其随后所有的修改单（不包括勘误的内容）或修订版均不适用于本标准，然而，鼓励根据本标准达成协议的各方研究是否可使用这些文件的最新版本。凡是不注日期的引用文件，其最新版本适用于本标准。

GB 2760 食品添加剂使用卫生标准

GB 19303—2003 熟肉制品企业生产卫生规范

GB/T 20094—2006 屠宰和肉类加工企业卫生管理规范

GB/T 22000—2006 食品安全管理体系 食品链中各类组织的要求（ISO 22000:2005，IDT）

3 术语和定义

GB/T 22000—2006 确立的以及下列术语和定义适用于本标准。

3.1

肉 meat

适合人类食用的家养或野生哺乳动物和禽类的肉以及可食用的副产品。

3.2

宰前检验 ante-mortem inspection

在动物屠宰前，判定动物是否健康和适合人类食用进行的检验。

3.3

宰后检验 post-mortem inspection

在动物屠宰后，判定动物是否健康和适合人类食用，对其头、胴体、内脏和动物其他部分进行的检验。

3.4

肉类卫生 meat hygiene

保证肉类安全、适合人类食用的所有条件和措施。

3.5

肉制品 meat product

以肉类为主要原料制成并能体现肉类特征的产品（罐头除外）。

3.6

卫生标准操作程序　sanitation standard operation procedure,SSOP

为了保证达到食品卫生要求所制定的控制生产加工卫生的操作程序。

4　人力资源

4.1　食品安全小组的组成

食品安全小组应由具有相关知识和经验的多专业人员组成,通常包括从事卫生质量控制、生产加工、工艺制定、实验室检验、设备维护、原辅料采购、仓储管理及销售等工作的人员。

4.2　能力、意识和培训

4.2.1　组织内与食品安全相关的人员应具备相应的资格和能力。

4.2.2　食品安全小组成员应理解 HACCP 原理和食品安全管理体系的相关标准。

4.2.3　肉类加工和检验人员应熟悉肉类生产基本知识及加工工艺。

4.2.4　从事肉类工艺制定、卫生质量控制、实验室检验工作的人员应具备相关知识。

4.2.5　生产人员熟悉卫生要求,遵守相应法律、法规及其他要求。

4.2.6　动物屠宰企业应配备足够数量的兽医。从事畜禽宰前、宰后检验的人员应具有相应的兽医专业知识和能力。

5　前提方案

5.1　总则

在根据 GB/T 22000 建立食品安全管理体系时,从事肉及肉制品生产企业的前提方案应符合 GB/T 20094—2006和(或)GB 19303—2003 的相关要求。

5.2　基础设施和维护

肉类屠宰生产企业设备设施的布局、维护保养应至少符合 GB/T 20094—2006 中第 6 章至第 9 章的相关要求;肉制品生产企业设备设施的布局、维护保养应至少符合 GB 19303—2003 中第 4 章至第 6 章的相关要求。

5.3　卫生标准操作程序(SSOP)

5.3.1　肉及肉制品生产企业在制定前提方案时,宜制定书面的卫生标准操作程序(SSOP),明确执行人的职责,确定执行的方法、步骤和频率,实施有效的监控和相应的纠正预防措施。

5.3.2　企业制定的卫生标准操作程序(SSOP),至少应包括以下的内容:

a)　肉及肉制品加工过程中使用的水和冰应当符合安全、卫生要求;

b)　接触食品的器具、手套和内外包装材料等应清洁、卫生和安全;

c)　确保食品免受交叉污染;

d)　保证操作人员手的清洗消毒、洗手间设施的维护与卫生;

e)　防止润滑剂、燃料、清洗消毒用品、冷凝水及其他化学、物理和生物等污染物对食品造成安全危害;

f)　正确标注、存放和使用各类有毒化学物质;

g)　保证与食品接触的员工的身体健康和卫生;

h)　清除和预防鼠害、虫害。

5.4　人员健康和卫生要求

5.4.1　从事肉类生产、检验和管理的人员应符合《中华人民共和国食品卫生法》中关于从事食品加工人员卫生要求和健康检查的规定。每年应进行一次健康检查及卫生知识培训,必要时实施临时健康检查,体检合格后方可上岗。

5.4.2　直接从事肉类生产、检验和管理的人员,凡患有影响食品卫生疾病者,应调离本岗位。

6 关键过程控制

6.1 总则

企业根据 GB/T 22000 进行危害分析时应至少关注本章所述的相关关键过程,并选择适宜的控制措施组合对危害实施控制。

6.2 原料验收

6.2.1 对供宰动物的要求

供宰动物应来自经国家主管部门批准的饲养场,饲养场按照相关规定和饲养规范对养殖过程实施了有效控制,出场动物应附有检疫合格证明。

6.2.2 肉制品加工的原料、辅料的卫生要求

a) 原料肉应来自定点的肉类屠宰加工生产企业,附有检疫合格证明,并经验收合格;

b) 进口的原料肉应来自经国家主管部门注册的国外肉类生产企业,并附有出口国(地区)官方兽医部门出具的检验检疫证明和进境口岸检验检疫部门出具的入境货物检验检疫证明;

c) 辅料应具有检验合格证,并经过进厂验收合格后方准使用。原、辅材料应专库存放;

d) 超过保质期的原料、辅料不应用于生产加工;

e) 原料、辅料、半成品、成品以及生、熟产品应分别存放,防止污染。

6.3 宰前检验

6.3.1 供宰动物应来自非疫区,并附有相关证明。屠宰企业不得屠宰在运输过程中死亡的动物、有传染病或疑似传染病的动物、来源不明或证明不全的动物。

6.3.2 供宰动物应按国家有关规定进行宰前检验。宰前检验应考虑饲养场的相关信息,如动物饲养情况、用药及疫病防治情况等,并按照有关程序观察活动物的外表,如动物的行为、体态、身体状况、体表、排泄物及气味等。对有异常症状的动物应隔离观察,测量体温,并作进一步兽医检查。必要时,进行实验室检测。

6.3.3 对判定为不适宜正常屠宰的动物,应按照有关兽医规定处理。

6.3.4 应将宰前检验的信息及时反馈给饲养场和宰后检验人员,并做好宰前检验记录。

6.4 宰后检验

6.4.1 宰后对动物头部、胴体和内脏的检验应按照国家有关规定、程序和标准执行。

6.4.2 应利用宰前检验信息和宰后检验结果,判定肉类是否适合人类食用。

6.4.3 感官检验不能准确判定肉类是否适合人类食用时,应进一步检验或进行实验室检测。

6.4.4 废弃的肉类或动物的其他部分,应做适当标记,并用防止与其他肉类交叉污染的方式处理。废弃处理应做好记录。

6.4.5 为确保能充分完成宰后检验,主管兽医有权减慢或停止屠宰加工。

6.4.6 宰后检验应做好记录,宰后检验结果应及时分析,汇总后上报有关部门。必要时,反馈给饲养场。

6.5 粪便、奶汁、胆汁等可见污染物的控制

肉类屠宰生产企业应使粪便、奶汁、胆汁等可见污染物得到控制,确保产品不受污染。

6.6 肉及肉制品微生物的控制

生产企业应根据产品的卫生要求,制定书面的微生物控制规程,定期或不定期对产品生产的主要过程、成品和半成品进行监控。

6.7 物理危害的控制

生产企业应利用必要的监控设备如金属探测仪、X 射线检测仪等控制物理危害。

6.8 化学危害的控制

生产企业应充分考虑原料和加工过程(配辅料,注射或浸渍)中可能引起的化学危害(如:农兽药残

留、环境污染物、添加剂的误用等)并加以有效控制。食品添加剂的使用范围和加入量应符合 GB 2760 的规定,不能使用未经许可或禁止使用的食品添加剂。

6.9 加工过程中温度的控制

车间温度应按照产品工艺要求控制在规定的范围内。预冷间/设施温度控制在 0 ℃～4 ℃,分割间、肉制品加工车间的温度不高于 12 ℃(除加热工序),冻结间温度不高于－28 ℃;冷藏库温度不高于－18 ℃,包装车间的温度不高于 10 ℃,解冻和腌制车间的温度不高于 4 ℃。肉制品加工过程中温度及产品中心温度、时间的控制应符合 GB 19303—2003 中 6.3 的要求。熟肉制品的加热工序应能保证加热温度的均匀性。

6.10 肉制品加工过程区域控制

生制品加工应分清洁区和非清洁区,熟制品加工应严格划分生熟界面。

6.11 产品储存和运输

储存库的温度应符合储存肉类的特定要求。储存库内应保持清洁、整齐、通风,不得存放有碍卫生的物品,同一库内不得存放可能造成相互污染或者串味的食品。有防霉、防鼠、防虫设施,定期消毒。

运输工具应符合卫生要求,并根据产品特点配备制冷、保温等设施。运输过程中应保持适宜的温度。运输工具应及时清洗消毒,保持清洁卫生。

7 检验

7.1 检验能力

7.1.1 应有与生产能力相适应的内部检验部门和具备相应资格的检验人员。

7.1.2 内部检验部门应具备检验工作所需要的标准资料、检验设施和仪器设备;检验仪器应按规定进行计量检定。

7.1.3 委托企业外部检验机构承担检测工作的,该检验机构应具有相应的资格。

7.2 检验要求

7.2.1 产品应按照相关产品国家、行业等标准要求进行检测判定。

7.2.2 产品微生物检测项目包括常规卫生指标(如:细菌总数、大肠菌群等)和致病菌。

7.2.3 食品添加剂,农药、兽药残留,环境污染物等项目的检测和判定,按现行有效的国家标准执行,必要时参照国际标准或者进口国标准。

8 产品追溯和撤回

8.1 不合格品控制

企业应制定和执行对不合格品的控制制度,包括不合格品的标识、记录、评价、隔离处置等内容。

8.2 产品追溯和撤回

企业应建立和实施产品的追溯和撤回程序,当肉及肉制品存在不可接受风险时,确保能追溯并及时撤回产品。必要时定期演练。

附 录 A
（资料性附录）
GB/T 22000—2006 与 GB/T 27301—2008 之间的对应关系

表 A.1 GB/T 22000—2006 与 GB/T 27301—2008 之间的对应关系

GB/T 22000—2006		GB/T 27301—2008	
引言			引言
范围	1	1	范围
规范性引用文件	2	2	规范性引用文件
术语和定义	3	3	术语和定义
食品安全管理体系	4		
总要求	4.1		
文件要求	4.2		
总则	4.2.1		
文件控制	4.2.2		
记录控制	4.2.3		
管理职责	5		
管理承诺	5.1		
食品安全方针	5.2		
食品安全管理体系策划	5.3		
职责和权限	5.4		
食品安全小组组长	5.5		
沟通	5.6		
外部沟通	5.6.1		
内部沟通	5.6.2		
应急准备和响应	5.7		
管理评审	5.8		
总则	5.8.1		
评审输入	5.8.2		
评审输出	5.8.3		
资源管理	6		
资源提供	6.1	7.1	检验能力
人力资源	6.2	4	人力资源
总则	6.2.1	4.1	食品安全小组的组成
能力、意识和培训	6.2.2	4.2	能力、意识和培训
基础设施	6.3	5	前提方案
工作环境	6.4	5	前提方案
安全产品的策划和实现	7	6	关键过程控制
总则	7.1		

表 A.1(续)

GB/T 22000—2006		GB/T 27301—2008	
前提方案(PRPs)	7.2	5 5.1 5.2 5.3 5.4	前提方案 总则 基础设施和维护 卫生标准操作程序(SSOP) 人员健康和卫生要求
实施危害分析的预备步骤 总则 食品安全小组 产品特性 预期用途 流程图、过程步骤和控制措施	 7.3 7.3.1 7.3.2 7.3.3 7.3.4 7.3.5	 4.1	 食品安全小组的组成
危害分析 总则 危害识别和可接受水平的确定 危害评估 控制措施的选择和评估	7.4 7.4.1 7.4.2 7.4.3 7.4.4	6	关键过程控制
操作性前提方案(PRPs)的建立	7.5	6	关键过程控制
HACCP 计划的建立 HACCP 计划 关键控制点(CCPs)的确定 关键控制点的关键限值的确定 关键控制点的监视系统 监视结果超出关键限值时采取的措施	7.6 7.6.1 7.6.2 7.6.3 7.6.4 7.6.5	6	关键过程控制
预备信息的更新、规定前提方案和 HACCP 计划文件的更新	7.7		
验证策划	7.8	7	检验
可追溯性系统	7.9	8.2	产品追溯和撤回
不符合控制 纠正 纠正措施 潜在不安全产品的处置 撤回	7.10 7.10.1 7.10.2 7.10.3 7.10.4	8.1 8.2	不合格品控制 产品追溯和撤回
食品安全管理体系的确认、验证和改进	8		
总则	8.1		
控制措施组合的确认	8.2		
监视和测量的控制	8.3	7	检验
食品安全管理体系的验证 内部审核 单项验证结果的评价 验证活动结果的分析	8.4 8.4.1 8.4.2 8.4.3		
改进 持续改进 食品安全管理体系的更新	8.5 8.5.1 8.5.2		

参 考 文 献

[1] 中华人民共和国食品卫生法

[2] 中华人民共和国质量法

[3] 中华人民共和国计量法

[4] 中华人民共和国标准化法

[5] 中华人民共和国进出口商品检验法及实施条例

[6] 中华人民共和国进出境动植物检疫法及实施条例

[7] 中华人民共和国国境卫生检疫法及实施细则

[8] 国家质量监督检验检疫总局.出口食品生产企业卫生注册登记管理规定.2002年第20号令.

[9] 国家质量监督检验检疫总局.食品召回管理规定.2007年第98号令.

[10] 国家质量监督检验检疫总局.食品标识管理规定.2007年第102号令.

[11] 国家认证认可监督管理委员会.食品生产企业危害分析与关键控制点(HACCP)管理体系认证管理规定.2002年第3号公告.

[12] 国家认证认可监督管理委员会.食品安全管理体系认证实施规则.2007年第3号公告.

[13] GB 5749—2006 生活饮用水卫生标准

[14] GB 14881—1994 食品企业通用卫生规范

[15] 王凤清.中国出口食品卫生注册管理指南.北京:中国对外经济贸易出版社,2000.

[16] 国家认证认可监督管理委员会.食品安全控制与卫生注册评审.北京:知识产权出版社,2002.

[17] 中国合格评定国家认可中心."十五"国家重大科技专项"食品安全关键技术"课题成果,中国食品企业和餐饮业HACCP体系的建立和实施丛书:食品安全管理体系评价准则、认证制度和认可制度.北京:中国标准出版社,2006.

前　　言

为了使该标准既能符合我国实际情况，又能适应出口需要并和国际上采用的HACCP(Hazard Analysis Critical Control Point，危害分析关键控制点)方式相“接轨”，在标准的制定过程中，多次前往一些企业调查管理水平、工艺流程规范和企业标准实施情况。同时，查阅了英国肉类研究所，美国联邦法典和农业部部颁标准手册，日本农林省，泰国正大集团等一些国家和地区的使用标准，并采用国际通用的危害分析关键控制点(HACCP)概念作为起草标准时的指导和参考。

本标准由农业部畜牧兽医司提出并归口。

本标准起草单位：北京农业大学食品科学系、全国畜牧兽医总站。

本标准主要起草人：南庆贤、刘素英、沈龙根、周志方、黄建明、刁永效、张亮君。

中华人民共和国农业行业标准

肉用仔鸡加工技术规程

NY/T 330—1997

Technology of the chick processing

1 范围

本标准规定了肉用仔鸡加工技术的术语、技术要求、卫生标准、检验方法和检验规则、标志、要求。

本标准适用于出口冻肉仔鸡加工企业。其他肉用鸡加工可参照执行。

2 引用标准

下列标准所包含的条文，通过在本标准中引用而构成为本标准的条文。本标准出版时，所示版本均为有效。所有标准都会被修订，使用本标准的各方应探讨使用下列标准最新版本的可能性。

GB 191—1990　包装储运图示标志

GB 2710—1981　冻鸡肉卫生标准

GB 2724—1981　鲜鸡肉卫生标准

GB 4456—1984　包装用聚乙烯吹塑薄膜

GB 5009.17—1985　食品中总汞的测定方法

GB 5009.44—1985　肉与肉制品卫生标准的分析方法

GB 6388—1986　运输包装收发货标志

GB 6543—1986　瓦楞纸箱

GB 7718—1994　食品标签通用标准

GB 12694—1990　肉类加工厂卫生规范

GB 14881—1994　食品企业通用卫生规范

3 术语

本标准采用下列定义。

3.1 肉用仔鸡

未满8周龄，体重1.70～3.00 kg的肉用品种仔鸡。

3.2 屠体

屠宰后经脱毛的鸡体，包括内脏。

3.3 加工

指连续进行的屠宰、脱毛、摘取内脏、分割、成形、包装、冻藏的整个操作过程。

3.4 净膛鸡(鸡胴体)

屠体开腹除去内脏和头、颈、爪。

3.5 半净膛鸡

将符合卫生质量标准要求的心、肝、肫、颈装入聚乙烯袋，放入净膛鸡胸腹腔内，不得散放和遗漏。

中华人民共和国农业部1997-12-19批准　　1998-05-01实施

4 技术要求

4.1 肉用仔鸡及其他卫生要求

4.1.1 必须来自非疫区，健康无病，发育良好，并凭当地农牧部门畜禽防检机构出具的检疫证明入厂。

4.1.2 按家畜家禽防疫条例，做好宰前检疫，合格的准予屠宰。

4.1.3 宰前应断食12h以上，并充分给水。

4.1.4 运鸡容器应彻底清洗，消毒。

4.1.5 运鸡车辆出厂前应彻底清洗，消毒。

4.1.6 待宰间、急宰间要及时打扫、清洗、消毒。

4.2 屠宰工艺

4.2.1 挂鸡。

4.2.1.1 轻抓轻挂，防止机械损伤，将双腿同时挂在挂钩上。

4.2.1.2 鸡体表面和肛门四周粪便污染严重时，该鸡群最后上挂。

4.2.1.3 挂鸡间与屠宰间应隔开。

4.2.2 放血。

4.2.2.1 准确切断颈动脉，沥血时间为3～4 min。

4.2.2.2 防止血液严重污染鸡体表面。

4.2.3 浸烫。

4.2.3.1 浸烫水保持清洁卫生，采用流动水，水池设有控温设施，水温为60℃±1℃。

4.2.3.2 浸烫时间可自行规定，以胸肉不熟烫为宜。

4.2.4 脱毛。

4.2.4.1 脱毛后用清水冲洗鸡体，体表不得被粪便污染。

4.2.4.2 鸡体羽毛应脱净，不得破损(皮肤撕裂，翅骨折)。

4.2.5 摘取内脏。

4.2.5.1 开颈皮：沿喉管剪开颈皮(不得划破肌肉)，长约5 cm，分离颈皮，在喉头部位拉断气管和食道。

4.2.5.2 切肛：从肛门周围伸入旋转环形刀或斜剪成半圆形，长3 cm，要求切肛部位正确，不得切断肠管。

4.2.5.3 开腹皮：用刀具或自动开腹机从肛门孔向前划开3～5 cm，不得超过胸骨，不得划破内脏。

4.2.5.4 摘内脏：用自动摘脏机或专用工具伸入腹腔，将肠、心、肫、肝全部取出，并拉掉嗉囊和食道。消化道内容物、胆汁不得污染鸡体，损伤的肠管不得垂挂在鸡体表面。

4.2.5.5 冲洗：用清水多次冲洗鸡体内外，水量要充足并有一定压力。

4.2.5.6 机械或工具上的污染物，必须用带压水冲洗干净。

4.2.6 去头、去颈、去爪。

4.2.6.1 从第一颈椎处割头或由拉头机将鸡头去掉。

4.2.6.2 齐肩甲骨处去颈，颈根不得高于肩骨。

4.2.6.3 从跗关节处去爪。

4.2.7 粪便和胆汁污染的鸡体，入冷却槽前应冲洗干净。

4.2.8 冷却、消毒。

4.2.8.1 预冷却水温在5℃以下，冷却水不得被消化道内容物、血液等严重污染，保持卫生。

4.2.8.2 终冷却水温度应保持0～2 ℃，勤换冷却水。冷却总时间为30～40 min。

4.2.8.3 鸡体在冷却槽内于水流逆向移动。

4.2.8.4 冷却后的鸡体中心温度降到5℃以下。

4.2.8.5 冷却槽内应加消毒液 50×10⁻⁶ mg/kg～100×10⁻⁶ mg/kg，单设鸡体消毒池。

4.2.9 鸡体出冷却槽后，经 2～3 min 转动沥干。

4.3 加工

4.3.1 修整。

4.3.1.1 摘取胸腺、甲状腺、甲状旁腺及残留气管。

4.3.1.2 修割整齐，冲洗干净，无出血点，无溃疡，无骨折，无突出碎骨，无严重创伤，无胸囊肿，无青黑跗关节。

4.3.2 加工。

4.3.2.1 腿：在腹股沟用刀将皮划开，将大腿向背侧方向掰开，于髋关节处脱开，割断关节的四周肌肉和筋腱，使腿型完整，边缘整齐，腿皮覆盖良好，皮与肉不得脱离。

4.3.2.2 胸肉：紧贴胸骨两侧用刀划开，切断肩关节，紧握翅根连同胸肉向尾部方向撕下，剪下翅。修净多余的脂肪、肌膜，使胸皮肉相称、无淤血、无熟烫。

4.3.2.3 全翅：从臂骨与鸟喙骨吻合处紧靠肩胛骨下刀，割断筋腱，不得划破骨关节面和伤残里脊。

4.3.2.4 胸里肌：沿锁骨和鸟喙骨两侧取下胸里肌，保证条形完整，无破碎。

4.3.2.5 去骨腿肉：从胫骨到股骨内侧用刀划开，切断膝关节，剔除股骨、胫骨和腓骨，修割多余的皮、软骨、伤痕，皮肉大小相称，腿形完整。

4.4 冷冻藏、冷藏

4.4.1 从屠宰到成品进入冻结库所需时间，不得超过 70 min，成品不准堆积，先加工先包装先入库。

4.4.2 冻结库温要求在－30℃以下，相对湿度为 90％～95％。肌肉中心温度在 8 h 后降到－15℃以下。

4.4.3 冷藏：库温要求在－18℃以下，相对湿度为 90％。

4.4.4 装箱前须测试肉温，中心温度达－15℃后方可装箱入库。

4.4.5 产品进入冷藏库，应分品种、规格、生产日期、批次，分批堆放在垫仓板上，做到先进先出。

4.4.6 冷藏库的产品必须经企业质检部门检验合格后方可出库。

4.4.7 产品不准进行二次冻结。

5 检验

5.1 卫生检验

5.1.1 肉用仔鸡屠宰加工应参照 GB 14881 进行宰前、宰后检验处理。

5.1.2 产品在加工、贮运、销售各环节中应符合 GB 12694 的规定。

5.1.3 兽药、农药残留和重金属、砷盐限量检查，按农业部、卫生部颁布的规定执行。

5.2 品质检验

5.2.1 感官指标：见表 1。

表 1

项目	一级鲜度	二级鲜度
眼球	眼球饱满平坦	眼球皱缩凹陷，晶状体稍浑浊
色泽和皮肤	皮肤有光泽，因品种不同呈淡黄、淡红、灰白等色，肌肉切面有光泽，皮肤无淤血、无血斑、无残毛	皮肤色泽转暗、肌肉切面有光泽、皮肤有少许残毛外伤
粘度	外表微湿润、不粘手	外表干燥或粘手、新切面湿润
组织状态	肌肉丰满、结构紧密，指压后的凹陷立即恢复1)	肌肉欠丰、发软、指压后凹陷恢复缓慢。脂肪覆盖良好，鸡体好，鸡体有刀伤、污物、骨洁净无碰伤、骨折
气味	具有鸡肉正常的气味	无其他异味，唯腹腔内有轻度不快感
煮沸后肉汤	透明、澄清、脂肪团聚于表面，具特有香味	稍有浑浊，油球呈小滴浮于表面，香味差或无鲜味

1) 冻鸡指压凹陷后恢复较慢，一级鲜度冻鸡无冻痕。

5.2.2 理化指标:见表2。

表 2

项　　目	一 级 鲜 度	二 级 鲜 度
挥发性盐基氮,mg/100 g	≤15	≤25
汞(以 Hg 计),mg/kg		≤0.05

以上感官指标和理化指标分别符合 GB 2710 和 GB 2724 中的一级鲜度标准。

6 检验方法

6.1 感官检验

6.1.1 外形和色泽:目测。

6.1.2 粘度、组织状态(弹性):手触、目测。

6.1.3 煮沸后肉汤:按 GB 5009.44 的规定测定。

6.2 理化检验

6.2.1 挥发性盐基氮:按 GB 5009.44 的规定测定。

6.2.2 汞:按 GB 5009.17 的规定测定。

6.3 温度测定

用温度计或其他测定仪,插入胸肉中心处约 2 min 后,观察温度计度数。

7 检验规则

7.1 每批出厂产品须经国家规定的检验部门出具检验合格证书后,方可出厂。

7.2 抽样方法:以生产厂每班同一规格产品为一个批次,每批随机取样一箱进行感官指标检验,理化指标每月抽检一次。

7.3 复验:产品抽样检验中感官和理化指标不合格时,允许从原批次中取二倍样品进行复验,如仍有一项指标不合格时,则判定该批产品为不合格品。

8 标志

8.1 标志应符合 GB 7718 的规定。

8.2 箱外标志必须符合 GB 6388 和 GB 191 的规定。

8.3 箱外两侧标明产品名称、生产日期、规格、等级、重量、储存条件和企业名称。

9 包装

9.1 接触鸡肉产品的塑料薄膜,按 GB 4456 的规定执行,包装材料不得含有影响人体健康的有害物质。

9.2 包装纸箱按 GB 6543 的规定执行。

9.3 产品内外包装应清洁、卫生,图案和包装字体清晰,凡发霉、潮湿、异味、破裂、脱色、搭色和字体不清不得使用。

9.4 箱内产品排列整齐,图案端正,封口牢固,无血水。

9.5 包装箱应坚固、整洁、干燥,唛头清晰、准确。

10 运输、贮存

10.1 运输

10.1.1 运输时应使用符合食品卫生要求的冷藏车(船)或保温车。

10.1.2 铁路、水路运输时应按口岸有关运输规定执行。

10.1.3 成品运输时,不得与有毒、有害、有气味的物品混放。

10.2 贮存

10.2.1 鲜鸡肉产品应贮存在0℃±1℃冷藏库中,保质期不得超过7 d。

10.2.2 冻鸡肉产品应真空包装在−18℃以下冻结库贮存,保质期为12个月。

ICS 67.040
X 00
备案号：16601—2005

中华人民共和国国内贸易行业标准

SB/T 10396—2005

生猪屠宰企业资质等级要求

Quality level of pig slaughter establishment

2005-07-26 发布　　2005-10-01 实施

中华人民共和国商务部　发布

前言

为规范生猪定点屠宰企业的行为，促进行业技术进步，提高肉品质量，规范肉品流通秩序，保护环境，特制定本标准。

本标准由中华人民共和国商务部提出并归口。

本标准起草单位：商务部市场运行调节司、商务部屠宰技术鉴定中心。

本标准主要起草人：房爱卿、徐息和、孔令羽、邢文凯、王贵际、张新玲、金社胜、吴英、黄岳新、王其昌、吴爱华。

本标准由中华人民共和国商务部负责解释。

生猪屠宰企业资质等级要求

1 范围

本标准规定了生猪屠宰企业的资质等级划分和等级评定条件。

本标准适用于中华人民共和国境内所有政府许可屠宰的生猪屠宰加工企业。

2 规范性引用文件

下列文件中的条款通过本标准的引用而成为本标准的条款。凡是注日期的引用文件，其随后所有的修改单(不包括勘误的内容)或修订版均不适用于本标准，然而，鼓励根据本标准达成协议的各方研究是否可使用这些文件的最新版本。凡是不注日期的引用文件，其最新版本适用于本标准。

GB 5749 生活饮用水卫生标准

GB 9959.1 鲜、冻片猪肉

GB 9959.2 分割鲜、冻猪瘦肉

GB 12694—1990 肉类加工厂卫生规范

GB 16548 禽畜病害肉尸及其产品无害处理规程

GB/T 17236—1998 生猪屠宰操作规程

GB/T 17996—1999 生猪屠宰产品品质检验规程

GB 18406.3—2001 农产品安全质量 无公害畜禽肉安全要求

GB 50317—2000 猪屠宰分割车间设计规范

《肉品卫生检验试行规程》农业部、卫生部、对外贸易部、商业部1959年11月1日发布

3 资质等级划分

生猪屠宰加工企业资质分为：☆级、☆☆级、☆☆☆级、☆☆☆☆级和☆☆☆☆☆级，并实行标志管理。

4 资质等级划分的依据和认定方式

4.1 资质等级划分的依据是屠宰加工企业的基本资质、环境和建设、设施和设备、屠宰加工、屠宰检验、卫生控制、运输条件、产品质量八个方面的因素。

4.2 一个屠宰加工企业执行一个资质等级标准，如果一个企业有多个分厂，应按照各厂的实际情况分别认定等级。

5 资质等级认定和资质等级管理原则

每两年对已经认定的企业进行一次复查，对资质等级予以确认。企业晋级需一年后申报。

6 资质等级标志和标识

6.1 屠宰加工企业应当在其生产经营场所的醒目位置张贴或悬挂“资质等级标志牌”。

6.2 屠宰加工企业资质等级标志牌上应当标示下列内容：

a) 资质等级；

b) 认定部门名称。

7 资质等级认定审核技术人员

7.1 屠宰加工企业的资质等级认定工作实行审核员制度。审核员应具有专业技术背景，并经过培训考核，合格者颁发审核员证书。

7.2 审核员按规定的审核程序进行审核，应严格执行有关审核纪律。

8 ☆级生猪屠宰加工企业

8.1 基本要求

8.1.1 生猪屠宰设计规模达到30头/h。

8.1.2 依法取得生猪屠宰许可证书。

8.1.3 持有工商营业执照、卫生许可证、动物防疫合格证。

8.1.4 依法开展生产经营活动。

8.1.5 应配备与屠宰加工规模相适应的、依法取得相应健康证明的屠宰技术工人和中专以上经考核合格的肉品品质检验人员。

8.1.6 屠宰的生猪具有产地动物防疫监督机构开具的动物检疫合格证明。

8.1.7 应建立完善的卫生质量管理制度。

8.2 环境、建设要求

8.2.1 厂址应符合GB 50317—2000中的3.1要求。

8.2.2 总体布局应符合GB 50317—2000中的3.2.1、3.2.2的相关要求。

8.2.3 环境卫生应符合GB 50317—2000中的3.3.1、3.3.2、3.3.3的相关要求。

8.2.4 建筑应符合GB 50317—2000中的4.1.1、4.1.2的相关要求。

8.3 设施、设备要求

8.3.1 具备与屠宰加工相适应的待宰间、屠宰间、急宰间。待宰间符合GB 50317—2000中4.2.5的要求；屠宰间符合GB 50317—2000中4.4.1的要求；急宰间符合GB 50317—2000中4.3的要求。

8.3.2 屠宰加工设备应配备麻电器、悬挂输送机、猪屠体清洗装置、浸烫池、脱毛机（或剥皮机）、劈半工具。

8.3.3 应有必要的检验设备、消毒设施及无害化处理设施。

8.3.4 具备与屠宰规模相适应的污水处理设施。

8.3.5 配备与生产能力相适应的专用运输车辆。

8.3.6 在运输前后所有运输工具、容器应进行清洗消毒。

8.4 屠宰加工

生猪屠宰加工工艺流程，应按生猪验收、待宰、淋浴、致昏、刺杀放血、烫毛、脱毛（剥皮）、清洗、修整、编号、雕圈、开膛、取内脏、清洗、去头、去蹄尾、摘三腺、劈（锯）半、修整、分级的顺序设置。

8.5 屠宰检验

8.5.1 生猪宰前检验应进行验收检验和送宰检验，生猪在待宰期间的静养应按GB/T 17236中第4章的规定执行。

8.5.2 生猪宰后检验应进行头部、体表、内脏、寄生虫、胴体初检、胴体复验，并加盖检疫和肉品品质检验验讫标志。

8.5.3 生猪宰前检验和宰后检验检出的不合格产品，按《肉品卫生检验试行规程》、GB/T 17996—1999中5.6和GB 16548的规定执行。

8.6 卫生控制

8.6.1 屠宰加工、检验人员应每年进行健康检查，并建立健康档案。

8.6.2 屠宰加工、检验人员应保持个人卫生，工作期间按照规定穿戴工作衣、帽、靴等。

8.6.3　屠宰加工设备符合卫生要求，屠宰车间和加工设备按规定清洗消毒。

8.6.4　屠宰时应做到胴体、内脏、头蹄不落地。

8.6.5　屠宰车间应水量充足，加工用水符合 GB 5749 的要求。

8.7　运输要求

8.7.1　鲜肉装运前应铺开冷却到室温。

8.7.2　运输工具应保持清洁卫生，符合食品卫生要求。

8.7.3　产品运输应使用肉品专用运输工具，并采用吊挂方式运输。

8.8　产品要求

生猪屠宰产品质量应符合 GB 9959.1 的规定。

9　☆☆级生猪屠宰加工企业

资质条件除符合☆级各项条件外，还应达到以下要求：

9.1　基本要求

9.1.1　生猪屠宰设计规模要达到 70 头/h。

9.1.2　应建立卫生质量管理体系。

9.2　环境、建筑要求

9.2.1　总体布局应符合 GB 50317—2000 中的 3.2 的相关要求。

9.2.2　环境卫生应符合 GB 50317—2000 中的 3.3 的相关要求。

9.3　设施、设备要求

9.3.1　宰前、屠宰设施应符合 GB 50317—2000 中 4.2、4.3、4.4 的规定。

9.3.2　卫生设施应符合 GB 12694—1990 中 4.6 的要求。

9.3.3　生猪屠宰加工企业应设置化验室，并开展常规检验。

9.3.4　具备与生产相适应的冷藏、冷冻设施。

9.3.5　生猪屠宰加工企业生产冷却肉，应设有专门的冷却间和冷却设备。

9.4　屠宰加工

9.4.1　生猪屠宰加工工艺，应按验收、待宰、淋浴、致昏、刺杀放血、烫毛、脱毛、燎毛、刮毛（或剥皮）、刮黑、清洗、雕圈、开膛、去内脏、清洗、去头、劈（锯）半、去蹄尾、摘三腺、修整、冲洗、分级、冷却、结冻、冷藏的顺序设置。

9.4.2　屠宰操作严格按照 GB/T 17236 的要求。

9.5　屠宰检验

9.5.1　按照《肉品卫生检验试行规程》和 GB/T 17996 的规定执行。

9.5.2　可采用胴体与内脏统一编号对照方法检验。

9.6　卫生控制

9.6.1　加工设备应按工艺流程排序，固定设备的安装位置应便于清洗、消毒。

9.6.2　屠宰车间内的刀具应采用不低于 82℃的热水或其他等效方法进行消毒。

9.6.3　屠宰车间的清洁区和非清洁区要严格分开，不得交叉污染。

9.6.4　预冷间、结冻间、冷藏间的温度、湿度应符合工艺卫生要求。

预冷间：0℃～4℃；结冻间：－23℃以下；冷藏间：－18℃以下。

9.6.5　冷藏库内应保持清洁、整齐，做到无霉、无鼠、无虫害。库内物品与墙壁距离不少于 30 cm，与地面距离不少于 10 cm，与天花板保持一定距离并分垛存放。

9.6.6　冷藏库内不得存放有碍肉品卫生的物品，同一库内不得存放相互污染或串味的食品。

9.6.7 原料、半成品、成品运输工具应清洁卫生，定期消毒。

9.7 运输要求

9.7.1 鲜肉运输给零售商的过程中，在常温条件下运输时间不得超过 4 h；在 0℃～4℃条件下运输时间不得超过 12 h。

9.7.2 冻肉装运前应将产品中心温度降低至－15℃或者更低。

10 ☆☆☆级生猪屠宰加工企业

资质条件除符合☆☆级各项条件外，还应达到以下要求：

10.1 基本要求

10.1.1 应建立卫生质量管理体系，并确保其有效运行。

10.1.2 不应开展转包、租赁经营。

10.2 环境、建筑要求

建筑符合 GB 50317—2000 中 4.1 的规定要求。

10.3 设施、设备要求

10.3.1 屠宰车间设双通道赶猪，并设置输送机输送活猪致昏。

10.3.2 生猪屠宰分割设施应分别符合 GB 50317—2000 中 4.5.2、4.5.3 的规定。

10.4 分割加工

10.4.1 分割加工工艺应符合 GB 50317—2000 中 5.7 的相关要求。

10.4.2 如果生产分割冷却肉、冻肉，应符合 GB 50317—2000 中 5.8 的相关要求。

10.5 运输要求

10.5.1 将冻肉从一个冷库运送到另一个冷库，运输时间少于 12 h 的，可采用保温车运输，但应加冰块以保持车厢温度；时间长于 12 h 的，运输设备应能使产品保持在－15℃或更低的温度。

10.5.2 在产品运输给零售商的过程中，应使温度上升的速度维持在最低水平，不得使产品中心温度上升至－12℃。

10.6 产品要求

产品应符合 GB 9959.2 的规定。

11 ☆☆☆☆级生猪屠宰加工企业

资质条件除符合☆☆☆级各项条件外，还应达到以下要求：

11.1 基本要求

11.1.1 生猪屠宰加工设计规模要求达到 300 头/h。

11.1.2 应建立并实施 HACCP 质量管理体系。

11.1.3 生猪屠宰加工企业应实行信息化管理和自动化监控。

11.1.4 不应从事委托加工业务。

11.2 环境、建筑要求

分割车间应符合 GB 50317—2000 中 4.5 的要求。

11.3 设施、设备要求

11.3.1 分割车间应设有一次更衣室、淋浴间和二次更衣室、洗手消毒设施和风淋室。

11.3.2 分割车间应具有两段冷却加工设备。

11.3.3 实验室具有开展农药残留、兽药、违禁药物、重金属残留检验的能力，允许使用快速筛选法，确证检验可委托有资质的检测机构进行。

11.4 屠宰与分割加工要求

11.4.1 生猪屠宰加工工艺，应按生猪验收、待宰、淋浴、致昏、放血、清洗、烫毛、脱毛（剥皮）、燎毛、刮毛、抛光清洗、修整、雕圈、开膛、取脏、冲洗、去头、劈半、去蹄尾、摘三腺、修整、清洗、分级、冷却、冷分割、冻结、冷藏的顺序设置。

11.4.2 生猪致昏采用二氧化碳麻醉法或三点式高频低压麻电法。

11.4.3 生猪致昏至刺杀时间不超过 30 s，放血时间不少于 5 min。每刺杀 1 头应将刀具插入消毒池中消毒一次。

11.4.4 片猪肉分割前，对胴体应采用冷却肉温达到 7℃时进行分段、剔骨、分割加工。

11.5 屠宰检验

11.5.1 设置同步检验装置。

11.5.2 应定期对农残、药残、有害药物和重金属残留等进行抽检。

11.6 卫生控制

11.6.1 屠宰车间内清洁区和非清洁区生产人员的更衣室、休息室应分开布置，两区人员进入各自的生产区时，不得相互交叉。

11.6.2 分割车间入口处应设置风幕，生产时间应开启使用。

11.6.3 包装物料间应干燥通风，内外包装物应分开存放，内包装应不接触地面并加盖防尘设施。

11.6.4 成品包装间应封闭良好，不同品种的包装间应符合其包装的温度要求。

11.6.5 冷库内存放肉品应分垛挂牌，标明品种、数量、质量和进库时间。

11.7 运输要求

11.7.1 冷却肉装运前应该将产品温度降低到 0℃～4℃范围内。

11.7.2 将冷却肉从一个保鲜库运送到另一个保鲜库或从保鲜库到零售商的过程中，运输时间少于 4 h 的，可采用保温车(船)运输，但应加冰块以保持车厢温度；时间长于 4 h 的，运输设备应能使产品保持在 0℃～4℃；冷却肉运输时间不超过 24 h。

11.7.3 冷却肉运输时无论运途长短，运输车应配有自动温度记录仪器，以便及时对车厢内温度进行调控。

11.8 产品要求

应符合 GB 18406.3—2001 中 4.3 的规定。

12 ☆☆☆☆☆级生猪屠宰加工企业

资质条件除符合☆☆☆☆级各项条件外，还应达到以下要求：

12.1 基本要求

12.1.1 实施 HACCP 质量管理体系，并取得认证证书。

12.1.2 企业屠宰生猪 50%以上来自规模化养殖基地。

12.1.3 建立产品安全信用体系，实行品牌化经营。

12.2 环境、建筑要求

分割车间应符合 GB 50317—2000 中 5.7 的相关要求。

12.3 设施、设备

12.3.1 采集食用猪血时，应配置中空放血设备。

12.3.2 采用热水喷淋烫毛或隧道蒸汽烫毛。

12.3.3 脱毛后，设置预干燥机和燎毛炉。

12.3.4 具备违禁药物、重金属检验的能力。

12.4 预冷、冷却与冻结

原料、产品的预冷、冷却与冻结符合 GB 50317—2000 中 5.8 的相关要求。

12.5 产品要求

产品质量应符合 GB 18406.3—2001 中 4.2 的规定。

参 考 文 献

［1］ 中华人民共和国食品卫生法
［2］ 中华人民共和国产品质量法
［3］ 中华人民共和国环境保护法
［4］ 中华人民共和国动物防疫法
［5］ 生猪屠宰管理条例
［6］ 生猪屠宰管理条例实施办法
［7］ 出口猪肉良好生产规范
［8］ 食品企业 HACCP 实施指南

ICS 67.120.10
X 01
备案号:25125—2008

中华人民共和国国内贸易行业标准

SB/T 10481—2008

低温肉制品质量安全要求

Quality safety requirement of pasteurized meat products

2008-09-27 发布　　2009-03-01 实施

中华人民共和国商务部　发布

前言

为了规范和统一低温肉制品质量管理，确保低温肉制品食用安全，维护经营者和消费者的合法权益，促进低温肉制品产业健康发展，特制定本标准。

本标准由中华人民共和国商务部提出并归口。

本标准起草单位：商务部屠宰技术鉴定中心、中食恒信（北京）质量认证中心有限公司、南京雨润食品有限公司、烟台市喜旺食品有限公司、临沂新程金锣肉制品有限公司。

本标准主要起草人：龚海岩、赵箭、秦文、孙鑫、李蓓、赵宁、徐世明、张季川、闵成军。

本标准由商务部屠宰技术鉴定中心负责解释。

低温肉制品质量安全要求

1 范围

本标准规定了低温肉制品原辅料和包装材料的要求、质量指标、生产加工过程的卫生要求、检验方法、检验规则、包装、标识、贮藏、运输、销售等内容。

本标准适用于低温肉制品的生产、销售和产品质量检验。

2 规范性引用文件

下列文件中的条款通过本标准的引用而成为本标准的条款。凡是注日期的引用文件，其随后所有的修改单(不包括勘误的内容)或修订版均不适用于本标准，然而，鼓励根据本标准达成协议的各方研究是否可使用这些文件的最新版本。凡是不注日期的引用文件，其最新版本适用于本标准。

GB/T 191 包装储运图示标志

GB 317 白砂糖

GB 1907 食品添加剂 亚硝酸钠

GB 2707 鲜(冻)畜肉卫生标准

GB 2720 味精卫生标准

GB 2726 熟肉制品卫生标准

GB 2760 食品添加剂使用卫生标准

GB/T 4789.17 食品卫生微生物学检验 肉与肉制品检验

GB/T 5009.3 食品中水分的测定

GB/T 5009.5 食品中蛋白质的测定

GB/T 5009.6 食品中脂肪的测定

GB/T 5009.9 食品中淀粉的测定

GB/T 5009.11 食品中总砷及无机砷的测定

GB/T 5009.12 食品中铅的测定

GB/T 5009.15 食品中镉的测定

GB/T 5009.17 食品中总汞及有机汞的测定

GB/T 5009.27 食品中苯并(*a*)芘的测定

GB/T 5009.33 食品中亚硝酸盐与硝酸盐的测定方法

GB/T 5009.44 肉与肉制品卫生标准的分析方法

GB 5461 食用盐

GB 5749 生活饮用水卫生标准

GB/T 6388 运输包装收发货标志

GB/T 6543 运输包装用单瓦楞纸箱和双瓦楞纸箱

GB 7718 预包装食品标签通则

GB/T 7740 天然肠衣

GB/T 8883 食用小麦淀粉

GB/T 8884 马铃薯淀粉

GB/T 8885 食用玉米淀粉

GB/T 8967 谷氨酸钠(味精)

GB 9681 食品包装用聚氯乙烯成型品卫生标准
GB 9683 复合食品包装袋卫生标准
GB 9687 食品包装用聚乙烯成型品卫生标准
GB 9688 食品包装用聚丙烯成型品卫生标准
GB 9689 食品包装用聚苯乙烯成型品卫生标准
GB 9959.1 鲜、冻片猪肉
GB 9959.2 分割鲜、冻猪瘦肉
GB 9961 鲜、冻胴体羊肉
GB 14967 胶原蛋白肠衣卫生标准
GB 16869 鲜、冻禽产品
GB/T 17030 食品包装用聚偏二氯(PVDC)片状肠衣膜
GB/T 17238 鲜、冻分割牛肉
GB/T 17239 鲜、冻兔肉
GB 19303 熟肉制品企业生产卫生规范
GB/T 20711 熏煮火腿

3 术语和定义

下列术语和定义适用于本标准。

3.1

低温肉制品 pasteurized meat product

以经检疫、检验合格的畜禽肉等为主要原料,经前处理(包括解冻、修整等)、机械加工(包括绞碎、斩拌、滚揉、乳化)、充填或成型、热加工(产品中心温度不低于68 ℃且不高于100 ℃、含淀粉类产品中心温度不低于72 ℃)、冷却、包装、二次杀菌等工艺制得的肉制品。以上加工步骤可根据产品要求删减组合,热加工的中心温度要求为此类产品所必须。本标准中所指低温肉制品包括熏煮火腿、熏煮香肠、酱卤制品和熏烧烤肉(按低温肉制品工艺生产的发酵类产品或按特殊要求加工的产品除外)。

注:低温肉制品的贮运和销售环境温度应控制在0 ℃~4 ℃。

3.2

熏煮火腿 cooked cured ham

以畜禽肉等为主要原料,经剔骨、选料、精选、切块、盐水注射(或盐水浸渍)腌制后,加入辅料,再经滚揉、充填(或不充填)、蒸煮、烟熏(或不烟熏)、冷却等工艺制作的火腿类熟肉制品。

3.3

熏煮香肠 smoked and cooked sausage

以畜禽肉等为主要原料,经修整、腌制(或不腌制)、绞碎后,加入辅料,再经搅拌(或斩拌)、乳化(或不乳化)、充填或成型、烘烤、蒸煮、烟熏(或不烟熏)、冷却等工艺制作的香肠类肉制品。

3.4

酱卤制品 stewed meat in seasoning

以畜禽肉及其副产品等为主要原料,经选料、加入食盐、酱油等调味料以及香辛料,不加入淀粉,经煮制、冷却等工艺制成的熟肉制品。

3.5

熏烧烤肉制品 smoked and grilled meat products

以畜禽肉等为主要原料,加入调味料,不加入淀粉,经熏烤或烘烤而成的低温肉制品,主要包括熏烤肉类和烧烤肉类产品。

4 要求

4.1 原料

原料肉应符合 GB 2707、GB 9959.1、GB 9959.2、GB 9961、GB 16869、GB/T 17238、GB/T 17239 及相关法规、标准的规定。

4.2 辅料

4.2.1 水

应符合 GB 5749 的规定。

4.2.2 白砂糖

应符合 GB 317 的规定。

4.2.3 味精

应符合 GB 2720 和 GB/T 8967 的规定。

4.2.4 淀粉

应符合 GB/T 8883、GB/T 8884、GB/T 8885 等规定。

4.2.5 食用盐

应符合 GB 5461 的规定。

4.2.6 食品添加剂

4.2.6.1 亚硝酸钠:应符合 GB 1907 的规定。

4.2.6.2 食品添加剂的使用应符合 GB 2760 的规定。

4.2.7 其他辅料

应符合国家相关标准的规定。

4.3 包装材料

4.3.1 天然肠衣

应符合 GB/T 7740 的规定。

4.3.2 其他内包装材料

应符合 GB 9681、GB 9687、GB 9688、GB 9689、GB/T 17030 及相关法规、标准的规定。

4.3.3 胶原蛋白肠衣

应符合 GB 14967 的规定。

4.4 质量指标

4.4.1 低温肉制品感官特性

低温肉制品的感官特性应符合表 1 的规定。

表 1 低温肉制品感官特性

项目	感 官 特 性
色泽	具有产品固有的色泽。
质地	组织紧密,有弹性,切片良好,无其他杂物(部分酱卤制品、熏烧烤肉制品除外),允许有少量气孔。
风味	咸淡适中,鲜香可口,具有该产品固有的风味,无异味。

4.4.2 低温肉制品理化指标

4.4.2.1 熏煮火腿的理化指标应符合 GB/T 20711 的规定。

4.4.2.2 熏煮香肠的理化指标应符合表 2 的规定。

表 2　熏煮香肠的理化指标

项　　目		指　　标		
		特级	优级	普通级
蛋白质/%	≥	14	12	10
脂肪/%	≤	6～25		
淀粉/%	≤	6	8	10
水分/%	≤	65		
氯化物(以 NaCl 计)/%	≤	4		
亚硝酸盐(以 $NaNO_2$ 计)/(mg/kg)	≤	30		

4.4.2.3　酱卤制品的理化指标应符合表 3 的规定。

表 3　酱卤制品的理化指标

项　　目		指　　标
水分/%	≤	75
食盐(以 NaCl 计)/%	≤	4
亚硝酸盐(以 $NaNO_2$ 计)/(mg/kg)	≤	30

4.4.2.4　熏烧烤肉制品的理化指标应符合表 4 的规定。

表 4　熏烧烤肉制品的理化指标

项　　目		指　　标
水分/%	≤	75
食盐(以 NaCl 计)/%	≤	4
亚硝酸盐(以 $NaNO_2$ 计)/(mg/kg)	≤	30

4.4.3　低温肉制品的污染物、微生物指标

4.4.3.1　污染物应符合表 5 的有关规定。

表 5　低温肉制品的污染物指标

项　　目		指　　标
苯并(*a*)芘[a]/(μg/kg)	≤	5.0
铅(Pb)/(mg/kg)	≤	0.5
无机砷/(mg/kg)	≤	0.05
镉(Cd)/(mg/kg)	≤	0.1
总汞(以 Hg 计)/(mg/kg)		0.05
[a] 限于烧烤和烟熏肉制品。		

4.4.3.2　微生物指标应符合 GB 2726 的规定。

4.5　食品添加剂

应符合 GB 2760 的规定。

4.6　生产加工过程的卫生要求

应符合 GB 19303 的规定。

5 检验方法

5.1 感官特性检验

根据产品的感官要求，用眼、鼻、口、手等感觉器官对产品的外观、色泽、组织状态和风味的质量好坏进行评定。

5.2 理化检验

5.2.1 蛋白质

按 GB/T 5009.5 规定的方法测定。

5.2.2 脂肪

按 GB/T 5009.6 规定的方法测定。

5.2.3 淀粉

按 GB/T 5009.9 规定的方法测定。

5.2.4 水分

按 GB/T 5009.3 规定的方法测定。

5.2.5 氯化物

按 GB/T 5009.44 规定的方法测定。

5.2.6 亚硝酸盐

按 GB/T 5009.33 规定的方法测定。

5.2.7 苯并(*a*)芘

按 GB/T 5009.27 规定的方法测定。

5.2.8 铅

按 GB/T 5009.12 规定的方法测定。

5.2.9 无机砷

按 GB/T 5009.11 规定的方法测定。

5.2.10 镉

按 GB/T 5009.15 规定的方法测定。

5.2.11 总汞

按 GB/T 5009.17 规定的方法测定。

5.3 微生物指标

按 GB/T 4789.17 规定的方法测定。

6 检验规则

6.1 组批

同日或同一班次、同一品种的产品为一批。

6.2 抽样

6.2.1 样本数量：随机按表 6 抽取样本，并将 1/3 样品进行封存，保留备查。

表 6 低温肉制品抽样表

批量范围/箱	样本数量/箱	合格判定数(Ac)	不合格判定数(Re)
≤1 200	5	0	1
1 201～2 500	8	1	2
≥2 501	13	2	3

6.2.2 样品数量:从样本中随机抽足 2 kg 作为检验样品。

6.3 检验

6.3.1 出厂检验

6.3.1.1 检验频次

产品出厂前应经企业质量检验部门按本标准规定逐批进行检验,检验合格后出具产品合格证书。在包装箱(外)附有质量合格证书的产品方可出厂。

6.3.1.2 检验项目

感官、包装、净含量、菌落总数、大肠菌群为每批必检项目,其他项目作为不定期抽检。

6.3.1.3 检验判定与复验

6.3.1.3.1 出厂检验项目全部符合本标准要求,判该批产品为合格品。

6.3.1.3.2 出厂检验项目有一项(菌落总数和大肠菌群除外)不符合本标准,可以加倍随机抽样进行该项目的复验。复验后仍不符合本标准,判为不合格品。

6.3.2 型式检验

6.3.2.1 检验频次

每年至少进行一次型式检验,有下列情况之一者,亦应进行型式检验:

a) 更换主要原辅料或更改关键工艺时;

b) 长期停产后恢复生产时;

c) 出厂检验结果与上次型式检验有较大差异时;

d) 国家质量监督机构提出进行型式检验的要求时。

6.3.2.2 检验项目

应包括 4.4 规定的全部项目。

6.3.2.3 检验判定与复验

6.3.2.3.1 型式检验项目不超过 3 项(菌落总数、大肠菌群和致病菌除外)不符合本标准,可以加倍抽样复验,复验后有一项不符合本标准要求,判为不合格品。超过 3 项不符合本标准要求,不应复验,判为不合格品。

6.3.2.3.2 菌落总数、大肠菌群和致病菌中的一项不符合本标准要求,判为不合格品,不应复验。

7 包装、标识、贮藏、运输、销售

7.1 包装

7.1.1 内包装材料应符合 GB/T 7740、GB 9681、GB 9687、GB 9688、GB 9689、GB/T 17030 及相关法规、标准的规定。

7.1.2 外包装材料应符合 GB/T 6543 的规定。包装纸箱应完整、牢固,底部应封牢。

7.2 标识

7.2.1 预包装产品销售包装的标签按 GB 7718 的规定标明产品名称、配料表、净含量、淀粉含量、厂名、厂址、生产日期、保质期、产品标准号、等级。

7.2.2 运输包装的标志应符合 GB/T 191、GB/T 6388 的规定。

7.2.3 清真类产品按国家有关规定标识。

7.3 贮藏

产品应在 0 ℃~4 ℃条件下冷藏储存。不得与有毒、有害、有异味、易挥发和易腐蚀的物品混储,出库时应遵循先进先出的原则。

7.4 运输

运输车辆和工具须清洁、干燥，符合食品卫生要求，应在 0 ℃～7 ℃条件下冷藏运输。不得与有毒、有害、有异味或影响产品质量的物品混装、混运。

7.5 销售

产品应在冷藏柜中销售，冷藏柜温度应控制在 0 ℃～7 ℃之间，柜内应配有温度显示仪。

SB/T 10481—2008《低温肉制品质量安全要求》第 1 号修改单

本修改单经中华人民共和国商务部于 2010 年 5 月 4 日以部[2010]28 号公告批准，自印发之日起实施。

修改事项如下：

一、原标准中

表 2 熏煮香肠的理化指标

项　　目		指　　标		
		特级	优级	普通级
蛋白质/%	≥	14	12	10
脂肪/%	≤	6～25		
淀粉/%	≤	6	8	10
水分/%	≤	65		
氯化物(以 NaCl 计)/%	≤	4		
亚硝酸盐(以 $NaNO_2$ 计)/(mg/kg)	≤	30		

修改为：

表 2 熏煮香肠的理化指标

项　　目		指　　标		
		特级	优级	普通级
蛋白质/%	≥	16	14	10
脂肪/%	≤	6～25		
淀粉/%	≤	3	4	10
水分/%	≤	70		
氯化物(以 NaCl 计)/%	≤	4		
亚硝酸盐(以 $NaNO_2$ 计)/(mg/kg)	≤	按 GB 2726 规定执行		

二、原标准中

表 5　低温肉制品的污染物指标

项　　目		指　　标
苯并(a)芘[a]/(μg/kg)	≤	5.0
铅(Pb)/(mg/kg)	≤	0.5
无机砷/(mg/kg)	≤	0.05
镉(Cd)/(mg/kg)	≤	0.1
总汞(以 Hg 计)/(mg/kg)		0.05
[a] 限于烧烤和烟熏肉制品		

修改为：

表 5　低温肉制品的污染物指标

项　　目	指　　标
苯并(a)芘[a]/(μg/kg)	按 GB 2726 规定执行
铅(Pb)/(mg/kg)	
无机砷/(mg/kg)	
镉(Cd)/(mg/kg)	
总汞(以 Hg 计)/(mg/kg)	
[a] 限于烧烤和烟熏肉制品	

三、原标准中

表 6　低温肉制品抽样表

批量范围/箱	样本数量/箱	合格判定数(Ac)	不合格判定数(Re)
≤1 200	5	0	1
1 201～2 500	8	1	2
≥2 501	13	2	3

修改为：

表 6　低温肉制品抽样表

批量范围/箱	样本数量/箱	合格判定数(Ac)	不合格判定数(Re)
≤1 000	5	0	1
1 001～3 000	10	1	2
≥3 001	20	2	3

ICS 67.120.10
X 01
备案号:25126—2008

中华人民共和国国内贸易行业标准

SB/T 10482—2008

预制肉类食品质量安全要求

Quality safety requirement of prepared meat products

2008-09-27 发布　　　　2009-03-01 实施

中华人民共和国商务部　　发布

前言

本标准由中华人民共和国商务部提出并归口。

本标准起草单位：商务部屠宰技术鉴定中心、中食恒信（北京）质量认证中心有限公司。

本标准主要起草人：赵箭、龚海岩、秦文、孙鑫、李蓓、沈本君。

本标准由商务部屠宰技术鉴定中心负责解释。

预制肉类食品质量安全要求

1 范围

本标准规定了预制肉类食品质量安全要求的定义、技术要求、检验方法、检验规则、标志与包装、贮存与运输、销售及特殊要求等。

本标准适用于预制肉类食品的生产、检验、贮运和销售等环节。

2 规范性引用文件

下列文件中的条款通过本标准的引用而成为本标准的条款。凡是注日期的引用文件，其随后所有的修改单(不包括勘误的内容)或修订版均不适用于本标准，然而，鼓励根据本标准达成协议的各方研究是否可使用这些文件的最新版本。凡是不注日期的引用文件，其最新版本适用于本标准。

GB/T 191　包装储运图示标志

GB 2707　鲜(冻)畜肉卫生标准

GB 2717　酱油卫生标准

GB 2719　食醋卫生标准

GB 2720　味精卫生标准

GB 2721　食用盐卫生标准

GB 2733　鲜、冻动物性水产品卫生标准

GB 2758　发酵酒卫生标准

GB 2760　食品添加剂使用卫生标准

GB 2762　食品中污染物限量

GB 2763　食品中农药最大残留限量

GB/T 4789.2　食品卫生微生物学检验　菌落总数测定

GB/T 4789.3　食品卫生微生物学检验　大肠菌群测定

GB/T 4789.4　食品卫生微生物学检验　沙门氏菌检验

GB/T 4789.5　食品卫生微生物学检验　志贺氏菌检验

GB/T 4789.10　食品卫生微生物学检验　金黄色葡萄球菌检验

GB/T 5009.11　食品中总砷及无机砷的测定

GB/T 5009.12　食品中铅的测定

GB/T 5009.15　食品中镉的测定

GB/T 5009.17　食品中总汞及有机汞的测定

GB/T 5009.44　肉与肉制品卫生标准的分析方法

GB 5749　生活饮用水卫生标准

GB/T 6388　运输包装收发货标志

GB/T 6543　运输包装用单瓦楞纸箱和双瓦楞纸箱

GB 7718　预包装食品标签通则

GB/T 8883　食用小麦淀粉

GB/T 8884　马铃薯淀粉

GB/T 8885　食用玉米淀粉

GB 9681　食品包装用聚氯乙烯成型品卫生标准

GB 9683　复合食品包装袋卫生标准

GB 9687　食品包装用聚乙烯成型品卫生标准

GB 9688　食品包装用聚丙烯成型品卫生标准

GB 9689　食品包装用聚苯乙烯成型品卫生标准

GB 10132　鱼糜制品卫生标准

GB 12694　肉类加工厂卫生规范

GB 13104　食糖卫生标准

GB 16869　鲜、冻禽产品

JJF 1070　定量包装商品净含量计量检验规则

《定量包装商品计量监督管理办法》国家质量监督检验检疫总局令[2005]第75号

3　术语和定义

下列术语和定义适用于本标准。

3.1

预制肉类食品　prepared meat products

以畜禽肉、水产品为主要原料，经分割、修整等初加工后，经调制或不经调制，添加或不添加果蔬等食品原料、辅料、调味品和食品添加剂等，未经熟制的非即食的肉类食品，并在冷藏或冷冻条件下贮存、运输及销售。预制肉类食品可分为冷却预制肉类食品和冷冻预制肉类食品。

3.1.1

冷却预制肉类食品

以畜禽肉、水产品等为主要原料经分割、切片/条、或绞碎、斩拌、乳化等制作工序，添加或不添加果蔬等辅料和调味料，冷却及包装后，制成的须冷藏贮存的预制肉类食品。如鱼香肉丝等菜肴式肉制品。

3.1.2

冷冻预制肉类食品

以畜禽肉、水产品等为主要原料经分割、切片/条、或绞碎、斩拌、乳化等制作工序，调制或不调制，并经速冻或冷冻工艺制成的肉类食品。包括鱼糜制品、裹面肉制品和乳化肉制品等，如鱼丸、肉丸和肉串等。

3.2

冷藏　refrigerated storage

经冷却工艺后，在0 ℃～4 ℃条件下贮存，0 ℃～7 ℃条件下运输和销售的温度控制。

3.3

冷冻　freezing

经过速冻或冷冻工艺后，在−18 ℃以下的温度条件下贮存，在−15 ℃以下运输和销售的温度控制。

4　技术要求

4.1　原辅料要求

4.1.1　鲜(冻)畜肉应符合 GB 2707 的规定。

4.1.2　鲜、冻禽产品应符合 GB 16869 的规定。

4.1.3　鲜、冻动物性水产品应符合 GB 2733 的规定。

4.1.4　酱油应符合 GB 2717 的规定。

4.1.5　食醋应符合 GB 2719 的规定。

4.1.6　味精应符合 GB 2720 的规定。

4.1.7　食盐应符合 GB 2721 的规定。

4.1.8 发酵酒应符合 GB 2758 的规定。

4.1.9 生活饮用水应符合 GB 5749 的规定。

4.1.10 食用小麦淀粉应符合 GB/T 8883 的规定。

4.1.11 马铃薯淀粉应符合 GB/T 8884 的规定。

4.1.12 食用玉米淀粉应符合 GB/T 8885 的规定。

4.1.13 食糖应符合 GB 13104 的规定。

4.1.14 食品添加剂应符合 GB 2760 的规定。

4.1.15 其他原辅料应符合相应法律法规及国家标准的规定。

4.2 主要工艺要求

4.2.1 冷却要求

原料分割、冷却加工制成各类规格后，或经调制，或加入辅、配料后，在 0 ℃～4 ℃条件下贮存，在 0 ℃～7 ℃条件下运输和销售。

4.2.2 冷冻要求

原料经分割、切片/条、或搅拌、绞碎、斩拌、乳化等制作工序，调制或不调制，并经速冻或冷冻工艺，使产品中心温度低于－18 ℃以下，并在－18 ℃以下的温度条件下贮存，在－15 ℃以下运输和销售。

4.3 感官指标

预制肉类食品感官指标应符合表 1 的规定。

表 1 预制肉类食品感官指标

项目	指标	
	冷却预制肉	冷冻预制肉
组织状态	形态包装良好	冻结包装良好，有坚硬度
色泽	具有该产品经添加辅料或不添加辅料后应有的色泽和新鲜感	
气味	具有该产品的固有气味，无异味	
滋味	具有添加辅料、烹调加热后口尝咸淡适中，鲜香味美，无异味	
杂质	无毛发、甲壳、碎骨、鳞片、金属、玻璃、泥沙、昆虫等杂质混入	

4.4 理化指标

预制肉类食品理化指标应符合表 2 的规定。

表 2 预制肉类食品理化指标

项目	指标
品温(产品中心温度)	冷却预制肉类食品 0 ℃～4 ℃ 冷冻预制肉类食品≤－18 ℃
挥发性盐基氮/(mg/100 g)	≤20
无机砷/(mg/kg)	≤0.05
总汞(以 Hg 计)/(mg/kg)	≤0.05
铅(以 Pb 计)/(mg/kg)	≤0.2
镉(以 Cd 计)/(mg/kg)	≤0.1
食品添加剂	按 GB 2760 有关规定执行
农兽药残留	按 GB 2707 有关规定执行
注：含水产品类的预制肉类食品理化指标应符合 GB 10132 标准中的要求。	

4.5 微生物指标

预制肉类食品微生物指标应符合表3的规定。

表3 预制肉类食品微生物指标

项目		指标	
		冷却预制肉类食品	冷冻预制肉类食品
菌落总数/(CFU/g)	≤	1×10^6	3×10^6
大肠菌群(MPN/100 g)	≤	1×10^4	—
致病菌(沙门氏菌、志贺氏菌、金黄色葡萄球菌等)		不得检出	
注:含水产品类的预制肉类食品的微生物指标应符合 GB 10132 标准中的要求。			

4.6 净含量短缺量及试验方法

净含量短缺量应符合国家质量监督检验检疫总局颁发的2005年第75号令;试验方法按照JJF 1070的规定执行。

4.7 生产过程的卫生要求

应符合 GB 12694 的要求。

5 检验方法

5.1 感官检验

根据产品的感官要求,用眼、鼻、口、手等感觉器官对产品的外观、色泽、组织状态和风味的质量好坏进行评定。

5.2 理化指标检验

5.2.1 温度测定

5.2.1.1 温度计

—20 ℃～50 ℃的非汞柱玻璃温度计或其他温度测量仪。

5.2.1.2 测定

a) 冷却预制肉类食品温度的测定:用非汞柱玻璃温度计(或其他温度计)轻轻插入产品中心,待度数稳定后读取温度计所示温度。

b) 冷冻预制肉类食品温度的测定:用直径略大于温度计直径的钻头,钻至产品深层中心。拔出钻头,立即将非汞柱玻璃温度计(或其他温度计)插入肌肉深层,待度数稳定后读取温度计所示温度。

5.2.2 砷按 GB/T 5009.11 规定测定。

5.2.3 铅按 GB/T 5009.12 规定测定。

5.2.4 镉按 GB/T 5009.15 规定测定。

5.2.5 汞按 GB/T 5009.17 规定测定。

5.2.6 挥发性盐基氮按 GB/T 5009.44 规定测定。

5.2.7 食品添加剂按 GB 2760 有关规定执行。

5.3 微生物检验

5.3.1 菌落总数按 GB/T 4789.2 规定测定。

5.3.2 大肠菌群按 GB/T 4789.3 规定测定。

5.3.3 致病菌按 GB/T 4789.4、GB/T 4789.5、GB/T 4789.10 规定测定。

6 检验规则

6.1 组批和抽样

同日(或同一班次)、同一品种的产品为一批。

6.2 抽样方法和数量

6.2.1 样本数量

从同一批产品中随机按表4抽取样本，并将三分之一样品进行封存，保留备查。

表4 抽样表

批量范围/箱	样本数量/箱	合格判定数 Ac	不合格判定数 Re
≤1 200	5	0	1
1 201～2 500	8	1	2
≥2 501	13	2	3

6.2.2 样品数量

从样本中随机抽取 2 kg 作为检验样品。

6.3 检验

6.3.1 出厂检验

6.3.1.1 检验频次

产品出厂前应经企业质量检验部门按本标准规定逐批进行检验，检验合格后出具产品合格证书。在包装箱(外)附有质量合格证书的产品方可出厂。

6.3.1.2 检验项目

出厂检验项目：感官、包装、净含量、菌落总数、大肠菌群为每批必检项目，其他项目作为不定期抽检。

6.3.1.3 检验判定与复验

6.3.1.3.1 出厂检验项目全部符合本标准要求，判该批产品为合格品。

6.3.1.3.2 出厂检验项目有一项(菌落总数和大肠菌群除外)不符合本标准，可以加倍随机抽样进行该项目的复验。复验后仍不符合本标准，判为不合格品。

6.3.2 型式检验

6.3.2.1 检验频次

每年至少进行一次型式检验，有下列情况之一者，亦应进行型式检验：

a) 更换主要原辅料或更改关键工艺时；

b) 长期停产后恢复生产时；

c) 出厂检验结果与上次型式检验有较大差异时；

d) 国家质量监督机构提出进行型式检验的要求时。

6.3.2.2 检验项目

应包括第4章规定的全部项目。

6.3.2.3 检验判定与复验

6.3.2.3.1 型式检验项目不超过3项(菌落总数、大肠菌群和致病菌除外)不符合本标准，可以加倍抽样复验，复验后有一项不符合本标准要求，判为不合格品。超过3项不符合本标准要求，不应复验，判为不合格品。

6.3.2.3.2 菌落总数、大肠菌群和致病菌中的一项不符合本标准要求，判为不合格品，不应复验。

7 标识及包装

7.1 标识

7.1.1 预包装产品的标识应符合 GB 7718 规定。

7.1.2 运输包装标识应符合 GB/T 6388、GB/T 191 规定。

7.1.3 清真食品标识应符合国家相关规定。

7.2 包装

7.2.1 包装容器

包装容器应有足够的支撑强度，连同产品蒸煮或复热用的托盘、衬盒等容器，必须能维持食品成熟或复热的耐温特性，不严重变形。

7.2.2 包装材料

7.2.2.1 瓦楞纸箱应符合 GB/T 6543 的规定。

7.2.2.2 食品包装用聚氯乙烯成型品应符合 GB 9681 的规定。

7.2.2.3 复合食品包装袋应符合 GB 9683 的规定。

7.2.2.4 食品包装用聚乙烯成型品应符合 GB 9687 的规定。

7.2.2.5 食品包装用聚丙烯成型品应符合 GB 9688 的规定。

7.2.2.6 食品包装用聚苯乙烯成型品应符合 GB 9689 的规定。

7.2.3 包装形式

7.2.3.1 预制肉类食品的包装形式分为盒装、袋装、箱装等，不经包装的产品不得销售。

7.2.3.2 产品包装必须完整、严密、封口牢固，不得有渗漏现象

8 贮存、运输和销售

8.1 贮存

8.1.1 冷却预制肉类食品应贮存在 0 ℃～4 ℃的冷藏库内。

8.1.2 冷冻预制肉类食品应贮存在－18 ℃以下的冷藏库内。

8.1.3 冷库温度一昼夜波动要求控制在 1 ℃以内。

8.2 运输

8.2.1 运输预制肉类食品的车厢厢体应清洁卫生，不得与其他物品混装。

8.2.2 运输冷却预制肉类食品车辆的厢内温度应控制在 0 ℃～7 ℃之间。

8.2.3 运输冷冻预制肉类食品车辆的厢内温度应控制在－15 ℃以下。

8.3 销集

8.3.1 冷却预制肉类食品应在冷藏柜中销售，冷藏柜温度应控制在 0 ℃～7 ℃之间，柜内应配有温度显示仪。

8.3.2 冷冻预制肉类食品应在低温冷冻柜中销售，低温冷冻柜温度应控制在－15 ℃以下，柜内应配有温度显示仪。

8.3.3 要做好冷藏、冷冻柜的温度控制，并作好温度记录和除霜工作。

9 特殊要求

供应少数民族食用的预制肉类食品的加工、储存、包装、运输与销售，应尊重民族风俗习惯，设置适宜的设施设备，并应经过有关机构的同意。

二、卫生标准

ICS 67.040
C 53

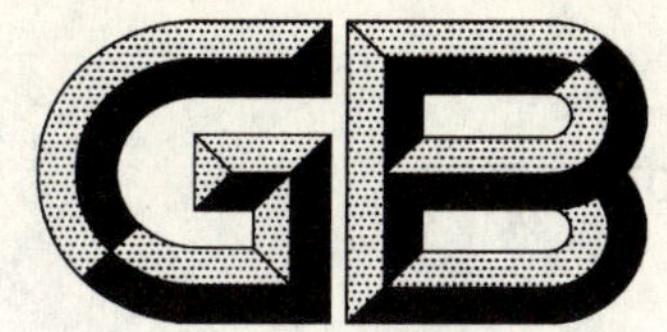

中华人民共和国国家标准

GB 2707—2005
代替 GB 2707～2708—1994

鲜(冻)畜肉卫生标准

Hygienic standard for fresh (frozen) meat of livestock

2005-01-25 发布　　　　2005-10-01 实施

中华人民共和国卫生部
中国国家标准化管理委员会　发布

前言

本标准全文强制。

本标准代替并废止 GB 2707—1994《猪肉卫生标准》和 GB 2708—1994《牛肉、羊肉、兔肉卫生标准》。

本标准与 GB 2707—1994 和 GB 2708—1994 相比主要变化如下：

——按照 GB/T 1.1—2000 对标准文本的格式进行了修改；

——将 GB 2707—1994 和 GB 2708—1994 合并为本标准，并扩大标准的适用范围；

——对 GB 2707—1994 和 GB 2708—1994 的结构进行了修改，增加了原料、食品添加剂、生产加工以及包装、运输和贮存的卫生要求；

——增加了铅、无机砷、总汞、镉限量指标和农药残留要求；

——挥发性盐基氮的限量修改为≤15 mg/100 g。

本标准于 2005 年 10 月 1 日起实施，过渡期为一年。即 2005 年 10 月 1 日前生产并符合相应标准要求的产品，允许销售至 2006 年 9 月 30 日止。

本标准由中华人民共和国卫生部提出并归口。

本标准起草单位：江苏省疾病预防控制中心、上海市卫生监督所、杭州市卫生监督所、辽宁省卫生监督所、卫生部卫生监督中心、北京市疾病控制中心。

本标准主要起草人：袁宝君、顾振华、范葆荣、蔡延平、李江平、郑云雁、丁秀英。

本标准所代替标准的历次版本发布情况为：

——GB 2707—1981、GB 2707—1994；

——GB 2708—1981、GB 2708—1994。

鲜(冻)畜肉卫生标准

1 范围

本标准规定了鲜(冻)畜肉的卫生指标和检验方法以及生产加工过程、标识、包装、运输、贮存的卫生要求。

本标准适用于牲畜屠宰加工后,经兽医卫生检验合格的生鲜或冷冻畜肉。

2 规范性引用文件

下列文件中的条款通过本标准的引用而成为本标准的条款。凡是注日期的引用文件,其随后所有的修改单(不包括勘误的内容)或修订版均不适用于本标准,然而,鼓励根据本标准达成协议的各方研究是否可使用这些文件的最新版本。凡是不注日期的引用文件,其最新版本适用于本标准。

GB 2763 食品中农药最大残留限量

GB/T 5009.11 食品中总砷及无机砷的测定

GB/T 5009.12 食品中铅的测定

GB/T 5009.15 食品中镉的测定

GB/T 5009.17 食品中总汞及有机汞的测定

GB/T 5009.44 肉与肉制品卫生标准的分析方法

GB 7718 预包装食品标签通则

GB 12694 肉类加工厂卫生规范

3 指标要求

3.1 原料要求

牲畜应是来自非疫区的健康牲畜,并持有产地兽医检疫证明。

3.2 感官指标

无异味、无酸败味。

3.3 理化指标

理化指标应符合表1规定。

表1 理化指标

项　　目		指　　标
挥发性盐基氮/(mg/100 g)	≤	15
铅(Pb)/(mg/kg)	≤	0.2
无机砷/(mg/kg)	≤	0.05
镉(Cd)/(mg/kg)	≤	0.1
总汞(以 Hg 计)/(mg/kg)	≤	0.05

3.4 农药残留

农药残留按 GB 2763 执行。

3.5 兽药残留

兽药残留按有关国家标准及有关规定执行。

4　生产加工过程

鲜(冻)畜肉生产加工过程的卫生要求应符合 GB 12694 的规定。

5　包装

包装容器材料应符合相应的卫生标准和有关规定。

6　标识

定型包装的标识要求按 GB 7718 规定执行。

7　贮存及运输

7.1　贮存

产品应贮存在干燥、通风良好的场所。不得与有毒、有害、有异味、易挥发、易腐蚀的物品同处贮存。

7.2　运输

运输产品时应避免日晒、雨淋。不得与有毒、有害、有异味或影响产品质量的物品混装运输。

8　检验方法

8.1　感官指标

按 GB/T 5009.44 规定的方法检验。

8.2　理化指标

8.2.1　挥发性盐基氮:按 GB/T 5009.44 规定的方法测定。

8.2.2　铅:按 GB/T 5009.12 规定的方法测定。

8.2.3　无机砷:按 GB/T 5009.11 规定的方法测定。

8.2.4　镉:按 GB/T 5009.15 规定的方法测定。

8.2.5　总汞:按 GB/T 5009.17 规定的方法测定。

ICS 67.200.10
C 53

中华人民共和国国家标准

GB 10146—2005
代替 GB 10146—1988

食用动物油脂卫生标准

Hygienic standard for edible animal fats

2005-01-25 发布　　2005-10-01 实施

中华人民共和国卫生部
中国国家标准化管理委员会　发布

前　言

本标准全文强制。

本标准与国际食品法典委员会(CAC)的标准 Codex Stan 211—1999《动物油脂法典标准》(Named animal fats)一致性程度为非等效。

本标准代替并废止 GB 10146—1988《猪油卫生标准》。

本标准与 GB 10146—1988 相比主要变化如下：

——按照 GB/T 1.1—2000 对标准文本的格式进行了修改；

——增加了原料、食品添加剂使用、生产加工过程、标识、包装、运输和贮存的卫生要求；

——标准的适用范围由猪油扩大到猪油、牛油和羊油；

——采用了 Codex Stan 211—1999 中的砷及牛油、羊油的酸价指标；

——增订了铅限量，修订了酸价和过氧化值的单位。

本标准于 2005 年 10 月 1 日起实施，过渡期为一年。即 2005 年 10 月 1 日前生产并符合相应标准要求的产品，允许销售至 2006 年 9 月 30 日止。

本标准由中华人民共和国卫生部提出并归口。

本标准起草单位：卫生部卫生监督中心。

本标准主要起草人：张志强、郑云雁。

本标准所代替标准的历次版本发布情况为：

——GB 10146—1988。

食用动物油脂卫生标准

1 范围

本标准规定了食用动物油脂的卫生指标和检验方法以及食品添加剂、生产加工过程、标识、包装、运输、贮存的卫生要求。

本标准适用于以经兽医卫生检验认可的生猪、牛、羊的板油、肉膘、网膜或附着于内脏器官的纯脂肪组织，单一或多种混合炼制成的食用猪油、羊油、牛油。

2 规范性引用文件

下列文件中的条款通过本标准的引用而成为本标准的条款。凡是注日期的引用文件，其随后所有的修改单(不包括勘误的内容)或修订版均不适用于本标准，然而，鼓励根据本标准达成协议的各方研究是否可使用这些文件的最新版本。凡是不注日期的引用文件，其最新版本适用于本标准。

GB 2760 食品添加剂使用卫生标准

GB/T 5009.11 食品中总砷及无机砷的测定

GB/T 5009.12 食品中铅的测定

GB/T 5009.37 食用植物油卫生标准的分析方法

GB/T 5009.44 肉与肉制品卫生标准的分析方法

GB/T 5009.181 猪油中丙二醛的测定

GB 7718 预包装食品标签通则

GB 12694 肉类加工厂卫生规范

3 指标要求

3.1 原料要求

应符合相应的国家标准和有关规定。

3.2 感官要求

无异味、无酸败味。

3.3 理化指标

理化指标应符合表1的规定。

表1 理化指标

项目		指标
酸价(KOH)/(mg/g)		
猪油	≤	1.5
牛油、羊油	≤	2.5
过氧化值/(g/100 g)	≤	0.20
丙二醛/(mg/100 g)	≤	0.25
铅(Pb)/(mg/kg)	≤	0.2
总砷(以As计)/(mg/kg)	≤	0.1

4 食品添加剂

4.1 食品添加剂质量应符合相应的标准和有关规定。

4.2 食品添加剂品种及其使用量应符合 GB 2760 的规定。

5 食品生产加工过程

食用动物油的生产加工过程的卫生要求应符合 GB 12694 的规定。

6 包装

包装容器与材料应符合相应卫生标准和有关规定。

7 标识

定型包装的标识按 GB 7718 规定执行。

8 贮存与运输

8.1 贮存

产品应贮存在干燥、通风良好的场所。不得与有毒、有害、有异味、易挥发、易腐蚀的物品同处贮存。

8.2 运输

运输产品时应避免日晒、雨淋。不得与有毒、有害、有异味或影响产品质量的物品混装运输。

9 检验方法

9.1 感官要求

按 GB/T 5009.44 规定的方法检验。

9.2 理化指标

9.2.1 酸价、过氧化值:按 GB/T 5009.37 中规定的方法测定。

9.2.2 丙二醛:按 GB/T 5009.181 规定的方法测定。

9.2.3 铅:按 GB/T 5009.12 规定的方法测定。

9.2.4 砷:按 GB/T 5009.11 规定的方法测定。

中华人民共和国国家标准

GB 12694—90

肉类加工厂卫生规范

Hygienic specifications of meat packing plant

1 主题内容与适用范围

本规范规定了肉类加工厂的设计与设施、卫生管理、加工工艺、成品贮藏和运输的卫生要求。

本规范适用于屠宰猪、牛、羊和生产分割肉与肉制品的工厂。

本规范中“加工过程中的卫生”暂以猪为主，牛、羊部分将另行制定国家标准。

2 引用标准

GB 2722 鲜猪肉卫生标准

GB 2723 鲜牛肉、鲜羊肉、鲜兔肉卫生标准

GB 2760 食品添加剂使用卫生标准

GB 5749 生活饮用水卫生标准

GB 7718 食品标签通用标准

3 术语

3.1 屠体：指肉畜经屠宰、放血后的躯体。

3.2 胴体：指肉畜经屠宰、放血后除去鬃毛、内脏、头、尾及四肢下部(腕及关节以下)后的躯体部分。

3.3 分割肉：胴体去骨后按规格要求分割成带肥膘或不带肥膘各部位的净肉。

3.4 肉制品：指以猪、牛、羊肉为主要原料，经酱、卤、熏、烤、腌、蒸煮等任何或一种或多种加工方法而制成的生或熟肉制品。

3.5 有条件可食肉：指必须经过高温、冷冻或其他有效方法处理，达到卫生要求，人食无害的肉。

3.6 化制：指将不符合卫生要求(不可食用)的屠体或其病变组织、器官、内脏等，经过干法或湿法处理，达到对人、畜无害的处理过程。

4 工厂设计与设施的卫生

4.1 选址

4.1.1 肉类联合加工厂、屠宰厂、肉制品厂应建在地势较高，干燥，水源充足，交通方便，无有害气体、灰沙及其他污染源，便于排放污水的地区。

4.1.2 肉类联合加工厂、屠宰厂不得建在居民稠密的地区。肉制品加工厂(车间)经当地城市规划、卫生部门批准，可建在城镇适当地点。

4.2 厂区和道路

4.2.1 厂区应绿化。厂区主要道路和进入厂区的主要道路(包括车库或车棚)应铺设适于车辆通行的坚硬路面(如混凝土或沥青路面)。路面应平坦，无积水，厂区应有良好的给、排水系统。

4.2.2 厂区内不得有臭水沟、垃圾堆或其他有碍卫生的场所。

中华人民共和国卫生部1991-03-18批准　　　　1991-10-01实施

4.3 布局

4.3.1 生产作业区应与生活区分开设置。

4.3.2 运送活畜与成品出厂不得共用一个大门;厂内不得共用一个通道。

4.3.3 为防止交叉污染,原料、辅料、生肉、熟肉和成品的存放场所(库)必须分开设置。

4.3.4 各生产车间的设置位置以及工艺流程必须符合卫生要求。肉类联合加工厂的生产车间一般应按饲养、屠宰、分割、加工、冷藏的顺序合理设置。

4.3.5 化制间、锅炉房与贮煤场所、污水与污物处理设施应与分割肉车间和肉制品车间间隔一定距离,并位于主风向下风处。锅炉房必须设有消烟除尘设施。

4.3.6 生产冷库应与分割肉和肉制品车间直接相连。

4.4 厂房与设施

4.4.1 厂房与设施必须结构合理、坚固,便于清洗和消毒。

4.4.2 厂房与设施应与生产能力相适应,厂房高度应能满足生产作业、设备安装与维修、采光与通风的需要。

4.4.3 厂房与设施必须设有防止蚊、蝇、鼠及其他害虫侵入或隐匿的设施,以及防烟雾、灰尘的设施。

4.4.4 厂房地面:应使用防水、防滑、不吸潮、可冲洗、耐腐蚀、无毒的材料;坡度应为1%～2%(屠宰车间应在2%以上);表面无裂缝、无局部积水,易于清洗和消毒;明地沟应呈弧形,排水口须设网罩。

4.4.5 厂房墙壁与墙柱:应使用防水、不吸潮、可冲洗、无毒、淡色的材料;墙裙应贴或涂刷不低于2 m的浅色瓷砖或涂料;顶角、墙角、地角呈弧形,便于清洗。

4.4.6 厂房天花板:应表面涂层光滑,不易脱落,防止污物积聚。

4.4.7 厂房门窗:应装配严密,使用不变形的材料制作。所有门、窗及其他开口必须安装易于清洗和拆卸的纱门、纱窗或压缩空气幕,并经常维修,保持清洁;内窗台须下斜45°或采用无窗台结构。

4.4.8 厂房楼梯及其他辅助设施:应便于清洗、消毒,避免引起食品污染。

4.4.9 屠宰车间必须设有兽医卫生检验设施,包括同步检验、对号检验、旋毛虫检验、内脏检验、化验室等。

4.4.10 待宰车间的圈舍容量一般应为日屠宰量的一倍。圈舍内应防寒、隔热、通风,并应设有饲喂、宰前淋浴等设施。车间内应设有健畜圈、疑似病畜圈、病畜隔离圈、急宰间和兽医工作室。

4.4.11 待宰区应设肉畜装卸台和车辆清洗、消毒等设施,并应设有良好的污水排放系统。

4.4.12 生产冷库一般应设有预冷间(0～4℃)、冻结间(－23℃以下)和冷藏间(－18℃以下)。所有冷库(包括肉制品车间的冷藏室)应安装温度自动记录仪或温度湿度计。

4.5 供水

4.5.1 生产供水:工厂应有足够的供水设备,水质必须符合GB 5749的规定。如需配备贮水设施,应有防污染措施,并定期清洗、消毒。使用循环水时必须经过处理,达到上述规定。

4.5.2 制冰供水:应符合GB 5749的规定。制冰及贮存过程中应防止污染。

4.5.3 其他供水:用于制汽、制冷、消防和其他类似用途而不与食品接触的非饮用水,应使用完全独立、有鉴别颜色的管道输送,并不得与生产(饮用)水系统交叉联结或倒吸于生产(饮用)水系统中。

4.6 卫生设施

4.6.1 废弃物临时存放设施

应在远离生产车间的适当地点设置废弃物临时存放设施。其设施应采用便于清洗、消毒的材料制作;结构应严密,能防止害虫进入,并能避免废弃物污染厂区和道路。

4.6.2 废水、废汽(气)处理系统

必须设有废水、废汽(气)处理系统,保持良好状态。废水、废汽(气)的排放应符合国家环境保护的规定。厂内不得排放有害气体和煤烟。生产车间的下水道口须设地漏、铁篦。废汽(气)排放口应设在车间外的适当地点。

4.6.3　更衣室、淋浴室、厕所

必须设有与职工人数相适应的更衣室、淋浴室、厕所。更衣室内须有个人衣物存放柜、鞋架(箱)。车间内的厕所应与操作间的走廊相连,其门、窗不得直接开向操作间;便池必须是水冲式;粪便排泄管不得与车间内的污水排放管混用。

4.6.4　洗手、清洗、消毒设施

4.6.4.1　生产车间进口处及车间内的适当地点,应设热水和冷水洗手设施,并备有洗手剂。

4.6.4.2　分割肉和熟肉制品车间及其成品库内,必须设非手动式的洗手设施。如使用一次性纸巾,应设有废纸巾贮存箱(桶)。

4.6.4.3　车间内应设有工器具、容器和固定设备的清洗、消毒设施,并应有充足的冷、热水源。这些设施应采用无毒、耐腐蚀、易清洗的材料制作,固定设备的清洗设施应配有食用级的软管。

4.6.4.4　车库、车棚内应设有车辆清洗设施。

4.6.4.5　活畜进口处及病畜隔离间、急宰间、化制车间的门口,必须设车轮、鞋靴消毒池。

4.6.4.6　肉制品车间应设清洗和消毒室。室内应备有热水消毒或其他有效的消毒设施,供工器具、容器消毒用。

4.7　设备和工器具

4.7.1　接触肉品的设备、工器具和容器,应使用无毒、无气味、不吸水、耐腐蚀、经得起反复清洗与消毒的材料制作;其表面应平滑、无凹坑和裂缝。禁止使用竹木工器具和容器。

4.7.2　固定设备的安装位置应便于彻底清洗、消毒。

4.7.3　盛装废弃物的容器不得与盛装肉品的容器混用。废弃物容器应选用金属或其他不渗水的材料制作。不同的容器应有明显的标志。

4.8　照明

车间内应有充足的自然光线或人工照明。照明灯具的光泽不应改变被加工物的本色,亮度应能满足兽医检验人员和生产操作人员的工作需要。吊挂在肉品上方的灯具,必须装有安全防护罩,以防灯具破碎而污染肉品。车库、车棚等场所应有照明设施。

4.9　通风和温控装置

车间内应有良好的通风、排气装置,及时排除污染的空气和水蒸气。空气流动的方向必须从净化区流向污染区。通风口应装有纱网或其他保护性的耐腐蚀材料制作的网罩。纱网或网罩应便于装卸和清洗。

分割肉和肉制品加工车间及其成品冷却间、成品库应有降温或调节温度的设施。

5　工厂的卫生管理

5.1　实施细节培训

5.1.1　工厂应根据本规范的要求,制订卫生实施细则。

5.1.2　工厂和车间都应配备经培训合格的专职卫生管理人员,按规定的权限和责任负责监督全体职工执行本规范的有关规定。

5.2　维修、保养

厂房、机械设备、设施、给排水系统,必须保持良好状态。正常情况下,每年至少进行一次全面检修,发现问题应及时检修。

5.3　清洗、消毒

5.3.1　生产车间内的设备、工器具、操作台应经常清洗和进行必要的消毒。

5.3.2　设备、工器具、操作台用洗涤剂或消毒剂处理后,必须再用饮用水彻底冲洗干净,除去残留物后方可接触肉品。

5.3.3　每班工作结束后或在必要时,必须彻底清洗加工场地的地面、墙壁、排水沟,必要时进行消毒。

5.3.4 更衣室、淋浴室、厕所、工间体息室等公共场所,应经常清扫、清洗、消毒、保持清洁。

5.4 废弃物处理

5.4.1 厂房通道及周围场地不得堆放杂物。

5.4.2 生产车间和其他工作场地的废弃物必须随时清除,并及时用不渗水的专用车辆运到指定地点加以处理。废弃物容器、专用车辆和废弃物临时存放场应及时清洗、消毒。

5.5 除虫灭害

5.5.1 厂内应定期或在必要时进行除虫灭害,防止害虫孳生。车间内外应定期、随时灭鼠。

5.5.2 车间内使用杀虫剂时,应按卫生部门的规定采取妥善措施,不得污染肉与肉制品。使用杀虫剂后应将受污染的设备、工器具和容器彻底清洗,除去残留药物。

5.6 危险品的管理

工厂必须设置专用的危险品库房和贮藏柜,存放杀虫剂和一切有毒、有害物品。这些物品必须贴有醒目的有毒的标记。工厂应制定各种危险品的使用规则。使用危险品须经专门管理部门核准,并在指定的专门人员的严格监督下使用,不得污染肉品。

5.7 厂区禁止饲养非屠宰动物(科研和检测用的实验动物除外)。

6 个人卫生与健康

6.1 卫生教育

工厂应对新参加工作及临时参加工作的人员进行卫生安全教育,定期对全厂职工进行《中华人民共和国食品卫生法(试行)》、本规范及其他有关卫生规定的宣传教育;做到教育有计划,考核有标准,卫生培训制度化和规范化。

6.2 健康检查

生产人员及有关人员每年至少进行一次健康检查。必要时进行临时检查。新参加或临时参加工作的人员,必须经健康检查取得健康合格证方可上岗工作。

工厂应建立职工健康档案。

6.3 健康要求

凡患有下列病症之一者,不得从事屠宰和接触肉品的工作:

痢疾、伤寒、病毒性肝炎等消化道传染病(包括病源携带者);

活动性肺结核;

化脓性或渗出性皮肤病;

其他有碍食品卫生的疾病。

6.4 受伤处理

凡受刀伤或有其他外伤的生产人员,应立即采取妥善措施包扎防护,否则不得从事屠宰或接触肉品的工作。

6.5 洗手要求

生产人员遇有下述情况之一时必须洗手、消毒,工厂应有监督措施:

开始工作之前;

上厕所之后;

处理被污染的原材料之后;

从事与生产无关的其他活动之后。

分割肉和熟肉制品加工人员离开加工场所再次返回前应洗手、消毒。

6.6 个人卫生

6.6.1 生产人员应保持良好的个人卫生,勤洗澡,勤换衣,勤理发,不得留长指甲和涂指甲油。

6.6.2 生产人员不得将与生产无关的个人用品和饰物带入车间;进车间必须穿戴工作服(暗扣或无钮

扣,无口袋)、工作帽、工作鞋,头发不得外露;工作服和工作帽必须每天更换。接触直接入口食品的加工人员,必须戴口罩。

6.6.3 生产人员离开车间时,必须脱掉工作服、帽、鞋。

6.7 非生产人员

非生产人员经获准进入生产车间时,必须遵守6.6.2条的规定。

7 加工过程中的卫生

7.1 原料、辅料

7.1.1 待宰肉畜必须来自非疫区,健康良好,并有兽医检验合格证书。

7.1.2 用于加工肉制品的原料肉,须经兽医检验合格,符合GB 2722、GB 2723和国家有关标准的规定。

7.1.3 必须使用国家允许使用的食用级食品添加剂,使用量必须符合GB 2760的规定。

7.1.4 投产前的原料和辅料必须经过卫生、质量检验,不合格的原料和辅料不得投入生产。

7.2 宰前准备

7.2.1 待宰肉畜必须做好宰前检验,如发现病畜应立即送急宰间处理,严禁将健畜、病畜混宰。

7.2.2 急宰的牛、羊必须先做血片镜检,排除炭疽病后方可急宰。

7.2.3 肉畜临宰前必须停食静养12～24 h,宰前3 h应充分喂水。

7.2.4 待宰猪临宰前应淋浴冲洗干净。

7.3 屠宰操作

7.3.1 生猪电麻应按品种、地区、季节不同合理控制电压、电流和时间,使其呈昏迷状态;严禁致死。致昏后应立即放血,不得超过30 s;放血必须充分并不得少于5 min。

7.3.2 采用自动生产线屠宰生猪,每分钟不得超过10头。一个钩挂一头猪,不得超挂。

7.3.3 生猪烫毛时应根据地区、季节控制浸烫温度和时间,防止烫生、烫老、破皮污染。烫毛水每班至少更换一次。

7.3.4 生猪剥皮前应将屠体洗刷干净并注意防止带肉小皮或刀痕过深而污染脂肪层。

7.3.5 生猪屠体开膛时间不得超过放血后0.5 h。肉畜开膛时不得割破肠、胃、胆囊、膀胱、孕育子宫等,以免污染胴体。

7.3.6 肉畜屠宰时应做到胴体、内脏、头蹄不落地;整理胃、肠时应翻洗干净,不得残留粪便。

7.3.7 摘除甲状腺应固定工序,指定专人,不得遗漏,并妥善保管。

7.3.8 修整后的胴体和副产品,必须符合有关卫生、质量标准;不得沾染毛、污血及其他污染物。

7.3.9 食用血必须取自健康肉畜。采血设备必须符合卫生要求,并有防污染措施。无降温设施的工厂,只能在气温较低的季节生产食用血。

7.3.10 屠宰或检验过程中,如所用工具(刀、钩等)触及带病菌的屠体或病变组织时,应将工具彻底消毒后再继续使用。

7.4 宰后检验

7.4.1 宰后的胴体、内脏和食用血应根据1959年中华人民共和国农业部、卫生部、对外贸易部、商业部联合颁发的《肉品卫生检验试行规程》的规定,进行检验、判断和处理。

7.4.2 经检验合格的胴体,应在规定的部位加盖清晰的“兽医验讫”印章。印色必须使用食用级色素配制。

7.4.3 经判定的有条件可食肉、工业用肉、销毁肉等均应分别加盖示别印章,并分别在指定场所按有关规定妥善处理。

7.5 剔骨、分割

7.5.1 剔骨、分割应在较低温度下进行,并应有散热和防止积压的措施,避免分割肉变质。

7.5.2 兽医卫生检验人员应对原料和成品的卫生质量、车间温度、设施卫生等进行监督、检查。

7.6 冷加工

7.6.1 冷加工胴体、内脏时，必须严格遵守工艺规程。须做冷冻无害处理的条件可食肉，应与合格肉隔离贮存。

7.6.2 冷藏库内应经常保持清洁、卫生。

7.6.3 冻肉在冷库贮存时应在垫板上分类堆放，并应与墙壁、顶棚、排管有一定间距。

7.6.4 入库冻肉必须有兽医检验证书。贮藏过程中应随时检查，防止风干、氧化、变质。

7.7 肉制品加工

7.7.1 工厂应根据产品制订工艺卫生规程和消毒制度，严格控制可能造成成品污染的各个关键因素；并应严格控制各种肉制品的加工温度，避免因加工温度不当而造成的食物中毒。

7.7.2 原料肉腌制间的室温应控制在2～4℃，防止腌制过程中半成品或成品腐败变质。

7.7.3 用于灌肠产品的动物肠衣应搓洗干净，清除异味。使用非动物肠衣须经食品卫生监督部门批准。

7.7.4 熏制各类产品必须使用低松脂的硬木（木屑）。

7.8 有条件可食肉的处理

采用高温或冷冻处理条件可食肉时，应选择合适的温度和时间，达到使寄生虫和有害微生物致死的目的，保证人食无害。

7.9 化制

7.9.1 化制必须在兽医卫生检验员的监督下进行。

7.9.2 工厂应制订严格的消毒制度及防护措施。

7.9.3 化制产品必须安全无害，不得造成重复污染。

7.10 包装

7.10.1 包装熟肉制品前，必须将操作间消毒。

7.10.2 各种包装材料必须符合国家卫生标准和卫生管理办法的规定。

7.10.3 包装材料应存放在通风、干燥、无尘、无污染源的仓库内；使用前应按有关卫生标准检验、化验。

7.10.4 成品的外包装必须贴有符合GB 7718规定的标签。

8 成品贮藏与运输的卫生

8.1 贮藏

8.1.1 无外包装的熟肉制品应限时存放在专用成品库中，超过规定时间必须回锅复煮；如需冷藏贮存，应严密包装，不得与生肉混存。

8.1.2 各种腌、腊、熏制品应按品种采取相应的贮存方法。一般应吊挂在通风、干燥的库房中。咸肉应堆放在专用的水泥台或垫架上。如夏季贮存或需延长贮存期，可在低温下贮存。

8.1.3 鲜肉应吊挂在通风良好、无污染源、室温0～4℃的专用库内。

8.2 运输

8.2.1 鲜冻肉不得敞运，没有外包装的剥皮冻猪肉不得长途运输。

8.2.2 运送熟肉制品应使用专用防尘保温车，或将制品装入专用容器（加盖）用其他车辆运送。

8.2.3 头蹄、内脏、油脂等应使用不渗水的容器装运。胃、肠与心、肝、肺、肾不得盛装在同一容器内，并不得与肉品直接接触。

8.2.4 装、卸鲜、冻肉时，严禁脚踩、触地。

8.2.5 所有运输车辆、容器应随时、定期清洗、消毒，不得使用未经清洗、消毒的车辆、容器。

9 卫生与质量检验管理

9.1 工厂必须设有与生产能力相适应的兽医卫生检验和质量检验机构，配备经专业培训并经主管部门考核合格的各级兽医卫生检验及质量检验人员。

9.2 工厂检验机构在厂长直接领导下，统一管理全厂兽医卫生工作和兽医检验、质量检验人员；同时接受上级主管部门的监督和指导。检验机构有权直接向上级有关主管部门反映问题。

9.3 检验机构应具备检验工作所需要的检验室、化验室、仪器设备，并有健全的检验制度。

9.4 检验机构必须按照国家或有关部门规定的检验或化验标准，对原料、辅料、半成品、成品、各个关键工序进行细菌、物理、化学检验、化验，以及病原实验诊断。经兽医检验或细菌检验不合格的产品，一律不得出厂，外调产品必须附有兽医检验证书。

9.5 计量器具，检验、化验仪器、设备，必须定期检定、维修，确保精度。

9.6 各项检验、化验记录保存三年，备查。

附加说明：

本规范由全国食品工业标准化技术委员会提出。

本规范由北京市肉类联合加工厂、北京市熟肉制品加工厂、上海市食品卫生监督检验所、宁夏回族自治区食品卫生监督检验所负责起草。

本规范主要起草人高井祥、郝永昌。

本规范参照采用国际食品法规委员会 CAC/RCPL—1969. Rev. 1(1979)《国际推荐实践规范 食品卫生基本原则》。

中华人民共和国国家标准

GB 13457—92

肉类加工工业水污染物排放标准

代替 GB 8978—88
肉类联合加工工业部分

Discharge standard of water pollutants for meat packing industry

为贯彻《中华人民共和国环境保护法》、《中华人民共和国水污染防治法》和《中华人民共和国海洋环境保护法》，促进生产工艺和污染治理技术的进步，防治水污染，制定本标准。

1 主题内容与适用范围

1.1 主题内容

本标准按废水排放去向，分年限规定了肉类加工企业水污染物最高允许排放浓度和排水量等指标。

1.2 适用范围

本标准适用于肉类加工工业的企业排放管理，以及建设项目的环境影响评价、设计、竣工验收及其建成后的排放管理。

2 引用标准

GB 3097 海水水质标准
GB 3838 地面水环境质量标准
GB 5749 生活饮用水卫生标准
GB 5750 生活饮用水标准检验法
GB 6920 水质 pH 值的测定 玻璃电极法
GB 7478 水质 铵的测定 蒸馏和滴定法
GB 7479 水质 铵的测定 纳氏试剂比色法
GB 7481 水质 铵的测定 水杨酸分光光度法
GB 7488 水质 五日生化需氧量(BOD_5)的测定 稀释与接种法
GB 8978 污水综合排放标准
GB 11901 水质 悬浮物的测定 重量法
GB 11914 水质 化学需氧量的测定 重铬酸盐法

3 术语

3.1 活屠重

指被屠宰畜、禽的活重。

3.2 原料肉

指作为加工肉制品原料的冻肉或鲜肉。

4 技术内容

4.1 加工类别

按肉类加工企业的加工类别分为：

国家环境保护局1992-05-18批准 1992-07-01实施

a. 畜类屠宰加工；

b. 肉制品加工；

c. 禽类屠宰加工。

4.2 标准分级

按排入水域的类别划分标准级别。

4.2.1 排入 GB 3838 中Ⅲ类水域(水体保护区除外)，GB 3097 中二类海域的废水，执行一级标准。

4.2.2 排入 GB 3838 中Ⅳ、Ⅴ类水域，GB 3097 中三类海域的废水，执行二级标准。

4.2.3 排入设置二级污水处理厂的城镇下水道的废水，执行三级标准。

4.2.4 排入未设置二级污水处理厂的城镇下水道的废水，必须根据下水道出水受纳水域的功能要求，分别执行 4.2.1 和 4.2.2 的规定。

4.2.5 GB 3838 中Ⅰ、Ⅱ类水域和Ⅲ类水域中的水体保护区，GB 3097 中一类海域，禁止新建排污口，扩建、改建项目不得增加排污量。

4.3 标准值

本标准按照不同年限分别规定了肉类加工企业的排水量和水污染物最高允许排放浓度等指标，标准值分别规定为：

4.3.1 1989 年 1 月 1 日之前立项的建设项目及其建成后投产的企业按表 1 执行。

表 1

污染物 / 级别 / 标准值	悬浮物			生化需氧量 (BOD_5)			化学需氧量 (COD_{Cr})			动植物油			氨氮			pH 值			大肠菌群数 个/L			排水量 m^3/t(活屠重) m^3/t(原料肉)		
	一级	二级	三级	一级	二级	三级	一级	二级	三级	一级	二级	三级	一级	二级	三级	一级	二级	三级	一级	二级	三级	一级	二级	三级
排放浓度 mg/L	100	250	400	60	80	300	120	160	500	30	40	100	25	40	—	6～9			5 000	—	—	7.2		

4.3.2 1989 年 1 月 1 日至 1992 年 6 月 30 日之间立项的建设项目及其建成后投产的企业按表 2 执行。

表 2

污染物 / 级别 / 标准值	悬浮物			生化需氧量 (BOD_5)			化学需氧量 (COD_{Cr})			动植物油			氨氮			pH 值			大肠菌群数 个/L			排水量 m^3/t(活屠重) m^3/t(原料肉)		
	一级	二级	三级	一级	二级	三级	一级	二级	三级	一级	二级	三级	一级	二级	三级	一级	二级	三级	一级	二级	三级	一级	二级	三级
排放浓度 mg/L	70	200	400	30	60	300	100	120	500	20	20	100	15	25	—	6～9			5 000	—	—	6.5		

4.3.3 1992 年 7 月 1 日起立项的建设项目及其建成后投产的企业按表 3 执行。

表 3

加工类别	标准浓度与总量值级别 \ 污染物	悬浮物			生化需氧量 (BOD_5)			化学需氧量 (COD_{Cr})			动植物油			氨氮			pH 值			大肠菌群数 个/L			排水量 m^3/t(活屠重) m^3/t(原料肉)			工艺参考指标				
		一级	二级	三级	一级	二级	三级	一级	二级	三级	一级	二级	三级	一级	二级	三级	一级	二级	三级	一级	二级	三级	一级	二级	三级	油脂回收率 %	血液回收率 %	肠胃内容物回收率 %	毛羽回收率 %	废水回收率 %
畜类屠宰加工	排放浓度 mg/L	60	120	400	30	60	300	80	120	500	15	20	60	15	25	—	6.0～8.5			5 000	10 000	—	6.5			>75	>80	>60	>90	>15
	排放总量 kg/t(活屠重)	0.4	0.8	2.6	0.2	0.4	2.0	0.5	0.8	3.3	0.1	0.13	0.4	0.1	0.16	—														
肉制品加工	排放浓度 mg/L	60	100	350	25	50	300	80	120	500	15	20	60	15	20	—	6.0～8.5			5 000	10 000	—	5.8			>75	—	—	—	>15
	排放总量 kg/t(原料肉)	0.35	0.6	2.0	0.15	0.3	1.7	0.45	0.7	2.9	0.09	0.12	0.35	0.09	0.12	—														
禽类屠宰加工	排放浓度 mg/L	60	100	300	25	40	250	70	100	500	15	20	50	15	20	—	6.0～8.5			5 000	10 000	—	18.0			>75	>80	>50	>90	>15
	排放总量 kg/t(活屠重)	1.1	1.8	5.4	0.45	0.72	4.5	1.20	1.8	9.0	0.27	0.36	0.9	0.27	0.36	—														

4.4 其他规定

4.4.1 表1、表2和表3中所列污染物最高允许排放浓度，按日均值计算。

4.4.2 污泥与固体废物应合理处置。

4.4.3 工艺参考指标为行业内部考核评价企业排放状况的主要参数。

4.4.4 有分割肉、化制等工序的企业，每加工1 t原料肉，可增加排水量2 m^3。

4.4.5 加工蛋品的企业，每加工1 t蛋品，可增加排水量5 m^3。

4.4.6 回用水应符合回用水水质标准。

4.4.7 在执行三级标准时，若二级污水处理厂运行条件允许，生化需氧量(BOD_5)可放宽至600 mg/L，化学需氧量(COD_{Cr})可放宽至1 000 mg/L，但需经当地环境保护行政主管部门认定。

4.4.8 非单一加工类别的企业，其污染物最高允许排放浓度、排水量和污染物排放量限值，以一定时间内的各种原料加工量为权数，加权平均计算。计算方法见附录A。

4.4.9 表1、表2中禽类屠宰加工的排水量参照表3执行。

5 监测

5.1 采样点

采样点应在肉类加工企业的废水排放口，排放口应设置废水水量计量装置和设立永久性标志。

5.2 采样频率

按生产周期确定监测频率。生产周期在8 h以内的，每2 h采样一次；生产周期大于8 h的，每4 h采样一次。

5.3 排水量

排水量只计直接生产排水，不包括间接冷却水、厂区生活排水及厂内锅炉、电站排水，若不符合以上条件时，应改建排放口；排水量按月均值计算。

5.4 统计

企业原材料使用量、产品产量等，以法定月报表和年报表为准。

5.5 测定方法

本标准采用的测定方法按表4执行。

表4

序号	项　　目	方　　法	方 法 来 源
1	pH值	玻璃电极	GB 6920
2	悬浮物	重量法	GB 11901
3	五日生化需氧量(BOD_5)	稀释与接种法	GB 7488
4	化学需氧量(COD_{Cr})	重铬酸钾法	GB 11914
5	动植物油	重量法	1)
6	氨氮	蒸馏中滴定法 纳氏试剂比色法 水杨酸分光光度法	GB 7478 GB 7479 GB 7481
7	大肠菌群数	发酵法	GB 5750

注：1) 暂时采用《环境监测分析方法》(城乡建设环境保护部环境保护局，1983)。待国家颁布相应的方法标准后，执行国家标准。

6 标准实施监督

本标准由各级人民政府环境保护行政主管部门负责监督实施。

附 录 A
非单一加工企业污染物限值计算方法
（补充件）

A1 污染物最高允许排放浓度按式(A1)计算：

$$C = \frac{\Sigma Q_i W_i C_i}{\Sigma Q_i W_i} \qquad \text{(A1)}$$

A2 排水量按式(A2)计算：

$$Q = \frac{\Sigma Q_i W_i}{\Sigma W_i} \qquad \text{(A2)}$$

A3 污染物排放量按式(A3)计算：

$$T = \frac{\Sigma T_i W_i}{\Sigma W_i} \qquad \text{(A3)}$$

式中：C ——污染物最高允许排放浓度，mg/L；

Q ——排水量，m^3/t(活屠重)或 m^3/t(原料肉)；

T ——污染物排放量，kg/t(活屠重)或 kg/t(原料肉)；

Q_i ——某一加工类别加工单位重量原料允许排水量，m^3/t(活屠重)或 m^3/t(原料肉)；

W_i ——某一加工类别一定时间内原料加工量，t(活屠重)或 t(原料肉)；

C_i ——某一加工类别的某一污染物的最高允许排放浓度，mg/L；

T_i ——某一加工类别加工单位重量原料允许污染物排放量，kg/t(活屠重)或 kg/t(原料肉)。

附加说明：

本标准由国家环境保护局科技标准司提出。

本标准由商业部《肉类加工工业水污染物排放标准》编制组、中国环境科学研究院环境标准研究所负责起草。

本标准主要起草人牛景金、王嘉儒、周晓明、孟宪亭、邹首民、王守伟、许俊森等。

本标准由国家环境保护局负责解释。

中华人民共和国国家标准

辐照猪肉卫生标准

GB 14891.6—94

Hygienic standard for irradiated hog carcass

1 主题内容与适用范围

本标准规定了辐照旋毛虫猪肉的技术要求及检验方法。

本标准适用于用γ射线或电子束照射的旋毛虫猪肉(其旋毛虫寄生密度为24个肉片标本内包囊的或钙化的旋毛虫不超过5个)。

2 引用标准

GB 2722 鲜猪肉卫生标准

3 技术要求

3.1 辐照剂量限制:经^{60}Co或^{137}Csγ射线或电子加速器产生的低于10MeV电子束照射的旋毛虫猪肉,总体平均吸收剂量为0.65kGy。

3.2 照射原则:照射均匀,剂量可靠准确。

4 感官指标

按GB 2722执行。

5 理化指标

按GB 2722执行。

6 寄生虫指标

辐照后的猪肉旋毛虫必须灭活,不能发育为成虫在动物肠道内寄生。

7 检验方法

辐照灭活猪肉旋毛虫的检验按附录A(补充件)执行。

中华人民共和国卫生部1994-02-23批准　　1994-07-01实施

附 录 A
辐照灭活猪肉旋毛虫的检验方法
（补充件）

A1 试剂

1％胃蛋白酶消化液：取胃蛋白酶粉10g（活性3000∶1）、浓盐酸10mL、蒸馏水990mL，混匀即成。

A2 人工收集肌肉旋毛虫

取辐照后的猪肉（横膈肌、腰肌或后腿肌肉）50g，剪碎后按1g∶20mL的比例放入消化液中，置37℃恒温箱或水浴锅内1～2h，不断搅拌。沉淀30min，弃去上清液，留下沉淀物收集肌肉旋毛虫。

A3 小白鼠生物检测试验

A3.1 将上述收集到的肌肉旋毛虫给小白鼠灌胃，每只摄入肌肉旋毛虫不少于30条。

A3.2 灌胃后24h处死小白鼠，取其小肠，纵行剖开，制成玻璃压片，在显微镜下观察有无肠旋毛虫寄生。

附加说明：

本标准由卫生部卫生监督司提出。

本标准由河南省食品卫生监督检验所负责起草。

本标准主要起草人王培仁、王中州、孟光、李发生、陈玉荣。

本标准由卫生部委托技术归口单位卫生部食品卫生监督检验所负责解释。

前　　言

本标准是系列标准“辐照食品类别卫生标准”中的一个部分。

本标准由中华人民共和国卫生部提出。

本标准起草单位：北京市卫生防疫站、华西医科大学、河南省卫生防疫站、中国预防医学科学院营养与食品卫生研究所。

本标准主要起草人：徐继康、曾令福、马洛成、韩驰、张正。

本标准由卫生部委托技术归口单位中国预防医学科学院负责解释。

中华人民共和国国家标准

辐照冷冻包装畜禽肉类卫生标准

GB 14891.7—1997

Hygienic standard for irradiated frozen packaged meat of livestock and poultry

1 范围

本标准规定了经^{60}Co或$^{137}Cs\gamma$射线或电子加速器产生的能量低于10 MeV的电子束照射的猪、牛、羊、鸡、鸭等冷冻包装畜禽肉类的辐照剂量、卫生要求和检验方法。

本标准适用于以杀灭家畜、家禽肉中沙门氏菌为目的而辐照的冷冻包装肉类。

2 引用标准

下列标准所包含的条文，通过在本标准中引用而构成为本标准的条文。本标准出版时，所示版本均为有效。所有标准都会被修订，使用本标准的各方应探讨使用下列标准最新版本的可能性。

GB 4789.4—94 食品卫生微生物学检验 沙门氏菌检验

GB 5009.17—1996 食品中总汞的测定方法

GB 5009.44—1996 肉与肉制品卫生标准的分析方法

GB 7718—94 食品标签通用标准

GB 12694—90 肉类加工厂卫生规范

3 卫生要求

3.1 原料要求

供辐照杀菌的原料肉应是按GB 12694生产的良质冷冻包装肉类。

3.2 辐照剂量与照射要求

3.2.1 辐照剂量：辐照冷冻包装畜禽肉类的平均吸收剂量不大于2.5 kGy。

3.2.2 照射要求：照射均匀，剂量准确，吸收剂量的不均匀度≤2.0。

3.3 感官要求

经辐照的冷冻包装畜禽肉类的色泽、组织状态、粘度、气味及煮沸后肉汤等感官指标均应符合未经辐照处理的同类冷冻肉卫生标准的规定。

3.4 理化指标

理化指标应符合表1的规定。

表1 理化指标

项目		指标
挥发性盐基氮，mg/kg	≤	20
汞（以Hg计），mg/kg	≤	0.05

中华人民共和国卫生部1997-06-16批准 1998-01-01实施

3.5 微生物指标

辐照冷冻包装畜禽肉中不得检出沙门氏菌。

4 包装与标志

4.1 辐照冷冻分割畜禽肉类在照射前需用食品包装用复合塑料膜密封包装，外包装所用纸箱缝应用防水胶带封严。

4.2 辐照冷冻分割畜禽肉类的包装应粘贴统一印制的辐照食品标志，并符合 GB 7718 的规定。

5 检验方法

5.1 挥发性盐基氮按 GB 5009.44 规定执行。

5.2 汞按 GB 5009.17 规定执行。

5.3 沙门氏菌按 GB 4789.4 规定执行。

ICS 65.020.30
B 41

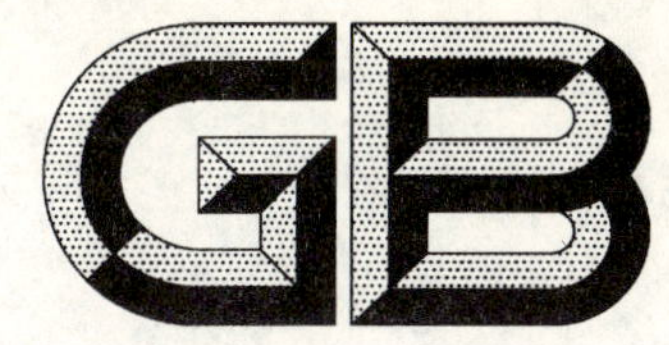

中华人民共和国国家标准

GB 16548—2006
代替 GB 16548—1996

病害动物和病害动物产品生物安全处理规程

Biosafety specification on sick animal and animal product disposal

2006-09-04 发布　　2006-12-01 实施

中华人民共和国国家质量监督检验检疫总局
中国国家标准化管理委员会　发布

前　言

本标准的全部技术内容为强制性。

本标准是对 GB 16548—1996 的修订。

本标准根据《中华人民共和国动物防疫法》及有关法律法规和规章的规定，参照世界动物卫生组织(OIE)《国际动物卫生法典》(International Animal Health Codes)标准性文件的有关部分，依据相关科技成果和实践经验修订而成。

本标准与 GB 16548—1996 的主要区别在于：

——将标准名称改为《病害动物和病害动物产品生物安全处理规程》；

——将适用范围改为“适用于国家规定的染疫动物及其产品，病死、毒死或者死因不明的动物尸体，经检验对人畜健康有危害的动物和病害动物产品、国家规定应该进行生物安全处理的动物和动物产品”；

——“术语和定义”中，明确“生物安全处理”的含义；

——在销毁的方法中增加“掩埋”一项，并规定具体的操作程序和方法。

本标准由中华人民共和国农业部提出。

本标准由全国动物防疫标准化技术委员会归口。

本标准起草单位：农业部全国畜牧兽医总站。

本标准主要起草人：徐百万、李秀峰、陈国胜、辛盛鹏、冯雪领、李万有。

病害动物和病害动物产品生物安全处理规程

1 范围

本标准规定了病害动物和病害动物产品的销毁、无害化处理的技术要求。

本标准适用于国家规定的染疫动物及其产品、病死毒死或者死因不明的动物尸体、经检验对人畜健康有危害的动物和病害动物产品、国家规定的其他应该进行生物安全处理的动物和动物产品。

2 术语和定义

下列术语和定义适用于本标准。

2.1

生物安全处理 biosafety disposal

通过用焚毁、化制、掩埋或其他物理、化学、生物学等方法将病害动物尸体和病害动物产品或附属物进行处理，以彻底消灭其所携带的病原体，达到消除病害因素，保障人畜健康安全的目的。

3 病害动物和病害动物产品的处理

3.1 运送

运送动物尸体和病害动物产品应采用密闭、不渗水的容器，装前卸后必须要消毒。

3.2 销毁

3.2.1 适用对象

3.2.1.1 确认为口蹄疫、猪水泡病、猪瘟、非洲猪瘟、非洲马瘟、牛瘟、牛传染性胸膜肺炎、牛海绵状脑病、痒病、绵羊梅迪/维斯那病、蓝舌病、小反刍兽疫、绵羊痘和山羊痘、山羊关节炎脑炎、高致病性禽流感、鸡新城疫、炭疽、鼻疽、狂犬病、羊快疫、羊肠毒血症、肉毒梭菌中毒症、羊猝狙、马传染性贫血病、猪密螺旋体痢疾、猪囊尾蚴、急性猪丹毒、钩端螺旋体病（已黄染肉尸）、布鲁氏菌病、结核病、鸭瘟、兔病毒性出血症、野兔热的染疫动物以及其他严重危害人畜健康的病害动物及其产品。

3.2.1.2 病死、毒死或不明死因动物的尸体。

3.2.1.3 经检验对人畜有毒有害的、需销毁的病害动物和病害动物产品。

3.2.1.4 从动物体割除下来的病变部分。

3.2.1.5 人工接种病原微生物或进行药物试验的病害动物和病害动物产品。

3.2.1.6 国家规定的其他应该销毁的动物和动物产品。

3.2.2 操作方法

3.2.2.1 **焚毁**

将病害动物尸体、病害动物产品投入焚化炉或用其他方式烧毁碳化。

3.2.2.2 **掩埋**

本法不适用于患有炭疽等芽孢杆菌类疫病，以及牛海绵状脑病、痒病的染疫动物及产品、组织的处理。具体掩埋要求如下：

a) 掩埋地应远离学校、公共场所、居民住宅区、村庄、动物饲养和屠宰场所、饮用水源地、河流等地区；

b) 掩埋前应对需掩埋的病害动物尸体和病害动物产品实施焚烧处理；

c) 掩埋坑底铺 2 cm 厚生石灰；

d) 掩埋后需将掩埋土夯实。病害动物尸体和病害动物产品上层应距地表 1.5 m 以上；

e) 焚烧后的病害动物尸体和病害动物产品表面，以及掩埋后的地表环境应使用有效消毒药喷、洒消毒。

3.3 无害化处理

3.3.1 化制

3.3.1.1 适用对象

除3.2.1规定的动物疫病以外的其他疫病的染疫动物，以及病变严重、肌肉发生退行性变化的动物的整个尸体或胴体、内脏。

3.3.1.2 操作方法

利用干化、湿化机，将原料分类，分别投入化制。

3.3.2 消毒

3.3.2.1 适用对象

除3.2.1规定的动物疫病以外的其他疫病的染疫动物的生皮、原毛以及未经加工的蹄、骨、角、绒。

3.3.2.2 操作方法

3.3.2.2.1 高温处理法

适用于染疫动物蹄、骨和角的处理。

将肉尸作高温处理时剔出的骨、蹄、角放入高压锅内蒸煮至骨脱胶或脱脂时止。

3.3.2.2.2 盐酸食盐溶液消毒法

适用于被病原微生物污染或可疑被污染和一般染疫动物的皮毛消毒。

用2.5%盐酸溶液和15%食盐水溶液等量混合，将皮张浸泡在此溶液中，并使溶液温度保持在30℃左右，浸泡40 h，1 m^2 的皮张用10 L消毒液。浸泡后捞出沥干，放入2%氢氧化钠溶液中，以中和皮张上的酸，再用水冲洗后晾干。也可按100 mL 25%食盐水溶液中加入盐酸1 mL配制消毒液，在室温15℃条件下浸泡48 h，皮张与消毒液之比为1∶4。浸泡后捞出沥干，再放入1%氢氧化钠溶液中浸泡，以中和皮张上的酸，再用水冲洗后晾干。

3.3.2.2.3 过氧乙酸消毒法

适用于任何染疫动物的皮毛消毒。

将皮毛放入新鲜配制的2%过氧乙酸溶液中浸泡30 min，捞出，用水冲洗后晾干。

3.3.2.2.4 碱盐液浸泡消毒法

适用于被病原微生物污染的皮毛消毒。

将皮毛浸入5%碱盐液(饱和盐水内加5%氢氧化钠)中，室温(18℃～25℃)浸泡24 h，并随时加以搅拌，然后取出挂起，待碱盐液流净，放入5%盐酸液内浸泡，使皮上的酸碱中和，捞出，用水冲洗后晾干。

3.3.2.2.5 煮沸消毒法

适用于染疫动物鬃毛的处理。

将鬃毛于沸水中煮沸2 h～2.5 h。

中华人民共和国国家标准

畜禽产地检疫规范

GB 16549—1996

Quarantine requirement for livestock and poultry at the places of production

1 主题内容与适用范围

本标准规定了畜禽产地检疫内容和临床健康检查的技术规范。

本标准适用于离开饲养产地之前的畜禽检疫。

2 术语

疫区:在发生严重的或当地新发现的动物传染病时,由县以上农牧行政部门划定,并经同级人民政府发布命令,实行封锁的地区。

3 疫情调查

了解当地疫情,确定动物是否来自疫区。

4 查验免疫证明

检查按国家或地方规定必须强制预防接种的项目,动物必须处在免疫有效期内。

5 临床健康检查

5.1 畜禽的群体检查

5.1.1 静态

检查精神状况、外貌、营养、立卧姿势、呼吸、反刍状态,羽、冠、髯。

5.1.2 动态

检查运动时头、颈、腰、背、四肢的运动状态。

5.1.3 食态

检查饮食、咀嚼、吞咽时反应状态。同时应检查排便时姿势,粪尿的质度、颜色、含混物、气味。

5.2 畜禽的个体检查

个体检查包括群体检查时发现的异常个体或抽样检查(5%～20%)的个体。

5.2.1 视诊

检查精神外貌、营养状况、起卧运动姿势、反刍以及皮肤、被毛、羽毛、冠、髯、呼吸、可视粘膜、天然孔、鼻镜、粪、尿等。

5.2.2 触诊

触摸皮肤(耳根)温度、弹性,胸廓、腹部敏感性,体表淋巴结的大小、形状、硬度、活动性、敏感性等,嗉囊内容物性状。必要时进行直肠检查。

5.2.3 叩诊

国家技术监督局1996-10-03批准　　1997-02-01实施

叩诊心、肺、胃、肠、肝区的音响、位置和界限，胸、腹部敏感程度。

5.2.4 听诊

听叫声、咳嗽声、心音、肺泡气管呼吸音、胃肠蠕动音等。

5.2.5 检查体温、脉搏、呼吸数。

5.2.6 检查渗出物、漏出物、分泌物、病理性产物的颜色、质度、气味等。

注：种、乳、实验、役用动物，按有关规定进行实验室检验，本标准中不另作规定。

6 其他

在产地检疫中检出畜禽传染病时，按有关兽医法规处理。

附加说明：

本标准由中华人民共和国农业部提出。

本标准由全国动物检疫标准化技术委员会归口。

本标准由农业部动物检疫所负责起草。

本标准主要起草人郑志刚、杨承谕、仰惠芬。

中华人民共和国国家标准

GB/T 16569—1996

畜禽产品消毒规范

Disinfection requirement for livestock and poultry products

1 主题内容与适用范围

本标准规定了畜禽产品一般的消毒技术。

本标准适用于可疑污染畜禽病原微生物的上述产品及其包装物。野生动物、经济动物的同类产品参照本标准执行。

2 环氧乙烷熏蒸消毒法

2.1 适用对象

可疑被炭疽杆菌、口蹄疫、沙门氏菌、布鲁氏菌污染的干皮张、毛、羽和绒。

2.2 方法

2.2.1 将皮捆或毛包,羽、绒包有序地堆放入消毒容器(塑料薄膜帐篷或大型金属消毒罐)中,码成垛形,但高度不超过2 m,各行之间保持适当距离,以利于气体穿透和人员操作。

2.2.2 将装于布袋内的枯草芽孢杆菌4001株(简称"4001",每片含菌1000万个)染菌片或化学指示袋(溴酚蓝指示剂)放入消毒容器不同位置的皮毛捆深部,同时安放入输药管道,并检查袋壁有无破损或裂缝,然后封口。

2.2.3 测量待消毒物体积,计算环氧乙烷用量。

2.2.4 按0.4～0.7 kg/m^3通入环氧乙烷气体,消毒48 h。此时应保持消毒室温度在25～40℃,相对湿度在30%～50%。

2.2.5 消毒结束后,打开封口,将篷口撑起通风1 h。

2.2.6 取出"4001"染菌片,放入营养肉汤,37℃下培养24 h,观察有无细菌生长;或观察化学指示袋是否由无色变为紫色。若无细菌生长或指示袋变为紫色,证明消毒效果良好。

3 甲醛水溶液(福尔马林)熏蒸消毒法

3.1 适用对象

可疑污染一般病原微生物的干皮张、毛、羽和绒。

3.2 方法

同2.2条,但其消毒室总容积不超过10 m^3,消毒室温度应在50℃左右,湿度调节在70%～90%,按加热蒸发甲醛溶液80～300 mL/m^3的量通入甲醛气体,消毒24 h。

4 ^{60}Co 辐射消毒法

适用于可疑污染任何病原微生物的珍贵皮毛的消毒,剂量为250 rad(拉德)。

国家技术监督局1996-10-03批准　　1997-02-01实施

5 过氧乙酸浸泡消毒法

5.1 适用对象

可疑污染任何病原微生物的畜禽的新鲜皮、盐湿皮，毛、羽、绒和骨、蹄、角。

5.2 方法

5.2.1 新鲜配制2%和0.3%过氧乙酸溶液。

5.2.2 将待消毒的皮、毛、羽、绒浸入2%溶液中；骨、蹄、角浸入0.3%溶液中浸泡30 min，溶液须高于物品面10 cm。

5.2.3 捞出，用水冲洗后晾干。

6 高压蒸煮消毒法

用于可疑污染炭疽杆菌、口蹄疫病毒、沙门氏菌、布鲁氏菌的骨、蹄和角。

将骨、蹄、角放入高压锅内，蒸煮至骨脱胶或脱脂时止。

7 甲醛水溶液浸泡消毒法

用于可疑污染一般病原微生物的骨、蹄和角。

新鲜配制1%甲醛溶液，然后将骨、蹄和角放入该溶液中浸泡30 h，捞出，用水冲洗干净后晾干。

8 过氧乙酸或煤酚皂(来苏儿)溶液喷洒消毒法

用于未消毒的骨、蹄和角的外包装或其他外包装。

用新鲜配制的0.3%过氧乙酸溶液或3%煤酚皂溶液喷洒消毒，用量为0.5 L/m²。

附加说明：

本标准由中华人民共和国农业部提出。

本标准由全国动物检疫标准化技术委员会归口。

本标准由农业部动物检疫所负责起草。

本标准主要起草人仰惠芬、杨承瑜、郑志刚。

ICS 67.040
B 43

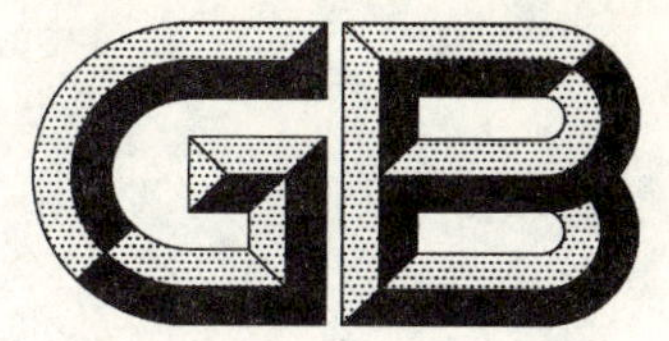

中华人民共和国国家标准

GB/T 20094—2006

屠宰和肉类加工企业卫生管理规范

Code of hygienic practice for abattoir and meat processing establishment

2006-02-06 发布　　　　2006-07-01 实施

中华人民共和国国家质量监督检验检疫总局
中国国家标准化管理委员会　发布

前　言

本标准参照国际食品法典委员会的CAC/RCP1-1969，Rev.3(1997)，Amd.(1999)《食品卫生通则》和有关国家或地区的相关食品企业卫生规范，结合中国屠宰和肉类加工行业的实际而制定。

本标准由国家认证认可监督管理委员会提出并归口。

本标准主要起草单位：国家认证认可监督管理委员会注册部、中华人民共和国浙江出入境检验检疫局、中华人民共和国江苏出入境检验检疫局、中华人民共和国河北出入境检验检疫局、中华人民共和国山东出入境检验检疫局和中华人民共和国黑龙江出入境检验检疫局。

本标准主要起草人：史小卫、陈海洋、刘先德、王志刚、陈忘名、高永丰、冷连波、王悦忠、王刚。

引　言

在 CAC/RCP1-1969，Rev. 3(1997)，Amd. (1999)《食品卫生通则》以及世界上许多国家和地区的屠宰和肉类加工企业卫生规范中，初级生产的卫生控制、危害分析和关键控制点(HACCP)体系的应用等方面的要求已经成为其重要内容，建立从饲料加工、动物饲养到屠宰、肉类加工、包装、储存、运输、销售直至消费全过程的肉类卫生控制体系已经成为国际通行的要求。为了适应人们日益增长的物质生活需要，确保消费者的肉类消费安全，同时也为了促进肉类食品对外贸易的发展和国际交流，有必要制定一个与国际接轨的屠宰和肉类加工企业卫生管理规范。

屠宰和肉类加工企业卫生管理规范

1 范围

本标准规定了屠宰和肉类加工的基本原则，初级生产，屠宰和肉类加工企业的设计和环境卫生，车间及设备设施，屠宰和加工的卫生控制，包装、储存、运输卫生，人员要求，卫生质量体系及其运行的要求。

本标准适用于经政府主管部门批准注册的动物屠宰厂、肉类分割厂、肉制品加工厂、肉类及其制品的冷库等。

2 规范性引用文件

下列文件中的条款通过本标准的引用而成为本标准的条款。凡是注日期的引用文件，其随后所有的修改单(不包括勘误的内容)或修订版均不适用于本标准，然而，鼓励根据本标准达成协议的各方研究是否可使用这些文件的最新版本。凡是不注日期的引用文件，其最新版本适用于本标准。

GB 5749 生活饮用水卫生标准

GB 16548 畜禽病害肉尸及其产品无害化处理规程

GB/T 19538 危害分析与关键控制点(HACCP)体系及其应用指南

3 术语和定义

下列术语和定义适用于本标准。

3.1

屠宰和肉类加工注册企业 registered abattoir and meat processing establishment(以下简称企业)

经国家政府主管部门批准的动物屠宰厂、肉类分割厂、肉制品加工厂、肉类及其制品的冷库等。

3.2

动物 animal

供人类食用的，饲养或野生的哺乳动物和禽类。包括，猪、牛、马、羊、鹿、兔、鸡、鸭、鹅、鸽、鹌鹑、鸵鸟、火鸡等。

3.3

胴体 carcass

放血、脱毛、剥皮或带皮、去头蹄(爪)、去内脏后的动物躯体。

3.4

无害化处理 bio-safety disposal

将经检验确定为不适合人类食用或不符合兽医卫生要求的动物、胴体、内脏或动物的其他部分进行高温、焚烧或深埋等处理的方法或过程。

3.5

急宰 emergency slaughtering

在动物发生物理性损伤或严重的生理性和功能性问题后，由兽医批准进行的宰杀。

3.6

肉类 meat

适合人类食用的、饲养或野生哺乳动物和禽类的肉、肉制品以及可食用的副产品。

3.7

肉制品　meat product

以肉类为主要原料制成并能体现肉类特征的产品(罐头除外)。

3.8

肉类卫生　meat hygiene

保证肉类安全、适合人类食用的所有条件和措施。

3.9

食用副产品　edible offal

除胴体以外的肉类。

3.10

初级生产　primary production

从动物饲养或捕获、运输到屠宰前的整个过程。

3.11

宰前检验　ante-mortem inspection

在动物屠宰前,判定动物是否健康和适合人类食用进行的检验。

3.12

宰后检验　post-mortem inspection

在动物屠宰后,判定动物是否健康和适合人类食用,对其头、胴体、内脏和动物其他部分进行的检验。

3.13

卫生标准操作程序　sanitation standard operation procedure (SSOP)

企业为了保证达到食品卫生要求所制定的控制生产加工卫生的操作程序。

3.14

危害分析和关键控制点体系　hazard analysis critical control point (HACCP) system

对食品安全显著危害进行识别、评估以及控制的体系,即以 HACCP 原理为基础的食品安全控制体系。

4　基本原则

4.1　企业应遵循相关法律法规的要求。

4.2　与肉类安全卫生有关的各方应建立初级生产、屠宰、分割、肉制品加工、包装、储存和运输全过程的肉类卫生质量控制体系。

4.3　企业卫生质量体系的建立和运行应符合本标准第 11 章的规定。

4.4　企业应执行政府主管部门制定的残留物质监控计划和病原微生物监控计划,并在此基础上针对本企业生产的所有可食用产品建立自身的残留物质监控计划和病原微生物监控计划。

4.5　企业有提供肉类卫生信息,配合主管部门做好兽医卫生和公共卫生工作的义务。

5　初级生产

5.1　企业应按照相关的法律、法规和政府主管部门的规定对初级生产实施有效控制,确保供宰动物符合食品安全卫生要求。

5.2　初级生产的安全卫生要求至少包括:

1)　建立肉类卫生的信息收集、整理和反馈系统;

2)　按规定实施疫病预防控制;

3)　按照计划实施残留物质监控;

4） 建立包括动物饲养、饲料加工和环境卫生的良好卫生规范，积极建立和应用 HACCP 体系；

5） 按照相关法律法规的要求建立动物的识别系统，确保供宰动物的可追溯性；

6） 在饲料原料采购、加工、储存、运输过程中，应避免生物、化学和物理性污染；

7） 使用的饲料、饲料添加剂应保证来源、成分清楚，符合国家有关规定，并附有相应的证明材料；

8） 饲养场应符合兽医卫生要求，并在兽医的监督下生产；保证死亡动物和废弃物的处理不对人类和动物健康造成危害；

9） 兽药及疫苗的使用应符合有关规定；

10） 饲养场应建立饲养日志，记录动物健康状况、饲养情况、兽药及疫苗的使用情况和消毒情况等内容；

11） 动物装运前应由政府主管部门进行检疫并出具动物检疫合格证明；

12） 装载动物的运输工具应及时清洗和消毒，装运前由政府主管部门进行检查，并出具运载工具消毒证明；运输过程应避免动物应激反应或伤害；

13） 在初级生产、运输、屠宰等过程中应遵守有关动物福利的规定。

6 企业的设计和环境卫生

6.1 企业的选址、设计应符合兽医防疫要求，建在远离污染源，周围环境清洁卫生的区域，不应有碍食品卫生；厂区内不应兼营、生产、存放有碍食品卫生的其他产品；交通方便，水源充足。

6.2 厂区主要道路应硬化(如混凝土或沥青路面等)，路面平整、易冲洗，不积水。

6.3 屠宰厂应设有畜禽待宰圈(区)、可疑病畜隔离圈、急宰间和无害化处理设施，并在这些场所配备足够的清洗、消毒设施；应配备密闭不渗水、易清洗消毒的病畜(禽)专用运输工具；可疑病畜隔离圈和急宰间的位置不应对健康动物造成传染风险。

6.4 厂区卫生间应有冲水、洗手、防蝇、防虫、防鼠等设施，墙裙以浅色、平滑、不透水、耐腐蚀的材料修建，易于清洗并保持清洁。

6.5 厂区排水系统应保持畅通，生产中产生的废水、废料的处理和排放应符合国家有关规定。

6.6 厂区应建有与生产能力相适应，并符合卫生要求的原料、辅料、化学物品、包装物料储存等辅助设施。

6.7 厂区应设有废弃物、垃圾暂存或处理设施，废弃物应及时清除或处理，避免对厂区环境造成污染。厂区内不应堆放废旧设备和其他杂物。

6.8 厂区内禁止饲养与屠宰加工无关的动物。

6.9 工厂的待宰、屠宰、分割、加工、储存等车间及加工流程应设置合理，符合卫生要求。

6.10 无害化处理设施、锅炉房、储煤场所、污水及污物处理设施应与屠宰、分割、包装、肉制品加工车间和储存库相隔一定的距离，并位于主风向的下风处。锅炉房应设有消烟除尘设施。

6.11 屠宰厂应分设活动物进厂、成品出厂的专用门或通道。

6.12 屠宰厂的厂区应设有动物运输车辆和工具清洗、消毒的专门区域及相关设施。

6.13 企业应设立专用洗衣房，工作服、帽、鞋应集中管理，统一清洗消毒，统一发放。

6.14 生产区与生活区应分开设置。

7 车间及设备设施

7.1 车间的一般要求

7.1.1 车间面积应与生产能力相适应，布局合理，排水畅通；车间地面应用耐腐蚀的无毒材料修建，防滑、坚固、不渗水、不积水、无裂缝、易于清洗消毒并保持清洁；排水的坡度为1%～2%，屠宰车间应在2%以上。

7.1.2 车间入口处应设有鞋靴清洗、消毒设施。

7.1.3 车间出入口及与外界相连的排水口、通风处应安装防鼠、防蝇、防虫等设施。

7.1.4 排水系统应有防止固体废弃物进入的装置；排水沟底角应呈弧形，便于清洗；排水管应有防止异味溢出的装置以及防鼠网。排水系统的总流向应从清洁区流向非清洁区。

7.1.5 车间内墙壁、屋顶或者天花板应使用无毒、浅色、防水、防霉、不脱落、易于清洗的材料修建，墙角、地角、顶角应具有弧度。固定物、管道、电线、电器设施等应采取适当的防护措施。

7.1.6 车间窗户有内窗台的，内窗台应下斜约45°；车间门窗应采用浅色、平滑、易清洗、不透水、耐腐蚀的坚固材料制作，结构严密。

7.1.7 按照生产工艺的先后次序和产品特点，将屠宰、食用副产品加工、分割、原辅料处理、半成品加工、工器具的清洗消毒、成品内包装、外包装、检验和储存等不同清洁卫生要求的区域分开设置，防止交叉污染。

7.1.8 冷却或冻结间及其设备的设计应避免胴体与地面和墙壁接触。

7.1.9 车间应设有通风设施，防止天花板和生产线上方的设备上有冷凝水产生。

7.1.10 车间内应有适度的照明，光线以不改变被加工物的本色为宜。检验岗位的照明强度应保持540 lx以上，生产车间应在220 lx以上，宰前检验区域应在220 lx以上，预冷间、通道等其他场所应在110 lx以上。生产线上方的照明设施应装有防爆设施。

7.1.11 有温度要求的工序或场所应安装温度显示装置，车间温度应按照产品工艺要求控制在规定的范围内。预冷设施温度控制在0℃～4℃；腌制间温度控制在4℃以下；分割间温度控制在12℃以下；冻结间温度在－28℃以下；冷藏库温度在－18℃以下。肉制品加工按工艺要求执行。

7.1.12 预冷设施、冻结间、冷藏库应配备自动温度记录装置，必要时配备湿度计；温度计和湿度计应定期校准。

7.1.13 车间入口处及其他关键工序应设有标识或警示牌。

7.2 更衣室、洗手消毒和卫生间设施

7.2.1 在车间入口处、卫生间及车间内适当的地点应设置与生产能力相适应的，配有适宜温度的温水洗手设施及消毒、干手设施。消毒液浓度应能达到有效的消毒效果。洗手水龙头应为非手动开关。洗手设施的排水应直接接入下水管道。

7.2.2 设有与生产能力相适应并与车间相连接的更衣室，必要时设卫生间、淋浴间，其设施和布局不应对产品造成潜在的污染。

7.2.3 不同清洁程度要求的区域应设有单独的更衣室，个人衣物与工作服应分开存放。

7.2.4 卫生间的门应能自动关闭，门、窗不应直接开向车间。卫生间内应设置排气通风设施和防蝇防虫设施，保持清洁卫生。

7.3 车间内的加工设备和设施

7.3.1 车间内的设备、工器具和容器，应采用无毒、无气味、不吸水、耐腐蚀、不生锈、易清洗消毒、坚固的材料制作。其结构应易于拆洗，其表面应平滑、无凹坑和缝隙。禁止使用竹木工器具。

7.3.2 容器应有明显的标识或区别，废弃物容器和可食产品容器不应混用。废弃物容器应防水、防腐蚀、防渗漏。如使用管道输送废弃物，则管道的建造、安装和维护应避免对产品造成污染。

7.3.3 加工设备的位置应便于安装、维护和清洗消毒，并按工艺流程合理排布，防止加工过程中交叉污染。

7.3.4 屠宰加工设备应调试适当，防止屠宰加工过程中动物的消化道内容物、胆汁、尿液等污染胴体。

7.3.5 加工车间的工器具应在专门的房间进行清洗消毒，清洗消毒间应备有冷、热水及清洗消毒设施和良好的排气通风装置。屠宰线的每道工序以及其他生产线的适当位置应配备带有82℃以上热水的刀具、电锯等的消毒设施。

7.3.6 屠宰间、胃肠加工处理间的每道工序以及其他生产线和车间的适当位置应配备温水洗手设施。

7.3.7 车间内不同用途的管道宜使用不同颜色或标识区分。

7.4 水的供应

7.4.1 供水能力应与生产能力相适应，确保加工水量充足。加工用水(冰)应符合 GB 5749 或其他相关标准的要求。如使用自备水源作为加工用水，应进行有效处理，并实施卫生监控。企业应备有供水系统网络图。

7.4.2 企业应定期对加工用水(冰)进行微生物检测，按规定检测余氯含量，以确保加工用水(冰)的卫生质量;每年对水质的全面公共卫生检测不少于两次。

7.4.3 加工用水的管道应有防虹吸或防回流装置，不应与非饮用水的管道相连接，并有标识;加工用水管道上的所有出水口都应有编号;供水管网上的出水口不应直接插入污水液面。

7.4.4 储水设施应采用无毒、无污染的材料制成，并有防止污染的措施。应定期清洗、消毒，避免加工用水受到污染。

7.4.5 屠宰、分割、加工和无害化处理等场所应配备热水供应系统。

7.5 屠宰厂的特殊条件

7.5.1 屠宰间面积充足，应保证操作符合要求。不应在同一屠宰间，同时屠宰不同种类的动物。

7.5.2 浸烫、脱毛、刮毛、燎毛或剥皮应在与宰杀明显分开的区域进行，相隔至少 5 m 或用至少 3 m 高的墙隔开。

7.5.3 动物宰杀后，对胴体的修整应悬挂进行，悬挂的动物不应接触地面。

7.5.4 同一工序应配备足够的备用工器具(如刀具等)，以满足交替消毒的需要。

7.5.5 在家畜屠宰车间的适当位置应设有专门的可疑病害胴体的留置轨道，用于对可疑病害胴体的进一步检验和诊断。在冷却间或冷库的适当位置应设立与周围隔离的独立的空间或区域，用于在低温条件下暂存可疑病害胴体或组织。

7.5.6 车间内应留有足够的空间以便于实施宰后检验。

7.5.7 猪的屠宰间应设有旋毛虫检验室，并备有检验设施。

7.5.8 应设专门的心、肝、肺、肾加工处理间，胃、肠加工处理间和头、蹄(爪)、尾加工处理间。各食用副产品加工车间的面积应与加工能力相适宜，设备设施应符合卫生要求，工艺布局应做到脏、净分开，流程合理，避免交叉污染。

7.5.9 胃肠加工设备的设计、安装与操作应能有效地防止对产品的污染;应安装通风装置，以防止和消除异味及汽雾。设备应配有能使胃肠内容物和废水以封闭方式排入排水系统的装置;排空清洗后的胃肠应用卫生的方法运输。

7.5.10 胃肠产品应设有专用的预冷设施、包装间。

7.5.11 应设有专门区域用于暂存胃肠内容物和其他废料。如果皮、毛、角、蹄等在屠宰的当天不能直接用密封、防漏的容器运走，应设有专门的储存间。

7.5.12 企业应设立兽医办公室，配有相应的检验设施和办公用具。

7.6 肉制品厂(车间)的特殊条件

7.6.1 应设有与生产能力相适应的原料肉、成品储藏间或冻结间以及专用的辅料存放间。

7.6.2 原料肉包装拆除间、解冻间、切割间、配料间、腌制间、熟制间、冷却间、包装间等不同清洁卫生要求的车间应分别设置，生产流程应符合卫生要求，确保产品安全卫生。

7.6.3 肉制品蒸煮、油炸、烘烤、烟熏设施的上方应设有与之相适应的排油烟和通风装置。

7.6.4 热加工处理的肉制品，应根据需要配备监测加热介质温度和产品中心温度的装置。

7.6.5 热加工处理应在独立的车间进行，生、熟加工车间应严格分开。

8 屠宰和加工的卫生控制

8.1 宰前检验

8.1.1 供宰动物应来自非疫区，符合本标准第 5 章规定的要求并附有动物检疫合格证明和运载工具消毒证明。屠宰企业不应接受运输过程中死亡的动物、有传染病或疑似传染病的动物、来源不明或证明不全的动物。

8.1.2 供宰动物应按国家有关规定、程序和标准进行宰前检验。宰前检验应考虑初级生产的相关信息，如动物饲养情况、用药及疫病防治情况等，并按照有关程序观察活动物的外表，如动物的行为、体态、身体状况、体表、排泄物及气味等。对有异常症状的动物应隔离观察，测量体温，并作进一步兽医检查。必要时，进行实验室检测。

8.1.3 对判定为不适宜正常屠宰的动物，应按照有关兽医规定处理。

8.1.4 应将宰前检验的信息及时反馈给饲养场和宰后检验人员，并做好宰前检验记录。

8.2 宰后检验

8.2.1 宰后对动物头部、蹄（爪）、胴体和内脏的检验应按照国家有关规定、程序和标准执行。

8.2.2 应利用初级生产和宰前检验信息以及宰后检验的结果，判定肉类是否适合人类食用。

8.2.3 感官检验不能准确判定肉类是否适合人类食用时，应采用其他适当的手段作进一步检验或检测。

8.2.4 经宰后检验判定应无害化处理的肉类或动物体的其他部分，按本标准8.8的规定处理。判定应废弃的肉类或动物体的其他部分应做适当标记，并用防止与其他肉类交叉污染的方式处理。废弃处理应做好记录。

8.2.5 为确保能充分完成宰后检验，主管兽医有权减慢或停止屠宰加工。

8.2.6 宰后检验应做好记录，宰后检验结果应及时分析，汇总后上报政府主管部门，并反馈给饲养场。

8.3 加工过程的卫生控制

8.3.1 应采取适当措施，避免可疑病害动物胴体、组织、体液（如胆汁、尿液、奶汁等）、胃肠内容物污染其他肉类、设备和场地。已经污染的设备和场地应在兽医监督下进行清洗和消毒后，方可重新屠宰加工正常动物。

8.3.2 加工过程中，加工人员应规范操作，以避免动物的内脏和体表污染物对肉类造成污染。

8.3.3 被脓液、渗出物、病理组织、体液、胃肠内容物等污染物污染的胴体或产品，应按有关规定修整、剔除或废弃。

8.3.4 加工过程中使用的工器具（如盛放产品的容器、清洗用的水管等）不应落地或与不清洁的表面接触，避免对产品造成交叉污染；当产品落地时，应采取适当措施消除污染。

8.3.5 应在适当位置设置检验岗位，检查肉类污染情况，以避免各种污染物对肉类造成污染。

8.4 设备的清洗消毒

8.4.1 在家畜屠宰、检验过程中使用的某些工器具、设备，如宰杀、去角设备、头部检验刀具、开胸和开片刀锯、同步检验盛放内脏的托盘等，每次使用后，都应使用82℃以上的热水进行清洗消毒。

8.4.2 班前班后应对车间设施、设备进行清洗消毒。生产过程中，应对工器具、操作台和接触食品的加工表面定期进行清洗消毒，清洗消毒时应采取适当措施防止对产品造成污染。

8.5 温度控制

屠宰后胴体应立即预冷。分割、去骨、包装时，畜肉的中心温度应保持7℃以下，禽肉保持4℃以下，食用副产品保持3℃以下。加工、分割、去骨等操作应尽可能迅速，使产品保持规定的温度。生产冷冻产品时，应在48 h内，使肉的中心温度达到－15℃以下后方可转入冷藏库。

对热加工的肉制品，应根据需要对加热介质温度和产品中心温度进行监测，并做好监测记录。

8.6 肉制品加工的原料、辅料的卫生要求

8.6.1 原料肉应来自注册的屠宰企业或肉类加工企业，并附有动物产品检疫合格证明和运载工具消毒证明，经验收合格后方可使用。

8.6.2 进口的原料肉应来自经国家注册的国外肉类生产企业，并附有出口国（地区）官方兽医部门出具的检验检疫证明副本和进境口岸检验检疫部门出具的入境货物检验检疫证明。

8.6.3 生产加工中应使用自然解冻、喷淋解冻、流动水解冻等适当的方式解冻原料肉，并用流动水清洗工器具，防止交叉污染。

8.6.4 辅料应具有检验合格证，并经过进厂验收合格后方准使用。应严格按照国家有关规定采购和使用食品添加剂。

8.6.5 超过保质期的原料、辅材料不应用于生产加工。

8.6.6 原料、辅料、半成品、成品以及生、熟产品应分别存放，防止污染。

8.7 不合格品和废弃物的处理

对加工过程中产生的不合格品和废弃物，应在固定地点用有明显标志的专用容器分别收集盛装，并在检验人员监督下及时处理，其容器和运输工具应及时清洗消毒。

8.8 无害化处理

8.8.1 经宰前、宰后检验发现的患有或可疑患有传染性疾病、寄生虫病或中毒性疾病的动物肉尸及其组织应使用专门的车辆、容器及时运送，并按 GB 16548 的规定处理。

8.8.2 其他经兽医判定需无害化处理的动物和动物组织应在兽医的监督下，并在专用的设施中进行无害化处理。

8.8.3 企业应制定相应的防护措施，防止无害化处理过程中造成的交叉污染和环境污染。

8.8.4 企业应做好无害化处理记录。

8.9 有毒有害物品的控制

对有毒有害物品的储存和使用应严格管理，确保厂区、车间和化验室使用的洗涤剂、消毒剂、杀虫剂、燃油、润滑油、化学试剂以及其他在加工过程中必须使用的有毒有害物品得到有效控制，避免对肉类造成污染。

9 包装、储存、运输卫生

9.1 包装

9.1.1 包装物料应符合卫生标准，不应含有有毒有害物质，不应改变肉的感官特性。

9.1.2 包装物料应有足够的强度，保证在运输和搬运过程中不破损。

9.1.3 肉类的包装材料不应重复使用，除非包装是用易清洗、耐腐蚀的材料制成，并且在使用前经过清洗和消毒。

9.1.4 内、外包装物料应分别专库存放，包装物料库应保持干燥、通风和清洁卫生。

9.1.5 产品包装间的温度应符合特定的要求。

9.2 储存

9.2.1 储存库的温度应符合被储存肉类的特定要求。

9.2.2 储存库内应保持清洁、整齐、通风，不应存放有碍卫生的物品，同一库内不应存放可能造成相互污染或者串味的食品。有防霉、防鼠、防虫设施，定期消毒。

9.2.3 储存库内产品与墙壁距离不少于 30 cm，与地面距离不少于 10 cm，与天花板保持一定的距离，应按不同种类、批次分垛存放，并施加标识。

9.2.4 冷库应定期除霜。

9.3 运输

9.3.1 肉类运输应使用专用的运输工具，不应运输动物或其他可能污染肉类的物品。

9.3.2 包装肉与裸装肉不应同车运输，采取物理性的隔离防护措施的例外。

9.3.3 运输工具应符合卫生要求，并根据产品特点配备制冷、保温等设施。运输过程中应保持适宜的温度。

9.3.4 运输工具应及时清洗消毒，保持清洁卫生。

10 人员要求

10.1 从事肉类生产加工、检验和管理的人员经体检合格后方可上岗，每年应进行一次健康检查，必要时做临时健康检查。凡患有影响食品卫生的疾病者，应调离食品生产岗位。

10.2 从事肉类生产加工、检验和管理的人员应保持个人清洁，不应将与生产无关的物品带入车间；工作时不应戴首饰、手表，不应化妆；进入车间时应洗手、消毒并穿着工作服、帽、鞋，离开车间时应将其换下。

10.3 不同卫生要求的区域或岗位的人员应穿戴不同颜色或标志的工作服、帽，以便区别。不同加工区域的人员不应串岗。

10.4 企业应配备相应数量的兽医、检验人员。从事屠宰、肉类加工、检验和卫生控制的人员应具备相应的资格，经过专业培训并经考核合格后方可上岗。从事动物宰前、宰后检验的人员还应具有相应的兽医专业知识和能力。

11 卫生质量体系及其运行的要求

11.1 企业应建立并有效运行卫生质量体系，制定指导卫生质量体系运行的体系文件，并根据GB/T 19538标准建立实施 HACCP 计划。企业在建立实施 HACCP 计划时，应：

1） 制定并有效实施基础计划；
2） 在进行危害分析时，充分考虑屠宰动物的种类、肉类产品的预期用途；
3） 保证制定的关键限值和操作限值具有可操作性，并符合有关法律法规、标准的规定；
4） 充分考虑 HACCP 计划的验证频率，必要时，取样进行实验室检验；
5） 充分考虑 HACCP 计划的有效性，确保肉类及其制品安全卫生。

11.2 企业最高管理者应明确企业的卫生质量方针和目标，配备相应的组织机构，提供足够的资源，确保卫生质量体系的有效实施。

11.3 企业应具有与生产能力相适应的检验机构。企业检验机构应具备检验工作所需要的方法、标准资料、检验设施和仪器设备，并建立完善的内部管理制度，以确保检验结果的准确性；检验要有原始记录。委托社会实验室承担检测工作的，该实验室应具有相应的资质。委托检测应满足企业日常卫生监控和检验工作的需要。

11.4 产品加工、检验和维护卫生质量体系运行所需要的计量仪器、设备应按规定进行计量检定，使用前应进行校准。

11.5 企业应制定书面的 SSOP 程序，明确执行人的职责，确定执行频率，实施有效的监控和相应的纠正预防措施。SSOP 应至少包括以下内容：

1） 确保接触肉类（包括原料、半成品、成品）或与肉类有接触的物品的水和冰符合安全、卫生要求；
2） 确保接触肉类的器具、手套和内外包装材料等清洁、卫生和安全；
3） 确保肉类免受交叉污染；
4） 保证操作人员手的清洗消毒，保持卫生间设施的清洁；
5） 防止润滑剂、燃料、清洗消毒用品、冷凝水及其他化学、物理和生物等污染物对肉类造成安全危害；
6） 正确标注、存放和使用各类有毒化学物质；
7） 保证与肉类接触的员工的身体健康和卫生；
8） 预防和消除鼠害、虫害。

11.6 企业应制定和执行原料、辅料、半成品、成品及生产过程卫生控制程序和加工、检验操作规程，并做好记录。

11.7 企业应制定和执行加工设备、设施的维护程序，防止其对产品造成污染，并保证加工设备、设施满足生产加工的需要。

11.8 企业应制定和执行不合格品控制程序，规定不合格品的标识、记录、评价、隔离处置和可追溯性等内容。

11.9 企业应建立产品标识、追溯和召回制度，当肉类及其制品中存在不可接受的风险时，确保能追溯并及时撤回产品。

11.10 企业应制定和实施职工培训计划并做好培训记录，保证不同岗位的人员掌握相应的肉类安全卫生知识和岗位操作技能。

11.11 企业应建立内部审核制度，每半年至少进行一次内部审核，一年进行一次管理评审，并做好记录。

11.12 对反映产品卫生质量情况的有关记录，企业应制定并执行质量记录管理程序，对质量记录的标记、收集、编目、归档、存储、保管和处理做出相应规定。所有记录应准确、规范并具有可追溯性，保存期不少于2年。

12 特殊条款

对于按照传统工艺或宗教习俗生产加工的产品，在保证肉类安全卫生的前提下，可按传统工艺或宗教习俗生产加工。

ICS 11.220
B 41

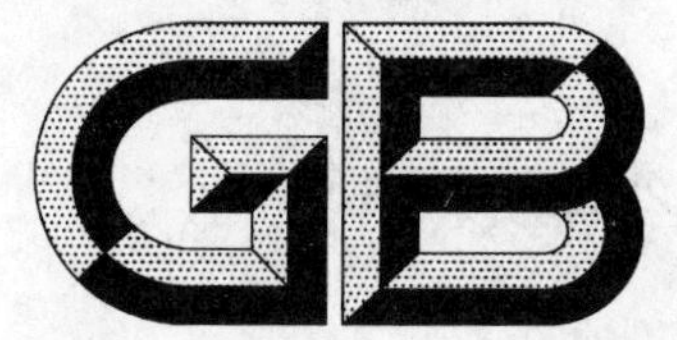

中华人民共和国国家标准

GB/T 22469—2008

禽肉生产企业兽医卫生规范

Hygiene conditions for fresh poultry meat producing holdings

2008-11-04 发布

2009-01-01 实施

中华人民共和国国家质量监督检验检疫总局
中国国家标准化管理委员会
发布

前　言

本标准由中华人民共和国农业部提出。

本标准由全国动物防疫标准化技术委员会归口。

本标准起草单位：农业部动物检疫所、农业部兽医局。

本标准主要起草人：王志亮、宋翠平、王长江、蔡丽娟。

禽肉生产企业兽医卫生规范

1 范围

本标准规定了禽肉生产企业在屠宰、胴体分割、鲜肉贮存和运输过程中所应遵循的兽医卫生标准。

本标准适用于鲜家禽肉生产企业,包括屠宰、分割、冷冻冷藏厂(车间)。

2 规范性引用文件

下列文件中的条款通过本标准的引用而成为本标准的条款。凡是注日期的引用文件,其随后所有的修改单(不包括勘误的内容)或修订版均不适用于本标准,然而,鼓励根据本标准达成协议的各方研究是否可使用这些文件的最新版本。凡是不注日期的引用文件,其最新版本适用于本标准。

GB 5749 生活饮用水卫生标准

GB/T 6543 运输包装用单瓦楞纸箱和双瓦楞纸箱

GB 12694 肉类加工厂卫生规范

GB 13457 肉类加工工业水污染物排放标准

3 术语和定义

下列术语和定义适用于本标准。

3.1

家禽 poultry

人工养殖的用于生产消费用肉、蛋的家鸡、火鸡、珍珠鸡、鸭、鹅、鹌鹑、肉鸽、番鸭、鸵鸟等禽类,不包括展示、观察或试验用禽类。

3.2

家禽肉 poultry meat

家禽躯体适于人类食用的所有部分。

3.3

鲜家禽肉 fresh poultry meat

除采用冷却、冷冻或快速冷冻处理外,未经任何防腐处理的家禽肉。

3.4

胴体 carcase

家禽经放血、脱毛、去内脏后的整个躯体或部分分割体。

3.5

肉用副产品 offal

胴体以外的家禽可食用部分,也包括脱离胴体的头、颈和爪、翅。

3.6

内脏 viscera

胸、腹和骨盆腔中的肉用副产品,有时包括气管、食管和嗉囊。

3.7

运输工具 means of transport

用于陆、海、空运输的汽车、火车、轮船、集装箱、飞机。

3.8

企业 establishment

经过认可的屠宰场、分割厂(车间)、冷库、重包装中心或由以上几部分组成的集团。

4 企业环境卫生

4.1 禽肉生产企业应建在地势较高,干燥,水源充足,交通方便,无有害气体、灰沙及其他污染源,便于排放污水的地区。污水排放应符合 GB 13457 的要求。

4.2 屠宰场不得建在居民稠密的地区。冷库经当地城市规划部门批准,存放禽肉的冷库要经有关部门认可,可建在城镇适当地点。

4.3 加工区和生活区应当分开设置,并有严格的进出消毒措施。

4.4 场区路面应硬化平整,空地应绿化。

4.5 场区内应有良好的给、排水系统,场区地面不得有积水,不得有废弃物堆积或其他有碍卫生的物件。

4.6 场区内不得有产生有害(毒)气体或其他有碍卫生的场地和设施。

4.7 场区内禁止饲养其他动物,应定期灭鼠除虫。

4.8 场区卫生间应有冲水、洗手、防虫、防蝇设施。

4.9 锅炉房、贮煤场所、污水及污物处理设施应与屠宰、分割及肉制品车间相隔一定的距离,并位于主风向的下风处。

4.10 场区应分设人员进出、成品出场与禽进场、废弃物出场的专用场门和通道,禽进场门应设有车轮消毒池。

5 车间及设施设备卫生

5.1 地面及排水

5.1.1 地面应不渗水、不积水、防滑、无裂缝,易于清洗消毒,排水坡度为 1%～2%,屠宰车间在 2% 以上。

5.1.2 排水系统应有防止固体废弃物进入的装置。

5.1.3 排水沟为明沟或加盖,沟底角应成弧型(曲率半径应在 3 cm 以上)。

5.1.4 排水管应为 S 型或 U 型,有防鼠及防止臭味溢出的装置。

5.2 墙壁、门窗及天花板

5.2.1 墙壁应光滑、坚固、不透水。

5.2.2 墙壁和天花板应使用无毒、防水、防霉、不脱落、耐酸碱、耐腐蚀、易于清洗消毒的白色或浅色材料修建。墙角、地角、顶角呈弧型(曲率半径应在 3 cm 以上)。

5.2.3 车间门要求能自动关闭。

5.2.4 车间门窗应使用浅色、平滑、防锈、防霉、易清洗、不透水、耐磨损、耐腐蚀的绝缘材料制成。车间非封闭的窗户应装设纱窗。

5.2.5 内窗台与墙面呈 45°夹角。

5.2.6 屠宰分割车间应设与门同宽的鞋底消毒池或鞋底消毒垫。

5.3 通风及照明设施

5.3.1 车间应设有通风和蒸汽抽取设施,排气口应设防蝇虫、防尘装置,进风口应加设空气过滤装置。

5.3.2 车间内应有适度的照明,检验处照度应维持在 540 lx 以上,加工操作区光亮度应在 200 lx 以上。照明设施应有防护罩及防潮、防暴设施。

5.4 供水设施

5.4.1 应有饮用水压力供应系统和热饮用水供应系统,水量充足,饮用水与非饮用水的管道应用明显的标志加以区分。

5.4.2 加工用水应符合 GB 5749 的要求。非饮用水可以用于消防、制冷设备的冷却以及屠宰车间羽毛废弃物的转移。

5.4.3 水质卫生检测应由政府职能部门检测，每年不少于两次，企业应在官方兽医的监控下，定期进行自检。

5.4.4 储水设施应采用无毒、不致污染水质的材料制成，并有防止污染的措施和定期检查记录。

5.4.5 屠宰、分割和无害处理间应有热水供应系统。

5.5 清洗、消毒设施

5.5.1 车间、卫生间入口处及尽量靠近工作台的地方，应设有洗手、消毒、干手设施和工器具清洗、消毒设备，洗手的水龙头要有冷、热水供应并采用非手动式开关。

5.5.2 洗手设施的排水管应连接下水管道。

5.5.3 干手设施应采用烘手器或一次性使用的消毒纸巾。

5.5.4 消毒用水应不低于 82 ℃。

5.5.5 应有用于存放洗涤剂、消毒剂等的房间或安全之处，并有明确的领用制度和记录。

5.5.6 清洁剂、消毒剂及其类似物的使用不能对工具、设备和鲜肉产生不良影响，使用后对工具和设备应用饮用水进行彻底冲洗，并做好原始记录。

5.6 更衣室、淋浴室及卫生间

5.6.1 应在屠宰区、掏脏区、分割区与冷藏区分别设置男女更衣室。更衣室与加工车间相连，大小与加工能力相适应，并通风排气良好。各工作区的颜色及人员的工作服颜色应有明显区别标志。更衣柜应编号，顶部呈坡形，每人一柜，个人衣物与工作服、鞋、帽分格存放。更衣室设有工间休息挂衣服的衣架。

5.6.2 淋浴间和卫生间应与更衣室相连，淋浴间地面排水畅通，排气良好；卫生间采用水冲式，厕所旁应有足够数量的非手动开关式洗手盆。

5.7 转运禽、肉设施

5.7.1 应有对运输禽车辆、运肉工具进行清洗和消毒的地方和设施。

5.7.2 用于转运活家禽和加工鲜家禽肉的工具、设备应保持清洁并维修良好；适时进行清洗和消毒并有记录。

5.7.3 装运家禽的器具应用耐腐蚀材料制成，易于清洗和消毒，每次卸完应清洗和消毒，并填写消毒记录表。

5.7.4 用于加工鲜家禽肉的厂房、工具和设备，不能用作其他用途，除非在重新使用前经过清洗和消毒。

6 企业各车间的特殊卫生要求

6.1 屠宰区

6.1.1 家禽宰前存放间应易于清洗消毒，能进行宰前检查。

6.1.2 屠宰间应具备以下相对独立的功能区：

——电麻和放血间；

——拔毛、烫毛与脱毛间。

6.1.3 内脏去除和整理间。

6.1.4 下货冷却或冷冻间。

6.1.5 活禽处理人员专用的消毒设施以及工器具消毒清洗设施。

6.1.6 屠宰间与内脏去除整理间应设能自动关闭的门。

6.2 分割车间

6.2.1 主要进行预冷、分割、去骨、包装。

6.2.2 车间温度要保持在12 ℃以下。

6.2.3 车间应设有包装间,完成鲜家禽肉、可食肉用副产品的包装。

6.2.4 贮存包装包裹材料的房间应无灰尘、无害虫、无鼠蝇,与污染性物品仓库无气流相通。

6.2.5 车间的预冷设施应使预冷后的胴体温度不高于4 ℃,预冷设施应有相应的水量计量与温度计量记录设施。

6.3 冷库

6.3.1 冷库的温度要定时检查并记录,每一贮存区有温度显示仪,速冻库与冷藏库要有自动温度仪。

6.3.2 冷库的门不得开启时间过长,在冷库使用后要立即关闭,并有效控制生产人员的进出。

6.3.3 温度、相对湿度和空气流速要维持在保存肉品的合适范围,尽量避免温度的波动。

6.3.4 冷库中的空气应循环流动。

7 企业内人员的卫生

应符合GB 12694的要求。

8 屠宰场进行的宰前检查

8.1 屠宰场的官方兽医应检查入屠宰场家禽的产地检疫证明;缺乏该证明时,应禁止进入屠宰场。

8.2 对家禽进行观察和细致检查,特别是注意运输过程中是否受伤或感染疾病。

8.3 对来历不明、患有传染病、中毒的禽群,应禁止屠宰。

8.4 临诊发现鸟疫或沙门氏菌病时,应禁止用于人类食用。

8.5 对未按期停药的禽群应推迟屠宰。

8.6 凡产地检疫证明合格,临诊健康良好,合乎卫生质量的禽群准予屠宰。

8.7 若禁止屠宰应立即通知主管机关,并阐明其原因,及时隔离。

8.8 所有宰前检验均应有完整的检查记录。

9 屠宰卫生要求

9.1 只有活禽才可进入屠宰线,应在电击后立即屠宰。

9.2 操作要合理,放血应完全,防止血液污染刀口以外的地方。

9.3 脱毛要快速、完全。

9.4 应立即进行内脏全摘除,检验所有的体腔和相关的内脏,并记录检验结果。破肠禽废弃,另做无害化处理。

9.5 检验后,内脏应立即与胴体分离,并立即除去不适于人类食用的部分。

9.6 在屠宰场内,禁止用布擦拭以清洁家禽肉,禁止用可食内脏或脖子以外的任何物体填充胴体。

10 宰后兽医卫生检验

10.1 宰后检验应在适宜的光照下进行。

10.2 对家禽体表、内脏和体腔应进行视检,必要时进行触检或切开检查。

10.3 注意胴体的质地、颜色和气味的异常变化。

10.4 注意屠宰操作可能引起的异常变化。

10.5 宰后检验过程中淘汰下来的家禽应抽样进行细致检查。

10.6 逐只进行内脏和体腔检验。

10.7 有其他迹象表明家禽肉不能食用时,要进行特定的宰后检验。

10.8 当怀疑残留超标或进行抽查时,应进行残留检测。

10.9 宰后检验发现下列情况之一者,不能供人类消费:

——普通传染病；

——全身性霉菌病；

——毒素或人畜共患病病原引起局部或全身病变；

——广泛性皮下或肌肉寄生虫病以及全身性寄生虫病；

——中毒；

——恶病质；

——气味、颜色或味道异常；

——恶性或多发性肿瘤；

——整体污染；

——较大的损伤和淤斑；

——广泛性的机械损伤或烫伤；

——放血不完全；

——药物残留超过限量或出现违禁药物残留；

——腹水。

10.10　分割块出现局部损伤或污染，则该分割块不能供人类消费。

10.11　脱离胴体的气管、食管、嗉囊、肠、胆囊不能供人类食用。

10.12　不适于人类消费的禽肉应建立能够溯源的文件记录。

11　鲜肉处理卫生要求

11.1　扣留的肉、禁止人类食用的肉、羽毛和废弃物应尽快转入专门房间、设施或容器。

11.2　在检验未完成前，未经检验的胴体和肉用副产品不得与已检验的接触，不得移动、分割或进一步处理胴体。

11.3　扣留或禁止人类食用的肉及副产品，不得与适于人类食用的肉接触，应尽快将前者存放在特殊的不会污染其他鲜肉的房间或容器内。

11.4　肉、肉用副产品的生产加工、包装、搬运和运输应符合卫生要求，包装或包裹的肉应与裸露的鲜肉分开，单独存放于一房间内。

11.5　在检验和内脏除去后，应立刻对鲜禽肉进行喷洒清洗和浸泡冷却。

11.6　喷洒清洗：

——2.5 kg 以下的胴体，每只至少使用 1.5 L 水；

——2.5 kg～5 kg 的胴体，每只至少使用 3.5 L 水；

——5 kg 以上的胴体，每只至少使用 3.5 L 水。

11.7　浸泡冷却

11.7.1　胴体应通过一个或一个以上的水池或冰水池，池水是流动的，冰要经常添加，通过机械装置要不断地逆水流推动胴体。

11.7.2　胴体入池和出池时，池水温度应分别保持在 +16 ℃和 +4 ℃以下。

11.7.3　应保证胴体在尽可能短的时间内达到+4 ℃。

11.7.4　在整个冷却过程中，水的最小流量应保证：

——2.5 kg 以下的胴体，每只 2.5 L；

——2.5 kg～5 kg 的胴体，每只 4 L；

——5 kg 以上的胴体，每只 6 L。

11.7.5　胴体不能在设备的起始部分或第一个水池停留超过半小时。

11.8　应监控下述情况的测量和记录：

——浸泡前喷洒冲洗水的消耗；

——胴体出入水池时池水的温度；
——浸泡时水的消耗；
——不同重量的胴体的数目。

11.9　胴体出预冷池的方向应与进冷却水的方向逆向。

11.10　应保存生产者所进行的各种检查的结果，以便在官方兽医需要时提交。

11.11　采用认可的科学的微生物学方法来评估冷却车间的正常运行情况及其卫生学效果，对浸泡前后胴体杂菌和肠杆菌的污染情况进行比较；在车间的首次启用、随后每间隔一段时间以及任何情况下车间改变之后，都应进行上述比较。

12　肉分割卫生要求

12.1　胴体应在认可分割车间分割、去骨。

12.2　不符合要求的肉应在其他地方分割，或与符合要求的肉分时分割。

12.3　肉应按要求运进内脏去除间进行分割、去骨、异物探测、包装，经分割、去骨、异物检查和包装后的肉要立即进入冷却或冷冻间。

12.4　分割时肉温度不应超过＋4 ℃，环境温度在 12 ℃左右。

12.5　分割时应避免肉的污染，应除去碎骨屑和血块，经分割后不准备用于人类食用的肉应存放于特制的、防水、防腐容器或专用房间。

12.6　禁止用布擦拭的方法来保持肉的清洁。

13　鲜肉的内、外包装

13.1　供食用的鲜肉和副产品应在分割及检查后立即在卫生条件下进行包装。

13.2　包装纸箱应符合 GB/T 6543 的要求，包裹材料应符合以下条件：

——不会改变肉的感官特性；
——不会将有害健康的物质浸入肉中；
——包装材料应有足够的强度保护鲜肉在运输和搬运过程不受损害；
——包裹材料一般应是透明、无毒、无害、无色的。如果使用不透明材料，在设计上要能使被包裹的肉或肉用副产品有可见部位。

13.3　包装、包裹材料在生产后应立即封存于保护套内，在运输过程中保护套应不受损害，并应在符合卫生条件的专用房间内贮存。

13.4　包装和包裹材料应分开放置，且均不能放在地板上。

13.5　包装材料在运进车间前，应在卫生条件下组装完毕。

13.6　包装、包裹材料应在卫生条件下运进车间，不得让处理鲜肉的人员搬运，进入车间后应马上使用；未使用完的包装、包裹材料应另行处理，不得再返回材料贮存间。

13.7　应有一金属探测装置检测包装的鲜肉中是否留有金属异物，包装完毕的鲜肉立即放入规定的库房。

13.8　内外包装均应标有出厂日期。

13.9　内外包装应设有检疫检验标签或标记、编号等。

14　贮　存

14.1　冻结库温度－35 ℃以下，产品在 24 h 内中心温度－15 ℃以下，方可转入冷藏库。

14.2　冷藏库温度保持－20 ℃～－18 ℃。

14.3　冻结库与冷藏库应有自动温度记录装置。

14.4　家禽肉分割后应立即入冻结库，达到 1.5 ℃后，进行保鲜冷藏。

14.5 包装与未包装的鲜家禽肉不能在同一库内贮存。

14.6 冻结库与冷藏库内不得存放异味产品。

15 运输

15.1 鲜肉运输工具应符合以下要求：

——密闭性好，设计和装备能保证整个运输过程中符合温度要求；

——内表面光滑，易清洗和消毒；

——有防虫、防尘、防水装置。

15.2 运输工具应经清洗、消毒后才能用于运输鲜家禽肉。

15.3 动物及其他可能污染肉或影响肉品卫生的物品不能与鲜肉同车运输。

15.4 包装的肉与未包装的肉应分开运输。

15.5 企业应保证运输工具和装运条件符合卫生及环保要求。

15.6 运输鲜肉应持有国家规定的检疫合格证明和车辆消毒证明。

中华人民共和国农业行业标准

NY 467—2001

畜禽屠宰卫生检疫规范

2001-09-03 发布　　　　2001-10-01 实施

中华人民共和国农业部　发布

前　言

本标准由中华人民共和国农业部提出。

本标准起草单位:农业部动物检疫所、甘肃农业大学。

本标准主要起草人:郑志刚、刘占杰、黄保续、杨承谕、仰惠芬、封启民。

畜禽屠宰卫生检疫规范

1 范围

本标准规定了畜禽屠宰检疫的宰前检疫、宰后检验及检疫检验后处理的技术要求。

本标准适用于所有从事畜禽屠宰加工的单位和个人。

2 规范性引用文件

下列文件中的条款通过本标准的引用而成为本标准的条款。凡是注日期的引用文件，其随后所有的修改单(不包括勘误的内容)或修订版均不适用于本标准，然而，鼓励根据本标准达成协议的各方研究是否可使用这些文件的最新版本。凡是不注日期的引用文件，其最新版本适用于本标准。

GB 16548—1996 畜禽病害肉尸及其产品无害化处理规程

GB 16549 畜禽产地检疫规范

64/433/EEC 关于影响欧共体内部鲜肉贸易的动物卫生问题

71/118/EEC 关于鲜禽肉生产和市场销售的动物卫生问题

91/495/EEC 欧盟关于兔肉和野味肉生产的卫生问题和卫生检验规定

3 术语和定义

下列术语和定义适用于本标准。

3.1

胴体 carcase

放血后去头、尾、蹄、内脏的带皮或不带皮的畜禽肉体。

3.2

急宰 emergency slaughter

对患有某些疫病、普通病和其他病损的以及长途运输中所出现的畜禽，为了防止传染或免于自然死亡而强制进行紧急宰杀。

3.3

同步检验 synchronous inspection

在轨道运行中，对同畜禽的胴体、内脏、头、蹄，甚至皮张等实行的同时、等速、对照的集中检验。

3.4

无害化处理 bio-safety disposal

用物理化学方法，使带菌、带毒、带虫的患病畜禽肉产品及其副产品和尸体失去传染性和毒性而达到无害的处理。

3.5

同群畜禽 flock，herd

以自然小群为单位，即有直接传播疫病可能的同一小环境中的畜禽，如同窝、同圈、同舍或同一车皮等。

3.6

同批产品 a batch of product

同时、同地加工的同一种畜禽的同一批产品。

4 宰前检验

4.1 入场检疫

4.1.1 首先查验法定的动物产地检疫证明或出县境动物及动物产品运载工具消毒证明及运输检疫证明，以及其他所必须的检疫证明，待宰动物应来自非疫区，且健康良好。

4.1.2 检查畜禽饲料添加剂类型、使用期及停用期，使用药物种类、用药期及停药期，疫苗种类和接种日期方面的有关记录。

4.1.3 核对畜禽种类和数目，了解途中病、亡情况。然后进行群体检疫，剔出可疑病畜禽，转放隔离圈，进行详细的个体临床检查，方法按 GB 16549 执行，必要时进行实验室检查。

4.2 待宰检疫

健康畜禽在留养待宰期间尚需随时进行临床观察。送宰前再做一次群体检疫，剔出患病畜禽。

5 宰前检疫后的处理

5.1 经宰前检疫发现口蹄疫、猪水泡病、猪瘟、非洲猪瘟、非洲马瘟、牛瘟、牛传染性胸膜肺炎、牛海绵状脑病、痒病、蓝舌病、小反刍兽疫、绵羊痘和山羊痘、高致病性禽流感、鸡新城疫、兔出血热时，病畜禽按 GB 16548—1996 3.1 处理。

5.1.1 同群畜禽用密闭运输工具运到动物防疫监督部门指定的地点，用不放血的方法全部扑杀，尸体按 GB 16548—1996 3.1 处理。

5.1.2 畜禽存放处和屠宰场所实行严格消毒，严格采取防疫措施，并立即向当地畜牧兽医行政管理部门报告疫情。

5.2 经宰前检疫发现狂犬病、炭疽、布鲁氏菌病、弓形虫病、结核病、日本血吸虫病、囊尾蚴病、马鼻疽、兔粘液瘤病及疑似病畜时，按 GB 16548—1996 3.1 处理。

5.2.1 同群畜急宰，胴体内脏按 GB 16548—1996 3.3 处理。

5.2.2 病畜存放处和屠宰场所实行严格消毒，采取防疫措施，并立即向当地畜牧兽医行政管理部门报告疫情。

5.3 除 5.1 和 5.2 所列疫病外，患有其他疫病的畜禽，实行急宰，除剔除病变部分销毁外，其余部分按 GB 16548—1996 3.3 规定的方法处理。

5.4 凡判为急宰的畜禽，均应将其宰前检疫报告单结果及时通知检疫人员，以供对同群畜禽宰后检验时综合判定、处理。

5.5 对判为健康的畜禽，送宰前应由宰前检疫人员出具准宰通知书。

6 屠宰过程中卫生要求

只有出具准宰通知书的畜禽才可进入屠宰线。

6.1 家畜屠宰卫生要求

6.1.1 淋浴净体

家畜致昏、放血前，应将畜体清扫或喷洗干净。家畜通过屠宰通道时，应按顺序赶送，且应尽量避免动物遭受痛苦。

6.1.2 电麻致昏

致昏的强度以使待宰畜处于昏迷状态，失去攻击性，消除挣扎，保证放血良好为准，不能致死，废止锤击，操作人员应穿戴合格的绝缘鞋、绝缘手套。

6.1.3 刺杀放血

刺杀由经过训练的熟练工人操作，采用垂直放血方式，除清真屠宰场外，一律采用切断颈动脉、颈静脉或真空刀放血法，沥血时间不得少于 5 min，废止心脏穿刺放血法，放血刀消毒后轮换使用。

6.1.4 **剥皮或褪毛**

需剥皮时，手工或机械剥皮均可，剥皮力求仔细，避免损伤皮张和胴体，防止污物、皮毛、脏手沾污胴体，禁止皮下充气作为剥皮的辅助措施。

需褪毛时，严格控制水温和浸烫时间，猪的浸烫水温以 60℃～68℃为宜，浸烫时间为 5min～7 min，防止烫生、烫老。刮毛力求干净，不应将毛根留在皮内，使用打毛机时，机内淋浴水温保持在 30℃左右。禁止吹气、打气刮毛和用松香拔毛。烫池水每班更换一次，取缔清水池，采用冷水喷淋降温净体。

6.1.5 **开膛、净膛**

剥皮或褪毛后立即开膛，开膛沿腹白线剖开腹腔和胸腔，切忌划破胃肠、膀胱和胆囊。摘除的脏器不准落地，心、肝、肺和胃、肠、胰、脾应分别保持自然联系，并与胴体同步编号，由检验人员按宰后检验要求进行卫生检验。

6.1.6 **冲洗胸、腹腔**

取出内脏后，应及时用足够压力的净水冲洗胸膛和腹腔，洗净腔内淤血、浮毛、污物。

6.1.7 **劈半**

将检验合格的胴体去头、尾，沿脊柱中线将胴体劈成对称的两半，劈面要平整、正直，不应左右弯曲或劈断，劈碎脊柱。

6.1.8 **整修、复验**

修割掉所有有碍卫生的组织，如暗伤、脓疱、伤斑、甲状腺、病变淋巴结和肾上腺；整修后的片猪肉应进行复验，合格后割除前后蹄，用甲基紫液加盖验讫印章。

6.1.9 **整理副产品**

整理副产品应在副产品整理间进行；整理好的脏器应及时发送或送冷却间，不得长时间堆放。

6.1.10 **皮张和鬃毛整理**

皮张和鬃毛整理应在专用房间内进行。皮张和鬃毛应及时收集整理，皮张应抽去尾巴，刮除血污、皮肌和脂肪，及时送往加工处，不得堆压、日晒，鬃毛应及时摊干晾晒，不能堆放。

6.2 **禽屠宰卫生要求**

6.2.1 **致昏与放血**

进入屠宰线的活禽应在电击后立即屠宰，屠宰操作应合理，放血应完全，防止血液污染刀口以外的地方。

6.2.2 **脱毛**

要快速、完全。

6.2.3 **内脏摘除与处理**

屠宰后应立即进行内脏全摘除，检验体腔和相关的内脏，并记录检验结果。

检验后，内脏应立即与胴体分离，并立即去除不适于人类食用的部分。屠宰场内，禁止用布擦拭清洁禽肉。

6.3 **兔屠宰卫生要求**

6.3.1 **致昏与放血**

致昏兔时，应尽可能选用无痛苦方法；屠宰操作应合理，放血应完全。

6.3.2 **剥皮**

避免损伤皮张和胴体，防止污物、皮毛、脏手沾污胴体。

6.3.3 **内脏摘除与处理**

可参考 6.2.3 部分。

7 宰后卫生检验

畜禽屠宰后应立即进行宰后卫生检验，宰后检验应在适宜的光照条件下进行。

头、蹄(爪)、内脏和胴体施行同步检验(皮张编号)；暂无同步检验条件的要统一编号，集中检验，综合判定。必要时进行实验室检验。

7.1 家畜宰后卫生检验

7.1.1 头部检验

7.1.1.1 猪头检验：剖检两侧颌下淋巴结和外咬肌，视检鼻盘、唇、齿龈、咽喉粘膜和扁桃体。

7.1.1.2 牛头检验：视检眼睑、鼻镜、唇、齿龈、口腔、舌面以及上下颌骨的状态，触检舌体，剖检两侧颌下淋巴结和咽后内侧淋巴结，视检咽喉粘膜和扁桃体，剖检舌肌(沿系带面纵向切开)和两侧内外咬肌。

7.1.1.3 羊头检验：视检皮肤、唇和口腔粘膜。

7.1.1.4 马、骡、驴和骆驼头的检验：剖检两侧颌下淋巴结、鼻甲和鼻中膈及喉头。

7.1.2 内脏检验

7.1.2.1 胃肠检验：视检胃肠浆膜，剖检肠淋巴结，牛、羊尚需检查食道。必要时剖检胃肠粘膜。

7.1.2.2 脾脏检验：视检外表、色泽、大小，触检被膜和实质弹性，必要时剖检脾髓。

7.1.2.3 肝脏检验：视检外表、色泽、大小，触检被膜和实质弹性，剖检肝门淋巴结。必要时剖检肝实质和胆囊。

7.1.2.4 肺脏检验：视检外表、色泽、大小，触检弹性，剖检支气管淋巴结和纵膈后淋巴结(牛、羊)。必要时，剖检肺实质。

7.1.2.5 心脏检验：视检心包及心外膜，并确定肌僵程度。剖开心室视检心肌、心内膜及血液凝固状态。猪心，特别注意二尖瓣病损。

7.1.2.6 肾脏检验：剥离肾包膜，视检外表、色泽、大小，触检弹性。必要时纵向剖检肾实质。

7.1.2.7 乳房检验(牛、羊)：触检弹性，剖检乳房淋巴结。必要时剖检其实质。

7.1.2.8 必要时，剖检子宫、睾丸及膀胱。

7.1.3 胴体检验

7.1.3.1 首先判定放血程度。

7.1.3.2 视检皮肤、皮下组织、脂肪、肌肉、胸腔、腹腔、关节、筋腱、骨及骨髓。

7.1.3.3 剖检颈浅背(肩前)淋巴结、股前淋巴结、腹股沟浅淋巴结、腹股沟深(或髂内)淋巴结，必要时，增检颈深后淋巴结和腘淋巴结。

7.1.4 寄生虫检验

7.1.4.1 旋毛虫和住肉孢子虫的实验室检验

由每头猪左右横膈膜脚肌采取不少于 30 g 肉样两块(编上与胴体同一号码)，撕去肌膜，剪取 24 个肉粒(每块肉样 12 粒)，制成肌肉压片，置低倍显微镜下或旋毛虫投影仪检查。有条件的场、点可采用集样消化法检查。发现虫体或包囊，根据编号进一步检查同一动物胴体、头部和心脏。

7.1.4.2 囊尾蚴的检验

主要检查部位为咬肌、两侧腰肌和膈肌，其他可检部位是心肌、肩胛外侧肌和股内侧肌。

7.2 家禽宰后检验

家禽体表、内脏和体腔应逐只进行视检，必要时进行触检或切开检查，注意胴体的质地、颜色和气味的异常变化，特别应注意屠宰操作可能引起的异常变化。宰后检验过程中淘汰下来的家禽，应抽样进行细致的临床检查和实验室诊断。

7.3 家兔检验

重点检查胴体表面、胸腔、肝、脾、肾、盲肠蚓突和圆小囊等部位，判定有无异常。具体检验方法可参照 7.1.2 和 7.2 条相关要求进行。

8 宰后检验后处理

通过对内脏、胴体的检疫，做出综合判断和处理意见；检疫合格，确认无动物疫病的家畜鲜肉可按照64/433/EEC 规定的要求进行分割和贮存；确认无动物疫病的鲜家禽肉可按照 71/118/EEC 规定的要求进行清洗、浸泡冷却、分割和贮存；确认无动物疫病的鲜兔肉可按照 91/495/EEC 规定的要求进行贮存。

经检疫合格的胴体或肉品应加盖统一的检疫合格印章，并签发检疫合格证。应用印染液加盖印章时，印章染色液应对人无害，盖后不流散，迅速干燥，附着牢固。

经宰后检验发现动物疫病时，应根据下述不同情况采取不同的处理措施。

8.1 经宰后检验发现 5.1 所列动物疫病和狂犬病、炭疽时，按以下方法处理：

a) 立即停止生产；

b) 生产车间彻底清洗、严格消毒；

c) 立即向当地畜牧兽医行政管理部门报告疫情；

d) 病畜禽胴体、内脏及其他副产品按 5.1 规定处理；

e) 同批产品及副产品按 5.2 规定处理；

f) 各项处理经畜牧兽医行政管理部门检查合格后方可恢复生产。

8.2 经宰后检验发现 5.2 所列动物疫病(狂犬病、炭疽除外)时，按以下方法处理：

a) 执行 8.1 中 a)、b)、c)、d)处理办法；

b) 同批产品及副产品按前 3 后 5(与病畜禽相邻)执行 5.3 所列的方法处理，其余可按正常产品出厂。

8.3 经宰后检验发现 5.3 所列传染病时，按 5.3 所列的方法处理。

8.4 经宰后检验发现寄生虫病时，按下列规定处理：

8.4.1 旋毛虫病和住肉孢子虫病

a) 在 24 个肉样压片内，发现有包囊的或钙化的旋毛虫者，头、胴体和心脏作工业用或销毁；

b) 在 24 个肉样压片内，发现住肉孢子虫者，全尸高温处理或销毁。

8.4.2 猪、牛囊尾蚴病

在规定检验部位切面视检，发现囊尾蚴和钙化的虫体者，全尸作工业用或销毁。

8.4.3 肝片吸虫病、矛形腹腔吸虫病、棘球蚴病、肺吸虫病、肺线虫病、细颈囊尾蚴病、肾虫病、猪孟氏双槽蚴病、华枝睾吸虫病、腭口线虫病、猪浆膜丝虫病、鸡球虫病、兔球虫病、兔豆状囊尾蚴病、兔链形多头蚴病、兔肝毛细线虫病

a) 病变严重，且肌肉有退化性变化者，胴体和内脏作工业用或销毁；肌肉无变化者剔除患病部分作工业用或销毁，其余部分高温处理后出场(厂)；

b) 病变轻微，剔除病变部分作工业用或销毁，其余部分不受限制出场(厂)。

8.5 经宰后检验发现肿瘤时，按下列规定处理：

8.5.1 在一个器官发现肿瘤病变，胴体不瘠瘦，并无其他明显病变者，患病脏器作工业用或销毁，其余部分高温处理；如胴体瘠瘦或肌肉有病变者，全尸作工业用或销毁。

8.5.2 两个或两个以上器官发现肿瘤病变者，全尸作工业用或销毁。

8.5.3 确诊为淋巴肉瘤、白血病和鳞状上皮细胞癌者，全尸作工业用或销毁。

8.6 经宰后检验发现普通病、中毒和局部病损时，按下列规定处理：

a) 有下列情形之一者，全尸作工业用或销毁：脓毒症、尿毒症、黄疸、过度消瘦、大面积坏疽、急性中毒、全身肌肉和脂肪变性、全身性出血的畜禽；

b) 局部有下列病变之一者，割除病变部分作工业用或销毁，其余部分不受限制：创伤、化脓、炎症、硬变、坏死、寄生虫损害、严重的淤血、出血、病理性肥大或萎缩，异色、异味及其他有碍卫生的部分。

8.7 须做无害化处理的应在胴体上加盖与处理意见一致的统一印章，并在动物防疫监督部门监督下，在厂内处理。

9 检疫记录

所有屠宰场均应对生产、销售和相应的检疫、处理记录保存两年以上。

ICS 67.120.01
B 45
备案号：16600—2005

中华人民共和国国内贸易行业标准

SB/T 10395—2005

畜禽产品流通卫生操作技术规范

Operating practice for livestock and poultry product in circulating

2005-07-26 发布　　　　2005-10-01 实施

中华人民共和国商务部　发布

前　言

为规范流通领域畜禽产品质量管理，强化畜禽产品安全卫生控制，保障城乡居民食肉安全和身体健康，特制定本标准。

本标准由中华人民共和国商务部提出并归口。

本标准起草单位：商务部屠宰技术鉴定中心。

本标准主要起草人：朱德修、金社胜、赵志云、张新玲。

畜禽产品流通卫生操作技术规范

1 范围

本标准规定了进入流通领域的畜禽产品卫生操作、卫生管理和产品监测的技术要求。

本标准适用于专营或兼营畜禽产品的商场、超市、肉类批发市场和农贸市场。

2 规范性引用文件

下列文件中的条款通过本标准的引用而成为本标准的条款。凡是注日期的引用文件，其随后所有的修改单(不包括勘误的内容)或修订版均不适用于本标准，然而，鼓励根据本标准达成协议的各方研究是否可使用这些文件的最新版本。凡是不注日期的引用文件，其最新版本适用于本标准。

GB/T 5737　食品塑料周转箱

GB 7718　预包装食品标签通则

GB 9683　复合食品包装袋卫生标准

GB 11680　食品包装用原纸卫生标准

GB 14930.2　食品工具、设备用洗涤消毒剂卫生标准

GB 16332　食品包装材料用尼龙成型品卫生标准

3 术语和定义

下列术语和定义适用于本标准。

3.1

畜禽产品　livestock and poultry product

猪、牛、羊、鸡、鸭、鹅、马、驴、骡、兔屠宰加工后的胴体、头、蹄、尾、内脏和供食用的皮、血，以及以肉为原料的肉制品。

4 畜禽产品采购的卫生要求

4.1　畜禽产品应来自符合《生猪屠宰管理条例》第二章第七条和《食品生产加工企业质量安全监督管理办法》第二章规定的条件，并向经销商提供《屠宰许可证》、《食品生产许可证》、《卫生许可证》和《企业法人执照》或《营业执照》等资质证件，经销商应建立供应商档案和商品购销质量台账。

4.2　应建立畜禽采购“厂店挂钩”制度，签订采购合同，合同应约定双方保障畜禽产品质量安全的有关权利、义务、违约责任及处理办法，按合同供应和接收畜禽产品。

4.3　应严格执行畜禽产品市场准入、索证、验质制度，符合国家产品标准和卫生标准，具备产品检验合格证明(检验合格证或化验单)，方可接收进货。

5 畜禽产品包装的卫生要求

5.1　畜禽产品包装应配备与经营规模相应的包装、分拣和整理设备。包装操作应按产品的包装工艺规程和方法进行。包装上的标签应符合 GB 7718 的规定。

5.2　包装材料应符合 GB 9683、GB 11680 和 GB 16332 的规定。内外包装材料应分别存放，并应干燥通风，保持清洁卫生。

5.3　包装使用的设备、工具、容器等，在使用前后应用 82℃ 以上热水清洗，如发现被污染的包装材料，应根据污染物的性质，采用符合 GB 14930.2 规定的洗涤消毒剂进行消毒，冲洗干净后方可使用。

6 畜禽产品贮存的卫生要求

6.1 畜禽产品入库前，应经过严格的检疫和品质检验，对有疫病或可疑疫病、寄生虫病、腐败变质、注水或注入其他物质、加工质量不符合产品或卫生标准及受污染和超过保质期的产品，不得入库贮存，并按有关规定处理。

6.2 生鲜肉、冷却肉及肉制品，应贮存于室温0℃～4℃、相对湿度85%～90%的冷却间；冷冻肉应贮存于室温－18℃以下、相对湿度90%～95%的冷藏间，经营量小的可贮存于冷藏柜。贮存时间不应超过规定的保质期。

6.3 畜禽产品入库贮存时，应按进货时间先后，按品种、分批次码垛，每个垛位底部应加垫板，垛位之间应留出一定空间，并建立相应的台账，记录入出库情况。

6.4 畜禽产品贮存中，应随时进行质量检查，发现有软化、变质、有异味时，应及时进行处理。

6.5 畜禽产品出库时，应根据入贮时间、批次、先进先出，并做到产品不落地。

6.6 贮存库内应保持整齐清洁，不得同库存放有碍肉品卫生、安全的物品及其他杂物。不得同库存放生鲜食品与熟产品、清真与非清真产品及可能造成串味的产品。定期对贮存库内地面、墙壁及工具用具进行清洗消毒。

7 畜禽运输的卫生要求

7.1 畜禽产品运输应使用专用的冷藏车或保温车，短途运输可使用箱式货车，不得用敞篷车运送。

7.2 运输车辆应配备必要的放置设施。鲜、冻片肉应有吊挂设施；散装、预包装产品应使用符合GB/T 5737要求的塑料周转箱，箱底不得直接接触产品，底层应加垫板。

7.3 生鲜产品在装运前应使产品温度达到室温，常温运输时间不超过4 h，0℃～4℃时不超过12 h；冷却肉、肉制品装运前和运输中，产品温度应保持在0℃～7℃范围内；冷却肉应保持在－15℃～－18℃范围内；运输时间原则上不超过24 h。

7.4 产品出入库和装卸车的时间应尽量缩短，装卸方法以不损坏产品包装为宜。

7.5 运输车辆应符合卫生要求，不得使用装运过活畜禽、化学品、危险品或其他有毒有害物品的车辆装运。

7.6 生鲜肉与肉制品、鲜冻肉和副产品、裸装肉和预包装肉，清真食品与非清真食品，不得混合装箱运送。

7.7 装卸畜禽产品时，严禁脚踏和产品落地，对已落地的产品应进行卫生处理，污染严重的直接入口产品应废弃。

7.8 运输车辆、容器、工具用具，在使用前后应进行清洗消毒，使用的洗涤消毒剂应符合GB 14930.2的规定。

8 畜禽产品销售的卫生要求

8.1 畜禽产品销售场所(专营或兼营的市场、超市、农贸市场、肉类批发市场、配送中心)，应远离厕所、坑塘、垃圾场等污染源，距离应在25 m以上。周围环境清洁，不得有生产或产生粉尘、气体、烟雾等有害物质的企业或场所。

8.2 销售场所内建筑材料应符合卫生要求，地面以耐磨、防滑、不渗水、易清洗的材料铺设，地面平整，无凹凸不平和裂缝；墙壁应采用浅色、无毒、不渗水、易清洗的材料涂刷或贴面；天花板应用防霉材料覆涂。

8.3 销售场所面积应与经营规模相适应，布局应符合卫生和操作要求。超市及兼营市场应设立专门的销售区并挂牌标示，生鲜产品与熟肉制产品应分区或分柜销售；肉类批发市场与专营市场、配送中心，应有固定的加工、批发或零售的操作或营业室，达到防雨、防尘、防蝇、防虫、防鼠的要求。凡有现场加工、分装产品的，应设专门的操作间或包装间；农贸市场应划区挂牌入市经营，现场宰杀活禽应有封门的固定宰杀场所，其面积应满足销售量和加工、贮存、洗涤、消毒的需要。

8.4 销售设施应符合卫生要求，除农贸市场外，都应配备相应的冷却保鲜货柜、冷藏库及温度显示装置；柜台、操作台应使用不锈钢或其他食品专用材料制作；设有洗手设施、上下水设施、冷藏或保温车辆；销售散装生鲜肉及肉制品应配备售货工具。农贸市场应配备营业室，销售柜台(架和挂钩)应使用不锈钢或食品专用材料制作，并有防蝇、防尘、防鼠设施，有条件的应配备洗手设施及封闭专用的送货车辆。

8.5 畜禽产品在进货、贮存、上柜、销售过程中，应严格执行生熟分开的规定，同室或同柜台不得同时经营非预包装的生、熟产品。贮存和销售人员应对所存和所销售的产品定时检查核对其保质期和质量情况，发现有异味、变色、变质和其他异常的，应停止销售，立即撤柜，及时处理。

8.6 经营散装畜禽产品，应按《散装食品卫生管理规范》的规定，有专人负责，有防虫材料遮盖。设置隔离设施，使产品不被消费者直接触摸并有禁摸标志或警语。在盛放产品容器的显著位置或隔离设施上，标出产品名称、配料表、生产厂家和厂址、生产日期、保质期、保鲜条件和注意事项，并应为消费者提供可分拣和包装的服务。

8.7 散装熟肉制品销售应坚持“以销定进”的原则，日进日销，并且应用售货工具。常温货柜销售时，超过 6 h 应加热后销售，已经腐败变质的产品应予废弃，不得加热后再销。

8.8 销售畜禽产品所用的包装材料应符合国家卫生标准，不得用旧书报、废纸、非食品专用塑料袋和其他不符合卫生要求的包装材料包装。

8.9 畜禽产品运送、加工、贮存、销售所使用的车辆、刀具、容器、操作台、案板、货柜，应在使用前后用 82℃以上的热水或符合国家卫生标准的洗涤消毒剂进行清洗或消毒，其中对操作台、案板应在使用 4 h 后清洗干净后使用。对地面、墙壁、天花板及周围环境应定期清扫、冲洗、消毒。

8.10 畜禽产品销售单位应建立进出货台账，记载产品名称、产地、生产厂及厂址、进货日期、进货数量、出货及销售数量、验证验质情况，以便对查出的问题产品进行溯源。

8.11 畜禽产品销售单位应严格执行国家食品卫生法律、法规、规章、标准，建立健全并严格执行各项卫生管理制度，如从业人员岗位责任制、各经营环节工作流程、室内外环境卫生保洁制度、产品验收、运送、出入库、销售质量检查制度、从业人员个人卫生制度及车辆、设备、刀具、容器、操作台、货柜等清洗消毒制度。农贸市场应由市场主办者对进场经营的畜禽产品定期定时进行检查。并记录检查情况，发现问题及时采取措施加以改进，如发现《中华人民共和国食品卫生法》规定禁止经营的产品，应立即采取措施。

8.12 畜禽产品销售单位，应建立并执行问题产品通报和追回制度。应在销售场所明显部位设立公示栏，定期公布产品检查检测情况，对检查检测不合格的产品及其生产厂家在公示栏公告。如在销售中发现或消费者投诉有问题产品时，销售负责人或市场主办者应立即会同食品卫生管理员进行检查落实，确认后在销售场所公示栏公告，必要时通过有关媒体进行公示，将问题产品品名、问题性质、销售日期、危害程度告知消费者，并予以追回，对追回的问题产品按规定进行处理。

9 从业人员的卫生要求

9.1 应有负责卫生检验和卫生防疫、质量安全检查、环境卫生、装卸搬运、治安管理、设施设备检修等方面的服务人员，其从业人员应具备当地劳动和保障部门以及有关部门要求的从业资格。

9.2 畜禽产品接收、加工、贮存、销售及管理人员，应经体检合格取得健康证明后方可上岗。工作期间每年进行一次健康体检，必要时做临时检查，凡患有《中华人民共和国食品卫生法》规定的有碍产品卫生的疾病患者，应调离接触产品的工作岗位。

9.3 畜禽产品加工、运送、贮存、销售人员工作期间应穿戴洁净的工作服、帽，不得佩带首饰、留长指甲、涂指甲油。加工和销售直接入口产品时，应戴卫生口罩和一次性手套，不应将与加工、销售产品无关的物品带入加工、销售间，不应在加工、销售间就餐。

9.4 加工或销售人员手部接触过病害肉、病变组织、腐败变质肉及其他污染物、进厕所、用餐及其他原因离开工作岗位，应洗净双手并经消毒后才可继续工作。手部受伤后不得接触产品，需经包扎治疗后可参加不直接接触直接入口产品的工作。

三、产品标准

前　言

本标准的4.4和4.5为强制性条文，其余为推荐性条文。

本标准是对GB/T 9959.1—1988《带皮鲜、冻片猪肉》和GB/T 9959.2—1988《无皮鲜、冻片猪肉》的修订。考虑到原两个标准只有带皮与无皮的区别，因此在修订时合为一个标准，取名为《鲜、冻片猪肉》。

本次修订对理化指标作了两点修改，即产品的挥发性盐基氮指标，由原来的“≤15 mg/100 g”改为“≤20 mg/100 g”，并增加了一项水分限量指标。

本标准自实施之日起，同时代替GB/T 9959.1—1988和GB/T 9959.2—1988。

本标准由国家国内贸易局提出。

本标准由国家国内贸易局消费品流通司归口。

本标准起草单位：中国肉类食品综合研究中心。

本标准主要起草人：李气清、薛元力。

中华人民共和国国家标准

GB 9959.1—2001

代替 GB/T 9959.1—1988
GB/T 9959.2—1988

鲜、冻片猪肉

Fresh and frozen demi carcass pork

1 范围

本标准规定了鲜、冻片猪肉的术语、技术要求、检验方法、检验规则和标识、贮存、运输。

本标准适用于生猪经屠宰、加工的鲜、冻片猪肉。

2 引用标准

下列标准所包含的条文,通过在本标准中引用而构成为本标准的条文。本标准出版时,所示版本均为有效。所有标准都会被修订,使用本标准的各方应探讨使用下列标准最新版本的可能性。

GB/T 5009.17—1996 食品中总汞的测定方法

GB/T 5009.44—1996 肉与肉制品卫生标准的分析方法

GB 18394—2001 畜禽肉水分限量

(59)农牧伟字第113号、(59)卫防字第556号、(59)检一联字第231号和(59)商卫联字第399号文《肉品卫生检验试行规程》

3 定义

本标准采用下列定义。

3.1 片猪肉 demi-carcass pork

将宰后的整只猪胴体沿脊椎中线,纵向锯(劈)成两分体的猪肉。

3.2 鲜片猪肉 fresh demi-carcass pork

宰后的片猪肉,经过凉肉,但不经过冷却工艺过程的猪肉。

3.3 冷却片猪肉 chilled demi-carcass pork

片猪肉经过冷却工艺过程,其后腿肌肉深层中心温度不高于4℃,不低于0℃的猪肉。

3.4 冷冻片猪肉 frozen demi-carcass pork

片猪肉经过冻结工艺过程,其后腿肌肉深层中心温度不高于－15℃的猪肉。

3.5 猪平头 swine head

从齐耳根进刀,直线划至下颌骨,将颈肉在离下巴痣6 cm～7 cm处割开,不露脑顶骨的猪头。

4 技术要求

4.1 原料

4.1.1 生猪应来自非疫区,并持有产地动物防疫监督机构出具的检疫证明。

4.1.2 公、母种猪及晚阉猪不得用于加工鲜、冻片猪肉。

4.2 加工

4.2.1 屠宰加工要求(见表1)

中华人民共和国国家质量监督检验检疫总局2001-07-20批准　　　　2001-12-01实施

表 1

项目 \ 等级	一级	二级	三级
放血	完全	完全	完全
去头和去槽头肉	按"平头"规格割下猪头。齐第一颈椎与之垂直直线割去槽头肉和血刀肉	按"平头"规格割下猪头。齐第一颈椎与之垂直直线割去槽头肉和血刀肉	按"平头"规格割下猪头。齐第一颈椎与之垂直直线割去槽头肉和血刀肉
去内脏	祛除全部内脏、护心油、横膈膜和横膈膜肌、脊椎大血管、生殖器官、修净应检部位的非传染病引起的明显异常淋巴结	祛除全部内脏、护心油、横膈膜和横膈膜肌、脊椎大血管、生殖器官、修净应检部位的非传染病引起的明显异常淋巴结	祛除全部内脏、护心油、横膈膜和横膈膜肌、脊椎大血管、生殖器官、修净应检部位的非传染病引起的明显异常淋巴结
去三腺	摘除甲状腺、肾上腺、病变淋巴结	摘除甲状腺、肾上腺、病变淋巴结	摘除甲状腺、肾上腺、病变淋巴结
锯(劈)半	沿脊椎中线纵向锯(劈)成两分体,应均匀整齐	沿脊椎中线纵向锯(劈)成两分体,每片肉整脊椎骨不允许偏差两节	沿脊椎中线纵向锯(劈)成两分体,每片肉整脊椎骨不允许偏差三节
去蹄	前蹄从腕关节,后蹄从跗关节处割断	前蹄从腕关节,后蹄从跗关节处割断	前蹄从腕关节,后蹄从跗关节处割断
去尾	齐尾根部平行割下	齐尾根部平行割下	齐尾根部平行割下
去奶头	割净奶头,修净色素沉着物,不带黄汁	割净奶头,修净色素沉着物,不带黄汁	割净奶头,修净色素沉着物,不带黄汁
整修	臀部和鼠蹊部的黑皮、皱皮和肛门括约肌,以及肉体上的伤痕、暗伤、脓疱、皮癣、湿疹、痂皮、皮肤结节、密集红斑和表皮伤斑均应修净。每片猪肉允许表皮修割面积不超过四分之一,内伤修割面积不超过150 cm^2	臀部和鼠蹊部的黑皮和肛门括约肌,以及肉体上的伤痕、暗伤、脓疱、皮癣、湿疹、痂皮、皮肤结节、密集红斑和表皮伤斑均应修净。每片猪肉允许表皮修割面积不超过三分之一,内伤修割面积不超过200 cm^2	臀部和鼠蹊部的黑皮和肛门括约肌,以及肉体上的伤痕、暗伤、脓疱、皮癣、湿疹、痂皮、皮肤结节、密集红斑和表皮伤斑均应修净。每片猪肉允许表皮修割面积不超过三分之一,内伤修割面积不超过250 cm^2
去残毛	去净残留毛绒,不准带长短毛,每片肉上的密集断毛根(包括绒毛、新生短毛)不超过64 cm^2,零星分散断毛根集中相加面积不超过80 cm^2	去净残留毛绒,不准带长短毛,每片肉上的密集断毛根(包括绒毛、新生短毛)不超过64 cm^2,零星分散断毛根集中相加面积不超过100 cm^2	去净残留毛绒,不准带长短毛,每片肉上的密集断毛根(包括绒毛、新生短毛)不超过64 cm^2,零星分散断毛根集中相加面积不超过120 cm^2
冲洗	不带浮毛、凝血块、胆污、粪污及其他污染物	不带浮毛、凝血块、胆污、粪污及其他污染物	不带浮毛、凝血块、胆污、粪污及其他污染物
其他	不允许有烫生、烫老、机损、全身青皮	不允许有烫生、烫老、机损、全身青皮	不允许有烫生、烫老、机损、全身青皮

4.2.2 冷加工

4.2.2.1 冷却片猪肉,屠宰后 24 h 内,其后腿肌肉中心温度不高于 4℃,不低于 0℃。

4.2.2.2 冻片猪肉,冷却后 20 h 内,其后腿肌肉中心温度不高于−15℃。

4.3 检验检疫

生猪的屠宰加工应按照(59)农牧伟字第113号、(59)卫防字第556号、(59)检一联字第231号和(59)商卫联字第399号文进行宰前、宰后检验检疫和处理。

4.4 感官指标

鲜、冻片猪肉感官要求见表2。

表2

项　目	鲜片猪肉	冻片猪肉(解冻后)
色泽	肌肉色泽鲜红或深红,有光泽;脂肪呈乳白色或粉白色	肌肉有光泽,色鲜红;脂肪呈乳白,无霉点
弹性(组织状态)	指压后的凹陷立即恢复	肉质紧密,有坚实感
粘度	外表微干或微湿润,不粘手	外表及切面湿润,不粘手
气味	具有鲜猪肉正常气味。煮沸后肉汤透明澄清,脂肪团聚于液面,具有香味	具有冻猪肉正常气味。煮沸后肉汤透明澄清,脂肪团聚于液面,无异味

4.5 理化指标

鲜、冻片猪肉理化指标见表3。

表3

项　目		鲜冻片猪肉
挥发性盐基氮,mg/100 g	≤	20
汞(以汞计),mg/kg	≤	0.05
水分,%	≤	77

4.6 产品分级

4.6.1 鲜冻片猪肉分为一级、二级和三级。分级以鲜片猪肉的第六、第七肋骨中间平行至第六胸椎棘突前下方,除皮后的脂肪层厚度为准。一级猪肉除规定脂肪层厚度外,还有质量要求。

分级规格见表4。

表4

<table>
<tr><th colspan="2">项　目</th><th>一　级</th><th>二　级</th><th>三　级</th></tr>
<tr><td colspan="2">脂肪层厚度,cm</td><td>≤2.0</td><td>1.0～2.5</td><td><1.0
>2.5</td></tr>
<tr><td rowspan="2">片肉质量,kg</td><td>带皮</td><td>≥23</td><td rowspan="2">不限</td><td rowspan="2">不限</td></tr>
<tr><td>无皮</td><td>≥21</td></tr>
</table>

4.6.2 鲜片猪肉经冷冻后,其脂肪层允许有以下收缩率,见表5。

表5

脂肪层厚度,cm	允许收缩率,%
<1.0	10
1.0～2.5	11
2.5～3.0	12
>3.0	13

5 检验方法

5.1 感官检验

5.1.1 外形和色泽:目测。

5.1.2 粘度、弹性(组织状态):手触、目测。

5.1.3 气味:嗅觉检验。

5.1.4 煮沸后的肉汤:按 GB/T 5009.44—1996 中 1.2 条的规定检验。

5.2 理化检验

5.2.1 挥发性盐基氮:按 GB/T 5009.44—1996 中 2.1 条的规定测定。

5.2.2 汞:按 GB/T 5009.17 的规定测定。

5.2.3 水分

按 GB 18394—2001 中第 4 章的规定测定。

5.3 温度测定

5.3.1 仪器

温度计:使用±50℃非汞柱普通玻璃温度计或其他测温仪器。

5.3.2 测定

用直径略大于温度计直径的(不得超过 0.1 cm)钻头,在后腿部位钻至肌肉深层中心(4 cm～6 cm),拔出钻头,迅速将温度计插入肌肉孔中,约 3 min 后,平视温度计所示度数。

6 检验规则

6.1 组批

同一班次,同一品种,同一规格的产品为一批。

6.2 抽样

按表 5 抽取样本。

表 5

批量范围,片	样本数量,片	合格判定数 A_c	不合格判定数 R_e
<1 200	5	0	1
1 201～35 000	8	1	2
≥35 001	13	2	3

从样本中抽取 2 kg 作为型式检验样品,其余样本原封不动进行封存,保留 3 个月备查。

6.3 检验

6.3.1 出厂检验

6.3.1.1 每批出厂产品应经检验合格,出具检验证书方能出厂。

6.3.1.2 检验项目为标签、净含量、包装和感官。

6.3.1.3 判定原则按表 5 执行。

6.3.2 型式检验

6.3.2.1 每年至少进行一次。有下列情况之一者,应进行型式检验:

a) 更换设备或长期停产再恢复生产时;

b) 出厂检验结果与上次型式检验有较大差异时;

c) 国家质量监督机构进行抽查时。

6.3.2.2 检验项目为本标准 4.5 和 4.6 中规定的所有项目。

6.3.2.3 判定原则

a）标签、净含量、包装和感官同出厂检验；

b）其他项目如有一项以上(含一项)不合格，应在所抽样本中抽取2倍量样品进行复检，以复检结果为准。

7 标识、贮存、运输

7.1 标识

7.1.1 在每片猪肉的臀部和肩胛部加盖兽医验讫、检验合格和等级印戳，字迹必须清晰整齐。

7.1.2 兽医印戳为圆形，其直径为5.5 cm，刻有企业名称、“兽医验讫”、“年、月、日”、“猪”字样。等级印戳圆形，其直径为4.5 cm，刻有“1”、“2”、“3”字样。

7.1.3 印色须用食品级色素配制。

7.2 贮存

7.2.1 冷却片猪肉应吊挂在相对湿度75%～84%，温度0℃～1℃的冷却间，肉体之间的距离保持3 cm～5 cm。

7.2.2 冷冻片猪肉应贮存在相对湿度95%～100%，温度－18℃的冷藏间，冷藏间温度一昼夜升降幅度不得超过1℃。

7.3 运输

7.3.1 公路、水路运输应使用符合卫生要求的冷藏车(船)或保温车。

7.3.2 铁路运输应按国家有关规定执行。

GB 9959.1—2001《鲜、冻片猪肉》第1号修改单

本修改单业经国家标准化管理委员会于2003年12月12日以国标委农轻函[2003]103号文批准，自2004年2月1日起实施。

前言部分“本标准的4.4和4.5为强制性条文，其余为推荐性条文”应改正为“本标准的4.1、4.5和4.6为强制性条文，其余为推荐性条文”。

ICS 67.120.01
X 22

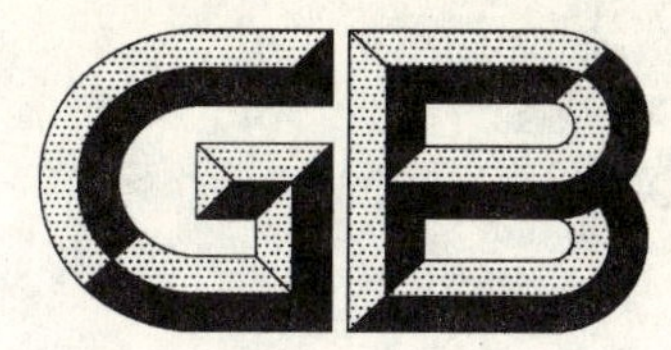

中华人民共和国国家标准

GB/T 9959.2—2008
代替 GB 9959.2—2001

分割鲜、冻猪瘦肉

Fresh and frozen pork lean, cuts

2008-08-12 发布 2008-12-01 实施

中华人民共和国国家质量监督检验检疫总局
中国国家标准化管理委员会 发布

前　言

本标准是对 GB 9959.2—2001《分割鲜、冻猪瘦肉》的修订，与 GB 9959.2—2001 相比，主要差异如下：

——增加了部分引用标准；

——对 4.6 理化指标作了补充，增加了重金属镉、铅、砷、净含量指标，以及农药、兽药残留指标；

——增加了 4.7 微生物指标。

本标准自实施之日起，代替 GB 9959.2—2001。

本标准由中华人民共和国商务部提出并归口。

本标准起草单位：商务部屠宰技术鉴定中心、临沂新程金锣肉制品有限公司。

本标准主要起草人：张立峰、张季川、张京茂、张新玲、胡新颖。

本标准所代替标准的历次版本发布情况为：

——GB/T 9959.4—1988；

——GB 9959.2—2001。

分割鲜、冻猪瘦肉

1 范围

本标准规定了分割鲜、冻猪瘦肉的相关术语和定义、技术要求、检验方法、检验规则、标识、贮存和运输。

本标准适用于以鲜、冻片猪肉按部位分割后，加工成的冷却(鲜)或冷冻的猪瘦肉。

2 规范性引用文件

下列文件中的条款通过本标准的引用而成为本标准的条款。凡是注日期的引用文件，其随后所有的修改单(不包括勘误的内容)或修订版均不适用于本标准，然而，鼓励根据本标准达成协议的各方研究是否可使用这些文件的最新版本。凡是不注日期的引用文件，其最新版本适用于本标准。

GB/T 191 包装储运图示标志

GB/T 4789.17 食品卫生微生物学检验 肉与肉制品检验

GB/T 5009.11 食品中总砷及无机砷的测定

GB/T 5009.12 食品中铅的测定

GB/T 5009.15 食品中镉的测定

GB/T 5009.17 食品中总汞及有机汞的测定

GB/T 5009.19 食品中六六六、滴滴涕残留量的测定

GB/T 5009.20 食品中有机磷农药残留量的测定

GB/T 5009.44 肉与肉制品卫生标准的分析方法

GB/T 5009.116 畜禽肉中土霉素、四环素、金霉素残留量的测定(高效液相色谱法)

GB/T 5009.192 动物性食品中克伦特罗残留量的测定

GB/T 5737 食品塑料周转筐

GB/T 6388 运输包装收发货标志

GB/T 6543 瓦楞纸箱

GB 7718 预包装食品标签通则

GB 9683 复合食品包装袋卫生标准

GB 9687 食品包装用聚乙烯成型品卫生标准

GB 9688 食品包装用聚丙烯成型品卫生标准

GB 9959.1 鲜、冻片猪肉

GB 10457 聚乙烯自粘保鲜膜

GB 18394 畜禽肉水分限量

GB/T 20799 鲜、冻肉运输条件

JJF 1070 定量包装商品净含量计量检验规则

SN 0208 出口肉中十种磺胺残留量检验方法

SN 0215 出口禽肉中氯霉素残留量检验方法

定量包装商品计量监督管理办法 国家质量监督检验检疫总局[2005]第75号令

3 术语和定义

下列术语和定义适用于本标准。

3.1

猪瘦肉　pork lean

每片猪肉按不同部位分割成的去皮、去骨、去皮下脂肪的肌肉。

3.2

颈背肌肉　pork boneless boston shoulder

从第五、六肋骨中间斩下的颈背部位的肌肉(简称Ⅰ号肉)。

3.3

前腿肌肉　pork boneless picnic shoulder

从第五、六肋骨中间斩下的前腿部位的肌肉(简称Ⅱ号肉)。

3.4

大排肌肉　pork loin

在脊椎骨下约 4 cm～6 cm 肋骨处平行斩下的脊背部位肌肉(简称Ⅲ号肉)。

3.5

后腿肌肉　pork leg

从腰椎与荐椎连接处(允许带腰椎一节半)斩下的后腿部位肌肉(简称Ⅳ号肉)。

4　技术要求

4.1　品种

分割鲜、冻猪瘦肉分为:颈背肌肉(简称Ⅰ号肉)、前腿肌肉(简称Ⅱ号肉)、大排肌肉(简称Ⅲ号肉)、后腿肌肉(简称Ⅳ号肉)及其精细分割产品。

4.2　原料

应符合 GB 9959.1 的要求。

4.3　加工

4.3.1　分割

4.3.1.1　分割肉加工允许有两种剔骨工艺,即冷剔骨和热剔骨。冷剔骨系指片猪肉在冷却后进行分割剔骨。热剔骨系指片猪肉不经冷却过程而直接进行分割剔骨。采用热剔骨工艺时,应严格卫生条件,从生猪放血至加工成分割成品肉进入冷却间的时间,不应超过 90 min。分割间环境温度应≤15 ℃。

4.3.1.2　分割肉应修割去除伤斑、出血点、碎骨、软骨、血污、淋巴结、脓疱、浮毛及杂质。严重苍白的肌肉及其周围有浆液浸润的组织应剔除。

4.3.2　冷加工

4.3.2.1　分割猪瘦肉应在 0 ℃～4 ℃的环境下,24 h 内将肉块中心温度冷却至 7 ℃以下。

4.3.2.2　分割冻猪瘦肉冻结终温,其肌肉深层中心温度不应高于－15 ℃。

4.4　感官

应符合表 1 的规定。

表 1　感官要求

项 目	要 求
色泽	肌肉色泽鲜红,有光泽;脂肪呈乳白色
组织状态	肉质紧密,有坚实感
气味	具有猪肉固有的气味,无异味

4.5　理化指标

应符合表 2 的规定。

表2 理化指标

项目		指标
水分/%	≤	77
挥发性盐基氮/(mg/100g)	≤	15
总汞(以Hg计)/(mg/kg)	≤	0.05
镉(Cd)/(mg/kg)	≤	0.1
铅(以Pb计)/(mg/kg)	≤	0.2
无机砷(以As计)/(mg/kg)	≤	0.05
六六六/(mg/kg)	≤	0.2
滴滴涕/(mg/kg)	≤	0.2
敌敌畏		不得检出
金霉素/(mg/kg)	≤	0.1
四环素/(mg/kg)	≤	0.1
土霉素/(mg/kg)	≤	0.1
磺胺类(以磺胺类总量计)/(mg/kg)	≤	0.1
氯霉素		不得检出
克伦特罗		不得检出

4.6 微生物指标

应符合表3的规定。

表3 微生物指标

项 目		指 标
菌落总数/(CFU/g)	≤	1×10^6
大肠菌群/(MPN/100 g)	≤	1×10^4
沙门氏菌		不得检出

4.7 净含量

净含量以产品标签或外包装标注为准,允许短缺量应符合《定量包装商品计量监督管理办法》的规定。

5 检验方法

5.1 感官检验

5.1.1 色泽:目测。

5.1.2 气味:嗅觉检验。

5.1.3 组织状态:手触、目测。

5.2 理化检验

5.2.1 水分:按GB 18394规定的方法测定。

5.2.2 挥发性盐基氮:按GB/T 5009.44中规定的方法测定。

5.2.3 总汞:按GB/T 5009.17规定的方法测定。

5.2.4 镉:按GB/T 5009.15规定的方法测定。

5.2.5 铅:按GB/T 5009.12规定的方法测定。

5.2.6 无机砷：按 GB/T 5009.11 规定的方法测定。

5.2.7 六六六、滴滴涕：按 GB/T 5009.19 规定的方法测定。

5.2.8 敌敌畏：按 GB/T 5009.20 规定的方法测定。

5.2.9 金霉素、四环素、土霉素：按 GB/T 5009.116 规定的方法测定。

5.2.10 磺胺类：按 SN0208 规定的方法测定。

5.2.11 氯霉素：按 SN0215 规定的方法测定。

5.2.12 克伦特罗：按 GB/T 5009.192 规定的方法测定。

5.2.13 净含量：按 JJF 1070 的规定进行检验。

5.3 微生物检验

按 GB/T 4789.17 规定的方法测定。

5.4 温度测定

5.4.1 仪器

温度计：使用±50 ℃非汞柱普通玻璃温度计或其他测温仪器。

5.4.2 测定

用直径略大于(不得超过 0.1 cm)温度计直径的钻头，在后腿部位钻至肌肉深层中心约 4 cm ～ 6 cm，拔出钻头，迅速将温度计插入肌肉孔中，约 3 min 后，平视温度计所示度数。

6 检验规则

6.1 组批

同日生产、同一品种、同一规格的产品为一批。

6.2 抽样

6.2.1 样本数量：从同一批产品中随机按表 4 抽取样本，并将 1/3 样品进行封存，保留备查。

6.2.2 样品数量：从样本中随机抽取 2 kg 作为检验样品。

抽样表

批量范围/箱	样本数量/箱	合格判定数 Ac	不合格判定数 Re
<1 200	5	0	1
1 201～35 000	8	1	2
>3 500	13	2	3

6.3 检验

6.3.1 出厂检验

6.3.1.1 每批出厂产品应经检验合格，出具检验证书方能出厂。

6.3.1.2 检验项目为净含量、感官。

6.3.2 型式检验

6.3.2.1 每半年至少进行一次。有下列情况之一者，应进行型式检验：

a) 更换设备或长期停产再恢复生产时；

b) 出厂检验结果与上次型式检验有较大差异时；

c) 国家质量监督机构进行抽查时。

6.3.2.2 检验项目为本标准 4.4 、4.5 和 4.6 中规定的所有项目。

6.4 判定规则

6.4.1 检验项目结果全部符合本标准，判为合格品。若有一项或一项以上指标(微生物指标除外)不符合本标准要求时，可在同批产品中加倍抽样进行复验。复验结果合格，则判为合格品，如复验结果中仍有一项或一项以上指标不符合本标准，则判该批次为不合格品。

6.4.2 微生物指标不符合本标准，则判该批次为不合格品，不得复验。

7 标识、包装、贮存、运输

7.1 标识

7.1.1 产品标签应符合 GB 7718 的要求。

7.1.2 运输包装的标志应符合 GB/T 191、GB/T 6388 的规定。

7.2 包装

瓦楞纸箱应符合 GB/T 6543 的规定，塑料包装材料应符合 GB/T 5737、GB 9683、GB 9687、GB 9688、GB 10457 及相关法规、标准的规定。

7.3 贮存

分割鲜猪瘦肉应贮存在－1 ℃～4 ℃的冷藏间，分割冻猪瘦肉应贮存在－18 ℃以下的冷藏间。冷藏间温度一昼夜升降幅度不得超过 1 ℃。

7.4 运输

应符合 GB/T 20799 的规定。

ICS 67.120.01
X 22

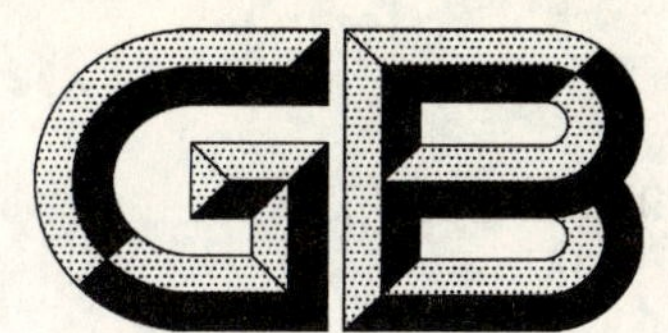

中华人民共和国国家标准

GB/T 9960—2008
代替 GB/T 9960—1988

鲜、冻四分体牛肉

Fresh and frozen beef, quarters

2008-06-27 发布 2008-10-01 实施

中华人民共和国国家质量监督检验检疫总局
中国国家标准化管理委员会 发布

前　言

本标准代替 GB/T 9960—1988《鲜、冻四分体带骨牛肉》。

本标准与 GB/T 9960—1988 相比主要变化如下：

——对产品术语进行了补充及修改；

——对产品的屠宰加工进行了更细致的要求；

——感官要求中增加了可见异物的要求；

——增加了水分限量指标及检验方法；

——细化了产品理化指标及检验方法；

——增加了农药兽药残留及检验方法；

——增加了微生物指标及检验方法；

——增加了质量分级及评定方法；

——增加了净含量要求及检验方法。

本标准由中华人民共和国商务部提出并归口。

本标准起草单位：商务部屠宰技术鉴定中心、吉林省长春皓月清真肉业股份有限公司、南京农业大学。

本标准主要起草人：胡铁军、何彬、魏玉玲、周光宏、李春保、张新玲、胡新颖。

本标准所代替标准的历次版本发布情况为：

——GB/T 9960—1988。

鲜、冻四分体牛肉

1 范围

本标准规定了鲜、冻四分体牛肉的相关术语和定义、技术要求 、检验方法和检验规则、标志、贮存和运输。

本标准适用于健康活牛经屠宰加工、冷加工后,用于供应市场销售、肉制品及罐头原料的鲜、冻四分体牛肉。

2 规范性引用文件

下列文件中的条款通过本标准的引用而成为本标准的条款。凡是注日期的引用文件,其随后所有的修改单(不包括勘误的内容)或修订版均不适用于本标准,然而,鼓励根据本标准达成协议的各方研究是否可使用这些文件的最新版本。凡是不注日期的引用文件,其最新版本适用于本标准。

GB 2707 鲜(冻)畜肉卫生标准

GB 2763 食品中农药最大残留限量

GB/T 4789.2 食品卫生微生物学检验 菌落总数测定

GB/T 4789.3 食品卫生微生物学检验 大肠菌群测定

GB/T 4789.4 食品卫生微生物学检验 沙门氏菌检验

GB/T 4789.6 食品卫生微生物学检验 致泻大肠埃希氏菌检验

GB/T 5009.11 食品中总砷及无机砷的测定

GB/T 5009.12 食品中铅的测定

GB/T 5009.15 食品中镉的测定

GB/T 5009.17 食品中总汞及有机汞的测定

GB/T 5009.44 肉与肉制品卫生标准的分析方法

GB 12694 肉类加工厂卫生规范

GB 18393 牛羊屠宰产品品质检验规程

GB 18394 畜禽肉水分限量

GB 18406.3 农产品安全质量 无公害畜禽肉安全要求

GB/T 19477 牛屠宰操作规程

NY/T 676 牛肉质量分级

JJF 1070 定量包装商品净含量计量检验规则

定量包装商品计量监督管理办法(国家质量监督检验检疫总局[2005]第75号令)

动物性食品中兽药最高残留限量(中华人民共和国农业部公告[2002]第235号)

3 术语和定义

下列术语和定义适用于本标准。

3.1

成熟 aging or conditioning

牛屠宰后,胴体在0 ℃~4 ℃环境下吊挂存放,肉的pH值回升,嫩度和风味改善的过程。

3.2

冷却 chilling

在 0 ℃～4 ℃的环境下，36 h 内将肉块中心温度冷却至 7 ℃以下的工艺过程。

3.3

冻结 freezing

肉块冷却后，在－28 ℃以下 48 h 内使中心温度降至－18 ℃以下的工艺过程。

3.4

二分体牛肉 beef side

将屠宰加工后的整只牛胴体沿脊椎中线纵向锯(劈)成二分体的牛肉。

3.5

四分体牛肉 beef quarters

将屠宰加工后的整只牛胴体先沿脊椎中线纵向锯(劈)成二分体，再将两分体横向截成四分体的牛肉。

4 技术要求

4.1 加工过程卫生要求

肉类加工过程卫生应符合 GB 12694 的规定。

4.2 原料

原料及屠宰加工工艺流程应符合 GB/T 19477 的规定。

4.3 质量分级

鲜、冻四分体牛肉的质量等级参照 NY/T 676 的规定进行分级。

4.4 冷加工

4.4.1 冷却：活牛胴体经完成屠宰过程以后，在 45 min 以内将牛胴体移入冷却间内进行冷却。库内温度在 0 ℃～4 ℃，相对湿度在 80%～95%。冷却时间在 24 h～36 h，胴体后腿部、肩胛部深层中心温度不高于 7 ℃。

4.4.2 冻结：在温度在－28 ℃以下，速冻库内速冻 36 h，使肉块中心温度达到－18 ℃以下。

4.5 感官

鲜、冻四分体牛肉感官要求应符合表 1 的规定。

表 1 鲜、冻四分体牛肉的感官要求

项目	鲜牛肉	冻牛肉(解冻后)
色泽	肌肉有光泽，色鲜红或深红；脂肪呈乳白或淡黄色	肌肉色鲜红，有光泽；脂肪呈乳白色或微黄色
粘度	外表微干或有风干膜，不粘手	肌肉外表微干，或有风干膜，或外表湿润，不粘手
弹性(组织状态)	指压后的凹陷立即恢复	肌肉结构紧密，有坚实感，肌纤维韧性强
气味	具有鲜牛肉正常的气味	具有牛肉正常的气味
煮沸后肉汤	透明澄清，脂肪团聚于表面，具特有香味	澄清透明，脂肪团聚于表面，具有牛肉汤固有的香味和鲜味
肉眼可见异物	不得带伤斑、血点、血污、碎骨、病变组织、淋巴结、脓包、浮毛或其他杂质	

4.6 理化指标

鲜、冻四分体牛肉理化指标应符合 GB 2707 的规定。

4.7 水分限量

鲜、冻四分体牛肉水分限量应符合 GB 18394 的规定。

4.8 农药兽药残留限量

4.8.1 鲜、冻四分体牛肉农药残留应符合 GB 2763 的规定。

4.8.2 鲜、冻四分体牛肉兽药残留应符合《动物性食品中兽药最高残留限量》的规定。

4.9 微生物指标

鲜、冻分割牛肉微生物指标应符合 GB 18406.3 的规定。

4.10 净含量

净含量以产品标签或外包装标注为准，负偏差应符合《定量包装商品计量监督管理办法》的规定。

5 检验方法

5.1 感官检验

5.1.1 色泽、粘度、弹性（组织状态）、肉眼可见异物

目测、手触鉴别。

5.1.2 气味

嗅觉检验。

5.1.3 煮沸后的肉汤

按 GB/T 5009.44 中规定的方法检验。

5.2 理化检验

5.2.1 挥发性盐基氮

按 GB/ T 5009.44 规定的方法测定。

5.2.2 铅

按 GB/ T 5009.12 规定的方法测定。

5.2.3 砷

按 GB/ T 5009.11 规定的方法测定。

5.2.4 镉

按 GB/ T 5009.15 规定的方法测定。

5.2.5 汞

按 GB/ T 5009.17 规定的方法测定。

5.3 水分含量检验

按 GB 18394 规定的方法测定。

5.4 农药兽药残留检验

5.4.1 农药残留：按 GB 2763 规定的方法测定。

5.4.2 兽药残留：按相应国家标准规定的方法测定。

5.5 微生物检验

5.5.1 菌落总数

按 GB/T 4789.2 检验。

5.5.2 大肠菌群

按 GB/T 4789.3 检验。

5.5.3 沙门氏菌

按 GB/T 4789.4 检验。

5.5.4 致泻大肠埃希氏菌

按 GB/T 4789.6 检验。

5.6 质量等级评定

鲜、冻四分体牛肉的质量分级应符合 NY/T 676 的规定。

5.7 净含量

按 JJF 1070 规定的方法检验。

5.8 温度测定

5.8.1 仪器

温度计:使用非水银温度计或其他测温仪器。

5.8.2 测定

将温度计直接插入肌肉深层中心,或用直径略大于(不得超过 0.1 cm)温度计直径的钻头,在后腿部、肩胛部位钻至肌肉深层中心,拔出钻头,迅速将温度计插入肌肉孔中,约 3 min 后,记录温度计所示度数。

6 检验规则

6.1 出厂检验

6.1.1 产品出厂前由工厂技术检验部门按本标准逐批检验,并出据质量合格证书方可出厂。

6.1.2 检验项目为感官、挥发性盐基氮、菌落总数、大肠菌群、水分、净含量。

6.2 型式检验

一般情况下,型式检验每半年进行一次。有下列情况之一者也需进行型式检验:

a) 产品投产时;

b) 停产三个月以上恢复生产时;

c) 出厂检验结果与上次型式检验有较大差异时;

d) 国家质量监督部门提出要求时。型式检验项目为 4.1、4.2、4.3、4.4、4.5、4.7 规定的所有项目。

6.3 组批

同日生产、同一品种、同一规格的产品为一批。

6.4 抽样

按表 2 抽取样本。

表 2 抽样量及判定规则

批量范围/头	样本数量/头	合格判定数 *Ac*	不合格判定数 *Re*
<1 200	5	0	1
1 200~35 000	8	1	2
>35 000	13	2	3

从全部抽样数量中抽取 2 kg 试样,用于感官、水分、挥发性盐基氮和菌落总数、大肠菌群检验。

6.5 判定

6.5.1 检验项目结果全部符合本标准,判为合格品。若有一项或一项以上指标(微生物指标除外)不符合本标准要求时,可以在同批产品中加倍抽样进行复验。复验结果合格,则判为合格品,如复验结果中仍有一项或一项以上指标不符合本标准,则判该批次为不合格品。

6.5.2 若微生物指标不符合本标准,则判该批次为不合格品,不得复验。

7 标志、贮存、运输

7.1 标志

7.1.1 产品应按照 GB 18393 加盖兽医验讫和等级印戳,字迹应清晰整齐。

7.1.2　用伊斯兰教方法屠宰加工的牛肉，在兽医验讫印戳中应有伊斯兰教方法屠宰加工标记。

7.1.3　产品可追溯信息标记应清晰。

7.2　贮存

7.2.1　冷却牛肉应贮存在0 ℃～4 ℃的条件下。

7.2.2　冻分割牛肉应贮存在低于－18 ℃的冷藏库内，储存不超过12个月。

7.3　运输

7.3.1　公路、水路运输应使用符合卫生要求的冷藏车(船)或保温车。市内运输也可使用密封防尘车辆。

7.3.2　铁路运输应按国家有关铁路运输规定执行。

ICS 67.120.10
X 22

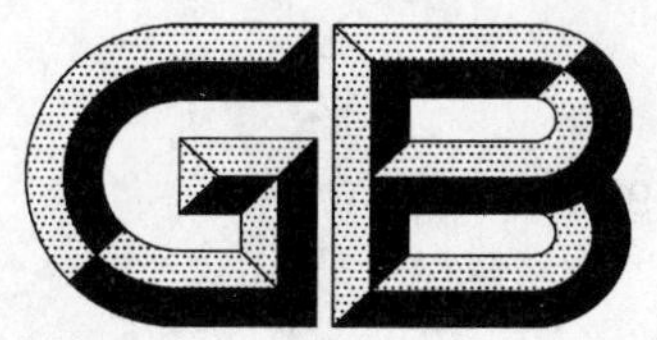

中华人民共和国国家标准

GB/T 9961—2008
代替 GB 9961—2001

鲜、冻胴体羊肉

Fresh and frozen mutton carcass

2008-08-12 发布　　2008-12-01 实施

中华人民共和国国家质量监督检验检疫总局
中国国家标准化管理委员会　发布

前　言

本标准是对 GB 9961—2001《鲜、冻胴体羊肉》的修订，与 GB 9961—2001 相比主要变化如下：

——产品品种明确了带皮胴体羊肉、去皮胴体羊肉；增加了大羊肉、羔羊肉、肥羔肉；

——对产品等级划分提出了更细致的要求；

——感官要求中增加了冷却羊肉的要求；

——细化了产品理化指标及检验方法；

——增加了微生物指标及检验方法。

本标准自实施之日起，同时代替 GB 9961—2001。

本标准的附录 A 为资料性附录。

本标准由中华人民共和国商务部提出并归口。

本标准起草单位：商务部屠宰技术鉴定中心、江苏雨润食品产业集团有限公司。

本标准主要起草人：闵成军、胡新颖、张新玲。

本标准所代替标准的历次版本发布情况为：

——GB/T 9961—1988；

——GB 9961—2001。

鲜、冻胴体羊肉

1 范围

本标准规定了鲜、冻胴体羊肉的相关术语和定义、技术要求、检验方法、检验规则、标志和标签、贮存及运输。

本标准适用于健康活羊经屠宰加工、检验检疫的鲜、冻胴体羊肉。

2 规范性引用文件

下列文件中的条款通过本标准的引用而成为本标准的条款。凡是注日期的引用文件，其随后所有的修改单(不包括勘误的内容)或修订版均不适用于本标准，然而，鼓励根据本标准达成协议的各方研究是否可使用这些文件的最新版本。凡是不注日期的引用文件，其最新版本适用于本标准。

GB/T 191 包装储运图示标志
GB/T 4789.2 食品卫生微生物学检验 菌落总数测定
GB/T 4789.3 食品卫生微生物学检验 大肠菌群测定
GB/T 4789.4 食品卫生微生物学检验 沙门氏菌检验
GB/T 4789.5 食品卫生微生物学检验 志贺氏菌检验
GB/T 4789.6 食品卫生微生物学检验 致泻大肠埃氏菌检验
GB/T 4789.10 食品卫生微生物学检验 金黄色葡萄球菌检验
GB/T 5009.11 食品中总砷及无机砷的测定
GB/T 5009.12 食品中铅的测定
GB/T 5009.15 食品中镉的测定
GB/T 5009.17 食品中总汞及有机汞的测定
GB/T 5009.19 食品中六六六、滴滴涕残留量的测定
GB/T 5009.20 食品中有机磷农药残留量的测定
GB/T 5009.33 食品中亚硝酸盐与硝酸盐的测定
GB/T 5009.44 肉与肉制品卫生标准的分析方法
GB/T 5009.108 畜禽肉中己烯雌酚的测定
GB/T 5009.123 食品中铬的测定
GB/T 5009.192 动物性食品中克伦特罗残留量的测定
GB 7718 预包装食品标签通则
GB 12694 肉类加工厂卫生规范
GB/T 17237 畜类屠宰加工通用技术条件
GB 16548 病害动物和病害动物产品生物安全处理规程
GB 18393 牛羊屠宰产品品质检验规程
GB 18394 畜禽肉水分限量
GB/T 20575 鲜、冻肉生产良好操作规范
GB/T 20755—2006 畜禽肉中九种青霉素类药物残留量的测定 液相色谱-串联质谱法
GB/T 20799 鲜、冻肉运输条件
JJF 1070 定量包装商品净含量计量检验规则
SN 0208 出口肉中十种磺胺残留量检验方法

SN 0341　出口肉及肉制品中氯霉素残量检验方法

SN 0343　出口禽肉中溴氰菊酯残留量检验方法

SN 0349　出口肉及肉制品中左旋咪唑残留量检验方法气相色谱法

定量包装商品计量监督管理办法　国家质量监督检验检疫总局[2005]第75号令

肉与肉制品卫生管理办法　卫生部令第5号

3　术语和定义

下列术语和定义适用于本标准。

3.1

羔羊　lamb

生长期在4月龄～12月龄之间、未长出永久钳齿的活羊。

3.2

肥羔羊　fat lamb

生长期在4月龄～6月龄之间，经快速育肥的活羊。

3.3

大羊　mutton

生长期在12月龄以上并已换一对以上乳齿的活羊。

3.4

胴体重量　carcass weight

宰后去毛（去皮）、头、蹄、尾、内脏及体腔内全部脂肪后，在温度0 ℃～4 ℃、湿度80%～90%的条件下放置30 min的羊个体重量。

3.5

肥度　fatness

胴体外表脂肪分布与肌肉断面所呈现的脂肪沉积程度。

3.6

膘厚　fat thickness

胴体12肋～13肋间垂直眼肌横轴外二分之一处胴体脂肪厚度。

3.7

肋肉厚　rib thickness

胴体12肋～13肋间，距背中线11 cm自然长度处胴体肉厚度。

3.8

肌肉度　muscle development

胴体各部位呈现的肌肉丰满程度。

3.9

生理成熟度　maturity

胴体骨骼、软骨、肌肉生理发育成熟程度。

3.10

肉脂色泽　muscle and fat color

羊胴体的瘦肉外部与断面色泽状态以及羊胴体表层与内部沉积脂肪的色泽状态。

3.11

肉脂硬度　muscle and fat firmness

羊胴体腿、背和侧腹部肌肉和脂肪的硬度。

3.12

胴体羊肉　mutton carcass

活羊经屠宰放血后，去毛（去皮）、头、蹄、尾和内脏的躯体。

3.13

鲜胴体羊肉　fresh mutton carcass

未经冷却加工的胴体羊肉。

3.14

冷却胴体羊肉　chilled mutton carcass

经冷却加工，其后腿肌肉深层中心温度不高于4 ℃的胴体羊肉。

3.15

冻胴体羊肉　frozen mutton carcass

经冻结加工，其后腿肌肉深层中心温度不高于－15 ℃，并在－18 ℃以下贮存的的胴体羊肉。

4　技术要求

4.1　原料

活羊应来自非疫区，并持有产地动物防疫监督机构出具的检疫合格证明。活羊养殖环境，养殖过程中疫病防治、饲料、饮水、兽药与免疫品应执行国家相关规定，不应使用国家禁用兽药及其化合物。

4.2　加工

4.2.1　生产加工条件

应符合GB 12694、GB/T 17237、GB/T 20575的规定。

4.2.2　待宰

按GB/T 20575的规定进行。

4.2.3　屠宰加工

4.2.3.1　应放血完全，食用血应用安全卫生的方法采集。

4.2.3.2　应剥皮(或烫毛)，去头、蹄、内脏(肾脏除外)、大血管、乳房和生殖器。

4.2.3.3　皮下脂肪或肌膜应保持完整。

4.2.3.4　应去三腺(甲状腺、肾上腺、病变淋巴结)。

4.2.3.5　应修割整齐，冲洗干净；应无病变组织、伤斑、残留小片毛皮、浮毛，无粪污、泥污、胆污，无凝血块。

4.2.4　冷却、冷冻加工

4.2.4.1　冷却胴体羊肉，冷却间温度为0 ℃～4 ℃，经10 h冷却后，后腿深层中心温度不高于7 ℃。

4.2.4.2　冻胴体羊肉，冻结间温度不得高于－28 ℃，冻结24 h后腿深层中心温度不高于－15 ℃。

4.2.5　特殊屠宰

屠宰供应少数民族食用的畜类产品的屠宰厂(场)，在保证其卫生质量的前提下，要尊重民族风俗习惯；使用祭牲法宰杀放血时，应设置使活畜仰卧固定装置。

4.3　感官

鲜、冻胴体羊肉的感官要求见表1。

表1　鲜、冻胴体羊肉的感官要求

项目	鲜羊肉	冷却羊肉	冻羊肉(解冻后)
色泽	肌肉色泽浅红、鲜红或深红，有光泽；脂肪呈乳白色、淡黄色或黄色。	肌肉红色均匀，有光泽；脂肪呈乳白色、淡黄色或黄色。	肌肉有光泽，色泽鲜艳；脂肪呈乳白色、淡黄色或黄色。
组织状态	肌纤维致密，有韧性，富有弹性。	肌纤维致密、坚实，有弹性，指压后凹陷立即恢复。	肉质紧密，有坚实感，肌纤维有韧性。

表 1（续）

项目	鲜羊肉	冷却羊肉	冻羊肉(解冻后)
粘度	外表微干或有风干膜，切面湿润，不粘手。	外表微干或有风干膜，切面湿润，不粘手。	表面微湿润，不粘手。
气味	具有新鲜羊肉固有气味，无异味。	具有新鲜羊肉固有气味，无异味。	具有羊肉正常气味，无异味。
煮沸后肉汤	透明澄清，脂肪团聚于液面，具特有香味。	透明澄清，脂肪团聚于表面，具特有香味。	透明澄清，脂肪团聚于液面，无异味。
肉眼可见杂质	不得检出	不得检出	不得检出

4.4 理化指标

鲜、冻胴体羊肉的理化指标要求见表 2。

表 2 鲜、冻胴体羊肉的理化指标要求

项目		指标
水分/%	≤	78
挥发性盐基氮/(mg/100 g)	≤	15
总汞(以 Hg 计)		不得检出
无机砷/(mg/kg)	≤	0.05
镉(Cd)/(mg/kg)	≤	0.1
铅(Pb)/(mg/kg)	≤	0.2
铬(以 Gr 计)/(mg/kg)	≤	0.1
亚硝酸盐(以 NaO_2 计)/(mg/kg)	≤	3
敌敌畏/(mg/kg)	≤	0.05
六六六(再残留限量)/(mg/kg)	≤	0.2
滴滴涕(再残留限量)/(mg/kg)	≤	0.2
溴氰菊酯/(mg/kg)	≤	0.03
青霉素/(mg/kg)	≤	0.05
左旋咪唑/(mg/kg)	≤	0.10
磺胺类(以磺胺类总量计)/(mg/kg)	≤	0.10
氯霉素		不得检出
克伦特罗		不得检出
己烯雌酚		不得检出

4.5 微生物指标

鲜、冻胴体羊肉的微生物指标要求见表 3。

表 3 鲜、冻胴体羊肉的微生物指标要求

项目		指标
菌落总数/(CFU/g)	≤	5×10^5
大肠菌群/(MPN/100 g)	≤	1×10^3

表 3（续）

项目		指标
致病菌	沙门氏菌	不得检出
	志贺氏菌	不得检出
	金黄色葡萄球菌	不得检出
	致泻大肠埃希氏菌	不得检出

4.6 净含量

净含量以产品标签或外包装标注为准，允许短缺量应符合《定量包装商品计量监督管理办法》的规定。

4.7 生产加工过程卫生要求

应符合 GB 12694、《肉与肉制品卫生管理办法》、GB/T 20575 的要求。

4.8 产品品种、规格

4.8.1 鲜、冻胴体羊肉的品种根据羊种类分为绵羊肉和山羊肉。

4.8.2 鲜、冻胴体羊肉的品种根据带皮与否分为带皮和去皮胴体羊肉。

4.8.3 鲜、冻胴体羊肉根据屠宰时的羊的年龄状况分为大羊肉、羔羊肉、肥羔肉。

4.8.4 鲜、冻胴体羊肉可根据感官质量状况进行分级，具体参见附录 A。

5 检验方法

5.1 感官检验

5.1.1 色泽：目测。

5.1.2 组织状态、粘度：手触、目测。

5.1.3 气味：嗅觉检验。

5.1.4 煮沸后肉汤：按 GB/T 5009.44 的规定进行检验。

5.1.5 肉眼可见杂质：目测。

5.2 水分：按 GB 18394 的规定进行测定。

5.3 挥发性盐基氮：按 GB/T 5009.44 的规定进行测定。

5.4 总汞：按 GB/T 5009.17 的规定进行测定。

5.5 无机砷：按 GB/T 5009.11 的规定进行测定。

5.6 镉：按 GB/T 5009.15 的规定进行测定。

5.7 铅：按 GB/T 5009.12 的规定进行测定。

5.8 铬：按 GB/T 5009.123 的规定进行测定。

5.9 亚硝酸盐：按 GB/T 5009.33 的规定进行测定。

5.10 敌敌畏：按 GB/T 5009.20 的规定进行测定。

5.11 六六六、滴滴涕：按 GB/T 5009.19 的规定进行测定。

5.12 溴氰菊酯：按 SN 0343 的规定进行测定。

5.13 青霉素：按 GB/T 20755 的规定进行测定。

5.14 左旋咪唑：按 SN 0349 的规定进行测定。

5.15 磺胺类：按 SN 0208 的规定进行测定。

5.16 氯霉素：按 SN 0341 的规定进行测定。

5.17 克伦特罗：按 GB/T 5009.192 的规定进行测定。

5.18 己烯雌酚：按 GB/T 5009.108 的规定进行测定。

5.19 菌落总数：按 GB/T 4789.2 规定的方法检验。

5.20　大肠菌群：按 GB/T 4789.3 规定的方法检验。

5.21　沙门氏菌：按 GB/T 4789.4 规定的方法检验。

5.22　志贺氏菌：按 GB/T 4789.5 规定的方法检验。

5.23　金黄色葡萄球菌：按 GB/T 4789.10 规定的方法检验。

5.24　致泻大肠埃希氏菌：按 GB/T 4789.6 规定的方法检验。

5.25　净含量：按 JJF 1070 的规定进行检验。

5.26　温度测定

使用±50 ℃非汞柱普通玻璃温度计或其他测温仪器，用直径略大于温度计直径的(不得超过 0.1 cm)钻头，在后腿部位钻至肌肉深层中心(4 cm～6 cm)，拔出钻头，迅速将温度计插入肌肉孔中，约 3 min 后，平视温度计所示度数。

6　检验规则

6.1　产品出厂前，应由生产企业的检验部门按本标准规定进行检验。检验合格并出具合格证书后，方可出厂。

6.2　组批

同一班次、同一品种、同一规格的产品为一批。

6.3　抽样

按表 4 抽取样本。

表 4　抽样量及判定原则

批量范围/头	样本数量/头	合格判定数，Ac	不合格判定数，Re
＜1 200	5	0	1
1 200～35 000	8	1	2
＞35 000	13	2	3

从样本中抽取 2 kg 作为检验样品，其余样本原封不动进行封存，保留 3 个月备查。

6.4　本产品检验分为出厂检验和型式检验

6.4.1　出厂检验

6.4.1.1　每批出厂产品应经检验合格，出具检验证书方可出厂。

6.4.1.2　检验项目为标签、感官、净含量(定量包装商品)和水分。

6.4.2　型式检验

6.4.2.1　一般情况下，型式检验每半年进行一次。有下列情况之一者也需进行型式检验：

a)　产品投产时；

b)　停产三个月以上恢复生产时；

c)　出厂检验结果与上次型式检验有较大差异时；

d)　国家质量监督部门提出要求时。

6.4.2.2　型式检验项目为本标准中 4.4、4.5、4.6、4.7 规定的项目。

6.5　判定

6.5.1　检验项目结果全部符合本标准，判为合格品。若有一项或一项以上指标(微生物指标除外)不符合本标准要求时，可以在同批产品中加倍抽样进行复验。复验结果合格，则判为合格品，如复验结果中仍有一项或一项以上指标不符合本标准，则判该批次为不合格品。

6.5.2　微生物指标不符合本标准，则判该批次为不合格品，不得复验。

7　标志和标签

7.1　鲜、冻胴体羊肉的标志和标签应符合 GB/T 191 和 GB 7718 及国家相关标准的规定。

7.2 在每只羊胴体的臀部加盖检验检疫验讫，字迹应清晰整齐。

7.3 兽医印戳为圆形，其直径为 5.5 cm，刻有企业名称、“兽医验讫”、“年、月、日”、“大羊”或“羔羊”或“肥羔”字样。

7.4 印色应用食品级色素配制。

8 贮存

8.1 冷却羊肉应吊挂在相对湿度 75%～84%，温度 0 ℃～4 ℃的冷却间，肉体之间的距离保持 3 cm～5 cm。

8.2 冷冻羊肉应吊挂或码放在相对湿度 95%～100%，温度 −18 ℃的冷藏间，冷藏间温度一昼夜升降幅度不得超过 1 ℃。

8.3 贮存间应保持清洁、整齐、通风，应防霉、除霉，定期除霜，符合国家有关卫生要求，库内有防霉、防鼠、防虫设施，定期消毒。

8.4 贮存间内不应存放有碍卫生的物品；同一库内不得存放可能造成相互污染或者串味的食品。

9 运输

应按 GB/T 20799 执行。

附 录 A
（资料性附录）
羊胴体等级及要求

A.1 羊胴体等级及要求见表A.1。

表 A.1 羊胴体等级及要求

项目	大羊肉				羔羊肉				肥羔肉			
	特级	优级	良好级	可用级	特级	优级	良好级	可用级	特级	优级	良好级	可用级
胴体重量/kg	＞25	22～25	19～22	16～19	＞18	15～18	12～15	9～12	＞16	13～16	10～13	7～10
肥度	背膘厚度0.8 cm～1.2 cm，腿肩背部脂肪丰富，肌肉不显露，大理石花纹丰富	背膘厚度0.5 cm～0.8 cm，腿肩背部覆有脂肪，腿部肌肉略显露，大理石花纹明显	背膘厚度0.3 cm～0.5 cm，腿肩背部覆有薄层脂肪，腿肩部肌肉略显露，大理石花纹略显	背膘厚度≤0.3 cm，腿肩背部脂肪覆盖少，肌肉显露，无大理石花纹	背膘厚度0.5 cm以上，腿肩背部覆有脂肪，腿部肌肉略显露，大理石花纹明显	背膘厚度0.3 cm～0.5 cm，腿肩背部覆有薄层脂肪，腿肩部肌肉略显露，大理石花纹略显	背膘厚度≤0.3 cm，腿肩背部脂肪覆盖少，肌肉显露，无大理石花纹	背膘厚度≤0.3 cm，腿肩背部脂肪覆盖少，肌肉显露，无大理石花纹	眼肌大理石花纹略显	无大理石花纹	无大理石花纹	无大理石花纹
肋肉厚/mm	＞14	9～14	4～9	＜4	＞14	9～14	4～9	＜4	＞14	9～14	4～9	＜4
肉脂硬度	脂肪和肌肉硬实	脂肪和肌肉较硬实	脂肪和肌肉略软	脂肪和肌肉软	脂肪和肌肉硬实	脂肪和肌肉较硬实	脂肪和肌肉略软	脂肪和肌肉软	脂肪和肌肉硬实	脂肪和肌肉较硬实	脂肪和肌肉略软	脂肪和肌肉软
肌肉度	全身骨骼不显露，腿部丰满充实，肌肉隆起明显，背部宽平，肩部宽厚充实	全身骨骼不显露，腿部较丰满充实，略有肌肉隆起，背部和肩部比较宽厚	肩隆部及颈部脊椎骨尖稍突出，腿部欠丰满，无肌肉隆起，背部和肩部稍窄、稍薄	肩隆部及颈部脊椎骨尖稍突出，腿部窄瘦，有凹陷，背部和肩部窄、薄	全身骨骼不显露，腿部丰满充实，肌肉隆起明显，背部宽平，肩部宽厚充实	全身骨骼不显露，腿部较丰满充实，略有肌肉隆起，背部和肩部比较宽厚	肩隆部及颈部脊椎骨尖稍突出，腿部欠丰满，无肌肉隆起，背部和肩部稍窄、稍薄	肩隆部及颈部脊椎骨尖稍突出，腿部窄瘦，有凹陷，背部和肩部窄、薄	全身骨骼不显露，腿部丰满充实，肌肉隆起明显，背部宽平，肩部宽厚充实	全身骨骼不显露，腿部较丰满充实，略有肌肉隆起，背部和肩部比较宽厚	肩隆部及颈部脊椎骨尖稍突出，腿部欠丰满，无肌肉隆起，背部和肩部稍窄、稍薄	肩隆部及颈部脊椎骨尖稍突出，腿部窄瘦，有凹陷，背部和肩部窄、薄

表 A.1（续）

项目	大羊肉				羔羊肉				肥羔肉			
	特级	优级	良好级	可用级	特级	优级	良好级	可用级	特级	优级	良好级	可用级
生理成熟度	前小腿至少有一个控制关节，肋骨宽、平	前小腿至少有一个控制关节，肋骨宽、平	前小腿至少有一个控制关节，肋骨宽、平	前小腿至少有一个控制关节，肋骨宽、平	前小腿有折裂关节；折裂关节湿润、颜色鲜红；肋骨略圆	前小腿可能有控制关节或折裂关节；肋骨略宽、平	前小腿可能有控制关节或折裂关节；肋骨略宽、平	前小腿可能有控制关节或折裂关节；肋骨略宽、平	前小腿有折裂关节；折裂关节湿润、颜色鲜红；肋骨略圆	前小腿有折裂关节；折裂关节湿润、颜色鲜红；肋骨略圆	前小腿有折裂关节；折裂关节湿润、颜色鲜红；肋骨略圆	前小腿有折裂关节；折裂关节湿润、颜色鲜红；肋骨略圆
肉脂色泽	肌肉颜色深红，脂肪乳白色	肌肉颜色深红，脂肪白色	肌肉颜色深红，脂肪浅黄色	肌肉颜色深红，脂肪黄色	肌肉颜色红色，脂肪乳白色	肌肉颜色红色，脂肪白色	肌肉颜色红色，脂肪浅黄色	肌肉颜色红色，脂肪黄色	肌肉颜色浅红，脂肪乳白色	肌肉颜色浅红，脂肪白色	肌肉颜色浅红，脂肪浅黄色	肌肉颜色浅红，脂肪黄色

A.2 检测

A.2.1 胴体重量：称重法。

A.2.2 肥度：胴体脂肪覆盖程度与肌肉内脂肪沉积程度采用目测法，背膘厚用仪器测量。

A.2.3 肋肉厚：测量法。

A.2.4 肉脂硬度、肌肉饱满度、生理成熟度、肉脂色泽：采用感官评定法。

ICS 67.120.20
X 18

中华人民共和国国家标准

GB 16869—2005
代替 GB 16869—2000

鲜、冻禽产品

Fresh and frozen poultry product

2005-03-23 发布　　2006-01-01 实施

中华人民共和国国家质量监督检验检疫总局
中国国家标准化管理委员会　发布

前　言

本标准的第6章为推荐性，其余为强制性。

本标准代替GB 16869—2000《鲜、冻禽产品》。

本标准与GB 16869—2000相比主要变化如下：

——不再规定甲胺磷、盐酸克伦特罗的检出限量；

——增加了面积不超过0.5 cm^2 的淤血忽略不计、淤血片数和硬杆毛计算方法、检验规则；

——对某些技术要求作了调整；

——冻禽产品的冻结中心温度调整为不高于－18℃；

——解冻失水率调整为不得超过6%；

——铅的限量调整为不得超过0.2 mg/kg；

——农药六六六残留限量调整为不得超过0.1 mg/kg(以全样计)、1 mg/kg(以脂肪计)；

——冻禽产品的大肠菌群限量调整为不超过 5×10^3 MPN/100 g；

——沙门氏菌检出限量调整为“0/25 g”；

——致泻大肠埃希氏菌检出限量调整为出血性大肠埃希氏菌(O157：H7)检出限量为0/25 g；

——己烯雌酚的测定方法调整为“按SN 0672规定的方法测定”。

本标准第6章例行检验、交收检验的抽样方案和一般缺陷允许数是等同采用CAC/RM 42—1969《预包装食品的取样方案》中的检验标准Ⅰ和检验标准Ⅱ。

本标准的附录A为规范性附录。

本标准由全国食品工业标准化技术委员会、卫生部卫生标准技术委员会食品卫生标准专业委员会共同提出。

本标准由全国食品工业标准化技术委员会归口。

本标准起草单位：卫生部食品卫生监督检验所、全国食品工业标准化技术委员会秘书处、上海市卫生局卫生监督所负责起草，国内贸易局屠宰技术鉴定中心、农业部畜禽产品质检中心、中国肉类协会、中华人民共和国北京出入境检验检疫局、中华人民共和国深圳出入境检验检疫局参加起草。

本标准主要起草人：郝煜、韩玉莲、谷京宇、阮炳琪、蔺立男、杨晓明、刘弘、刘素英、李春风、谭国英。

本标准的附录A起草单位：中国预防医学科学院营养与食品卫生研究所、卫生部食品卫生监督检验所。

本标准的附录A主要起草人：陈惠京、王绪卿、杨大进、吴国华。

本标准所代替标准的历次版本发布情况为：

——GB 2710—1996、GB 16869—1997、GB 16869—2000。

鲜、冻禽产品

1 范围

本标准规定了鲜、冻禽产品的技术要求、检验方法、检验规则和标签、标志、包装、贮存的要求。

本标准适用于健康活禽经屠宰、加工、包装的鲜禽产品或冻禽产品，也适用于未经包装的鲜禽产品或冻禽产品。

2 规范性引用文件

下列文件中的条款通过本标准的引用而成为本标准的条款。凡是注日期的引用文件，其随后所有的修改单(不包括勘误的内容)或修订版均不适用于本标准，然而，鼓励根据本标准达成协议的各方研究是否可使用这些文件的最新版本。凡是不注日期的引用文件，其最新版本适用于本标准。

GB/T 191 包装储运图示标志

GB/T 4789.2—2003 食品卫生微生物学检验 菌落总数测定

GB/T 4789.3—2003 食品卫生微生物学检验 大肠菌群测定

GB/T 4789.4—2003 食品卫生微生物学检验 沙门氏菌检验

GB/T 5009.11—2003 食品中总砷及无机砷的测定方法

GB/T 5009.12—2003 食品中铅的测定方法

GB/T 5009.17—2003 食品中总汞及有机汞的测定方法

GB/T 5009.19—2003 食品中六六六、滴滴涕残留量的测定

GB/T 5009.44—2003 肉与肉制品卫生标准的分析方法

GB/T 6388 运输包装收发货标志

GB 7718 预包装食品标签通则

GB/T 14931.1—1994 畜禽肉中土霉素、四环素、金霉素残留量测定方法(高效液相谱法)

SN 0208—1993 出口肉中十种磺胺残留量检验方法

SN/T 0212.3—1993 出口禽肉中二氯二甲吡啶酚残留量检验方法 丙酰化-气相色谱法

SN 0672—1997 出口肉及肉制品中己烯雌酚残留量检验方法 放射免疫法

SN/T 0973—2000 进出口肉及肉制品中肠出血性大肠杆菌 O157：H7 检验方法

3 术语和定义

下列术语和定义适用于本标准。

3.1

鲜禽产品 fresh poultry product

将活禽屠宰、加工后，经预冷处理的冰鲜产品；包括净膛后的整只禽、整只禽的分割部位(禽肉、禽翅、禽腿等)、禽的副产品[禽头、禽脖、禽内脏、禽脚(爪)等]。

3.2

冻禽产品 frozen poultry product

将活禽屠宰、加工后，经冻结处理的产品；包括净膛后的整只禽、整只禽的分割部位(禽肉、禽翅、禽腿等)、禽的副产品[禽头、禽脖、禽内脏、禽脚(爪)等]。

3.3

异物　impurity

正常视力可见的杂物或污染物，如禽的黄色表皮、禽粪、胆汁、其他异物(塑料、金属、残留饲料等)。

4　技术要求

4.1　原料

屠宰前的活禽应来自非疫区，并经检疫、检验合格。

4.2　加工

屠宰后的禽体应经检疫、检验合格后，再进行加工。

4.2.1　整修

应修除或割除禽体各部位的外伤、血点、血污、羽毛根等。

4.2.2　分割

分割禽体时应先预冷后分割；从放血到包装、入冷库的时间不得超过 2 h。

4.3　冻结

需冻结的产品，其中心温度应在 12 h 内达到 −18℃，或 −18℃ 以下。

4.4　感官性状

应符合表 1 的规定。

表 1

项　目	鲜禽产品	冻禽产品(解冻后)
组织状态	肌肉富有弹性，指压后凹陷部位立即恢复原状	肌肉指压后凹陷部位恢复较慢，不易完全恢复原状
色　泽	表皮和肌肉切面有光泽，具有禽类品种应有的色泽	
气　味	具有禽类品种应有的气味，无异味	
加热后肉汤	透明澄清，脂肪团聚于液面，具有禽类品种应有的滋味	
淤血[以淤血面积(S)计]/cm^2 $S>1$ $0.5<S\leqslant 1$ $S\leqslant 0.5$	 不得检出 片数不得超过抽样量的 2% 忽略不计	
硬杆毛(长度超过 12 mm 的羽毛，或直径超过 2 mm 的羽毛根)/(根/10 kg)　≤	1	
异　物	不得检出	
注：淤血面积指单一整禽，或单一分割禽的一片淤血面积。		

4.5　理化指标

鲜禽产品和冻禽产品应符合表 2 的规定。

表 2

项　目		指　标
冻禽产品解冻失水率/(%)	≤	6
挥发性盐基氮/(mg/100 g)	≤	15
汞(Hg)/(mg/kg)	≤	0.05

表 2(续)

项　　目			指　　标
铅(Pb)/(mg/kg)		≤	0.2
砷(As)/(mg/kg)		≤	0.5
六六六/(mg/kg)	脂肪含量低于 10%时,以全样计	≤	0.1
	脂肪含量不低于 10%时,以脂肪计	≤	1
滴滴涕/(mg/kg)	脂肪含量低于 10%时,以全样计	≤	0.2
	脂肪含量不低于 10%时,以脂肪计	≤	2
敌敌畏/(mg/kg)		≤	0.05
四环素/(mg/kg)	肌肉	≤	0.25
	肝	≤	0.3
	肾	≤	0.6
金霉素/(mg/kg)		≤	1
土霉素/(mg/kg)	肌肉	<	0.1
	肝	≤	0.3
	肾	≤	0.6
磺胺二甲嘧啶/(mg/kg)		≤	0.1
二氯二甲吡啶酚(克球酚)/(mg/kg)		≤	0.01
己烯雌酚			不得检出

4.6　**微生物指标**

应符合表 3 的规定。

表 3

项　　目		指　　标	
		鲜禽产品	冻禽产品
菌落总数/(cfu/g)	≤	1×10^6	5×10^5
大肠菌群/(MPN/100 g)	≤	1×10^4	5×10^3
沙门氏菌		0/25 g[a]	
出血性大肠埃希氏菌(O157:H7)		0/25 g[a]	

[a] 取样个数为 5。

5　检验方法

5.1　感官性状

冻禽产品应解冻后鉴别。

5.1.1　组织状态、色泽、气味

将抽取微生物检验试样后的全部样品,置于自然光或相当于自然光的感官评定室。用触觉鉴别法鉴别组织状态;视觉鉴别法鉴别色泽;嗅觉鉴别法鉴别气味。

5.1.2　加热后肉汤

将试样(6.5.4)切碎,称取 20 g,置于 200 mL 烧杯中,加水 100 mL,盖上表面皿,加热至 50℃～

60℃。取下表面皿,用嗅觉鉴别法鉴别气味。煮沸后鉴别肉汤性状、脂肪凝聚状况。降至室温后品尝肉汤滋味。

5.1.3 淤血

鉴别组织状态、色泽、气味后,用适当方法测量淤血面积。

一个基本箱中 0.5 $cm^2 < S \leqslant 1$ cm^2 的淤血片数占同一基本箱中产品总数的比例,按式(1)计算:

$$X = \frac{A_1}{A} \times 100 \qquad \cdots\cdots(1)$$

式中:

X——一个基本箱中 0.5 $cm^2 < S \leqslant 1$ cm^2 的淤血片数占同一基本箱中产品总数(整禽以只计,禽肉以块计,禽腿或禽翅以个计,下同)的比例,%;

A——一个基本箱中产品总数;

A_1——一个基本箱中 0.5 $cm^2 < S \leqslant 1$ cm^2 的淤血片数。

5.1.4 硬杆毛

与鉴别组织状态、色泽、气味同时进行。用精度为 0.05 mm 的游标卡尺测量,一个基本箱中每 10 kg 硬杆毛数量按式(2)计算:

$$X_1 = \frac{A_2}{m} \times 10 \qquad \cdots\cdots(2)$$

式中:

X_1——一个基本箱中每 10 kg 硬杆毛数量;

A_2——一个基本箱中硬杆毛实际数量;

m——一个基本箱的实际质量,单位为千克(kg)。

5.1.5 异物

用视觉鉴别法,与鉴别组织状态、色泽、气味同时进行。

5.2 解冻失水率

5.2.1 仪器和工具

电子秤:感量 1 g;

温度计:−10℃~50℃,分度值 0.5℃;

搪瓷盘、铁丝网。

5.2.2 测定步骤

将铁丝网置于搪瓷盘内,使铁丝网与搪瓷盘底部的距离大于 2 cm。从抽取的试样(6.5.2)中取 1 000 g~2 000 g,用电子秤称量后置于铁丝网上。在试样上覆盖塑料膜,使试样在 15℃~25℃自然解冻。待试样中心温度达到 2℃~3℃时去掉塑料膜,用电子秤称量。再将试样置于铁丝网上放置 30 min,称量。重复放置30 min的操作,直至连续两次称量差不超过 2.0 g。

5.2.3 测定结果的表述

试样解冻失水率按式(3)计算:

$$X_2 = \frac{m - m_1}{m} \times 100 \qquad \cdots\cdots(3)$$

式中:

X_2——试样解冻失水率,%;

m——试样解冻前的质量,单位为克(g);

m_1——试样解冻后的质量,单位为克(g)。

计算结果保留至整数。

5.3 挥发性盐基氮

按 GB/T 5009.44—2003 中 4.1 规定的方法测定。

5.4 汞

按 GB/T 5009.17—2003 规定的方法测定。

5.5 砷

按 GB/T 5009.11—2003 规定的方法测定。

5.6 铅

按 GB/T 5009.12—2003 规定的方法测定。

5.7 六六六、滴滴涕

按 GB/T 5009.19—2003 规定的方法测定。

5.8 敌敌畏

按附录 A 规定的方法测定。

5.9 四环素、金霉素、土霉素

按 GB/T 14931.1—1994 规定的方法测定。

5.10 磺胺二甲嘧啶

按 SN 0208—1993 规定的方法测定。

5.11 二氯二甲吡啶酚(克球酚)

按 SN/T 0212.3—1993 规定的方法测定。

5.12 己烯雌酚

按 SN 0672—1997 规定的方法测定。

5.13 菌落总数

按 GB/T 4789.2—2003 规定的方法检验。

5.14 大肠菌群

按 GB/T 4789.3—2003 规定的方法检验。

5.15 沙门氏菌

按 GB/T 4789.4—2003 规定的方法检验。

5.16 出血性大肠埃希氏菌 O157:H7

按 SN/T 0973—2000 规定的方法检验。

5.17 产品中心温度

5.17.1 温度计

—20℃～50℃的非汞柱玻璃温度计或其他温度测量仪。

5.17.2 测定步骤

用直径略大于温度计直径的钻头,钻至肌肉深层中心。拔出钻头,立即将非汞柱玻璃温度计(或其他温度测量仪)插入肌肉深层,待读数稳定后读取温度计所示温度。

6 检验规则

6.1 检验分类

6.1.1 例行检验

6.1.1.1 有下列情况之一时,应进行例行检验:

a) 一次提交检验的孤立批产品;

b) 活禽产地变动;

c) 新建厂首次加工;

d) 连续加工 6 个月,或停产后恢复加工;

e) 交收检验结果与上次例行检验结果有较大差异;

f) 质量监督机构或卫生监督机构提出要求。

6.1.1.2 例行检验项目包括表1、表2、表3规定的项目。

6.1.2 交收检验

6.1.2.1 所有产品出厂时应进行交收检验。

6.1.2.2 交收检验项目包括表1规定的项目、冻禽产品解冻失水率、挥发性盐基氮、菌落总数和大肠菌群。

6.2 组批

6.2.1 连续批

同加工条件、同部位(整禽、禽肉、禽翅、禽腿、禽头、禽脚、禽内脏)、同包装、一次交货的产品为一批。批量以基本包装箱(以下简称基本箱)计。

6.2.2 孤立批

同部位(整禽、禽肉、禽翅、禽腿、禽头、禽脚、禽内脏)、同包装、一次提交检验的产品为一批。批量以基本箱计。

6.3 抽样

6.3.1 例行检验抽样

根据组批量大小,按表4规定的样品量,随机抽取样品。

表4

批量(基本箱)	样品量(基本箱)	一般缺陷允许数(基本箱)
600或600以下	13	2
601～2 000	21	3
2 001～7 200	29	4
7 201～15 000	48	6
15 001～24 000	84	9
24 001～42 000	126	13
42 000以上	200	19

6.3.2 交收检验抽样

根据组批量大小,按表5规定的样品量,随机抽取样品。

表5

批量(基本箱)	样品量(基本箱)	一般缺陷允许数(基本箱)
600或600以下	6	1
601～2 000	13	2
2 001～7 200	21	3
7 201～15 000	29	4
15 001～24 000	48	6
24 001～42 000	84	9
42 000以上	126	13

6.4 试样抽取程序和检验程序

鲜禽产品和冻禽产品试样抽取程序和检验程序见图1。

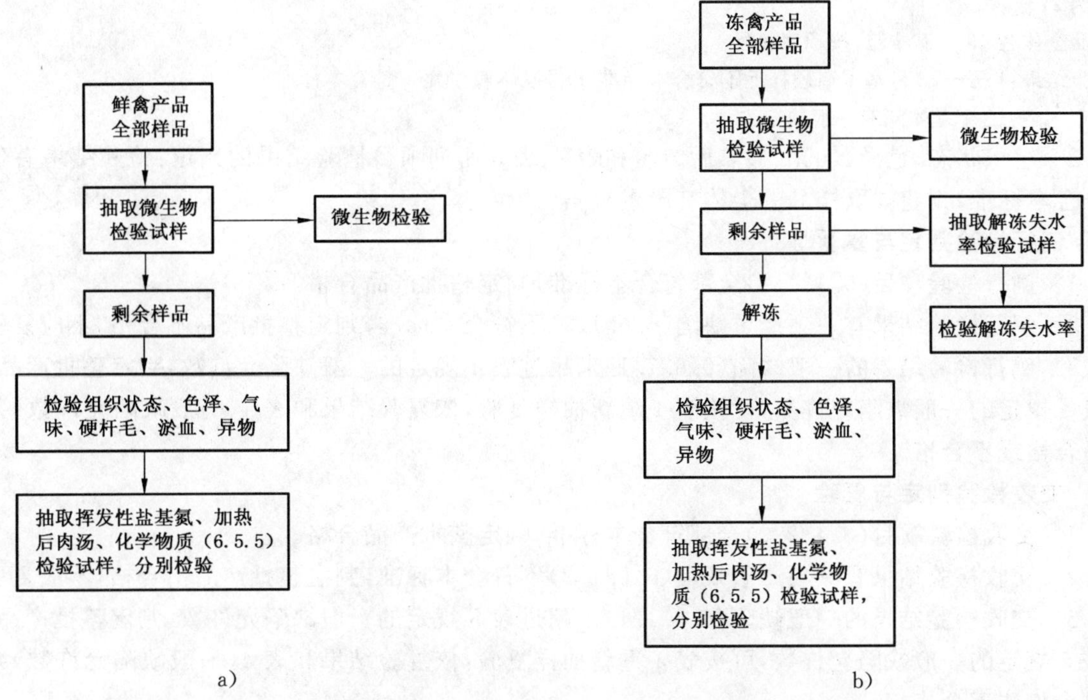

图 1　鲜禽产品和冻禽产品试样抽取程序和检验程序

6.5　试样抽取方法

以下试样不应带有淤血、硬杆毛或异物。

6.5.1　微生物检验试样

从抽取的全部样品中随机选取(3～5)个基本箱,按无菌操作从每个基本箱中取试样约 100 g,混合。

注：在混合样品中取 5 份(每份 25 g)作为沙门氏菌检验试样;同样在混合样品中取 5 份(每份 25 g)作为大肠埃希氏菌检验试样。

6.5.2　解冻失水率检验试样

从抽取的冻禽产品样品全体随机选取(3～5)个基本箱,各取约 500 g,混合后置于保温容器内。

6.5.3　挥发性盐基氮检验试样

从抽取的样品全体随机选取 3 个基本箱,各取不带脂肪、禽骨的样品约 100 g,混合。

6.5.4　加热后肉汤检验试样

从抽取的整禽、禽肉、禽翅或禽腿全部样品中,随机选取 3 个基本箱,各取禽肉 100 g,混合。

6.5.5　化学物质(表 2 中汞、己烯雌酚等 12 种)检验试样

从抽取的样品全体随机选取 3 个基本箱,各取可食部分约 200 g,混合。

6.6　判定规则与复验

6.6.1　缺陷分类

6.6.1.1　一般缺陷:指淤血、硬杆毛不符合本标准。

6.6.1.2　严重缺陷:指组织状态、色泽、气味、加热后肉汤和表 2、表 3 所列项目不符合本标准,有正常视力可见异物。

6.6.2　各项检验结果的判定

6.6.2.1　淤血、硬杆毛检验结果的判定:淤血、硬杆毛检验结果以一个基本箱为判定单位。

示例 1:

样品全体为 6 个基本箱,按顺序编号。

检验结果:1 号基本箱淤血和 3 号基本箱硬杆毛不符合本标准。

判　　定:2 个基本箱有一般缺陷。

示例 2：

样品全体为 13 个基本箱，按顺序编号。

检验结果：1 号～13 号基本箱硬杆毛不符合本标准，8 号基本箱淤血不符合本标准。

判　　定：13 个基本箱有一般缺陷。

6.6.2.2　组织状态、色泽、气味、加热后肉汤和表 2、表 3 所列项目检验结果的判定：检验结果有任何一项不符合本标准，判定抽取样品的全体有严重缺陷。

6.6.3　例行检验判定与复验

6.6.3.1　例行检验项目(6.1.1.2)全部符合本标准，判定整批产品合格。

6.6.3.2　例行检验结果有一项严重缺陷(6.6.1.2)不符合本标准，判定整批产品不合格，不应复验。

6.6.3.3　例行检验结果的一般缺陷(6.6.1.1)未超过表 4 规定的一般缺陷允许数，判定整批产品合格；超过表 4 规定的一般缺陷允许数，可按表 4 重新抽样复验，依复验结果和表 4(一般缺陷允许数)判定整批产品合格或不合格。

6.6.4　交收检验判定与复验

6.6.4.1　交收检验项目(6.1.2.2)全部符合本标准，判定整批产品合格。

6.6.4.2　交收检验结果有一项严重缺陷(6.6.1.2)不符合本标准，判定整批产品不合格，不应复验。

6.6.4.3　交收检验结果的一般缺陷(6.6.1.1)未超过表 5 规定的一般缺陷允许数，判定整批产品合格；超过表 5 规定的一般缺陷允许数，可按表 4 重新抽样复验，依复验结果和表 4(一般缺陷允许数)判定整批产品合格或不合格。

7　标签、标志、包装、贮存

7.1　标签、标志

7.1.1　标签

直接销售给消费者的标签应符合 GB 7718 的规定。

7.1.2　运输包装标志

运输包装的图示和收发货标志应符合 GB/T 191 和 GB/T 6388 的规定。

7.2　包装

鲜禽产品或冻禽产品都应有包装。使用全新的、符合相应卫生标准的包装材料。

7.3　贮存

冻禽产品应贮存在－18℃以下的冷冻库，库温一昼夜升降幅度不得超过 1℃。

附 录 A
（规范性附录）
动物性食品中有机磷农药多组分残留量的测定

本附录适用于畜禽肉、乳与乳制品、蛋与蛋制品中有机磷农药多组分（甲胺磷、敌敌畏、乙酰甲胺磷、久效磷、乐果、乙拌磷、甲基对硫磷、杀螟硫磷、虫螨磷、马拉硫磷、倍硫磷、对硫磷、乙硫磷）残留量的测定。

最低检出限量（μg/kg）分别为：甲胺磷 5.7、敌敌畏 3.5、乙酰甲胺磷 10.0、久效磷 12.0、乐果 2.6、乙拌磷 1.2、甲基对硫磷 2.6、杀螟硫磷 2.9、虫螨磷 2.5、马拉硫磷 2.8、倍硫磷 2.1、对硫磷 2.6、乙硫磷 1.7。

A.1 方法提要

样品经提取、净化、浓缩、定容、分离（毛细管柱气相色谱分离），用火焰光度检测器检测，以保留时间定性，外标法定量。

出峰顺序：甲胺磷、敌敌畏、乙酰甲胺磷、久效磷、乐果、乙拌磷、甲基对硫磷、杀螟硫磷、虫螨磷、马拉硫磷、倍硫磷、对硫磷、乙硫磷。

A.2 试剂

本试验方法所用试剂，除另有规定外，均为分析纯试剂；实验用水应符合 GB/T 6682 中二级水的规定。

A.2.1 丙酮：重蒸馏。

A.2.2 二氯甲烷：重蒸馏。

A.2.3 乙酸乙酯：重蒸馏。

A.2.4 环己烷：重蒸馏。

A.2.5 氯化钠。

A.2.6 无水硫酸钠。

A.2.7 凝胶：Bio-Beads S-X3（或相当于 Bio-Beads S-X3 的凝胶）；200 目～400 目。

A.2.8 有机磷农药标准品：甲胺磷（methamidophos）、敌敌畏（dichlorvos）、乙酰甲胺磷（acephate）、久效磷（monocrotophos）、乐果（dimethoate）、乙拌磷（disulfaton）、甲基对硫磷（parathion-methyl）、杀螟硫磷（fenitrothion）、虫螨磷（pirimiphos methyl）、马拉硫磷（malathion）、倍硫磷（fenthion）、对硫磷（parathion）、乙硫磷（ethion）的纯度不低于 99%。

A.2.9 有机磷农药标准溶液的配制。

A.2.9.1 单体有机磷农药标准贮备液：准确称取各有机磷农药标准品 0.010 0 g，分别置于 25 mL 容量瓶中。用乙酸乙酯溶解、定容（浓度各为 400 μg/mL）。

A.2.9.2 混合有机磷农药标准应用液：测定前，量取不同体积的各单体有机磷农药标准贮备液（A.2.9.1）于 10 mL 容量瓶中，用氮气吹尽溶剂，以经 A.5.1.3 和 A.5.2 提取、净化处理的鲜牛乳提取液稀释、定容。此混合标准应用液中各有机磷农药的浓度（μg/mL）为：甲胺磷 16、敌敌畏 80、乙酰甲胺磷 24、久效磷 80、乐果 16、乙拌磷 24、甲基对硫磷 16、杀螟硫磷 16、虫螨磷 16、马拉硫磷 16、倍硫磷 24、对硫磷 16、乙硫磷 8。

注：如只测定敌敌畏，只需配制敌敌畏标准贮备液和应用液。

A.3 仪器

A.3.1 气相色谱仪：具有火焰光度检测器、毛细管色谱柱。

A.3.2 旋转蒸发器。

A.3.3　凝胶净化柱：长 30 cm，内径 2.5 cm，具有活塞玻璃层析柱，柱底铺垫少许玻璃棉；将经乙酸乙酯-环己烷(1：1)洗脱剂浸泡的凝胶，以湿法装入柱中；柱床高约 26 cm，胶床始终保持在洗脱剂中。

A.4　试样的制备

A.4.1　蛋与蛋制品：去壳，制成匀浆。

A.4.2　肉与肉制品：去筋、去骨后切成小块，制成肉糜。

A.4.3　乳与乳制品：混匀。

A.5　分析步骤

A.5.1　提取、分配、浓缩

A.5.1.1　蛋与蛋制品：称取试样 20 g(精确至 0.01 g)于 100 mL 具塞三角瓶中，加水 5 mL(视样品水分含量加水，使总水量约 20 g；通常鲜鸡蛋含水分约 75%，加 5 mL 水即可)，加 40 mL 丙酮，振摇 30 min。加氯化钠 6 g，充分摇匀，再加 30 mL 二氯甲烷，振摇 30 min。取 35 mL 上清液，经无水硫酸钠滤于旋转蒸发瓶中，浓缩至约 1 mL。加 2 mL 乙酸乙酯-环己烷(1：1)溶液再浓缩。重复此操作 3 次，浓缩至约 1 mL。

A.5.1.2　肉与肉制品：称取试样 20 g(精确至 0.01 g)于 100 mL 具塞三角瓶中，加水 6 mL(视试样水分含量加水，使总水量约 20 g；通常鲜肉含水分约 70%，加 6 mL 水即可)。以下按 A.5.1.1 操作。

A.5.1.3　乳与乳制品：称取试样 20 g(精确至 0.01 g)于 100 mL 具塞三角瓶中(鲜牛乳不需加水，直接用丙酮提取即可)。以下按 A5.1.1 操作。

A.5.2　净化

将制备好的浓缩液(A.5.1)经凝胶净化柱，用乙酸乙酯-环己烷(1：1)溶液洗脱。收集 35 mL～70 mL馏分，旋转蒸发浓缩至约 1 mL。再经凝胶净化柱净化，收集 35 mL～70 mL 馏分，旋转蒸发浓缩至约 1 mL。转入另一具有刻度的 5 mL 试管中，用约 5 mL 乙酸乙酯分数次洗涤旋转蒸发瓶，洗液移入同一试管中。用氮气吹至 1 mL 以下，再用乙酸乙酯定容至 1 mL，留待色谱分析。

A.5.3　色谱条件

A.5.3.1　色谱柱：弹性石英毛细管柱，内径 0.32 mm，长 30 m；涂以 SE—54，厚度为 0.25 μm。

A.5.3.2　柱温：程序升温

$$60℃/1\ min \xrightarrow{40℃/min} 110℃ \xrightarrow{5℃/min} 235℃ \xrightarrow{40℃/min} 265℃$$

A.5.3.3　进样口温度：270℃。

A.5.3.4　检测器：火焰光度检测器(FPD—P)，温度 270℃。

A.5.3.5　载气：氮气，流速 1 mL/min，尾吹 50 mL/min。

A.5.3.6　氢气和空气流速：氢气 50 mL/min，空气 500 mL/min。

A.5.4　测定

分别量取 1 μL 混合有机磷农药标准应用液(A.2.9.2)及试样净化液(A.5.2)注入色谱仪中。以保留时间定性，试样和标准应用液的峰高或峰面积比较定量。

A.5.5　13 种有机磷农药色谱图

13 种有机磷农药色谱图见图 A.1。

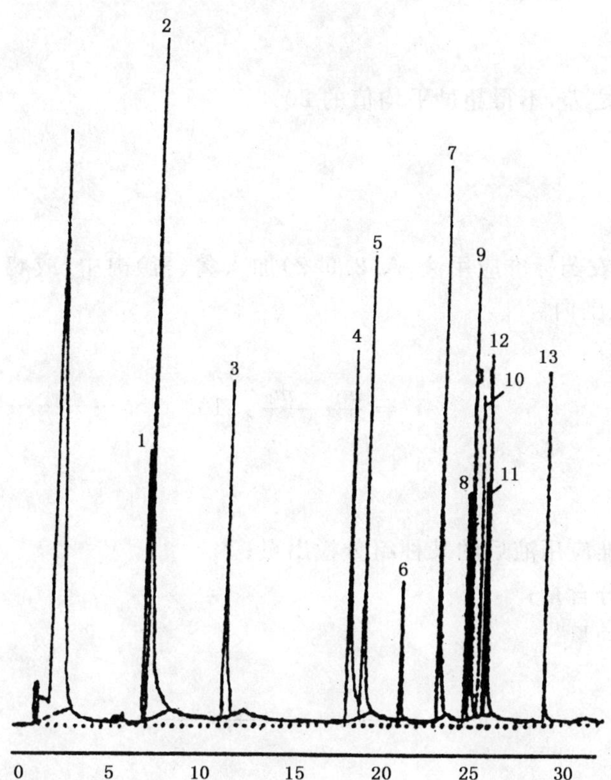

1——甲胺磷；
2——敌敌畏；
3——乙酰甲胺磷；
4——久效磷；
5——乐果；
6——乙拌磷；
7——甲基对硫磷；
8——杀螟硫磷；
9——虫螨磷；
10——马拉硫磷；
11——倍硫磷；
12——对硫磷；
13——乙硫磷。

图 A.1　13 种有机磷农药色谱图

A.6　分析结果的表述

样品中某种有机磷农药残留量按式(A.1)计算：

$$X=\frac{m_1\times V_2\times 1\,000}{m\times V_1\times 1\,000}=\frac{m_1\times V_2}{m\times V_1} \quad\cdots\cdots(A.1)$$

式中：

X——样品中某种有机磷农药残留量，单位为毫克每千克(mg/kg)；
m——样品质量，单位为克(g)；
m_1——试液中某种有机磷农药的含量，单位为纳克(ng)；
V_1——进样体积，单位为微升(μL)；
V_2——试液最终定容体积，单位为毫升(mL)。

A.7 允许差

同一样品两次测定值之差，不得超过平均值的20%。

A.8 准确度

准确度以回收率表示。

视需要将某种有机磷农药标准应用液(A.2.9.2)加入禽(畜)肉中，或鸡蛋中，或牛奶中，做回收率试验，应在70%～110%范围内。

回收率按式(A.2)计算：

$$Y = \frac{m_1 - m_2}{m} \times 100 \qquad \text{(A.2)}$$

式中：

Y——回收率，%；

m_1——样品中加入标准应用液后的某种组分检出量；

m_2——样品中某种组分含量；

m——加入某种组分的量。

ICS 67.120.01
X 22

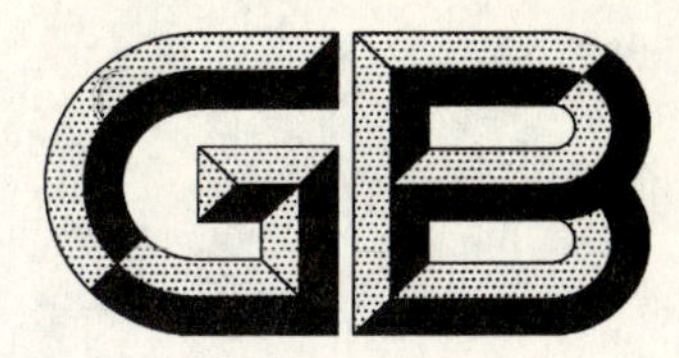

中华人民共和国国家标准

GB/T 17238—2008
代替 GB/T 17238—1998

鲜、冻分割牛肉

Fresh and frozen beef, cuts

2008-06-27 发布　　　　2008-10-01 实施

中华人民共和国国家质量监督检验检疫总局
中国国家标准化管理委员会　发布

前　言

本标准代替 GB/T 17238—1998《鲜、冻分割牛肉》。

本标准与 GB/T 17238—1998 相比主要变化如下：

——依据 NY/T 676—2003《牛肉质量分级》对分割牛肉的产品名称进行重新命名；

——对产品的冷却、分割、贮藏或冻结进行更细致的要求；

——感官要求中增加了可见异物的要求；

——增加了理化指标及检验方法；

——增加了水分限量指标及检验方法；

——增加了农药兽药残留及检验方法；

——增加了微生物指标及检验方法；

——增加了质量分级及评定方法；

——增加了净含量要求及检验方法。

本标准的附录 A 为资料性附录。

本标准由中华人民共和国商务部提出并归口。

本标准起草单位：商务部屠宰技术鉴定中心、吉林省长春皓月清真肉业股份有限公司、南京农业大学。

本标准主要起草人：胡铁军、何彬、魏玉玲、周光宏、李春保、张新玲、胡新颖。

本标准所代替标准的历次版本发布情况为：

——GB/T 17238—1998。

鲜、冻分割牛肉

1 范围

本标准规定了鲜、冻分割牛肉的相关术语和定义、产品分类、技术要求、检验方法、检验规则、标志、包装、运输和贮存。

本标准适用于鲜、冻带骨牛肉按部位分割、加工的产品。

2 规范性引用文件

下列文件中的条款通过本标准的引用而成为本标准的条款。凡是注日期的引用文件，其随后所有的修改单(不包括勘误的内容)或修订版均不适用于本标准，然而，鼓励根据本标准达成协议的各方研究是否可使用这些文件的最新版本。凡是不注日期的引用文件，其最新版本适用于本标准。

GB 2707 鲜(冻)畜肉卫生标准

GB 2763 食品中农药最大残留限量

GB/T 4456 包装用聚乙烯吹塑薄膜

GB/T 4789.2 食品卫生微生物学检验 菌落总数测定

GB/T 4789.3 食品卫生微生物学检验 大肠菌群测定

GB/T 4789.4 食品卫生微生物学检验 沙门氏菌检验

GB/T 4789.6 食品卫生微生物学检验 致泻大肠埃希氏菌检验

GB/T 5009.11 食品中总砷及无机砷的测定

GB/T 5009.12 食品中铅的测定

GB/T 5009.15 食品中镉的测定

GB/T 5009.17 食品中总汞及有机汞的测定

GB/T 5009.44 肉与肉制品卫生标准的分析方法

GB/T 6388 运输包装收发货标志

GB/T 6543 运输包装用单瓦楞纸箱和双瓦楞纸箱

GB 7718 预包装食品标签通则

GB 9681 食品包装用聚氯乙烯成型品卫生标准

GB 9687 食品包装用聚乙烯成型品卫生标准

GB 9688 食品包装用聚丙烯成型品卫生标准

GB 9689 食品包装用聚苯乙烯成型品卫生标准

GB 12694 肉类加工厂卫生规范

GB 18394 畜禽肉水分限量

GB 18406.3 农产品安全质量 无公害畜禽肉安全要求

GB/T 19477 牛屠宰操作规程

NY/T 676—2003 牛肉质量分级

JJF 1070 定量包装商品净含量计量检验规则

定量包装商品计量监督管理办法(国家质量监督检验检疫总局[2005]第75号令)

动物性食品中兽药最高残留限量(中华人民共和国农业部公告[2002]第235号)

3 术语和定义

下列术语和定义适用于本标准。

3.1

分割牛肉　cut beef

鲜带骨牛肉经剔骨、按部位分割而成的肉块。

3.2

里脊　tenderloin

牛柳　tenderloin

从腰内侧沿耻骨前下方顺着腰椎紧贴横突切下的净肉，即腰大肌。

3.3

外脊　striploin

西冷　striploin

从倒数第1腰椎至第12～13胸椎切下的净肉，主要为背最长肌。

3.4

眼肉　ribeye

后端与外脊相连，前端至第5～6胸椎间，沿胸椎的棘突与横突之间取出的净肉，主要包括背阔肌、背最长肌、肋间肌。

3.5

上脑　high rib

后端与眼肉相连，前端至第1胸椎处，沿胸椎的棘突与横突之间取出的净肉，主要包括胸背最长肌、肋间肌、斜方肌。

3.6

辣椒条　chuck tender

位于肩胛骨外侧，从肱骨头与肩胛骨结节处紧贴冈上窝取出的形如辣椒状的净肉，主要包括冈上肌。

3.7

胸肉　brisket

从胸骨柄沿着胸骨直至剑状软骨，去除胸骨、肋软骨后的部分，位于胸部，主要包括胸深肌、胸浅肌。

3.8

腹肉　thin flank

从胸椎沿腹壁外侧8 cm～12 cm处并且平行胸椎切断，主要包括1～13肋部分，去除肋骨以后的净肉，位于胸腹部，主要包括肋间外肌、肋间内肌、腹外斜肌等。

3.9

臀肉　rump

尾龙扒　rump

位于后腿外侧靠近股骨一端，沿着臀股四头肌边缘取下的净肉，主要包括臀中肌、臀伸肌、股阔筋膜张肌。

3.10

米龙　topside

针扒　topside

沿股骨内侧从臀股二头肌与臀股四头肌边缘取下的净肉，位于后腿内侧，主要包括半膜肌、股薄肌等。

3.11

牛霖　knuckle

膝圆　knuckle

位于股骨前面及两侧，被阔筋膜张肌覆盖，即沿着股骨直至膝盖骨，取下的一块近似椭圆形的一块净肉，主要是臀肌四头肌。

3.12

小黄瓜条　eye round

主要是半腱肌，位于臀部，沿臀股二头肌边缘取下的形如管状的净肉。

3.13

大黄瓜条　outside plat

烩扒　outside plat

主要是臀股二头肌，位于后腿外侧，沿半腱肌股骨边缘取下的长而宽大的净肉。

3.14

腱子肉　shin；shank

前牛腱位于前小腿处，主要包括腕桡侧伸肌、腕外侧屈肌等，从肱骨与桡骨结节处剥离桡骨、尺骨以后，取下的净肉。后牛腱位于后小腿处，主要是腓骨长肌、趾深屈肌、腓肠肌、胫骨前肌等，从胫骨与股骨结节处剥离胫骨以后取下的净肉。

4　产品分类

按加工工艺分为：鲜分割牛肉、冻分割牛肉。

5　技术要求

5.1　原料

鲜、冻分割牛肉的原料应符合 GB/T 19477 的规定。

5.2　加工

5.2.1　屠宰加工及卫生要求

屠宰加工规范及卫生要求应符合 GB 12694 的规定。

5.2.2　冷却、分割、贮藏或冻结要求

5.2.2.1　胴体冷却

牛经屠宰放血后，胴体应在 45 min 内移入冷却间内进行冷却。胴体之间的间距不应小于 10 cm。预冷间温度在 0 ℃～4 ℃之间，相对湿度在 80%～95%。在 36 h 内使胴体后腿部、肩胛部中心温度降至 7℃以下。

5.2.2.2　质量分级

鲜、冻分割牛肉的质量分级应符合 NY/T 676 的规定。

5.2.2.3　分割

5.2.2.3.1　应确保分割间温度保持在 12 ℃以下。分割部位肉图参见附录 A。

5.2.2.3.2　修整：修整应平直持刀，保持肌膜、肉块完整。肉块上不得带伤斑、血淤、血污、碎骨、软骨、病变组织、淋巴结、脓包、浮毛或其他杂质。

5.2.2.4　贮藏或冻结

5.2.2.4.1　贮藏：分割肉块应在 0 ℃～4 ℃、相对湿度 80%～95%的贮藏间贮存。

5.2.2.4.2　冻结：分割肉块应在－28 ℃以下 48 h 内，使肉块的中心温度达到－18 ℃以下。

5.3　感官

鲜、冻分割牛肉的感官要求应符合表 1 的规定。

5.4　理化指标

鲜、冻分割牛肉理化指标应符合 GB 2707 的规定。

表 1 鲜、冻分割牛肉的感官要求

项目	鲜牛肉	冻牛肉(解冻后)
色泽	肌肉有光泽,色鲜红或深红;脂肪呈乳白或淡黄色	肌肉色鲜红,有光泽;脂肪呈乳白色或微黄色
粘度	外表微干或有风干膜,不粘手	肌肉外表微干,或有风干膜,或外表湿润,不粘手
弹性(组织状态)	指压后的凹陷可恢复	肌肉结构紧密,有坚实感,肌纤维韧性强
气味	具有鲜牛肉正常的气味	具有牛肉正常的气味
煮沸后肉汤	透明澄清,脂肪团聚于表面,具特有香味	澄清透明,脂肪团聚于表面,具有牛肉汤固有的香味和鲜味
肉眼可见异物	不得带伤斑、血淤、血污、碎骨、病变组织、淋巴结、脓包、浮毛或其他杂质	

5.5 水分限量

鲜、冻分割牛肉水分限量应符合 GB 18394 的规定。

5.6 农药兽药残留限量

5.6.1 鲜、冻分割牛肉农药残留应符合 GB 2763 的规定。

5.6.2 鲜、冻分割牛肉兽药残留应符合《动物性食品中兽药最高残留限量》的规定。

5.7 微生物指标

鲜、冻分割牛肉微生物指标应符合 GB 18406.3 的规定。

5.8 净含量

净含量以产品标签或外包装标注为准,负偏差应符合《定量包装商品计量监督管理办法》的规定。

6 检验方法

6.1 感官检验

6.1.1 色泽、组织状态、粘性、肉眼可见异物

目测、手触鉴别。

6.1.2 气味

嗅觉鉴别。

6.1.3 煮沸后肉汤

按 GB/T 5009.44 规定的方法检验。

6.2 理化检验

6.2.1 挥发性盐基氮

按 GB/T 5009.44 规定的方法测定。

6.2.2 铅

按 GB/T 5009.12 规定的方法测定。

6.2.3 砷

按 GB/T 5009.11 规定的方法测定。

6.2.4 镉

按 GB/T 5009.15 规定的方法测定。

6.2.5 汞

按 GB/T 5009.17 规定的方法测定。

6.3 水分含量检验

按 GB 18394 规定的方法测定。

6.4 农药兽药残留检验

6.4.1 农药残留:按 GB 2763 规定的方法测定。

6.4.2 兽药残留:按相应国家标准规定的方法测定。

6.5 微生物检验

6.5.1 菌落总数

按 GB/T 4789.2 规定的方法检验。

6.5.2 大肠菌群

按 GB/T 4789.3 规定的方法检验。

6.5.3 沙门氏菌

按 GB/T 4789.4 规定的方法检验。

6.5.4 致泻大肠埃希氏菌

按 GB/T 4789.6 规定的方法检验。

6.6 质量等级评定

按 NY/T 676—2003 中附录 E 判断。

6.7 净含量

按 JJF 1070 规定的方法检验。

7 检验规则

7.1 出厂检验

7.1.1 产品出厂前由工厂技术检验部门按本标准逐批检验,并出据质量合格证书方可出厂。

7.1.2 检验项目为感官、挥发性盐基氮、菌落总数、大肠菌群、水分、净含量。

7.2 型式检验

7.2.1 一般情况下,型式检验每半年进行一次。有下列情况之一者也需进行型式检验:

a) 产品投产时;

b) 停产三个月以上恢复生产时;

c) 出厂检验结果与上次型式检验有较大差异时;

d) 国家质量监督部门提出要求时。

7.2.2 型式检验项目为 5.3、5.4、5.5、5.6、5.7、5.8 中规定的项目。

7.3 组批

同一班次、同一种类的产品为一批。

7.4 抽样

7.4.1 从成品库中码放产品的不同部位,按表 2 规定的数量抽样。

表 2 抽样数量及判定规则

批量范围/箱	样本数量/箱	合格判定数 *Ac*	不合格判定数 *Re*
<1 200	5	0	1
1 200～2 500	8	1	2
>2 500	13	2	3

从全部抽样数量中抽取 2 kg 试样,用于感官、水分、挥发性盐基氮和菌落总数、大肠菌群检验。

7.4.2 判定规则:按 5.3、5.4、5.5、5.6、5.7、5.8 和表 2 判定产品。

7.4.3 复检规则:经检验某项指标不符合本标准规定时,可加倍抽样复检。复检后有一项指标不符合本标准,则判定为不合格产品。

8 标志、包装、运输和贮存

8.1 标志

8.1.1 内包装标志应符合 GB 7718 的规定。外包装标志应符合 GB/T 6388 的规定。

8.1.2 按伊斯兰教风俗屠宰、加工的分割牛肉,应在包装箱上注明。

8.1.3 产品可追溯信息标记应清晰。

8.2 包装

8.2.1 内包装材料应符合 GB/T 4456、GB 9681、GB 9687、GB 9688 和 GB 9689 的规定。

8.2.2 外包装材料应符合 GB/T 6543 的规定,包装箱应完整、牢固,底部应封牢,箱外用塑料带捆扎牢固。

8.2.3 包装箱内肉块应排列整齐,每箱内肉块大小应均匀,定量包装箱内允许有一小块补加肉。

8.3 运输

应使用符合卫生要求的冷藏车或保温车(船)。市内运输可使用封闭、防尘车辆。

8.4 贮存

8.4.1 鲜分割牛肉应贮存在 0 ℃～4 ℃的条件下。

8.4.2 冻分割牛肉应贮存在低于－18 ℃的冷藏库内,贮存不超过 12 个月。

附 录 A
（资料性附录）
鲜、冻分割牛肉分割部位图

鲜、冻分割牛肉分割部位图见图 A.1。

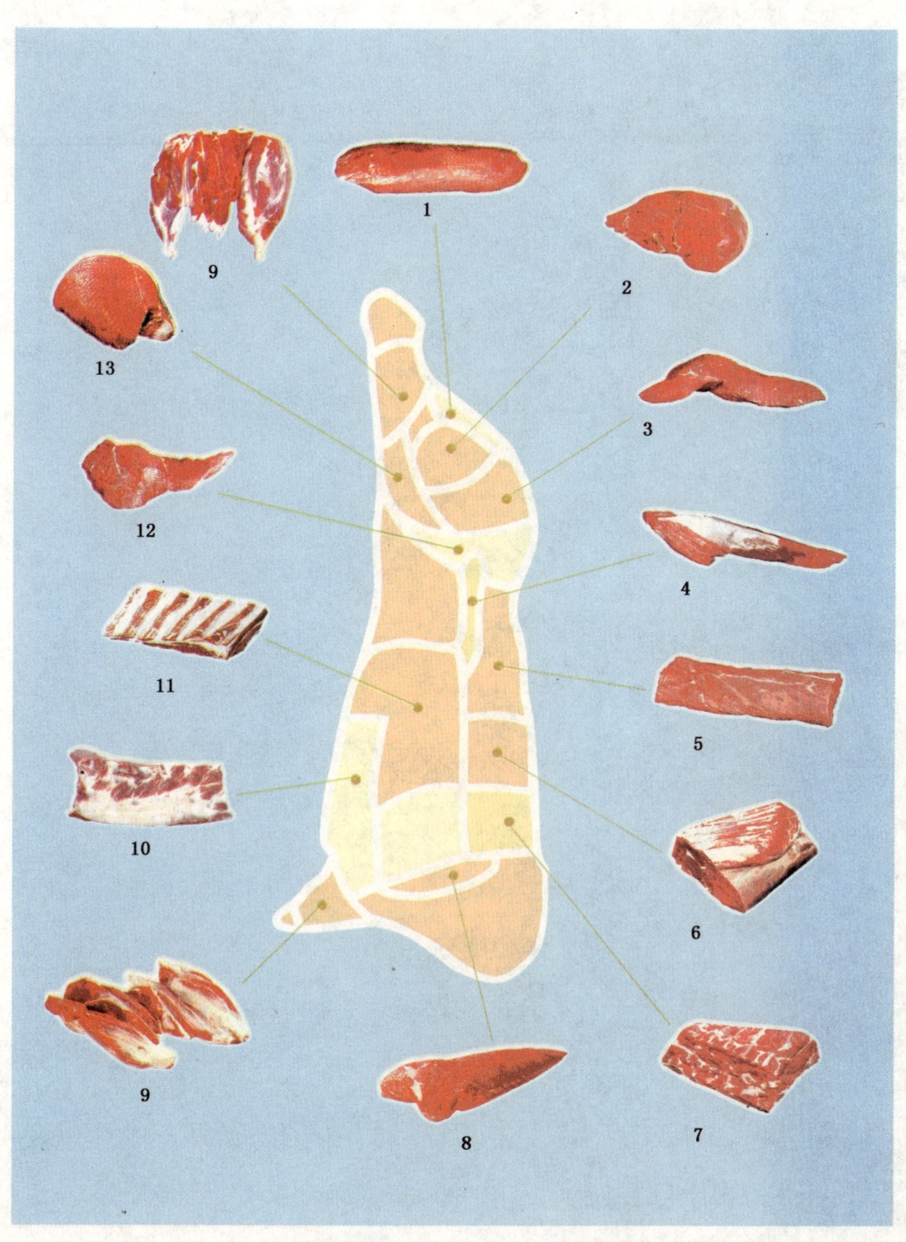

1——小黄瓜条（eye round）；
2——米龙（topside）；
3——大黄瓜条（outside plat）；
4——里脊（tenderloin）；
5——外脊（striploin）；
6——眼肉（ribeye）；
7——上脑（high rib）；
8——辣椒条（chuck tender）；
9——腱子肉（shin；shank）；
10——胸肉（brisket）；
11——腹肉（thin flank）；
12——臀肉（rump）；
13——牛霖（knuckle）。

图 A.1 鲜、冻分割牛肉分割部位图

ICS 67.120.01
X 22

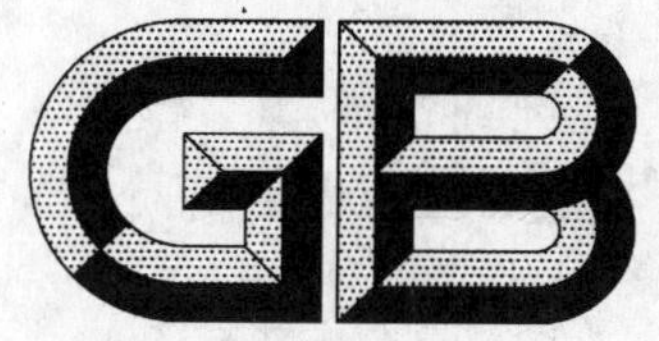

中华人民共和国国家标准

GB/T 17239—2008
代替 GB/T 17239—1998

鲜、冻兔肉

Fresh and frozen rabbit meat

2008-08-12 发布　　2008-10-01 实施

中华人民共和国国家质量监督检验检疫总局
中国国家标准化管理委员会　发布

前　言

本标准是对 GB/T 17239—1998《鲜、冻兔肉》的修订，与 GB/T 17239—1998 相比，主要变化如下：

——不再规定产品分类和规格；

——增加了产品术语和定义；

——对某些技术要求做了调整，增加了理化指标、微生物指标及净含量的规定；

——对冷却要求做了调整，要求冷却后的肉的中心温度达到 7 ℃以下；

——增加了分割技术要求；

——对冻结要求做了调整，应在库温低于－28 ℃的条件下，要求在 48 h 内兔肉中心温度降至－18 ℃以下；

——对检验规则做了调整；

——对判定规则做了调整；

——对标志、包装、贮存、运输做了调整。

本标准第 6 章型式检验、出厂检验的抽样方案参照了 CAC/RM 42—1969《预包装食品的取样方案》的内容。

本标准由中华人民共和国商务部提出并归口。

本标准起草单位：商务部屠宰技术鉴定中心、青岛康大食品有限公司、中华人民共和国黄岛出入境检验检疫局、胶南市质量技术监督局、山东省肉类协会。

本标准主要起草人：张维科、卜春玲、逄淑梅、卢恕波、刘美玲、王晓东、王玲、李琳、张新玲、胡新颖。

本标准所代替标准的历次版本发布情况为：

——GB/T 17239—1998。

鲜、冻 兔 肉

1 范围

本标准规定了鲜、冻兔肉相关的术语和定义、技术要求、检验方法、检验规则和标签、标志、包装、贮存的要求。

本标准适用于健康活兔经屠宰、加工的鲜兔肉或冻兔肉。

2 规范性引用文件

下列文件中的条款通过本标准的引用而成为本标准的条款。凡是注日期的引用文件，其随后所有的修改单(不包括勘误的内容)或修订版均不适用于本标准，然而，鼓励根据本标准达成协议的各方研究是否可使用这些文件的最新版本。凡是不注日期的引用文件，其最新版本适用于本标准。

GB/T 191 包装储运图示标志

GB 2707 鲜(冻)畜肉卫生标准

GB 2763 食品中农药最大残留限量

GB/T 4789.2 食品卫生微生物学检验 菌落总数测定

GB/T 4789.3 食品卫生微生物学检验 大肠菌群测定

GB/T 4789.4 食品卫生微生物学检验 沙门氏菌检验

GB/T 5009.11 食品中总砷及无机砷的测定

GB/T 5009.12 食品中铅的测定

GB/T 5009.15 食品中镉的测定

GB/T 5009.17 食品中总汞及有机汞的测定

GB/T 5009.19 食品中六六六、滴滴涕残留量的测定

GB/T 5009.44 肉与肉制品卫生标准的分析方法

GB/T 5009.116 畜、禽肉中土霉素、四环素、金霉素残留量的测定(高效液相色谱法)

GB/T 6388 运输包装收发货标志

GB 7718 预包装食品标签通则

GB 12694 肉类加工厂卫生规范

GB/T 20799 鲜、冻肉运输条件

SN 0208 出口肉中十种磺胺残留量检验方法

SN 0341 出口肉及肉制品中氯霉素残留量检验方法

SN/T 1627 进出口动物源食品中硝基呋喃类代谢物残留量测定方法 高效液相色谱串联质谱法

JJF 1070 定量包装商品净含量计量检验规则

定量包装商品计量监督管理办法 国家质量监督检验检疫总局[2005]第75号令

3 术语和定义

下列术语和定义适用于本标准。

3.1

鲜兔肉 fresh rabbit meat

活兔屠宰、加工后，经冷却处理但没有经过冷藏、冻结保存的兔肉产品，包括胴体及其分割产品和副产品(兔头、兔内脏等)。

3.2

冻兔肉　frozen rabbit meat

活兔屠宰、加工后，经冷藏、冻结处理的产品；包括胴体及其分割产品和副产品（兔头、兔内脏等）。

3.3

肉眼可见异物　visible abnormal impurity

肉眼可见的不能食用的甲状腺、病变淋巴结、肾上腺、病变组织、胆汁、瘀血、浮毛、血污、金属、肠道内容物等废弃物、污染物。

4　技术要求

4.1　原料

活兔应来自非疫区，并附产地动物防疫监督机构出具的检疫合格证明和相应的可溯源信息。

4.2　屠宰加工

4.2.1　卫生要求

屠宰加工过程中的卫生要求应符合 GB 12694 规定。

4.2.2　屠宰

经宰前检验合格的活兔应经麻电后进行屠宰，并进行同步检验。

4.2.3　冷却

经卫生检验合格的兔肉胴体应进入符合 GB 12694 要求的冷却间，在 45 min 内使肉中心温度降至 7 ℃以下。

4.2.4　分割

分割间温度应控制在 15 ℃以下。从麻电至入冻结间时间不应超过 2 h。

4.3　冻结

冻结的产品，应在库温低于－28 ℃、相对湿度 80％～95％的条件下，在 48 h 内使兔肉中心温度降至－18 ℃以下。

4.4　感官指标

鲜、冻兔肉感官指标应符合表 1 的规定。

表 1　鲜、冻兔肉感官指标要求

项目	鲜兔肉	冻兔肉(解冻后)
色泽	肌肉呈均匀的鲜红色，有光泽；脂肪呈白色或微黄色	肌肉呈均匀的鲜红色；脂肪呈乳白色或浅黄色
组织状态	有弹性，指压后的凹陷部位可很快恢复	肉质紧密，有坚实感
气味	具有鲜兔肉正常气味，无异味	具有冻兔肉正常气味，无异味
煮沸后肉汤	澄清透明，脂肪团聚于液面，有兔肉香味	基本澄清透明，脂肪团聚于液面，无异味
肉眼可见异物	不得检出	

4.5　理化指标

4.5.1　挥发性盐基氮

按 GB 2707 执行。

4.5.2　总汞

按 GB 2707 执行。

4.5.3 铅

按 GB 2707 执行。

4.5.4 无机砷

按 GB 2707 执行。

4.5.5 镉

按 GB 2707 执行。

4.5.6 六六六

按 GB 2763 执行。

4.5.7 滴滴涕

按 GB 2763 执行。

4.5.8 金霉素、土霉素、四环素、氯霉素、呋喃唑酮、磺胺类

鲜、冻兔肉理化指标应符合表 2 规定。

表 2 理化指标要求

项目		指标
金霉素/(mg/kg)	≤	0.1
土霉素/(mg/kg)	≤	0.1
四环素/(mg/kg)	≤	0.1
氯霉素/(mg/kg)		不得检出
呋喃唑酮/(mg/kg)		不得检出
磺胺类(以磺胺类总量计)/(mg/kg)	≤	0.1

4.6 微生物指标

鲜、冻兔肉微生物指标应符合表 3 规定。

表 3 微生物指标要求

项目		指标	
		鲜兔肉	冻兔肉
菌落总数/(CFU/g)	≤	1×10^6	5×10^5
大肠菌群/(MPN/100 g)	≤	1×10^4	5×10^3
沙门氏菌		不得检出	

4.7 净含量

净含量以产品标签或外包装标注为准，短缺量应符合《定量包装商品计量监督管理办法》的规定。

5 检验方法

5.1 感官性状

5.1.1 组织形态、色泽、气味

将抽取微生物检验试样后的全部样品，置于自然光或相当于自然光的感官评定室。用触觉鉴别组织形态；视觉鉴别色泽；嗅觉鉴别气味。

5.1.2 煮沸后肉汤

将检样切碎，称取 20 g，置于 200 mL 烧杯中，加水 100 mL，盖上表面皿，加热至 50 ℃～60 ℃。取下表面皿，用嗅觉鉴别气味。煮沸后鉴别肉汤性状、脂肪凝聚状况。降至室温后品尝肉汤滋味。

5.1.3 肉眼可见异物

用视觉鉴别，与鉴别组织状态、色泽、气味同时进行。

注：冻兔肉应解冻后检验。

5.2 理化检验

5.2.1 挥发性盐基氮

按 GB/T 5009.44 规定的方法测定。

5.2.2 汞

按 GB/T 5009.17 规定的方法测定。

5.2.3 铅

按 GB/T 5009.12 规定的方法测定。

5.2.4 砷

按 GB/T 5009.11 规定的方法测定。

5.2.5 镉

按 GB/T 5009.15 规定的方法测定。

5.2.6 六六六、滴滴涕

按 GB/T 5009.19 规定的方法测定。

5.2.7 四环素、金霉素、土霉素

按 GB/T 5009.116 规定的方法测定。

5.2.8 氯霉素

按 SN 0341 规定的方法测定。

5.2.9 呋喃唑酮

按 SN/T 1627 规定的方法测定。

5.2.10 磺胺类

按 SN 0208 规定的方法测定。

5.3 微生物检验

5.3.1 菌落总数

按 GB/T 4789.2 规定的方法检验。

5.3.2 大肠菌群

按 GB /T 4789.3 规定的方法检验。

5.3.3 沙门氏菌

按 GB/T 4789.4 规定的方法检验。

5.4 净含量

按 JJF 1070 的规定进行检验。

6 检验规则

6.1 检验分类

6.1.1 出厂检验

6.1.1.1 所有产品出厂时应进行出厂检验。

6.1.1.2 出厂检验项目包括感官、净含量、挥发性盐基氮、菌落总数、大肠菌群。

6.1.2 型式检验

6.1.2.1 有下列情况之一时，应进行型式检验：

a) 一次提交检验的孤立批产品；

b) 活兔产地变动；

c) 新建厂首次加工；

d) 连续加工 6 个月，或停产后恢复加工；

e) 出厂检验结果与上次型式检验结果有较大差异；

f) 质量监督机构或卫生监督机构提出要求。

6.1.2.2 型式检验项目包括 4.4、4.5、4.6、4.7 规定的项目。

6.2 组批

6.2.1 连续批

同加工条件、同部位(兔胴体、兔肉、兔腿、兔头、兔内脏)、同包装、一次交货的产品为一批。批量以基本包装箱(以下简称基本箱)计。

6.2.2 孤立批

同部位(兔胴体、兔肉、兔腿、兔头、兔内脏)、同包装、一次交货的产品为一批。批量以基本箱计。

6.3 抽样

6.3.1 出厂检验抽样

根据组批量大小，按表 4 规定的样品量，随机抽取样品。

表 4

批量(基本箱)	样品量(基本箱)
600 或 600 以下	6
601～2 000	13
2 001～7 200	21
7 201～15 000	29
15 001～24 000	48
24 001～42 000	84
42 000 以上	126

6.3.2 型式检验抽样

根据组批量大小，按表 5 规定的样品量，随机抽取样品。

表 5

批量(基本箱)	样品量(基本箱)
600 或 600 以下	13
601～2 000	21
2 001～7 200	29
7 201～15 000	48
15 001～24 000	84
24 001～42 000	126
42 000 以上	200

6.4 判定规则

6.4.1 检验项目结果全部符合本标准，判为合格品。若有一项或一项以上指标(微生物指标除外)不符合本标准要求时，可以在同批产品中加倍抽样进行复验。复验结果合格，则判为合格品，如复验结果中仍有一项或一项以上指标不符合本标准，则判该批次为不合格品。

6.4.2 微生物指标不符合本标准，则判该批次为不合格品，不得复验。

7 标志、包装、贮存、运输

7.1 标志

内包装(销售包装)标志按 GB 7718 的规定执行,外包装标志按 GB/T 191 和 GB/T 6388 的规定执行。

7.2 包装

7.2.1 鲜兔肉和冻兔肉的包装材料应符合相应卫生标准要求。

7.2.2 包装印刷油墨应无毒,不应向内容物渗漏。

7.3 贮存

产品应贮存在通风良好、清洁卫生的场所,不应与有毒、有害、有异味、易挥发、易腐蚀的物品同处贮存。鲜兔肉应在−1 ℃～4 ℃、相对湿度大于 90%条件下贮存,冻兔肉应在−18 ℃以下、相对湿度大于 90%条件下贮存。

在以上条件下,冻兔肉的储藏期应不超过 12 个月。

7.4 运输

按 GB/T 20799 执行。

ICS 67.120.20
B 45

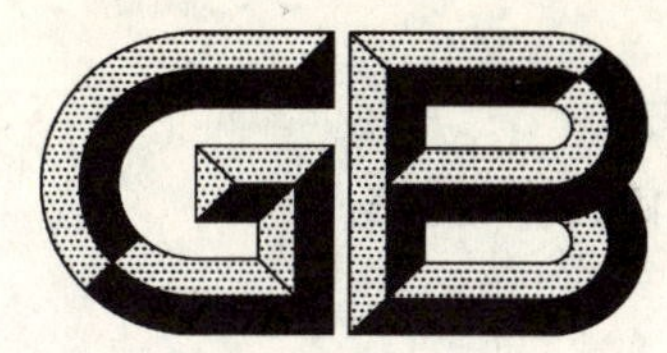

中华人民共和国国家标准

GB/T 19676—2005

黄羽肉鸡产品质量分级

Grading standard for products of Chinese yellow-feathered chicken

2005-03-02 发布　　2005-08-01 实施

中华人民共和国国家质量监督检验检疫总局
中国国家标准化管理委员会　发布

前　言

本标准由中华人民共和国农业部提出并归口。

本标准起草单位：中国农业科学院畜牧研究所、江苏省家禽科学研究所、上海市农业科学院畜牧兽医研究所。

本标准主要起草人：李东、文杰、陈宽维、赵桂苹、陈继兰、肖智远、黄启忠、赵河山、郑麦青。

黄羽肉鸡产品质量分级

1 范围

本标准规定了黄羽肉鸡产品质量分级的要求、质量指标及评分标准、抽样方法、测试方法和分级判别规则。

本标准适用于国家级和省级家禽地方品种中的黄羽肉鸡，以及以这些地方品种鸡为亲本的黄羽肉鸡培育品系、黄羽肉鸡配套系鸡的质量分级，其他类型黄羽肉鸡的质量分级可参照本标准执行。本标准不适用于引进快大型肉鸡品种的质量分级。

2 规范性引用文件

下列文件中的条款通过本标准的引用而成为本标准的条款。凡是注日期的引用文件，其随后所有的修改单(不包括勘误的内容)或修订版均不适用于本标准，然而，鼓励根据本标准达成协议的各方研究是否可使用这些文件的最新版本。凡是不注日期的引用文件，其最新版本适用于本标准。

GB/T 14772 食品中粗脂肪的测定方法

GB 16869 鲜、冻禽产品

NY/T 330 肉用仔鸡加工技术规程

3 术语和定义

下列术语和定义适用于本标准。

3.1

活重 live weight

宰前禁食(不停水)12 h 的活体体重。

3.2

全净膛重 eviscerated carcass weight

去胸、腹腔内肺和肾以外的全部器官的屠体重量。

3.3

全净膛率 percentage of eviscerated carcass weight in live weight

全净膛重占活重的比例，用百分数表示。

3.4

胸肌率 percentage of breast muscle weight in live weight

两侧胸肌重占活重的比例，用百分数表示。

3.5

腿肌率 percentage of thigh muscle weight in live weight

两侧腿肌重占活重的比例，用百分数表示。

4 要求

4.1 黄羽肉鸡活鸡应来自非疫区，并经检疫、检验合格。屠宰后的产品应符合 GB 16869 的要求。

4.2 黄羽肉鸡平均活重应达到 1 300 g 以上。

4.3 按照体型外貌、胴体性状、肌肉品质、感官评定四类指标将黄羽肉鸡产品分为三级。采用百分制评分法进行分级，各项指标标准和分数见表 1。

表 1　黄羽肉鸡产品质量分级等级表

项　目		一级		二级		三级	
		标准	评分	标准	评分	标准	评分
体型外貌		羽毛紧凑完整，光泽度好，冠色红润	4	羽毛基本紧凑完整，光泽度较好，冠色较红润	3	羽毛有缺损，光泽度稍差，冠色稍差	2
胴体性状	全净膛率/(%)	78	4	74	3	72	2
	胸肌率/(%)	10.0	4	9.0	3	8.0	2
	腿肌率/(%)	15.0	4	13.0	3	11.0	2
肌肉品质	系水力/(%)	66	6	62	4	60	3
	嫩度/(kg/cm³)	4.5～5.0	10	3.5～4.5 和 5.0～5.5	8	3.5 以下和 5.5 以上	6
	肌纤维直径/μm	38	14	42	11	50	8
	肌苷酸含量/(mg/g)	2.30	14	1.90	11	1.60	8
	肌内脂肪含量/(%)	3.2	14	2.7	11	2.4	8
感官评定	生鲜肉评定：鸡胴体皮紧而有弹性，毛孔细小，肌肉丰满，皮肤黄，光滑滋润，尾部和背部布满皮下脂肪，胸部两侧有条形脂肪；肌肉外表微干或微湿润，不沾手，指压后的凹陷立即恢复，具有鲜鸡肉的正常气味。采用5分制	4.5	8	3.5	5	3.0	3
	品尝评定：煮熟后的鸡肉和肉汤，在气味、香味、多汁性、口感、嫩度各方面综合评定，采用5分制	4.5	18	3.5	14	3.0	10
注：表中所列标准均为下限值。							

5　抽样方法

在待测黄羽肉鸡群体（群体数量不少于 30 只公鸡、30 只母鸡）中随机抽取 6 只公鸡、6 只母鸡，其中随机取 3 只公鸡、3 只母鸡作为体型外貌、胴体性状和肌肉品质的分析，剩余 6 只作为感官评定使用。测定值均为公母均值。

6　测试方法

6.1　系水力

屠宰后 1 h 内的新鲜屠体，用取样器在胸大肌上取质量约 0.5 g 的肉样，置于两层医用纱布之间，上下各垫 18 层滤纸,加压 35 kg,保持 5 min。原肌肉含水量的测定按 GB/T 14772 执行。系水力按式(1)计算:

$$X=\frac{m_1A-(m_1-m_2)}{m_1A}\times 100\% \qquad (1)$$

式中:

X——样品系水力,%;

m_1——加压前肉样质量,单位为克(g);

m_2——加压后肉样质量,单位为克(g);

A——原肌肉含水量,%。

6.2 嫩度

取屠宰后 0℃～4℃成熟 24 h 的胸肉,经蒸煮袋密封包装后在 80℃～82℃水中加热 30 min～40 min,使肌肉块中心温度达到 74℃以上(中心温度用热电耦测温仪监测),冷却 30 min,取直径为 1 cm 的肉柱,分别在近龙骨端、中端、远龙骨端取样,用嫩度计测定后取 3 个点的平均值。

6.3 肌纤维直径

屠宰后 1 h 内的新鲜屠体,在胸大肌顺纤维方向取宽约 1 cm、长约 2 cm、深约 1 cm 的肌肉束,于固定液中浸泡,置于 4℃冰箱中保存。采用石蜡和冰冻切片制作方法做成肌肉组织切片。用图像分析仪或光学显微镜观察测定肌纤维直径。

6.4 肌苷酸含量

6.4.1 测定方法

使用高效液相色谱测定方法测定。

6.4.2 主要试剂

所用试剂除特别说明外均为分析纯级。

6.4.2.1 洗脱液

主要成分:0.05 mol/L 磷酸三乙胺、5%甲醇溶液。

配制方法:取磷酸 3.5 mL,加入 200 mL 二次蒸馏水和 7.2 mL 三乙胺(99%纯度),摇匀。混合后加二次蒸馏水至 1 000 mL,用三乙胺调 pH 为 6.5 后,取出 950 mL 加入 50 mL 色谱纯甲醇,混匀,经 0.5 μm滤膜过滤,置超声波水浴中脱气 30 min,备用。

6.4.2.2 标准液

储备液:分别称取二磷酸腺苷标准品($ADP-Na_2$,净含量 90.2%)11.1 mg、单磷酸腺苷标准品($AMP\cdot H_2O$,净含量 95.1%)10.5 mg、肌苷酸标准品($IMP-Na_2$,净含量 65.3%)15.3 mg、肌苷标准品(HxR,净含量 100%)10 mg、次黄嘌呤标准品(Hx,净含量 100%)10 mg 于 10 mL 容量瓶中,加二次蒸馏水稀释到刻度。此五种溶液分别含 ADP、AMP、IMP、HxR、Hx 1.00 mg/mL。

混合标准工作液:分别吸取 ADP、AMP、IMP、HxR 储备液 1 mL,Hx 储备液 0.1 mL 于 10 mL 容量瓶中,加二次蒸馏水定容至刻度。此溶液含 ADP、AMP、IMP、HxR 0.1 mg/mL,含 Hx 0.04 mg/mL。

6.4.3 样品制备

准确称取剪碎的胸肌肉样 5 g 左右,放入 50 mL 匀浆管中,加 15 mL 5%高氯酸溶液,用高速组织匀浆机打成浆状,用 15 mL 5%高氯酸冲洗匀浆管,合并匀浆液。在 3 500 r/min 离心 10 min。吸取上清液通过中速滤纸滤于 100 mL 烧杯中,沉淀再用 15 mL 高氯酸液振荡 5 min 后离心,合并滤液。用 5 mol/L和 0.5 mol/L 的氢氧化钠调 pH 为 6.5,转至 100 mL 容量瓶中,用二次蒸馏水定容,摇匀。用孔径为 0.5 μm 的滤膜过滤后用于 HPLC 分析。

6.4.4 检测

分离柱为内径 8 mm、柱长 100 mm、填料为 C_{18}(粒度 5 μm)的不锈钢柱。洗脱液流量 1 mL/min,检测器波长 254 nm,进样量 10 μL。先注入标准液,从色谱图上得到标准液每一组分保留时间和峰面积。再注入样品液,得到各自峰面积。样品浓度按式(2)计算:

$$c_i = c_s \times \frac{A_i}{A_s} \quad \cdots\cdots\cdots (2)$$

式中:

c_i——样品肌苷酸含量,单位为毫克每毫升(mg/mL);

c_s——标样浓度,单位为毫克每毫升(mg/mL);

A_i——标样峰面积;

A_s——样品峰面积。

6.5 肌内脂肪含量

取胸肌样品 15 g 左右,样品肌内脂肪含量(按肌肉干样计算)的测定按 GB/T 14772 执行。

6.6 感官评定

感官评定主要通过人的视觉、嗅觉、味觉和触觉来检验肉品质量,包括生肉和熟肉的评定两部分。

生肉评定:评定肉品应符合 GB 16869 的要求,且必须为鲜肉品。

熟肉评定:参照黄羽肉鸡白切性的评定方法进行。白切鸡的制作方法:首先活鸡的屠宰加工应符合 NY/T 330 的要求,净膛鸡整体外观没有残缺;浸鸡:要求水沸腾后把鸡放入,煮鸡的水温控制在接近沸腾但不翻滚(水温保持在 80℃～85℃),泡浸时间依鸡的大小而定,一般 15 min～20 min,以斩成件的鸡骨髓呈红色,但没有血水渗出为准。供品尝的样品应始终是同一部位或同种肌肉,品尝在室内进行。品尝时鸡肉不沾调味料,品尝人员只允许用清水漱口。

7 分级判别规则

将各项指标的分数累加后查表 2,即得该黄羽肉鸡产品的综合评定等级。60 分以下为等外。

表 2 黄羽肉鸡产品综合评定等级分数表

等级	一级	二级	三级
分数	90 分以上	75 分～89 分	60 分～74 分

ICS 65.020.30
B 43

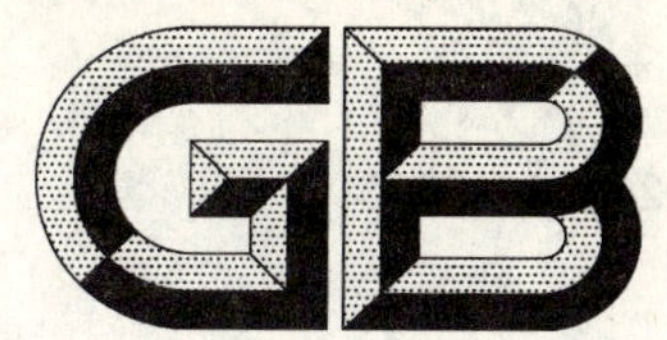

中华人民共和国国家标准

GB/T 24864—2010

鸡胴体分割

Chicken carcass segmentation

2010-06-30 发布　　　　2011-01-01 实施

中华人民共和国国家质量监督检验检疫总局
中国国家标准化管理委员会　发布

前　言

本标准由中华人民共和国农业部提出。

本标准由全国畜牧业标准化技术委员会归口。

本标准起草单位：农业部家禽品质监督检验测试中心（扬州）、中国农业科学院家禽研究所。

本标准主要起草人：高玉时、邹剑敏、王克华、唐修君、童海兵、屠云洁、陈宽维。

鸡 胴 体 分 割

1 范围

本标准规定了原料鸡要求、分割环境要求、人员要求、屠宰工艺、分割、产品检验、贮藏、包装、标志、运输。

本标准适用于肉类屠宰加工企业对鸡胴体的分割。

2 规范性引用文件

下列文件中的条款通过本标准的引用而成为本标准的条款。凡是注日期的引用文件,其随后所有的修改单(不包括勘误的内容)或修订版均不适用于本标准,然而,鼓励根据本标准达成协议的各方研究是否可使用这些文件的最新版本。凡是不注日期的引用文件,其最新版本适用于本标准。

GB/T 191 包装储运图示标志

GB/T 6388 运输包装收发货标志

GB 7718 预包装食品标签通则

GB 9687 食品包装用聚乙烯成型品卫生标准

GB 11680 食品包装用原纸卫生标准

GB 12694 肉类加工厂卫生规范

GB/T 19478 肉鸡屠宰操作规程

GB/T 20799 鲜、冻肉运输条件

NY 5034 无公害食品 禽肉及禽副产品

3 术语和定义

下列术语和定义适用于本标准。

3.1

鸡屠体 chicken body

活鸡屠宰、放血,去除羽毛、脚角质层、趾壳和喙壳后的鸡体。

3.2

鸡胴体 chicken carcass

活鸡屠宰、放血,去除羽毛、头、爪和内脏后的整个躯体。

4 原料鸡要求

4.1 原料鸡应来自非疫区,健康状况良好,并有当地畜禽防疫机构出具的检疫合格证明。

4.2 宰前应停饲 12 h 以上,但要保证饮水充分。

5 分割环境要求

肉鸡屠宰分割厂区、厂房及环境要求应符合 GB 12694 的规定。

6 人员要求

屠宰加工操作人员的卫生应符合 GB 12694 的规定。

7 屠宰工艺

7.1 屠宰

包括挂鸡、刺杀放血、浸烫、脱毛、去嗉囔、摘取内脏、冷却等工艺，其操作按 GB/T 19478 规定执行。

7.2 修整

7.2.1 摘取胸腺、甲状腺、甲状旁腺及残留气管。

7.2.2 修割整齐，冲洗干净，胴体无可见出血点，无溃疡，无排泄物残留、无骨折。

8 分割

8.1 白条鸡类

8.1.1 带头带爪白条鸡：屠体去除所有内脏，保留头、爪。

8.1.2 带头去爪白条鸡：屠体去除所有内脏，沿跗关节处切去爪，保留头。

8.1.3 去头带爪白条鸡：屠体去除所有内脏，在第一颈椎骨与寰椎骨交界处连皮将头去掉，保留爪。

8.1.4 净膛鸡：屠体去除所有内脏，齐肩胛骨处去颈和头，颈根不得高于肩胛骨，按 8.1.2 的方法切去爪。

8.1.5 半净膛鸡：将符合卫生质量标准要求的心、肝、肫（肌胃）和颈装入净膛鸡胸腹腔内。

8.2 翅类

8.2.1 整翅：切开肱骨与喙状骨连接处，切断筋腱，不得划破关节面和伤残里脊。

8.2.2 翅根（第一节翅）：沿肘关节处切断，由肩关节至肘关节段。

8.2.3 翅中（第二节翅）：切断肘关节，由肘关节至腕关节段。

8.2.4 翅尖（第三节翅）：切断腕关节，由腕关节至翅尖段。

8.2.5 上半翅（V 形翅）：由肩关节至腕关节段，即第一节和第二节翅。

8.2.6 下半翅：由肘关节至翅尖段，即第二节和第三节翅。

8.3 胸肉类

8.3.1 带皮大胸肉：沿胸骨两侧划开，切断肩关节，将翅根连胸肉向尾部撕下，剪去翅，修净多余的脂肪、肌膜，使胸皮肉相称、无淤血、无熟烫。

8.3.2 去皮大胸肉：将带皮大胸肉的皮除去。

8.3.3 小胸肉（胸里脊）：在鸡锁骨和喙状骨之间取下胸里脊，要求条形完整，无破损，无污染。

8.3.4 带里脊大胸肉：包括去皮大胸肉和小胸肉。

8.4 腿肉类

8.4.1 全腿：沿腹股沟将皮划开，将大腿向背侧方向掰开，切断髋关节和部分肌腱，在跗关节处切去鸡爪，使腿型完整，边缘整齐，腿皮覆盖良好。

8.4.2 大腿：将全腿沿膝关节切断，为髋关节和膝关节之间的部分。

8.4.3 小腿：将全腿沿膝关节切断，为膝关节和跗关节间的部分。

8.4.4 去骨带皮鸡腿：沿胫骨到股骨内侧划开，切断膝关节，剔除股骨、胫骨和腓骨，修割多余的皮、软骨、肌腱。

8.4.5 去骨去皮鸡腿：将去骨带皮鸡腿上的皮去掉。

8.5 副产品

8.5.1 心：去除心包膜、血管、脂肪和心内血块。

8.5.2 肝：去除胆囊，修净结缔组织。

8.5.3 肫（肌胃）：去除腺胃、肠管、表面脂肪。在一侧切开，去除内容物，剥去角质膜。

8.5.4 骨架：去除腿、翅、胸肉和皮肤后的胸椎和肋骨部分。

8.5.5 鸡爪：沿跗关节切断，除去趾壳。

8.5.6 鸡头:在第一颈椎骨与寰椎骨交界处连皮切断。

8.5.7 鸡脖:去头后再齐肩胛骨处切断,去掉食道和气管。

8.5.8 带头鸡脖:包括鸡头和鸡脖部分。

8.5.9 鸡睾丸:摘取公鸡双侧睾丸。

9 产品检验

分割鸡产品的检验应符合 NY 5034 的要求。

10 贮藏

生鲜产品应在−1 ℃～4 ℃贮存,冷冻产品应在−18 ℃以下贮存。

11 包装、标志、运输

11.1 包装

分割鸡产品的包装应符合 GB 9687 和 GB 11680 的规定。

11.2 标志

产品标志应符合 GB 7718 的规定,箱外标志应符合 GB/T 6388 和 GB/T 191 的规定,箱外两侧标明产品名称、生产日期、规格、等级、重量、贮存条件和企业名称。

11.3 运输

产品运输应符合 GB/T 20799 的规定。

ICS 67.120.10
C 53

中华人民共和国农业行业标准

NY/T 632—2002

冷却猪肉

Chilled pork

2002-12-30发布 2003-03-01实施

中华人民共和国农业部 发布

前 言

本标准由中华人民共和国农业部提出。

本标准起草单位：农业部畜禽产品质量监督检验测试中心、中国农业大学食品学院、杭州肉类食品有限公司、漯河双汇实业集团有限责任公司、大连畜禽屠宰流通管理办公室、大连市农业局、北京国农工贸发展中心。

本标准主要起草人：刘素英、南庆贤、龚海岩、朱杭、邸振久、于凌飞、王玉芬、戴瑞彤、赵宇、蔡英华、李艳华。

本标准由农业部畜禽产品质量监督检验测试中心负责解释。

冷却猪肉

1 范围

本标准规定了冷却猪肉的术语和定义、技术要求、检验方法、标志、包装、贮存和运输。

本标准适用于生猪经屠宰冷却加工后,按要求生产的半胴体和分割猪肉。

2 规范性引用文件

下列文件中的条款通过本标准的引用而成为本标准的条款。凡是注日期的引用文件,其随后所有的修改单(不包括勘误的内容)或修订版均不适用于本标准,然而,鼓励根据本标准达成协议的各方研究是否可使用这些文件的最新版本。凡是不注日期的引用文件,其最新版本适用于本标准。

GB 191 包装储运图示标志

GB/T 4456 包装用聚乙烯吹塑薄膜

GB 4789.2 食品卫生微生物学检验 菌落总数测定

GB 4789.3 食品卫生微生物学检验 大肠菌群测定

GB 4789.4 食品卫生微生物学检验 沙门氏菌检验

GB 4789.5 食品卫生微生物学检验 志贺氏菌检验

GB 4789.10 食品卫生微生物学检验 金黄色葡萄球菌检验

GB 4789.11 食品卫生微生物学检验 溶血性链球菌检验

GB/T 5009.11 食品中总砷的测定方法

GB/T 5009.12 食品中总铅的测定方法

GB/T 5009.17 食品中总汞的测定方法

GB/T 5009.19 食品中六六六、滴滴涕残留的测定方法

GB/T 5009.20 食品中有机磷农药残留量的测定方法

GB/T 5009.44 肉与肉制品卫生标准的分析方法

GB/T 6388 运输包装收发货标志

GB 7718 食品标签通用标准

GB 9687 食品包装用聚乙烯成型品卫生标准

GB/T 14931.1 畜禽肉中土霉素、四环素、金霉素残留量测定方法

NY/T 468 动物组织中盐酸克伦特罗的测定 气相色谱-质谱法

农牧发[1998]17 号 畜禽肉中磺胺残留量检验方法

3 术语和定义

下列术语和定义适用于本标准。

3.1

冷却猪肉 chilled pork

生猪经宰前、宰后检验检疫合格。胴体经冷却,其腿部肌肉深层中心温度在-1℃~7℃。冷却胴体在良好操作规范和良好卫生条件下,在10℃~15℃的车间内进行分割、分切工艺制得的冷却猪肉。

3.2

肉眼可见异物 visible foreign material

浮毛、血污、金属、胆汁、碎骨、粪便、胃肠内容物、饲料残留等。

4 技术要求

4.1 原料

4.1.1 生猪应来自非疫区，并持有产地动物防疫监督机构出具的检疫证明。

4.1.2 不允许种用公、母猪。

4.2 加工

经卫生检验合格的猪胴体，再进行加工。

4.2.1 冷却

宰后胴体应在1 h内进入预冷间，在24 h内使肉深层中心温度达到－1℃～7℃。

4.2.2 分割和修整

冷却胴体在良好操作规范和良好卫生条件下，在10℃～15℃的车间内进行分割。刀具、箱框和工作人员的双手应每隔1 h消毒一次。应修去淤血、血污、伤斑、浮毛、淋巴结、碎骨和其他杂质。

4.3 感官指标

感官指标应符合表1的规定。

表1 冷却猪肉感官指标

项 目	冷却猪肉
色泽	肌肉呈红色，有光泽；脂肪呈乳白色
组织状态	肌纤维致密，坚实，有弹性，指压后凹陷立即恢复；外表微干或微湿润，不粘手
气味	具有鲜猪肉正常气味，无异味
煮沸后肉汤	澄清透明，脂肪团聚于表面，具有猪肉香味
肉眼可见杂质	不得检出

4.4 理化指标

理化指标应符合表2的规定。

表2 冷却猪肉理化指标

项 目	指 标
挥发性盐基氮/(mg/100 g)	≤15
汞(以Hg计)/(mg/kg)	≤0.05
铅(以Pb计)/(mg/kg)	≤0.5
砷(以As计)/(mg/kg)	≤0.5
六六六/(mg/kg)	≤0.2
滴滴涕/(mg/kg)	≤0.2
敌敌畏	不得检出
金霉素/(mg/kg)	≤0.1
四环素/(mg/kg)	≤0.1
土霉素/(mg/kg)	≤0.1
磺胺类(以磺胺类总量计)/(mg/kg)	≤0.1
盐酸克伦特罗	不得检出

4.5 **微生物指标**

微生物指标应符合表 3 规定。

表 3 冷却猪肉微生物指标

项目		指标
菌落总数/(cfu/g)		$\leqslant 1\times10^6$
大肠菌群/(MPN/100 g)		$\leqslant 1\times10^4$
致病菌	沙门氏菌	不得检出
	志贺氏菌	不得检出
	金黄色葡萄球菌	不得检出
	溶血性链球菌	不得检出

5 检验方法

5.1 感官检验

5.1.1 在自然光下,观察色泽、可见异物,嗅其气味。

5.1.2 组织状态:用手触摸检验。

5.1.3 煮沸后的肉汤:按 GB/T 5009.44 规定方法检验。

5.2 理化检验

5.2.1 挥发性盐基氮:按 GB/T 5009.44 规定执行。

5.2.2 汞:按 GB/T 5009.17 规定执行。

5.2.3 铅:按 GB/T 5009.12 规定执行。

5.2.4 砷:按 GB/T 5009.11 规定执行。

5.2.5 六六六、滴滴涕:按 GB/T 5009.19 规定执行。

5.2.6 敌敌畏:按 GB/T 5009.20 规定执行。

5.2.7 四环素、土霉素、金霉素:按 GB/T 14931.1 规定执行。

5.2.8 磺胺类:按农牧发[1998]17 号规定执行。

5.2.9 盐酸克伦特罗:按 NY/T 468 规定执行。

5.3 微生物指标

5.3.1 菌落总数:按 GB 4789.2 规定执行。

5.3.2 大肠菌群:按 GB 4789.3 规定执行。

5.3.3 沙门氏菌:按 GB 4789.4 规定执行。

5.3.4 志贺氏菌:按 GB 4789.5 规定执行。

5.3.5 金黄色葡萄球菌:按 GB 4789.10 规定执行。

5.3.6 溶血性链球菌:按 GB 4789.11 规定执行。

6 标志、包装、贮存和运输

6.1 标志

6.1.1 半猪胴体加盖兽医验讫检验合格印章,字迹必须清晰整齐。

6.1.2 内包装标志应符合按 GB 7718 的规定,外包装标志应符合 GB 191 和 GB/T 6388 的规定。

6.2 包装

包装材料应符合 GB/T 4456 和 GB 9687 的规定。

6.3 贮存

冷却猪肉应贮存在－2℃～4℃，相对湿度85％～90％的冷却间，产品保质期为5天。

6.4 运输

应使用卫生要求的专用冷藏车或保温车（船），不应与污染产品的物品混装，运输过程中，产品温度在7℃以下。

ICS 67.120.10
C 53

中华人民共和国农业行业标准

NY/T 633—2002

2002-12-30发布　　2003-03-01实施

中华人民共和国农业部　发布

前　言

本标准由中华人民共和国农业部提出。

本标准起草单位:农业部畜禽产品质量监督检验测试中心、中国农业大学食品学院、内蒙古草原兴发股份有限公司、北京国农工贸发展中心。

本标准主要起草人:刘素英、南庆贤、方武、戴瑞彤、赵宇、蔡英华、龚海岩、李艳华。

本标准由农业部畜禽产品质量监督检验测试中心负责解释。

冷 却 羊 肉

1 范围

本标准规定了冷却羊肉的术语和定义、技术要求、检验方法、标志、包装、贮存和运输。

本标准适用于活羊经屠宰、冷却加工后，按要求生产的六分体和分割羊肉。

2 规范性引用文件

下列文件中的条款通过本标准的引用而成为本标准的条款。凡是注日期的引用文件，其随后所有的修改单(不包括勘误的内容)或修订版均不适用于本标准，然而，鼓励根据本标准达成协议的各方研究是否可使用这些文件的最新版本。凡是不注日期的引用文件，其最新版本适用于本标准。

GB/T 191 包装储运图示标志

GB 2762 食品中汞限量卫生标准

GB/T 4456 包装用聚乙烯吹塑薄膜

GB 4789.2 食品卫生微生物学检验　菌落总数测定

GB 4789.3 食品卫生微生物学检验　大肠菌群测定

GB 4789.4 食品卫生微生物学检验　沙门氏菌检验

GB 4789.5 食品卫生微生物学检验　志贺氏菌检验

GB 4789.10 食品卫生微生物学检验　金黄色葡萄球菌检验

GB 4789.11 食品卫生微生物学检验　溶血性链球菌检验

GB/T 5009.17 食品中总汞的测定方法

GB/T 5009.44 肉与肉制品卫生标准的分析方法

GB/T 6388 运输包装收发货标志

GB 7718 食品标签通用标准

GB 9687 食品包装用聚乙烯成型品卫生标准

GB 9961 鲜、冻胴体羊肉

GB/T 14931.1 畜禽肉中土霉素、四环素、金霉素残留量测定方法

农牧发[1998]17号 呋喃唑酮在动物可食性组织中残留的高效液相色谱检测方法

3 术语和定义

下列术语和定义适用于本标准。

3.1

冷却羊肉　chilled mutton

活羊经宰前、宰后检验检疫合格。胴体经冷却，其后腿肌肉深层中心温度在−1℃～7℃。冷却胴体在良好操作规范和良好卫生条件下，在10℃～15℃的车间内进行分割、分切工艺制得的冷却羊肉。

3.2

肉眼可见异物　visible foreign material

指浮毛、血污、金属、胆汁、碎骨、粪便、胃肠内容物、饲料残留等。

4 技术要求

4.1 原料

4.1.1 羊只必须来自非疫区，并持有产地动物防疫监督机构出具的检疫证明。

4.1.2 不允许转基因羊。

4.2 加工

经卫生检验合格的羊胴体，再进行加工。

4.2.1 冷却

宰后胴体应在1 h内进入预冷间，在24 h内使肉深层中心温度达到−1℃～7℃。

4.2.2 分割和修整

冷却胴体在良好操作规范和良好卫生条件下，10℃～15℃的车间内进行分割。刀具、箱框和工作人员双手应每隔1 h消毒一次。应修去淤血、血污、伤斑、浮毛、淋巴结、碎骨和其他杂质。

4.3 产品品种、规格

冷却羊肉胴体的产品品种、规格按GB 9961执行。

4.4 感官特性

感官特性应符合表1的规定。

表1 冷却羊肉感官特性

项　　目	冷　却　羊　肉
色泽	肌肉红色均匀，有光泽；脂肪呈白色或微黄色
组织状态	肌纤维致密，坚实，有弹性，指压后凹陷立即恢复；外表微干或有风干膜，切面湿润，不粘手
气味	具有羊肉固有气味，无异味
煮沸后肉汤	澄清透明，脂肪团聚于表面，具特有香味
肉眼可见异物	不得检出

4.5 理化指标

理化指标应符合表2的规定。

表2 冷却羊肉理化指标

项　　目	指　　标
挥发性盐基氮/(mg/100 g)	≤15
汞(以Hg计)/(mg/kg)	≤0.05
四环素/(mg/kg)	≤0.1
土霉素/(mg/kg)	≤0.1
金霉素/(mg/kg)	≤0.1
呋喃唑酮/(μg/kg)	≤10

4.6 微生物指标

微生物指标应符合表3。

表 3 冷却羊肉微生物指标

项 目		指 标
菌落总数/(cfu/g)		≤5×10^5
大肠菌群/(MPN/100 g)		≤1×10^3
致病菌	金黄色葡萄球菌	不得检出
	沙门氏菌	不得检出
	志贺氏菌	不得检出
	溶血性链球菌	不得检出

5 检验方法

5.1 感官检验

5.1.1 在自然光下,观察色泽、可见异物,嗅其气味。

5.1.2 粘度和组织状态:用手触摸检验。

5.1.3 煮沸后的肉汤:按 GB/T 5009.44 检验。

5.2 理化检验

5.2.1 挥发性盐基氮:按 GB/T 5009.44 规定执行。

5.2.2 汞:按 GB/T 5009.17 规定执行。

5.2.3 四环素、土霉素、金霉素:按 GB/T 14931.1 规定执行。

5.2.4 呋喃唑酮:按农牧发[1998]17 号规定执行。

5.3 微生物检验

5.3.1 菌落总数:按 GB 4789.2 规定执行。

5.3.2 大肠菌群:按 GB 4789.3 规定执行。

5.3.3 金黄色葡萄球菌:按 GB 4789.10 规定执行。

5.3.4 沙门氏菌:按 GB 4789.4 规定执行。

5.3.5 志贺氏菌:按 GB 4789.5 规定执行。

5.3.6 溶血性链球菌:按 GB 4789.11 规定执行。

6 标志、包装、贮存和运输

6.1 标志

6.1.1 每只羊肉胴体的臀部加盖兽医验讫检验合格印章,字迹必须清晰整齐。

6.1.2 内包装标志应符合按 GB 7718 的规定,外包装标志应符合 GB/T 191 和 GB/T 6388 的规定。

6.2 包装

包装材料应符合 GB/T 4456 和 GB 9687 的规定。

6.3 贮存

冷却羊肉应贮存在-2℃~4℃,相对湿度 85%~90%的冷却间,产品保质期为 5 天。

6.4 运输

应使用卫生要求的专用冷藏车或保温车(船),不应和污染产品的物品混装,运输过程中,产品温度在 7℃以下。

ICS 67.120.20
X 18

中华人民共和国农业行业标准

NY/T 753—2003

绿色食品　禽肉

Green food—Poultry meat

2003-12-01 发布　　2004-03-01 实施

中华人民共和国农业部　发布

前　言

本标准由中华人民共和国农业部提出。

本标准由中华人民共和国农业部归口。

本标准由农业部畜禽产品质量监督检验测试中心、中国绿色食品发展中心、北京国农工贸发展中心负责起草。

本标准主要起草人:刘素英、陈刚、谢焱、尤华、蔡英华。

本标准由农业部畜禽产品质量监督检验测试中心负责解释。

绿色食品　禽肉

1　范围

本标准规定了绿色食品禽肉的定义、技术要求、检测方法、检验规则、标志、标签、包装、运输及贮存。

本标准适用于绿色食品禽肉的鲜肉、冷却肉和冷冻肉。

2　规范性引用文件

下列文件中的条款通过本标准的引用而成为本标准的条款。凡是注日期的引用文件，其随后所有的修改单(不包括勘误的内容)或修订版均不适用于本标准，然而，鼓励根据本标准达成协议的各方研究是否可使用这些文件的最新版本。凡是不注日期的引用文件，其最新版本适用于本标准。

GB/T 191　包装储运图示标志

GB/T 4789.2　食品卫生微生物学检验　菌落总数测定

GB/T 4789.3　食品卫生微生物学检验　大肠菌群测定

GB/T 4789.4　食品卫生微生物学检验　沙门氏菌检验

GB/T 4789.6　食品卫生微生物学检验　致泻大肠埃希氏菌检验

GB/T 4789.30　食品卫生微生物学检验　单核细胞增生李斯特氏菌检验

GB/T 5009.11　食品中总砷及无机砷的测定

GB/T 5009.12　食品中铅的测定

GB/T 5009.13　食品中铜的测定

CB/T 5009.15　食品中镉的测定

GB/T 5009.17　食品中总汞及有机汞的测定

GB/T 5009.18　食品中氟的测定

GB/T 5009.19　食品中六六六、滴滴涕残留量的测定

GB/T 5009.20　食品中有机磷农药残留量的测定

GB/T 5009.44　肉与肉制品卫生标准的分析方法

GB/T 5009.116　畜禽肉中土霉素、四环素、金霉素残留量的测定(高效液相色谱法)

GB/T 5009.123　食品中铬的测定

GB 7718　食品标签通用标准

GB/T 9695.19　肉及肉制品　取样方法

GB 16869　鲜、冻禽产品

GB 18394　畜禽肉水分限量

NY/T 391　绿色食品　产地环境技术条件

NY/T 471　绿色食品　饲料和饲料添加剂

NY/T 472　绿色食品　兽药使用准则

NY/T 473　绿色食品　动物卫生准则

NY/T 658　绿色食品　包装通用准则

NY 5029　无公害食品　猪肉

NY 5039　无公害食品　鸡蛋

SN/T 0212.1　出口禽肉中二氯二甲吡啶酚残留量检验方法　液相色谱法

SN 0289　出口禽肉中二甲硝咪唑残留量检验方法

SN 0672　出口肉及肉制品中己烯雌酚残留量检验方法　放射免疫法

中华人民共和国农业部　动物性食品中兽药最高残留限量

3　术语和定义

本标准采用下列术语和定义。

3.1

绿色食品　green food

见 NY/T 391。

3.2

禽肉　poultry meat

活禽屠宰加工后可供食用的整禽或分割禽部分(不包括禽内脏、禽骨架)。

3.3

鲜禽肉　fresh poultry meat

活禽屠宰加工后,不经冻结处理的禽肉。

3.4

冷却禽肉

在良好操作规范和良好卫生条件下,活禽屠宰、冷却、分割后,肌肉中心温度达到 2℃以下,而不冻结,并在加工、运输、销售过程中,肉中心温度始终保持这种状态的肉。

3.5

冻禽肉　frozen poultry meat

活禽屠宰加工后,经冻结处理,肉中心温度在－15℃以下的禽肉。

3.6

肉眼可见异物　vioiblo forcign matter

产品上有碍食用的杂物或污染物(如黄皮、粪便、胆汁、绒毛、塑料、金属、饲料残留等)。

3.7

硬杆毛　hard feather

长度超过 12 mm 的羽毛,或羽毛根直径超过 2 mm 的羽毛。

4　技术要求

4.1　原料

活禽应来自非疫病区,健康、无病。禽的饲养环境、饲料及饲料添加剂、兽药、饲养管理应分别符合 NY/T 391、NY/T 471、NY/T 472 和 NY/T 473 的要求。

4.2　屠宰加工

4.2.1　屠宰

活禽应按 NY/T 473 的要求,经检疫、检验合格后,进行屠宰。从活禽放血至加工或分割产品到包装入冷库时间不得超过 2 h。

4.2.2　冷却

禽屠宰后 45 min 内,肉的中心温度应降到 10℃以下。

4.2.3　分割

预冷后的禽体分割时,环境温度应控制于 12℃以下。

4.2.4　修整

分割后的禽体各部位应修剪外伤、血点、血污、羽毛根等。

4.2.5 冻结

需冷冻的产品，应在－35℃以下环境中，其中心温度应在12 h内达到－15℃以下。

4.3 感官要求

应符合表1的规定。

表1 感官要求

项目		鲜禽肉	冻禽肉(解冻后)
组织状态		肌肉有弹性，经指压后凹陷部位立即恢复原位	肌肉经指压后凹陷部位恢复慢，不能完全恢复原状
色泽		表皮和肌肉切面有光泽，具有禽种固有的色泽	
气味		具有禽种固有的气味，无异味	
煮沸后的肉汤		透明澄清，脂肪团聚于表面，具有固有香味	
淤血	淤血面积大于1 cm^2 时	不允许存在	
	淤血面积小于1 cm^2 时	不得超过抽样量的2%	
硬杆毛/(根/10 kg)≤		1	
肉眼可见异物		不得检出	
注：淤血面积以单一整禽或单一分割禽体的1片淤血面积计。			

4.4 理化指标

应符合表2的规定。

表2 理化指标

项目		指标
水分/(%)	≤	77
解冻失水率/(%)	≤	8

4.5 卫生指标

应符合表3的规定。

表3 卫生指标

项目		指标
挥发性盐基氮/(mg/100 g)	≤	15
汞(以Hg计)/(mg/kg)	≤	0.05
铅(以Pb计)/(mg/kg)	≤	0.5
砷(以As计)/(mg/kg)	≤	0.5
镉(以Cd计)/(mg/kg)	≤	0.1
氟(以F计)/(mg/kg)	≤	2.0
铜(以Cu计)/(mg/kg)	≤	10
铬(以Cr计)/(mg/kg)	≤	1.0
六六六/(mg/kg)	≤	0.1
滴滴涕/(mg/kg)	≤	0.1
敌敌畏/(mg/kg)	≤	0.05
四环素/(mg/kg)	≤	0.1

表 3（续）

项　　目		指　　标
金霉素/(mg/kg)	≤	0.1
土霉素/(mg/kg)	≤	0.1
己烯雌酚/(mg/kg)	≤	0.001
二氯二甲吡啶酚/(mg/kg)	≤	0.01
呋喃唑酮/(mg/kg)	≤	0.01
磺胺类/(mg/kg)	≤	0.1
二甲硝咪唑/(mg/kg)	≤	0.005

4.6　微生物指标

应符合表 4 的规定。

表 4　微生物指标

项　　目		指　　标
菌落总数/(cfu/g)	≤	5×10^5
大肠菌群/(MPN/100 g)	<	10^4
沙门氏菌		不得检出
致泻大肠埃希氏菌		不得检出
单核细胞增生李斯特氏菌		不得检出

5　检验方法

5.1　感官检验

5.1.1　在自然光下，观察色泽、组织状态、肉眼可见异物，嗅其气味。

5.1.2　取 20 g 禽肉按 GB/T 5009.44 规定的方法评定煮沸后的肉汤。

5.2　理化检验

5.2.1　水分

按 GB 18394 规定的方法测定。

5.2.2　解冻失水率

按 GB 16869 规定的方法测定。

5.3　卫生检验

5.3.1　挥发性盐基氮

按 GB/T 5009.44 中有关条文规定的方法测定。

5.3.2　汞

按 GB/T 5009.17 规定的方法测定。

5.3.3　铅

按 GB/T 5009.12 规定的方法测定。

5.3.4　砷

按 GB/T 5009.11 规定的方法测定。

5.3.5　镉

按 GB/T 5009.15 规定的方法测定。

5.3.6　氟

按 GB/T 5009.18 规定的方法测定。

5.3.7 铜

按 GB/T 5009.13 规定的方法测定。

5.3.8 铬

按 GB/T 5009.123 规定的方法测定。

5.3.9 六六六、滴滴涕

按 GB/T 5009.19 规定的方法测定。

5.3.10 敌敌畏

按 GB/T 5009.20 规定的方法测定。

5.3.11 四环素

按 GB/T 5009.116 规定的方法测定。

5.3.12 土霉素、金霉素

按 NY 5029 规定的方法测定。

5.3.13 己烯雌酚

按 SN 0672 规定的方法测定。

5.3.14 二氯二甲吡啶酚

按 SN/T 0212.1 规定的方法测定。

5.3.15 呋喃唑酮

按 NY 5039 规定的方法测定。

5.3.16 磺胺类

按 NY 5029 规定的方法测定。

5.3.17 二甲硝咪唑

按 SN 0289 规定的方法测定。

5.4 微生物检验

5.4.1 菌落总数

按 GB/T 4789.2 规定的方法测定。

5.4.2 大肠菌群

按 GB/T 4789.3 规定的方法测定。

5.4.3 沙门氏菌

按 GB/T 4789.4 规定的方法检验。

5.4.4 单核细胞增生李斯特氏菌

按 GB/T 4789.30 规定的方法检验。

5.4.5 致泻大肠埃希氏菌

按 GB/T 4789.6 规定的方法检验。

6 检验规则

6.1 抽样方法

6.1.1 批次:由同一班次同一生产线生产的产品为同一批次。

6.1.2 抽样:抽样按 GB/T 9695.19 规定执行。

6.2 检验类型

6.2.1 出厂检验:每批产品出厂前,生产企业均应进行出厂检验,出厂检验内容包括包装、标签、标志、净含量、感官、理化及微生物指标几方面,检验检疫合格并附合格证的产品方可出厂。

6.2.2 型式检验:型式检验是对产品进行全面考核,即对本标准规定的全部技术要求进行检验。有下列情况之一者应进行型式检验:

a) 申请使用绿色食品标志时；

b) 正式生产后，原料、生产环境有较大变化，可能影响产品质量时；

c) 国家质量监督机构或主管部门提出进行型式检验要求时；

d) 有关各方对产品质量有争议需仲裁时。

6.3 判定规则

6.3.1 产品的感官指标和理化指标中的解冻失水率项目不符合本标准为缺陷项，其他指标不符合标准为关键项，缺陷项两项或关键项一项，判为不合格产品。

6.3.2 受检样品的缺陷项目检验不合格时，允许按6.1的规定重新加倍抽取样品进行复检，以复检结果为最终检验结果。关键项目检验不合格时，受检企业对检测结果如有异议，经主管部门同意，允许重新抽样复检。

7 标志、标签

7.1 标志

产品的销售和运输包装上都必须在明显位置标注绿色食品标志，储运图示标志按GB/T 191执行。

7.2 标签

产品的标签应符合GB 7718规定。

8 包装、运输、贮存

8.1 包装

包装应符合NY/T 658的规定。

8.2 运输

应使用卫生并具有防雨、防晒、防尘设施的专用冷藏车或船，不应和对产品发生污染的物品混装，运输途中应严格控制冷藏运输温度，鲜禽肉和冷却肉：0℃～4℃，冷冻禽肉：－18℃，温度变化为：±1℃。

8.3 贮存

8.3.1 冻禽肉应贮存于－18℃以下的冷冻库内，库温昼夜升降幅度不超过1℃。

8.3.2 鲜禽肉和冷却肉应贮存在－2℃～4℃，相对湿度85%～90%的冷却间。

ICS 67.120.10
X 22

中华人民共和国农业行业标准

NY 5129—2002

无公害食品 兔肉

2002-07-25 发布 2002-09-01 实施

中华人民共和国农业部 发布

前　言

本标准由中华人民共和国农业部提出。

本标准起草单位：南京农业大学、中国畜产品加工研究会。

本标准主要起草人：徐幸莲、彭增起、周光宏、赵改名、汤晓艳、刘源。

无公害食品　兔肉

1　范围

本标准规定了无公害兔肉的定义、技术要求、检验方法、标志、包装、贮存和运输。

本标准适用于来自非疫区的无公害肉兔，屠宰后经兽医卫生检疫检验合格的兔肉。

2　规范性引用文件

下列文件中的条款通过本标准的引用而成为本标准的条款。凡是注日期的引用文件，其随后所有的修改单(不包括勘误的内容)或修订版均不适用于本标准，然而，鼓励根据本标准达成协议的各方研究是否可使用这些文件的最新版本。凡是不注日期的引用文件，其最新版本适用于本标准。

GB 191　包装储运图示标志
GB 4789.2　食品卫生微生物学检验　菌落总数测定
GB 4789.3　食品卫生微生物学检验　大肠菌群测定
GB 4789.4　食品卫生微生物学检验　沙门氏菌测定
GB 4789.5　食品卫生微生物学检验　志贺氏菌测定
GB 4789.10　食品卫生微生物学检验　金黄色葡萄球菌测定
GB 4789.11　食品卫生微生物学检验　溶血性链球菌测定
GB/T 5009.11　食品中总砷的测定方法
GB/T 5009.12　食品中铅的测定方法
GB/T 5009.15　食品中镉的测定方法
GB/T 5009.17　食品中总汞的测定方法
GB/T 5009.19　食品中六六六、滴滴涕残留量的测定方法
GB/T 5009.44　肉与肉制品卫生标准的分析方法
GB/T 6388　运输包装收发货标志
GB 7718　食品标签通用标准
GB 9687　食品包装用聚乙烯成型品卫生标准
GB 11680　食品包装用原纸卫生标准
GB 12694　肉类加工厂卫生规范
GB/T 14962　食品中铬的测定方法
GB/T 17239　鲜、冻兔肉
NY 5130　无公害食品　肉兔饲养兽药使用准则
NY 5131　无公害食品　肉兔饲养兽医防疫准则
NY 5132　无公害食品　肉兔饲养饲料使用准则
NY/T 5133　无公害食品　肉兔饲养管理准则
SN/T 0125　出口肉中敌百虫残留量检验方法
SN 0341　出口肉及肉制品中氯霉素残留量检测方法
关于发布动物源食品中兽药残留检测方法的通知(农牧发[2001]38 号文)

3　术语和定义

下列术语和定义适用于本标准。

3.1

无公害兔肉　non-environmental pollution rabbit meat

肉兔饲养过程中，严格遵守NY/T 5133、NY 5132、NY 5130 和 NY 5131，屠宰加工后，经兽医卫生检疫检验合格，符合本标准各项规定指标要求的兔肉。

3.2

肉眼可见异物　visibable abnormal materials

不能食用的屠宰加工废弃物、污染物，如甲状腺、病变淋巴结、肾上腺、病变组织、胆汁、淤血、浮毛、血污、金属、肠道内容物、植物质等。

4　技术要求

4.1　原料

活兔应来自非疫区的无公害肉兔，经当地动物防疫监督机构检疫合格。

4.2　加工

按 GB/T 17239 要求进行，屠宰加工过程中的卫生要求按 GB 12694 执行。

4.3　冷却

胴体应在宰后 1h 内进入 0℃～4℃预冷间，使肉中心温度达到 2℃～5℃。

4.4　分割

冷却胴体应在低于 12℃良好卫生环境下的车间内进行分割。刀具和操作人员的双手应每隔 1 h 消毒一次。

4.5　感官指标

感官指标应符合表 1 的规定。

表 1　无公害兔肉感官指标

项　目	指　标
色 泽	肌肉呈浅粉红色，有光泽，脂肪呈乳白色或淡黄色
组织状态	肌肉致密，有弹性，指压后凹陷立即恢复，表面微干，不粘手
气 味	具有鲜兔肉固有气味，无异味
煮沸后肉汤	澄清透明，脂肪团聚于表面，具有兔肉固有的香味
肉眼可见异物	不应检出

4.6　理化指标

理化指标应符合表 2 规定。

表 2　无公害兔肉理化指标

项　目	指　标
挥发性盐基氮/(mg/100g)	≤15
汞（以 Hg 计）/(mg/kg)	≤0.05
铅(以 Pb 计)/(mg/kg)	≤0.1
砷(以 As 计)/(mg/kg)	≤0.5
镉(以 Cd 计)/(mg/kg)	≤0.1
铬(以 Cr 计)/(mg/kg)	≤1.0
六六六/(mg/kg)	≤0.2
滴滴涕/(mg/kg)	≤0.2

表 2(续)

项　　目	指　　标
敌百虫/(mg/kg)	≤0.1
金霉素/(mg/kg)	≤0.1
土霉素/(mg/kg)	≤0.1
四环素/(mg/kg)	≤0.1
氯霉素/(mg/kg)	不应检出
呋喃唑酮/(mg/kg)	不应检出
磺胺类(以磺胺类总量计)/(mg/kg)	≤0.1
氯羟吡啶/(mg/kg)	≤0.01

4.7　微生物指标

微生物指标应符合表 3 规定。

表 3　无公害兔肉微生物指标

项　　目		指　　标
菌落总数/(cfu/g)		$\leq 5\times10^{5}$
大肠菌群/(MPN/100 g)		$\leq 1\times10^{3}$
致病菌	沙门氏菌	不应检出
	志贺氏菌	不应检出
	金黄色葡萄球菌	不应检出
	溶血性链球菌	不应检出

5　检验方法

5.1　感官检验

按 GB/T 5009.44 规定的方法检验。

5.2　理化检验

5.2.1　挥发性盐基氮

按 GB/T 5009.44 规定的方法测定。

5.2.2　汞

按 GB/T 5009.17 规定的方法测定。

5.2.3　铅

按 GB/T 5009.12 规定的方法测定。

5.2.4　砷

按 GB/T 5009.11 规定的方法测定。

5.2.5　镉

按 GB/T 5009.15 规定的方法测定。

5.2.6　铬

按 GB/T 14962 规定的方法测定。

5.2.7　六六六、滴滴涕

按 GB/T 5009.19 规定的方法测定。

5.2.8 敌百虫

按SN/T 0125规定的方法测定。

5.2.9 呋喃唑酮、磺胺类、氯羟吡啶

按《关于发布动物源食品中兽药残留检测方法的通知》(农牧发[2001]38号文)规定方法测定。

5.2.10 四环素、金霉素、土霉素

按GB/T 14931.2规定方法测定。

5.2.11 氯霉素

按SN 0341方法测定。

5.3 微生物检验

5.3.1 菌落总数

按GB 4789.2检验。

5.3.2 大肠菌群

按GB 4789.3检验。

5.3.3 沙门氏菌

按GB 4789.4检验。

5.3.4 志贺氏菌

按GB 4789.5检验。

5.3.5 金黄色葡萄球菌

按GB 4789.10检验。

5.3.6 溶血性链球菌

按GB 4789.11检验。

6 标志、包装、贮存、运输

6.1 标志

内包装(销售包装)标志按GB 7718的规定执行,外包装标志按GB 191和GB/T 6388的规定执行。

6.2 包装

6.2.1 应符合GB 11680和GB 9687的规定。

6.2.2 包装印刷油墨无毒,不应向内容物渗漏。

6.2.3 包装物不得重复使用,生产方和使用方另有约定的除外。

6.3 贮存

产品应贮存在通风良好、清洁卫生的场所,不应与有毒、有害、有异味、易挥发、易腐蚀的物品同处贮存。冷却兔肉在－1℃～4℃下贮存,冻兔肉在－18℃以下贮存。

6.4 运输

应使用符合食品卫生要求的专用冷藏车(船),不应与对产品发生不良影响的物品混装。

ICS 67.120.10
X 22

中华人民共和国农业行业标准

NY 5146—2002

2002-07-25 发布　　2002-09-01 实施

中华人民共和国农业部　发布

前言

本标准由中华人民共和国农业部提出。

本标准起草单位：农业部畜禽产品质量监督检验测试中心、北京国农工贸发展中心。

本标准主要起草人：陈刚、刘素英、单吉浩、李艳花、蔡英华。

无公害食品　猪肝

1　范围

本标准规定了无公害猪肝的技术要求、检验方法和标志、包装、贮存和运输。

本标准适用于来自非疫区的无公害生猪，屠宰加工后经兽医检疫检验合格的猪肝。

2　规范性引用文件

下列文件中的条款通过本标准的引用而成为本标准的条款。凡是注日期的引用文件，其随后所有的修改单(不包括勘误的内容)或修订版均不适用于本标准，然而，鼓励根据本标准达成协议的各方研究是否可使用这些文件的最新版本。凡是不注日期的引用文件，其最新版本适用于本标准。

GB 191　包装储运图示标志

GB 4789.2　食品卫生微生物学检验　菌落总数测定

GB 4789.3　食品卫生微生物学检验　大肠菌群测定

GB 4789.4　食品卫生微生物学检验　沙门氏菌检验

GB 4789.5　食品卫生微生物学检验　志贺氏菌检验

GB 4789.10　食品卫生微生物学检验　金黄色葡萄球菌检验

GB 4789.11　食品卫生微生物学检验　溶血性链球菌检验

GB/T 5009.11　食品中总砷的测定方法

GB/T 5009.12　食品中铅的测定方法

GB/T 5009.15　食品中镉的测定方法

GB/T 5009.17　食品中总汞的测定方法

GB/T 5009.19　食品中六六六、滴滴涕残留量的测定方法

GB/T 5009.44　肉与肉制品卫生标准的分析方法

GB/T 6388　运输包装收发货标志

GB 7718　食品标签通用标准

GB 9687　食品包装用聚乙烯成型品卫生标准

GB 11680　食品包装用原纸卫生标准

GB 12694　肉类加工厂卫生规范

GB/T 14931.1　畜禽肉中土霉素、四环素、金霉素残留量测定方法(高效液相色谱法)

GB/T 14962　食品中铬的测定方法

GB/T 17236　生猪屠宰操作规程

NY 467　畜禽屠宰卫生检疫规范

NY/T 468　动物组织中盐酸克伦特罗的测定　气相色谱-质谱法

NY 5030　无公害食品　生猪饲养兽药使用准则

NY 5031　无公害食品　生猪饲养兽医防疫准则

NY 5032　无公害食品　生猪饲养饲料使用准则

NY/T 5033　无公害食品　生猪饲养管理准则

SN 0341　出口肉及肉制品中氯霉素残留量检验方法

关于发布动物源食品中兽药残留检测方法的通知(农牧发[2001]38 号)

3 技术要求

3.1 原料

生猪应来自非疫区,其饲养规程符合 NY 5030、NY 5031、NY 5032、NY/T 5033 中的要求,并经检疫、检验合格。生猪屠宰应按《生猪屠宰管理条例》和 GB/T 17236 和 NY 467 规定执行,屠宰加工过程中的卫生要求按 GB 12694 的规定执行。

3.2 感官指标

感官指标应符合表 1 规定。

表 1 无公害猪肝感官指标

项　目	指　标
色泽	色泽均匀一致,呈红褐色或棕红色,润滑而有光泽
组织状态	结构紧凑致密、坚实,边缘锐;切面整齐,结构清晰,具有弹性,无液体或血水流出
粘度	表面清洁干净,不沾手,不粘连
气味	有猪肝固有的气味
煮沸后肉汤	清亮、味香,表面可见少许浮油

3.3 理化指标

理化指标应符合表 2 规定。

表 2 无公害猪肝理化指标

项　目	指　标
挥发性盐基氮/(mg/100 g)	≤15
汞(以 Hg 计)/(mg/kg)	≤0.05
铅(以 Pb 计)/(mg/kg)	≤0.10
砷(以 As 计)/(mg/kg)	≤0.50
铬(以 Cr 计)/(mg/kg)	≤1.0
镉(以 Cd 计)/(mg/kg)	≤0.10
六六六/(mg/kg)	≤0.20
滴滴涕/(mg/kg)	≤0.20
金霉素/(mg/kg)	≤0.10
土霉素/(mg/kg)	≤0.10
四环素/(mg/kg)	≤0.10
氯霉素	不得检出
磺胺类(以磺胺类总量计)/(mg/kg)	≤0.10
盐酸克伦特罗	不得检出

3.4 微生物指标

微生物指标应符合表 3 规定

表 3　无公害猪肝微生物指标

项　　目		指　　标
菌落总数/(cfu/g)		≤5×10^5
大肠菌群/(MPN/100 g)		≤1×10^3
致病菌	沙门氏菌	不得检出
	志贺氏菌	不得检出
	金黄色葡萄球菌	不得检出
	溶血性链球菌	不得检出

4　检验方法

4.1　感官检验

按 GB/T 5009.44 规定方法检验。

4.2　理化检验

4.2.1　挥发性盐基氮：按 GB/T 5009.44 规定方法测定。

4.2.2　汞：按 GB/T 5009.17 规定方法测定。

4.2.3　铅：按 GB/T 5009.12 规定方法测定。

4.2.4　砷：按 GB/T 5009.11 规定方法测定。

4.2.5　铬：按 GB/T 14962 规定方法测定。

4.2.6　镉：按 GB/T 5009.15 规定方法测定。

4.2.7　六六六、滴滴涕：按 GB/T 5009.19 规定方法测定。

4.2.8　金霉素、土霉素、四环素：按 GB/T 14931.1 规定方法测定。

4.2.9　磺胺类：按《关于发布动物源食品中兽药残留检测方法的通知》规定方法测定。

4.2.10　氯霉素：按 SN 0341 规定方法测定。

4.2.11　盐酸克伦特罗：按《关于发布动物源食品中兽药残留检测方法的通知》规定方法测定后，可疑样品再用 NY/T 468 规定方法测定。

4.3　微生物检验

4.3.1　菌落总数：按 GB 4789.2 规定方法检验。

4.3.2　大肠菌群：按 GB 4789.3 规定方法检验。

4.3.3　沙门氏菌：按 GB 4789.4 规定方法检验。

4.3.4　志贺氏菌：按 GB 4789.5 规定方法检验。

4.3.5　金黄色葡萄球菌：按 GB 4789.10 规定方法检验。

4.3.6　溶血性链球菌：按 GB 4789.11 规定方法检验。

5　标志、包装、运输、贮存

5.1　标志

产品标志应符合 GB 7718 的规定，箱外标志应符合 GB 191 和 GB/T 6388 的规定。

5.2　包装

5.2.1　包装材料应符合 GB 11680 和 GB 9687 的规定。

5.2.2　包装印刷油墨无毒，不应向内容物渗漏。

5.2.3　包装物不得重复使用。生产方和使用方另有约定的除外。

5.3　运输、贮存

5.3.1 运输：产品运输时应使用符合食品卫生要求的冷藏车（船）或保温车，不应与有毒、有害、有气味的物品混放。

5.3.2 贮存：产品不应与有毒、有害、有异味、易挥发、易腐蚀的物品同处贮存。产品应在－1℃～4℃下保鲜贮存。

ICS 67.120.10
X 22
备案号：16801—2005

中华人民共和国国内贸易行业标准

SB/T 10399—2005

牦　　牛　　肉

Yak meat

2005-10-11 发布　　　　2006-03-01 实施

中华人民共和国商务部　　发布

前　言

本标准的附录 A 和附录 B 为资料性附录。

本标准由中国商业联合会提出。

本标准由商务部归口。

本标准起草单位：内蒙古草原兴发股份有限公司、商业科技质量中心、湖南农业大学、中国肉类协会、青海省畜牧兽医科学院、西藏大学农牧学院等。

本标准主要起草人：李宗军、刘丽欣、刘景德、王喜群、杨雨平、王福清、邓富江、罗晓林、罗章。

牦　牛　肉

1　范围

本标准规定了牦牛肉的定义、技术要求、检验方法、标识、包装、贮存、运输。

本标准适用于牦牛屠宰加工后，经检疫合格的冷却(冻)牦牛肉。

2　规范性引用文件

下列文件中的条款通过本标准的引用而成为本标准的条款。凡是注日期的引用文件，其随后所有的修改单(不包括勘误的内容)或修订版均不适用于本标准，然而，鼓励根据本标准达成协议的各方研究是否可使用这些文件的最新版本。凡是不注日期的引用文件，其最新版本适用于本标准。

GB 2707　鲜(冻)畜肉卫生标准

GB 2762　食品中污染物限量

GB 2763　食品中农药最大残留限量

GB/T 4789.2　食品卫生微生物学检验　菌落总数测定

GB/T 4789.3　食品卫生微生物学检验　大肠菌群测定

GB/T 4789.4　食品卫生微生物学检验　沙门氏菌检验

GB/T 4789.6　食品卫生微生物学检验　致泻大肠埃希氏菌检验

GB/T 5009.11　食品中总砷及无机砷的测定

GB/T 5009.12　食品中铅的测定

GB/T 5009.15　食品中镉的测定

GB/T 5009.17　食品中总汞及有机汞的测定

GB/T 5009.18　食品中氟的测定

GB/T 5009.44—2003　肉与肉制品卫生标准的分析方法

GB/T 5009.123　食品中铬的测定

GB/T 6388　运输包装收发货标志

GB 7718　预包装食品标签通则

GB 18394—2001　畜禽肉水分限量

3　术语和定义

下列术语和定义适用于本标准。

3.1

牦牛肉　yak meat

检疫合格的牦牛经规范化屠宰，冷却排酸后的胴体或分割肉。

4　技术要求

4.1　原料

活牦牛应来自非疫区，并持有产地动物防疫监督机构出具的检疫证明。

4.2　加工

4.2.1　屠宰加工

屠宰前 24 h 禁食，屠宰前 2 h 禁水，要求屠宰放血充分，剥皮，去头、蹄及内脏(肾脏除外)，保持完整的皮下脂肪或肌膜，修割整齐，冲洗胴体，保持胴体表面清洁，无污染。并进行宰前、宰后检验检疫处理。

4.2.2 冷加工

冷却牦牛肉，其后腿部、肩胛部深层中心温度保持在0℃～4℃之间至少72 h。

冻牦牛肉其后腿部、肩胛部深层中心温度不高于－15℃，肉体冻结坚硬，表面无压痕、无污染、无干燥。

4.3 感官

感官要求见表1。

表1 感官要求

项　目	冷却牦牛肉	冻牦牛肉
色泽	肉色深红，有光泽；脂肪分布均匀，脂肪洁白或淡黄色，呈明显大理石花纹	肉色深红，有光泽；脂肪洁白或淡黄色
组织状态	肌原纤维清晰，有坚韧性	肉质坚密、坚实
粘度	外表微干或湿润，不粘手，切面湿润	外表微干或有风干膜或外表湿润，解冻后切面湿润不粘手
弹性	指压后凹陷立即恢复	解冻后指压凹陷缓慢恢复
气味	具有新鲜牦牛肉正常气味，无异、臭味	解冻后具有牦牛肉正常气味，无异、臭味
煮沸后肉汤	澄清透明，脂肪团聚于表面，有牦牛肉特有的香味	澄清透明或稍有浑浊，脂肪团聚于表面，有牦牛肉特有的香味

4.4 理化及污染物限量指标

按GB 18394、GB 2707和GB 2762执行，理化及污染物限量指标见表2。

表2 理化及污染物限量指标

项　目		指　标
水分限量/(%)	≤	77
挥发性盐基氮/(mg/100 g)	≤	15
总汞(以Hg计)/(mg/kg)	≤	0.05
铅(Pb)/(mg/kg)	≤	0.2
无机砷(以As计)/(mg/kg)	≤	0.05
镉(Cd)/(mg/kg)	≤	0.1
铬(Cr)/(mg/kg)	≤	1.0
氟(F)/(mg/kg)	≤	2.0

4.5 农药残留

农药最大残留限量按GB 2763执行。

4.6 品质指标

品质指标见表3。

表 3 品质指标

项　目	指　标
肌原纤维直径/(μm)	28～80
肌红蛋白/(μg/g)	≥160
熟肉率/(%)	≥60

5 检验方法

5.1 水分限量，按照 GB 18394—2001 中 5.2 规定的方法测定。

5.2 挥发性盐基氮，按照 GB/T 5009.44—2003 中 4.1 规定的方法测定。

5.3 总汞，按照 GB/T 5009.17 规定的方法测定。

5.4 无机砷，按照 GB/T 5009.11 规定的方法测定。

5.5 铅，按照 GB/T 5009.12 规定的方法测定。

5.6 镉，按照 GB/T 5009.15 规定的方法测定。

5.7 铬，按照 GB/T 5009.123 规定的方法测定。

5.8 氟，按照 GB/T 5009.18 规定的方法测定。

5.9 菌落总数，按 GB/T 4789.2 检验。

5.10 大肠菌群，按 GB/T 4789.3 检验。

5.11 沙门氏菌，按 GB/T 4789.4 检验。

5.12 致泻大肠埃希氏菌，按 GB/T 4789.6 检验。

5.13 肌原纤维直径，按附录 A 规定的方法测定。

5.14 肌红蛋白，按附录 B 规定的方法测定。

5.15 熟肉率，取背最长肌称量，然后放入沸水中煮至中心温度 78℃，称量，按式(1)计算：

$$熟肉率 = 煮熟后样品质量/煮熟前样品质量 \times 100\% \quad (1)$$

6 标识、包装、贮存、运输

6.1 标识

包装标识应符合 GB 7718 和 GB/T 6388 的规定。

6.2 包装

包装材料符合相应的国家食品卫生标准。

6.3 贮存

冷却牦牛肉应冷藏在 0℃～4℃，相对湿度 85%～90%的环境中；冻牦牛肉应贮藏在低于－18℃，相对湿度大于 90%的环境中。

6.4 运输

运输应使用符合卫生及冷藏(冻)要求的运输工具。

附 录 A
（资料性附录）
肌原纤维测定方法

A.1 制片

制片测定直径（硝酸甘油法）：将 1 m^3～5m^3 肉样在 20％硝酸中处理 24 h 后取出置于载玻片上，用滤纸吸取肉面硝酸后滴一滴甘油在肉样上，用小号针头在解剖镜下将肉样拨开，使样本呈游离纤维状铺成单层，立即用于镜检测量。

A.2 仪器

射管取样器或矛状取样器、组织切片室常规用品和切片机、显微镜（带目测微尺，有显微投影更好）、计数器。

A.3 操作

将备好的游离纤维载玻片置于高倍（10×40）显微镜下，用目测微尺随机量取 100 根肌纤维直径，以加权平均值作为测量值。

附 录 B
（资料性附录）
肌红蛋白的测定方法

B.1 原理

肌红蛋白(Mb)是存在于肌肉组织中的小分子蛋白质，与氧成可逆性结合，在肌细胞内有转运和贮存氧的作用。在肌肉细胞内由单一的多肽链和血红素结合而成，具有过氧化物酶活性。过氧化物酶能使过氧化氢分解出氧，使联苯胺氧化，产生醌类比合物。蓝色的醌类很不稳定，逐渐转为红橙色的醌比合物，可以进行比色测定。

B.2 提取

准确称取 10.000 g 肉样，加入 30 mL 蒸馏水，匀浆，过滤，用适量蒸馏水洗沥 2～3 次，滤液定容到 100 mL。吸取滤液 5 mL，加入硫酸铵 2.8 g，使之溶解，约为 80%的饱和度，静置 5 min。过滤，取滤液进行比色测定。

B.3 仪器

匀浆器，分光光度计。

B.4 测定

在 10 mL 洁净的试管中准确加入 4.0 mL 肌红蛋白提取液，分别滴加 1 滴 0.2%联苯胺和 0.5%过氧化氢，充分混和，反应 15 min 后，用分光光度计在 520 nm 处进行比色测定；以蒸馏水代替 0.5%过氧化氢做空白管校零。通过肌红蛋白标准曲线确定样品中肌红蛋白的含量。

四、加工设备标准

ICS 67.260
X 99
备案号:24723—2008

中华人民共和国国内贸易行业标准

SB/T 10456—2008

畜禽屠宰加工设备通用技术条件

General technical condition for livestock animal slaughtering equipments

2008-07-03 发布 2008-11-01 实施

中华人民共和国商务部 发布

前　言

本标准由中华人民共和国商务部提出并归口。

本标准由商务部屠宰技术鉴定中心、沈阳农业大学负责起草。

本标准主要起草人:程玉来、胡新颖、张新玲。

畜禽屠宰加工设备通用技术条件

1 范围

本标准规定了畜禽屠宰加工设备的设计、制造、验收的通用技术要求及其试验方法、检验规则等相关要求。

本标准适用于畜禽屠宰加工设备产品。各类产品应根据各自的特点制定相应的产品标准。

2 规范性引用文件

下列文件中的条款通过本标准的引用而成为本标准的条款。凡是注日期的引用文件,其随后所有的修改单(不包括勘误的内容)或修订版均不适用于本标准,然而,鼓励根据本标准达成协议的各方研究是否可使用这些文件的最新版本。凡是不注日期的引用文件,其最新版本适用于本标准。

GB/T 191—2000 包装储运图示标志

GB 1173—1986 铸造铝合金

GB/T 2828.1—2003 计数抽样检验程序 第一部分:按接收质量限(AQL)检索的逐批检验抽样计划

GB/T 3280—2007 不锈钢冷轧钢板和钢带

GB/T 3766—2001 液压系统通用技术条件

GB/T 3767—1996 声学 声压法测定噪声源声功率级 反射面上方近似自由场的工程法

GB/T 3768—1996 声学 声压法测定噪声源声功率级 反射面上方采用包络测量表面的简易法

GB 4141.33—1984 操作件技术条件

GB 4806.1—1994 食品用橡胶制品卫生标准

GB 5226.1—2002 机械安全 机械电气设备 第1部分:通用技术条件

GB/T 5748—1985 作业场所空气中粉尘测定方法

GB/T 6576—2002 机床润滑系统

GB/T 7932—2003 气动系统 通用技术条件

GB/T 7935—2005 液压元件 通用技术条件

GB 9687—1988 食品包装用聚乙烯成型品卫生标准

GB 9688—1988 食品包装用聚丙烯成型品卫生标准

GB 9689—1988 食品包装用聚苯乙烯成型品卫生标准

GB 9690—1988 食品包装用三聚氰胺成型品卫生标准

GB 9691—1988 食品包装用聚乙烯树脂卫生标准

GB 12075—1989 食品工业用不锈钢管与配件 不锈钢管

GB 12076—1989 食品工业用不锈钢管与配件 不锈钢螺纹接管器

GB/T 13306—1991 标牌

GB/T 13384—1992 机电产品包装通用技术条件

GB/T 14253—1993 轻工机械通用技术条件

GB/T 16769—1997 金属切削机床 噪声声压级测量方法

JB 2670—1982 金属切削机床精度检验通则

JB 4127.1—1999 机械密封 技术条件

JB 4127.2—1999 机械密封 分类方法

JB 4127.3—1999 机械密封 产品验收技术条件

QB/T 1588.4 涂漆通用技术条件

3 术语和定义

下列术语和定义适用于本标准。

3.1

产品 products

经畜禽屠宰加工设备加工的物料。

3.2

产品接触面 faces contact with products

产品加工过程中,直接或间接与产品相接触的机械设备表面。

3.3

非产品接触面 faces nocontact with products

产品加工过程中,不与产品直接或间接接触的机械设备表面。

3.4

使用寿命 service life of a machine

机械设备产品在一定的可靠度下,在规定的使用条件下完成规定功能的工作总时间(机械设备产品的性能和精度的保持时间、发生失效前的工作时间或工作次数)。

3.5

使用性能 service property of a machine

与机械设备产品使用直接有关,并由机械设备产品设计决定的功能指标和特性。

3.6

运行性能 working property of a machine

机械设备产品在使用过程中的运行特性和机械设备产品的运行适应能力。如产品的工作效率(或生产效率)、能量消耗,产品对环境条件的适应能力等各项技术指标。

4 材料要求

4.1 机械设备制造材料的一般要求

4.1.1 所用的材料应能耐受工作环境的温度、压力、潮湿的条件;耐受化学清洁剂、紫外线或其他消毒剂的腐蚀作用。

4.1.2 所用的材料、材料表面的涂层或电镀层,其表面应光滑、易清洗消毒、耐腐蚀、耐磨损、不易碎、无破损、无裂缝、无裂隙及无脱落。材料与产品接触后,不应因相互作用而产生超过食品卫生标准中规定的有害物质的限量。

4.1.3 以下材料不得用于产品接触面:

a) 含有锑、砷、镉、铅、汞等重金属物质的材料;

b) 含硒超过 0.50%的材料;

c) 含有致畸、致癌、致突变等有害物质的材料;

d) 石棉和含有石棉的材料;

e) 木质材料;

f) 皮革;

g) 没有涂层的铝及其合金;

h) 没有涂层的电镀铝及其合金;

i) 含有对产品可能产生污染的塑料材料。

4.2　**产品接触面的材料**

4.2.1　产品接触面所用的材料除需遵循4.1的要求之外，还应满足以下条件：

a）无毒；

b）不得污染产品或对产品有负面影响；

c）无吸附性（除非无法避免）。

4.2.2　产品接触面所用的金属材料

4.2.2.1　推荐采用GB/T 3280中规定的0Cr18、Ni2Mo2Ti和0Cr19Ni9等不锈合金钢。不得采用焊接后可能生锈的材料制作产品接触面。不锈钢管与配件应符合GB 12075，GB 12076。

4.2.2.2　具有耐腐蚀作用和符合条件的金属或其他金属合金材料。

4.2.2.3　铜、铜合金、青铜、黄铜以及电镀锌不得用于产品接触面，但可用于非产品接触面的其他组成部件。

4.2.2.4　铝及其合金材料应表面涂层处理（如氧化处理），具有无毒、无渗出性。

4.2.3　产品接触面所用的非金属材料

4.2.3.1　产品接触面所用的非金属材料应符合下列条件：

a）不得直接或间接地进入产品，造成产品中含有掺杂物；

b）不得影响肉产品的色泽、气味及其品质；

c）符合食品卫生，易清洗及消毒。

4.2.3.2　用于产品接触面的橡胶和塑料，在工作环境中应具有耐热、耐酸碱、耐油性，并能保持固有形态、色泽、韧性、弹性、尺寸等特性。无毒性、无渗出性，不易发生变性，不得影响产品的品质。塑料应符合GB 9687～GB 9691的有关规定。橡胶制品应符合GB 4806.1的要求。

4.2.3.3　因特殊用途的需要，碳、青玉、石英、氟石、尖晶石、陶瓷可用在产品直接接触面。这些材料应无毒性、无渗出性、无渗透性、无溶解性、耐磨损、耐刮伤。在正常的工作环境下，清洗消毒、杀菌过程中不改变其固有形态，不影响产品的品质。

4.2.3.4　焊接材料应与被焊接材料性质相近，无毒性、渗出性，耐腐蚀。

4.2.3.5　纤维材料，在工作环境下应无毒性、无脱落物、不具有挥发性或其他可能污染空气和产品质量的物质，不得影响产品的气味。具吸附性的纤维材料只能用于过滤装置。

4.2.3.6　粘接材料，在工作环境下应能保证粘接面具有足够的强度、紧密度，热稳定性、耐潮湿、无毒性、无挥发性、无溶解性、不影响产品的气味。

4.3　**非产品接触面所用的材料**

除需符合4.1的条件要求之外，非产品接触面所用的材料还应符合以下条件：

a）耐腐蚀材料应具有耐清洁剂、消毒剂等腐蚀的作用；

b）无吸附性（4.2.3.6除外）。

5　设备的基本要求

机械设备产品应按经规定程序批准的图样和技术文件制造。

5.1　**型号、参数**

机械设备产品应有型号；型号和主要参数应确切、合理、简明，并符合有关规定。

5.2　**造型和布局**

机械设备产品造型设计应力求美观、匀称、和谐，整机（含成套设备）应协调；布局合理，便于调整和维修；操作方便，利于观察工作区域。

5.3　**结构与性能**

机械设备产品应具备相关技术文件所规定的使用性能和结构，并且结构合理，精度指标合理，运行性能良好，工作性能可靠。

5.4 机械设备表面设计要求

5.4.1 产品接触面，其表面粗糙度 Ra 值不得大于 3.2 μm，塑料制品和橡胶制品的表面粗糙度 Ra 值不得大于 0.8 μm，由于工艺的特殊需要，塑料制品 Ra 值不得大于 3.2 μm。

5.4.2 产品接触面应无凹陷、无疵点、无裂纹和裂缝等缺陷。

5.4.3 非产品接触面表面粗糙度 Ra 值不得大于 25 μm。

5.4.4 镀层和涂层表面的表面粗糙度不得大于涂层厚度，最大 Ra 值为 5.0 μm。应无分层、凹陷、脱落、碎片、气泡和变形。表面涂层和电镀层应保持完整、无裂缝和脱落。

5.4.5 同一表面，既有产品接触面又有非产品接触面并需要拆卸清洗的部件，按产品接触面的要求设计。

5.5 机械设备连接要求

5.5.1 产品接触面和非产品接触面上所有的连接处应保证平滑，永久连接处不得采用间断焊接，焊接紧密、牢固。焊口应平滑，无凹陷、气孔，装配后易于清洗。产品接触面须经磨光、喷砂或抛光处理，其 Ra 值不得大于 3.2 μm。

5.5.2 下列情况，可以互搭焊接：

a) 对垂直方向倾斜的角度在 15°～45°之间的侧壁；

b) 可以进行机械清理的水平上部表面；

c) 互搭焊接的材料厚度不应超过 0.4 mm。

5.5.3 对于焊接件，如果其中有一件厚度小于 5 mm，则允许加嵌条焊接。

5.5.4 螺纹联接

机械设备螺纹联接应尽量避免螺纹表面外露。

5.6 轴承

5.6.1 任何与产品接触的轴承都应为非润滑型。

5.6.2 若润滑型轴承必须穿过产品接触面，该轴承应有密封装置并经防污处理。

5.6.3 当温升对工作性能和寿命有影响时，应有控制温升的定量指标。对主要轴承部位的稳定温度和温升应不超过表 1 规定。

表 1 轴承温升控制值

轴承型式	稳定温度/℃	温升/℃
滑动轴承	≤70	≤35
滚动轴承	≤80	≤40

5.7 电气、液压、气动和润滑系统的要求

5.7.1 电气系统应符合 GB 5226.1 的有关规定。

5.7.2 液压系统应符合 GB 3766 的有关规定，所选用的液压元件应符合 GB 7935 的有关规定。

5.7.3 气动系统应符合 GB 7932 的有关规定。

5.7.4 运动件润滑部位应润滑良好，油箱应设有油标。润滑系统应参照 GB 6576 的有关规定。

5.7.5 液压、气动和润滑系统或有关部位应无漏油、漏水(或渗透)和漏气等现象。旋转型的机械密封应符合 JB 4127.1～JB 4127.3 规定。

5.7.6 考虑润滑油可能与产品接触时，应采用食品级。

5.8 卫生要求

应符合国家有关设备和环境卫生的规定。

5.8.1 机械设备表面应易清洗。机械设备中的可拆卸部分，其设计要确保产品接触面容易清洗检查，且便于移动。不可拆卸的部分其设计应易清洗，检查。

5.8.2 产品接触面应达到所要求的卫生处理或消毒条件。对主要部件的主要部位的清洁度应有限量

值，其限量值应确切、合理。

5.8.3　机械设备表面应无积水；对于产生的有害气体、液体、油雾等机械设备，应采取排除措施，并应符合国家环境保护的有关规定。

5.8.4　产品接触面上任何等于或小于135°的内角，应加工成圆角。圆角半径一般应不得小于6.5 mm。

5.8.5　所有的机械设备、支持物和构架应防止湿气聚积、有害物和灰尘积聚，且便于清洁、检查、保养和维护。

5.8.6　绝缘材料应当安全、密封完整，无湿气、灰尘等有害物的积聚。

5.8.7　运转时不应有不正常的响声，单台机械设备产品的噪声声压级一般应不超过 85 dB(A)；或符合声功率级的有关规定。

5.9　安全要求

应符合国家有关人身、设备安全的规定。

5.9.1　凡有可能对人身或机械设备本身造成伤害的部位必须采取相应的安全措施。对运动时有可能松脱的零件、部件必须设有防松装置。紧急制动按钮应采用醒目的黄色，位置应明显，有足够的尺寸，并标记其复位方向。

5.9.2　压力系统必须有显示压力、真空度、温度的各种仪表及防止超压、超温等的安全防护装置，并应符合有关标准和文件的规定。

5.9.3　大型成套产品的通道、扶梯应设置安全扶手、栏杆及防滑跳板或其他安全设施。防护栏杆的高度不得低于 1 050 mm。

5.9.4　操纵件结构型式应先进合理，其技术要求应符合 GB 4141.33。经常使用的手轮、手柄的操纵力应均匀，其操纵力可参照表 2。

表 2　操纵力推荐值

操纵方式	操纵力/N			
	按钮	操纵杆	手轮	踏板
用手指	5	10	10	—
用手掌	10	—	—	—
用手掌和手臂	—	60(150)	40(150)	
用双手	—	90(200)	60(250)	
用脚	—	—	—	120(200)
注：表中括号内数值适用于不常用的操纵器。				

5.9.5　应具有标明转向、操纵、润滑、油位、安全等指示牌。

5.10　成(配)套性

应配齐保证产品基本性能要求所必须的附件和专用工具。外购件、附件应附有合格证书。对扩大使用性能的特殊附件应根据供需双方协议供应。一般应有随机供应的附件和专用工具的目录表及相应的标记和规格。

5.11　使用寿命及可靠性

5.11.1　机械设备产品的使用寿命或可靠性定量指标应符合国家对机械产品和设备的有关规定。如在两班工作制和遵守使用规则的条件下，机械设备产品从开始工作到第一次大修时间应合理，整机寿命应符合国家对机械产品和设备的有关规定。

5.11.2　对影响机械设备产品精度和性能的主要零件的可靠性指标应确切、合理。对影响整机寿命的主要零件应采取有效措施。对易磨损的重要件应采取耐磨措施。

5.11.3　设备运转应平稳，启动应灵活，动作应可靠。

5.12 **操作和维护手册**

操作和维护手册应包括以下内容：

a) 机械设备及辅助设备的安装指南；

b) 操作及维护说明；

c) 推荐使用的维护方法；

d) 机械设备清扫、冲洗、消毒和检查的常规程序。

6 外观质量要求

6.1 机械设备产品外观不应有图样规定以外的凸起、凹陷、粗糙和其他损伤等缺陷。

6.2 外露件与外露结合面的边缘应整齐，不应有明显的错位，其错位量应不超过表3规定。

机械设备产品的门、盖与产品应贴合良好，其贴合缝隙值应不大于表3规定。

电气、仪表等的柜、箱的组件和附件的门、盖周边与相关件的缝隙应均匀，其缝隙不均匀值应不大于表3的规定。

表3 接合面

单位为毫米

结合面边缘及门、盖边长尺寸	≤500	>500～1 250	>1 250～3 150	>3 150
错位量	2	3	3.5	4.5
贴合缝隙值或缝隙不均匀值	1.5	2	2.5	—
注：当配合面边长尺寸不一致时，应按长边尺寸确定允许值。				

6.3 装配后的沉孔螺钉应不突出于零件表面，也不应有明显的偏心。紧固螺栓尾端应略突出于螺母端面。外露轴端应突出于包容件的端面，突出值一般为倒棱值。

6.4 金属材料制成的手轮轮缘和操作手柄应有防锈层。

6.5 电气、气路、液压、润滑和冷却等管道外露部分应布置紧凑，排列整齐，必要时采取固定措施。管子不应出现扭曲、折叠等现象。

6.6 镀件、发蓝件和发黑件等的色调应一致，保护层不应有脱落现象。

6.7 涂漆表面质量应符合 QB/T 1588.4 涂漆通用技术条件。

7 试验方法

7.1 试验前要求

7.1.1 试验前应根据不同机械设备产品的特点，将机械设备产品安装和调整好，一般应自然调平，使其处于水平位置，或能保证正常工作的正确位置。

7.1.2 试验时应按整机进行，一般应不拆卸机械设备产品，但是对运转性能、精度无影响的零件、部件可除外。

7.2 一般技术要求的检验

用定值或变值量具检验机械设备产品的外观质量和参数。机械设备产品的型号、布局与造型。产品结构性能与主要参数等应符合第6章和4.1～4.3的有关规定。

7.3 空载运转试验

7.3.1 试验时一般使机械设备产品主运动机构从最低速度起，由低速到高速依次运转，在每级速度的运转时间应不少于10 min。达到额定转速时，其最高速动运转时间一般应不少于1 h。

7.3.2 主轴承达到稳定温度后，用点温计测轴承位置的温升和温度，应符合5.6.3的规定。

7.3.3 动作试验

a) 在规定速度下检验主运动的启动、停止(包括制动、反转和点动等)动作的灵活、可靠性；

b) 检验自动化机构(包括自动循环机构)的调整和动作的灵活、可靠程度，指示或显示装置的准确性等；

c) 检验有转位、定位机构的动作的灵活可靠程度；

d) 检验调整机构、指示和显示装置或其他附属装置的可靠性、灵活性；

e) 检验操纵机构可靠性；

f) 检验有刻度装置的反向空程量，应符合有关技术文件的规定。用测力计检验手柄等操纵件的操纵力，应符合 5.9.4。

7.3.4 当运转稳定后，用功率表测量主传动系统的空运转功率，应符合有关技术文件的规定。

7.3.5 噪声声压级的测量可参照 GB/T 16769 规定的方法和仪器进行。在测量产品空载的噪声时应符合 4.6.1 的规定。噪声声功率级的测量，应根据噪声类别不同选用其测量方法。对于测量辐射稳态的、非稳态的宽带噪声或窄带噪声的声源，可按 GB 3767 的规定进行。对测量辐射宽带、窄带、离散频率等的稳态噪声的声源可按 GB 3768 的有关规定进行。

7.3.6 液压、气动、冷却、润滑等系统的试验根据产品的特点可按 GB 3766、GB 7932、GB 6576 等有关标准的规定进行检验。

7.3.7 电气系统安全性的检验应参照 GB 5226.1 的有关规定。

7.4 负荷试验

检验机械设备产品在最大负荷条件下运转是否正常、有关性能是否可靠，试验时应根据机械设备产品的特点，考核其在最大负荷下运转是否平稳，性能是否可靠，刚度是否良好；高速时是否产生冲击、振动，低速时是否异常；各运动是否产生不均匀现象等。

7.5 精度检验

按照机械设备产品标准要求检验其精度参照 JB 2670 有关规定进行。

凡温度变化有影响的精度项目，在负荷试验前后均应检验其精度，对不要求做负荷试验的产品，应在空运转试验后进行。记入检测报告或合格证书中的数据应是最后一次精度检验的结果。

7.6 振动试验

对某些转动零件的静、动平衡试验及某些转动部位和整机振动试验应根据有关产品标准规定进行。

7.7 刚度试验

对需要进行静、动刚度试验的机械设备产品应按有关标准进行检验。

7.8 工作性能试验

机械设备产品在各种可能条件下的工作情况试验，当不可能在制造厂进行本项试验时，允许在用户厂进行抽检。

7.8.1 检验在不同生产能力下，生产(或加工)不同规格机械设备产品的工作质量。

7.8.2 在规定的生产能力和质量条件下，检验所有联动机构和有关电气(包括液压、气动等)系统及安全卫生防护装置的可靠性。

7.8.3 对工作时常产生粉尘的机械设备产品，应按 GB 5748 的有关规定测量。

7.9 压力试验

机械设备产品进行压力试验时应根据有关规定，并应符合 5.9.2 要求。

7.10 寿命与可靠性试验

可靠性应按机械设备产品标准规定条件进行。寿命试验必要时也可在用户厂进行。

8 检验规则

8.1 出厂检验

8.1.1 每台机械设备产品须经制造厂检验合格，并附有合格证书或合格证后方能出厂。在特殊情况下，按制造厂与用户协议书规定也可在用户厂进行。

8.1.2　出厂检验一般包括7.1～7.10的有关规定。

8.2　型式检验

8.2.1　当有下列情况之一时，应进行型式检验：

a）机械设备新产品试制、定型鉴定时；

b）结构、材料、工艺有了较大的改变，可能影响机械设备产品性能时；

c）需要对机械设备产品质量全面考核评审时；

d）在正常生产的条件下，机械设备产品积累到一定产量（数量）时，应周期性进行检验一次；

e）国家质量监督机构提出型式检验的要求时。

8.2.2　型式检验一般包括下列内容：

a）外观质量；

b）配套性（附件和工具）；

c）参数和主要连接尺寸检验；

d）空运转检验；

e）精度检验；

f）负荷检验；

g）工作性能检验；

h）寿命及可靠性检验；

i）安全卫生检验；

j）其他。

8.3　抽样方法

8.3.1　应根据机械设备产品的生产批量大小及复杂程度来确定样本的大小。抽样的机械设备产品应能真实地反映出企业在一段时期内机械设备产品质量的实际水平，一般成品检验的样本，可在生产厂检验合格入库（或用户）的产品中随机抽取1台，特殊情况下也可抽取2台。抽2台时，一台作为检验的主要考核样本，另一台可作为某一项检验有争议时的待检台。对大批量小型机械设备产品也可参照采用GB/T 2828等抽样方法。

8.3.2　生产过程质量检验的样本，可由检验合格入库的零部件中随机抽取，特殊情况下也可从整机中拆检。

9　标牌、包装、运输

9.1　标牌

9.1.1　设备标牌

在机械设备适当而明显的位置固定有设备标牌，标牌的型式尺寸和技术要求应符合GB/T 13306的规定。

9.1.2　设备标牌内容

设备标牌应包括下列基本内容：

a）制造厂名、厂址；

b）设备名称、型号及商标；

c）主要参数（或其他技术特性）；

d）制造日期或出厂日期。

9.1.3　包装标志

包装标志应符合GB/T 191的规定。

9.2 包装、运输

9.2.1 包装应符合 GB/T 13384 的规定。

9.2.2 随机文件应齐全，文件内容应确切，随机文件应包括产品合格证明书或合格证、设备操作和维护手册及装箱单。

9.2.3 包装后的机械设备产品在运输过程中应符合铁路、陆路、水路等交通部门的有关规定。对特殊要求的设备，应规定其运输要求。

ICS 67.260
X 99
备案号:25132—2008

中华人民共和国国内贸易行业标准

SB/T 10486—2008

生猪屠宰成套设备技术条件

Technical specification for whole set of pig slaughtering equipment

2008-09-27 发布　　2009-03-01 实施

中华人民共和国商务部　发布

前 言

本标准由中华人民共和国商务部提出并归口。

本标准由商务部屠宰技术鉴定中心、青岛建华食品机械制造有限公司负责起草。

本标准主要起草人：郗文来、杨华建、张新玲、胡新颖。

生猪屠宰成套设备技术条件

1 范围

本标准规定了生猪屠宰成套生产设备的配置、基本要求、电气、基本参数。

本标准适用于新建和扩建的生猪屠宰企业。

2 规范性引用文件

下列文件中的条款通过本标准的引用而成为本标准的条款。凡是注日期的引用文件,其随后所有的修改单(不包括勘误的内容)或修订版均不适用于本标准,然而,鼓励根据本标准达成协议的各方研究是否可使用这些文件的最新版本。凡是不注日期的引用文件,其最新版本适用于本标准。

GB 5226.1 机械安全 机械电气设备第1部分:通用技术条件

SB/T 227 食品机械通用技术条件 电气装置基本技术要求

3 配套设备

应根据猪屠宰企业的规模配备相应的配套设备。

3.1 小型企业

应配备手持式猪电致昏器、猪悬挂输送机、水浸式烫毛设备、猪脱毛机(三辊式)、猪剥皮机(工艺需要时)、猪胴体劈半锯及手推式猪胴体输送轨道。

3.2 中型企业

应配备猪电致昏设备(两点式或三点式)、猪输送机、洗猪机、隧道式或运河式猪烫毛设备、猪脱毛机(螺旋辊式)、猪抛光机、猪剥皮机(工艺需要时)、猪胴体劈半锯、兽医卫生同步检验装置及手推式猪胴体输送轨道。

3.3 大型企业

应配备猪电致昏设备(两点或三点式)、猪输送机、洗猪机、隧道式猪烫毛设备、猪脱毛机(螺旋辊式)、猪燎毛炉、猪抛光机、猪剥皮机、猪胴体劈半锯、兽医卫生同步检验装置。

4 成套设备的基本要求

4.1 配套设备应连接紧凑,安装整齐。

4.2 各输送段与轨道功能相互衔接,调整速度相互匹配。

4.3 胴体输送和兽医卫生同步检验装置的输送速度同步,积累误应不大于300 mm。

4.4 成套设备统一配合运行,各部设备运转平稳。

4.5 水、压缩空气、蒸汽应统一设计和实施,不得有泄漏现象。

5 电气

5.1 成套设备电气系统应符合GB 5226.1的规定。

5.2 电气线路应统一设计实施。要求速度同步、自动运行的设备都应采用PLC集中控制。

5.3 单机和联机生产线的钢结构都应有可靠接地,并有明显接地和标识。

5.4 机器的绝缘电阻不得小于1 MΩ,接地电阻不得大于0.1 Ω。

5.5 在带电部件与联机生产线钢结构之间，用精度为1.0级的500 V兆欧表测出绝缘电阻；在接地端子与生产线钢结构之间，用精度为0.001 Ω的数字微欧计测出接地电阻。

6 基本参数

配套设备应符合表1～表18相应的规定。

表1 手持式猪电致昏器

项目	单位	数值	项目	单位	数值
适用生产能力	头/h	<70	致昏时间	s/头	1～3
盐水浓度	%	≤20	致昏电压	V	90～130
			电源频率	Hz	50或60
电击电流	A	0.5～1.0	开关	—	双极

表2 两点式猪电致昏机

项目	单位	数值	项目	单位	数值
适用生产能力	头/h	70～150	致昏时间	s/头	1～3
适用猪重	kg	100±30	致昏电压	V	125～375
致昏时间	s	3～5	电源频率	Hz	50或60
致昏电流	A	≥1.3			

表3 三点式猪电致昏机

项目	单位	数值	项目	单位	数值
适用生产能力	头/h	150～600	致昏电压	s/头	1～2
适用猪重	kg	100±30	逃逸率	%	≤0.02
致昏电压	V	150～300	电源频率	Hz	≥800
电击电流	A	≥1.3			

表4 洗猪机

项目	单位	数值	项目	单位	数值
转子数量	个	≥4	每转子分档	个	≥12
总功率	kW	≤4.5	每档刷条数	个	12
用水量	L/头	≤6	刷条长度	mm	≥400
喷水方式	—	自动感应	转速	r/min	180～200

表5 隧道式蒸汽烫毛设备

项目	单位	数值	项目	单位	数值
生产能力	头/h	300～500	蒸汽消耗量	kg/头	≤1.5
风机功率	kW/台	≤5.5	水消耗量	kg/头	≤1.5
烫毛时间	min	6～7	温度控制精度	℃	±1
湿气温度	℃	60～62	控制温度显示差	℃	±1

表 6 运河式热水烫毛设备

项目	单位	数值	项目	单位	数值
生产能力	头/h	150～300	热水用量	m^3/头	≤0.2
烫毛时间	min	5～6	水温	℃	60～63
温度控制精度	℃	±1	控制温度显示差	℃	±1
电机功率	kW	≤2.2	温度控制方式	—	自动

表 7 螺旋辊脱毛机

项目	单位	数值	项目	单位	数值
生产能力	头/h	200～500	脱毛率	%	≥90
单只猪重	kg	<230	皮破损率	%	≤2
脱毛通道总长度	mm	≥5 000	总功率	kW	≤22.5
总脱毛时间	s/头	≤35	工作型式	—	全自动

表 8 三辊脱毛机

项目	单位	数值	项目	单位	数值
生产能力	头/h	150～200	脱毛率	%	≥90
单只猪重	kg	<230	皮破损率	%	≤2
脱毛空间长度	mm	≥2 000	总功率	kW	≤15
脱毛时间	s/头	≤35	工作型式	—	半自动

表 9 猪燎毛炉

项目	单位	数值	项目	单位	数值
燃气供气压力（37.8 ℃）	MPa	≤0.13	燃气消耗量	kg/头	≤0.18
燃气工作压力	MPa	液化气≤0.05 天然气≤0.35	点熄火控制	—	自动
燎毛时间	s	0～7(可调)	泄露检测控制	—	自动报警

表 10 猪抛光机

项目	单位	数值	项目	单位	数值
转子数量	个	≥4	每转子分档	个	≥12
总功率	kW	≤6	每档刷条数	个	12
用水量/头	L	≤6	刷条长度	mm	≥400
喷水方式	—	自动感应	转速	r/min	120～200

表 11 猪剥皮机

项目	单位	数值	项目	单位	数值
生产能力	头/h	≤180	滚筒直径	mm	600～650
最大剥皮长度	mm	1 800	刀片尺寸	mm	1 800×85×1.25 1 800×100×1.25
往复刀片电机功率	kW	1.5	皮破损率	%	≤5
卷筒进给量/刀往复一次	mm	≈12	带脂量	kg/张	≤0.5

表 12　落地盘式输送机

项目	单位	数值	项目	单位	数值
驱动功率	kW	2.2～3	盘中心距	mm	800～1 200
待检时间	min	≥3	运行速度	m/min	4～11 可调
盘(钩)工作高度	mm	1 100～1 700	盘(钩)数量	个	≥待检时间×运行速度÷盘(钩)中心距

表 13　悬挂式输送机

项目	单位	数值	项目	单位	数值
驱动功率	kW	1.5～3	盘中心距	mm	800～1 200
待检时间	min	≥3	运行速度	m/min	4～11 可调
盘(钩)工作高度	mm	1 500～1 700	待检段盘(钩)数量	个	待检时间×运行速度÷盘(钩)中心距

表 14　手持带式劈半锯

项目	单位	数值	项目	单位	数值
额定功率	kW	≤2.2	锯切速度	m/min	≥900
两锯轮平行误差	mm	≤0.05	锯路骨肉损耗	g/头	160～200

表 15　猪沥血输送机

项目	单位	数值	项目	单位	数值
生产能力	头/h	≤500	沥血线速度	m/min	2.5～7
挂猪间距	m	≥0.8	轨道距地面	m	≥3.3
自动张紧形式	—	汽缸张紧	手动张紧形式	—	螺栓张紧

表 16　猪胴体输送机

项目	单位	数值	项目	单位	数值
输送能力	头/h	≤500	输送速度	m/min	2.5～7
挂猪间距	m	≥0.8	轨道高度	m	≥3.3
自动张紧型式	—	气缸张紧	手动张紧型式	—	螺栓

表 17　型钢结构手推轨道

项目	单位	数值	项目	单位	数值
轨道高度	m	≥2.5	吊架间距	mm	600～800
型钢规格	mm	≥∟40×4	轨道承重挠度	‰	≤1.5

表 18 钢管结构手推轨道

项目	单位	数值	项目	单位	数值
轨道高度	m	≥2.5	吊架间距	mm	600～800
钢管规格	mm	ϕ60×3	轨道承重挠度	‰	≤1.5

ICS 67.260
X 99
备案号:25133—2008

中华人民共和国国内贸易行业标准

SB/T 10487—2008

畜禽屠宰加工设备　猪输送机

Meat and poultry processing equipment—Pigs feeding machine

2008-09-27 发布　　2009-03-01 实施

中华人民共和国商务部　发布

前　言

本标准由中华人民共和国商务部提出并归口。

本标准由商务部屠宰技术鉴定中心、青岛建华食品机械制造有限公司负责起草。

本标准主要起草人：郗文来、杨华建、张新玲、胡新颖。

畜禽屠宰加工设备　猪输送机

1　范围

本标准规定了在猪屠宰过程中猪输送机的型式、基本参数、技术要求、试验方法、检验规则和标志、包装、运输的要求。

本标准适用于采用链式结构用于猪屠体沥血输送和胴体输送的设备。

2　规范性引用文件

下列文件中的条款通过本标准的引用而成为本标准的条款。凡是注日期的引用文件，其随后所有的修改单(不包括勘误的内容)或修订版均不适用于本标准，然而，鼓励根据本标准达成协议的各方研究是否可使用这些文件的最新版本。凡是不注日期的引用文件，其最新版本适用于本标准。

GB/T 191　包装储运图示标志

GB/T 3768　声学　声压法测定噪声源声功率级　反射面上方采用包络测量表面的简易法

GB/T 13306　标牌

GB 16798　食品机械安全卫生

SB/T 228　食品机械通用技术条件　表面涂漆

3　型式和基本参数

3.1　型式

链式结构的猪沥血输送机和胴体输送机。

3.2　基本参数

应符合表1、表2的规定。

表1　猪沥血输送机基本参数

项目	单位	数值	项目	单位	数值
输送能力	头/h	≤500	输送速度	m/min	2.5～7
挂猪间距	m	≥0.8	轨道高度	m	≥3.3
自动张紧形式		汽缸张紧	手动张紧型式		螺栓张紧

表2　猪胴体输送机基本参数

项目	单位	数值	项目	单位	数值
输送能力	头/h	≤500	输送速度	m/min	2.5～7
挂猪间距	m	≥0.8	轨道高度	m	≥3.3
自动张紧形式		汽缸张紧	手动张紧型式		螺栓张紧

4　技术要求

4.1　原材料、外购件、外协件

应有供货单位的检验合格证或质量保证书，或由制造厂检验，合格后方可使用。

4.2　功能

4.2.1　输送速度应可调。

4.2.2 猪沥血输送机调速应使总放血时间不低于 5 min。

4.2.3 应有过载保护和断链保护措施。

4.2.4 用于猪胴体的输送机应配有道岔装置。

4.3 外观

4.3.1 表面涂层应色泽均匀，附着牢固，无流挂、露底现象，应符合 SB/T 228 的规定。

4.3.2 外观应光滑平整，不应有图样规定外的明显凹凸现象。

4.3.3 轨道面平整，接口错位量不大于 0.5 mm，最大负载下的允许挠度≤0.15%。

4.4 设备安全卫生

4.4.1 应符合 GB 16798 的规定。

4.4.2 机器的绝缘电阻不得小于 1 MΩ，接地电阻不得大于 0.1 Ω，并有明显的接地标识。

4.4.3 应具备过载保护和断链保护措施。

4.5 传动

4.5.1 设备各传动部件应运转灵活、平稳、无卡滞现象。

4.5.2 设备单机空运转时，其噪声应不大于 70 dB(A)。

4.5.3 连续运转中，减速机温升不得高于 40 ℃。

4.5.4 道岔接轨应圆滑过渡，承重滑轮经过应无阻滞现象和明显噪声。

4.5.5 过载保护和断链保护措施灵敏可靠。

4.6 焊接

设备各焊接部位应焊接牢固、平整、美观，无夹渣、裂纹、虚焊等现象，并进行防锈处理。

4.7 动作

设备应运转平稳，启动灵敏，不得有抖动、卡滞现象。

5 试验方法

5.1 按技术文件及设计图样要求，采用通用测量器具检测。

5.2 标准规定之外的检验项目或检验方法可按产品有关销售合同执行。

5.3 外观采用手触和目测进行检验。

5.4 设备运转中用点温计，检测减速机温升符合 4.5.3 要求。

5.5 模拟过载和断链试验应符合 4.5.5 要求。

5.6 设备空载运转中，用精度为±1 dB 的声级计，按 GB/T 3768 的规定进行噪声检测。

5.7 设备空载运转 30 min，查看各动作部位。

5.8 用专用锤敲打各焊接部位符合 4.6 要求。

5.9 在带电部件与机器之间，用精度为 1.0 级的 500 V 兆欧表测量绝缘电阻；在接地端子与减速机外壳之间，用精度为 0.001 Ω 的数字微欧计测量接地电阻。

6 检验规则

6.1 出厂检验

设备出厂前按 4.2～4.7、5.1～5.8 要求进行检验和试验，检验合格后配发合格证和使用说明书方可出厂。

6.2 型式检验

6.2.1 有下列情况之一者，应进行型式检验：

a) 新产品或老产品转厂生产的试制定型鉴定；

b) 正式生产后，如结构、材料、工艺有较大改变，可能影响产品性能时；

c) 正式批量生产时，每年抽试一次；

d) 产品停产一年以上，重新恢复生产时；

e) 出厂检验结果与上次型式检验有较大差异时；

f) 国家质量监督机构提出进行型式检验的要求时。

6.2.2 型式检验的项目为本标准中全部项目。

6.2.3 型式检验的样本从出厂检验合格的产品中抽取，每次不少于一台。

6.2.4 型式检验中若有不合格项目，则加倍抽取该产品，对不合格项目进行检验，若仍有不合格，则判本批次型式检验不合格。

7 标志、包装、运输

7.1 标志

应在动力源处明显位置固定产品标牌，标牌应符合 GB/T 13306 的规定，其内容包括：

a) 名称、规格型号；

b) 制造商名称、地址；

c) 商标；

d) 出厂编号、生产日期；

e) 执行标准编号；

f) 主要技术参数。

7.2 包装、运输

7.2.1 包装应适合陆路和水路运输及装载要求。

7.2.2 包装标志应符合 GB/T 191 的规定。

ICS 67.260
X 99
备案号:25134—2008

中华人民共和国国内贸易行业标准

SB/T 10488—2008

畜禽屠宰加工设备　洗猪机

Meat and poultry processing equipment—Pigs washing machine

2008-09-27 发布　　2009-03-01 实施

中华人民共和国商务部　发布

前 言

本标准由中华人民共和国商务部提出并归口。

本标准由商务部屠宰技术鉴定中心、青岛建华食品机械制造有限公司负责起草。

本标准主要起草人：郗文来、杨华建、张新玲、胡新颖。

畜禽屠宰加工设备　洗猪机

1　范围

本标准规定了猪屠宰过程中洗猪机的型式、基本参数、技术要求、试验方法、检验规则和标志、包装、运输的要求。

本标准适用于沥血后对猪屠体表面进行清洗的设备。

2　规范性引用文件

下列文件中的条款通过本标准的引用而成为本标准的条款。凡是注日期的引用文件，其随后所有的修改单(不包括勘误的内容)或修订版均不适用于本标准，然而，鼓励根据本标准达成协议的各方研究是否可使用这些文件的最新版本。凡是不注日期的引用文件，其最新版本适用于本标准。

GB/T 191　包装储运图示标志

GB/T 3768　声学　声压法测定噪声源声功率级　反射面上方采用包络测量表面的简易法

GB 5226.1　机械安全　机械电气设备　第1部分:通用技术条件

GB/T 13306　标牌

GB/T 13912　金属覆盖层　钢铁制件热镀锌层技术要求及试验方法

GB 16798　食品机械安全卫生

JB/T 2759　机电产品包装通用技术条件

QB/T 1588.1　轻工机械　焊接件通用技术条件

QB/T 1588.2　轻工机械　切削加工件通用技术条件

QB/T 1588.3　轻工机械　装配通用技术条件

SB/T 227　食品机械通用技术条件　电气装置技术要求

SB/T 228　食品机械通用技术条件　表面涂漆

3　型式和基本参数

3.1　型式

立式。

3.2　基本参数

应符合表1的规定。

表1

项目	单位	数值	项目	单位	数值
转子数量	个	≥4	每转子分档	个	≥12
总功率	kW	≤4.5	每档刷条数	个	12
用水量	L/头	≤6	刷条长度	mm	≥400
喷水方式		自动感应	转速	r/min	180～200

4　技术要求

4.1　原材料、外购件、外协件

应有供货单位的检验合格证或质量保证书，或由制造厂检验，合格后方可使用。

4.2 质量

4.2.1 转子上的刷条应联接牢固，不易脱落并便于更换。

4.2.2 热处理件应符合有关标准和技术文件的规定。

4.2.3 切削加工件应符合 QB/T 1588.2 的规定。

4.2.4 装配应符合 QB/T 1588.3 的规定。

4.3 外观

4.3.1 外观应光滑平整，不应有图样规定外的明显凹凸现象。

4.3.2 零件涂层符合 GB/T 13912 及 SB/T 228 的规定。

4.4 电气安全

机器的绝缘电阻不得小于 1 MΩ，接地电阻不得大于 0.1 Ω，并有明显接地标识。

机械电气应符合 GB 5226.1 和 SB/T 227 的有关规定。

4.5 设备安全卫生

4.5.1 应符合 GB 16798 的规定。

4.5.2 污水不得溅出机外，并设有排水措施。

4.5.3 应配有 45 ℃温水和冷水两种供水管道。

4.6 运转

4.6.1 设备各传动部件应运转灵活，无卡滞和抖动现象。

4.6.2 设备单机空运转时，其噪声声压级最大不超过 80 dB(A)。

4.6.3 连续运转中，轴承温升不得高于 40 ℃。

4.6.4 轴承部位应有防水措施。

4.6.5 轴的径向跳动量应≤2 mm。

4.7 焊接

设备各焊接部位应焊接牢固、平整、美观，无夹渣、裂纹、虚焊等现象，焊后进行修磨和防锈处理，应符合 QB/T 1588.1 的规定。

5 试验方法

5.1 按技术文件及设计图样要求，采用通用测量器具检测。

5.2 标准规定之外的检验项目或检验方法可按产品有关销售合同执行。

5.3 外观采用手触和目测进行检验。

5.4 设备空载运转中，查看运行情况，应符合 4.6.1 要求。

5.5 设备运转中用点温计，检测轴承温升符合 4.6.3 要求。

5.6 设备空载运转中，用精度为 1 dB 的声级计，按 GB/T 3768 的规定进行噪声检测。

5.7 用专用锤敲打各焊接部位符合 4.7 要求。

5.8 电气安全

在带电部件与机器外壳之间，用精度为 1.0 级的 500 V 兆欧表测出绝缘电阻；在接地端子与机器外壳之间，用精度为 0.001 Ω 的数字微欧计测出接地电阻。

6 检验规则

6.1 出厂检验

每台洗猪机出厂前按 4.3～4.7 要求进行检验和试验，检验合格后配发合格证和使用说明书方可出厂。

6.2 型式检验

6.2.1 有下列情况之一者，应进行型式检验：

a) 新产品或老产品转厂生产的试制定型鉴定；

b) 正式生产后，如结构、材料、工艺有较大改变，可能影响产品性能时；

c) 正式批量生产时，每年抽试一次；

d) 产品停产一年以上，重新恢复生产时；

e) 出厂检验结果与上次型式检验有较大差异时；

f) 国家质量监督机构提出进行型式检验的要求时。

6.2.2 型式检验的项目为本标准中全部项目。

6.2.3 型式检验的样本从出厂检验合格的产品中抽取，每次不少于一台。

6.2.4 型式检验中若有不合格项目，则加倍抽取该产品，对不合格项目进行检验，若仍有不合格，则判本批次型式检验不合格。

7 标志、包装、运输

7.1 标志

应在明显位置固定产品标牌，标牌应符合 GB/T 13306 的规定，其内容包括：

a) 名称、规格型号；

b) 制造商名称、地址；

c) 商标；

d) 出厂编号、生产日期；

e) 执行标准编号；

f) 主要技术参数。

7.2 包装、运输

7.2.1 包装应适合陆路和水路运输及装载要求。产品运输装卸应小心轻放，严禁倒置和堆垛。

7.2.2 包装应符合 JB/T 2759 的规定，包装标志应符合 GB/T 191 的规定。

ICS 67.260
X 99
备案号:25135—2008

中华人民共和国国内贸易行业标准

SB/T 10489—2008

畜禽屠宰加工设备 猪烫毛设备

Meat and poultry processing equipment—Pigs scalding equipment

2008-09-27 发布 2009-03-01 实施

中华人民共和国商务部 发布

前　言

本标准由中华人民共和国商务部提出并归口。

本标准由商务部屠宰技术鉴定中心、青岛建华食品机械制造有限公司负责起草。

本标准主要起草人：郗文来、杨华建、张新玲、胡新颖。

畜禽屠宰加工设备　猪烫毛设备

1　范围

本标准规定了用于猪屠宰中烫毛设备的型式、基本参数、技术要求、试验方法、检验规则、标志、包装、运输。

本标准适用于采用隧道式蒸汽和运河式热水对猪屠体进行烫毛的设备。

2　规范性引用文件

下列文件中的条款通过本标准的引用而成为本标准的条款。凡是注日期的引用文件，其随后所有的修改单(不包括勘误的内容)或修订版均不适用于本标准，然而，鼓励根据本标准达成协议的各方研究是否可使用这些文件的最新版本。凡是不注日期的引用文件，其最新版本适用于本标准。

GB/T 191　包装储运图示标志

GB/T 3768　声学　声压法测定噪声源声功率级　反射面上方采用包络测量表面的简易法

GB 5226.1　机械安全　机械电气设备　第1部分:通用技术条件

GB/T 13306　标牌

GB 16798　食品机械安全卫生

JB/T 2759　机电产品包装通用技术条件

SB/T 227　食品机械通用技术条件　电气装置技术要求

3　术语和定义

下列术语和定义适用于本标准。

3.1

隧道式蒸汽烫　steam scalding tunnel

在封闭的通道内用一定温度的饱和湿蒸汽对悬挂输送的猪屠体进行烫毛的方法。

3.2

运河式热水烫　hot water scalding pond

在烫池内用一定温度的热水对输送中的猪屠体进行烫毛的方法。

4　型式和基本参数

4.1　型式

按烫毛方式及设备结构，分为隧道式蒸汽烫毛和运河式热水烫毛。

4.2　基本参数

应分别符合表1、表2的规定。

表1　隧道式蒸汽烫毛设备基本参数

项目	单位	数值	项目	单位	数值
生产能力	头/h	300～500	蒸汽消耗量	kg/头	≤1.5
风机功率	kW/台	≤5.5	水消耗量	kg/头	≤1.5
烫毛时间	min	6～7	温度控制精度	℃	±1
湿蒸汽温度	℃	60～62	控制温度显差	℃	±1

表 2　运河式热水烫毛设备基本参数

项目	单位	数值	项目	单位	数值
生产能力	头/h	150～300	热水用量	m^3/头	≤0.2
烫毛时间	min	5～6	水温	℃	58～63
温度控制精度	℃	±1	控制温度显示差	℃	±1
电机功率	kW	≤2.2	温度控制方式		自动

5　技术要求

5.1　原材料、外购件、外协件

应有供货单位的检验合格证或质量保证书，或由制造厂检验，合格后方可使用。

5.2　外观

5.2.1　设备外表面应色泽均匀，平整，无凹陷、裂缝、毛边现象。

5.2.2　设备不漏水、漏汽。

5.2.3　应使用不渗水材料制作并装有耐锈蚀的内衬，采取加盖罩等保温措施，防止热量散失。

5.2.4　设备内湿蒸汽或热水应温度均匀，并设有温度显示和自动控制。运河式烫毛水池则应设溢流及水位自动控制装置。

5.2.5　运河式烫毛水池底部向排水口应有一定斜度。

5.2.6　应能满足生产量和最佳浸烫时间的需要。

5.2.7　整机结构应便于拆装和维修。

5.3　电气安全

5.3.1　设备的绝缘电阻不得小于 1 MΩ，接地电阻不得大于 0.1 Ω，有明显接地标识。符合 SB/T 227 的规定。

5.3.2　电气系统应符合 GB 5226.1 的规定。

5.4　设备安全卫生要求

应符合 GB 16798 的规定。

5.5　噪声要求

空运转时的设备噪声声级，隧道式蒸汽烫毛设备不超过 85 dB (A)，运河式热水烫毛设备不超过 45 dB(A)。

5.6　焊接

5.6.1　设备各焊接部位应焊接牢固、平整、美观，无夹渣、裂纹和虚焊等现象，允许进行修磨抛光处理。

5.6.2　蒸汽、压缩空气管路不得有泄漏现象。蒸汽管道耐压不低于 1.6 MPa。

6　试验方法

6.1　外观

采用手触和目测进行检验。

6.2　焊接

用专用锤敲打各焊接部位。

6.3　噪声

整机运行 30 min，用精度不低于±1 dB 的声级计，按 GB/T 3768 的规定进行检测。

6.4　电气安全

在带电部件与机器外壳之间，用精度为 1.0 级的兆欧表测量绝缘电阻；在接地端子与机器外壳之间用精度为 0.001 Ω 级的数字微欧计测量接地电阻。

6.5 气路系统

涂浓肥皂水于检查部位检查有无泄露。

7 检验规则

7.1 出厂检验

7.1.1 每台烫毛设备出厂前按5.2～5.6要求进行检验和试验。

7.1.2 产品应按出厂检验项目逐台检验，合格后发合格证和使用说明书方可出厂。

7.2 型式检验

7.2.1 有下列情况之一者，应进行型式检验：

a) 新产品或老产品转厂生产的试制定型鉴定；

b) 正式生产后，如结构、材料、工艺有较大改变，可能影响产品性能时；

c) 正式批量生产时，每年抽检一次；

d) 产品停产一年以上，重新恢复生产时；

e) 出厂检验结果与上次型式检验有较大差异时；

f) 国家质量监督机构提出进行型式检验的要求时。

7.2.2 型式检验的项目为本标准中4.2和第5章全部项目。

7.2.3 型式检验的样本从出厂检验合格的产品中抽取，每次不少于一台。

7.2.4 型式检验中若有不合格项目，则加倍抽取该产品，对不合格项目进行检验，若仍有不合格，则判本批次型式检验不合格。

8 标志、包装、运输

8.1 标志

应在明显位置固定产品标牌，标牌尺寸及技术要求应符合GB/T 13306的规定，其内容包括：

a) 名称、规格型号；

b) 制造商名称、地址、电话；

c) 商标；

d) 出厂编号、生产日期；

e) 执行标准编号；

f) 主要技术参数。

8.2 包装、运输

8.2.1 运输装卸时应小心轻放，严禁堆垛挤压。

8.2.2 包装标志应符合GB/T 191的规定。

8.2.3 随机文件、附件和专用工具应放于防水的容器内，并固定于适当位置。

8.2.4 仪器、仪表和电气设备应用防水包装或单独包装，应符合JB/T 2759的规定。

ICS 67.260
X 99
备案号:25136—2008

中华人民共和国国内贸易行业标准

SB/T 10490—2008

畜禽屠宰加工设备　猪脱毛机

Meat and poultry processing equipment—Pigs dehairing machine

2008-09-27 发布　　2009-03-01 实施

中华人民共和国商务部　发布

前　言

本标准由中华人民共和国商务部提出并归口。

本标准由商务部屠宰技术鉴定中心、青岛建华食品机械制造有限公司负责起草。

本标准主要起草人：郗文来、杨华建、张新玲、胡新颖。

畜禽屠宰加工设备　猪脱毛机

1　范围

本标准规定了屠宰机械猪脱毛机的型式、基本参数、技术要求、试验方法、检验规则和标志、包装、运输的要求。

本标准适用于采用多轴旋转对烫毛后的猪屠体进行脱毛的设备。

2　规范性引用文件

下列文件中的条款通过本标准的引用而成为本标准的条款。凡是注日期的引用文件，其随后所有的修改单(不包括勘误的内容)或修订版均不适用于本标准，然而，鼓励根据本标准达成协议的各方研究是否可使用这些文件的最新版本。凡是不注日期的引用文件，其最新版本适用于本标准。

GB/T 191　包装储运图示标志

GB/T 3768　声学　声压法测定噪声源声功率级　反射面上方采用包络测量表面的简易法

GB 5226.1　机械安全　机械电气设备　第1部分:通用技术条件

GB/T 13306　标牌

GB 16798　食品机械安全卫生

GB/T 17327　畜类屠宰加工设备通用技术条件

JB/T 2759　机电产品包装通用技术条件

SB/T 227　食品机械通用技术条件　电气装置技术要求

SB/T 228　食品机械通用技术条件　表面涂漆

3　术语和定义

下列术语和定义适用于本标准。

3.1

脱毛率　hair removal rate

除头、尾、爪外，在烫毛正常条件下脱毛，已脱毛面积与总面积之百分比。

3.2

皮破损率　skin breakage rate

猪皮破损头数占总头数的百分比。

4　型式和基本参数

4.1　型式

按操作方式及结构分为三辊脱毛机、螺旋辊脱毛机。

4.2　基本参数

应符合表1、表2的规定。

表1　螺旋辊脱毛机

项目	单位	数值	项目	单位	数值
生产能力	头/h	200～500	脱毛率	%	≥90
单只猪重	kg	<230	皮破损率	%	≤2
脱毛通道总长度	mm	≥5 000	总功率	kW	≥22.5
总脱毛时间	s/头	≤35	工作型式	—	全自动

表 2 三辊脱毛机

项目	单位	数值	项目	单位	数值
生产能力	头/h	150～200	脱毛率	%	≥90
单只猪重	kg	<230	皮破损率	%	≤2
脱毛机长度	mm	≥2 000	总功率	kW	≤15
总脱毛时间	s/头	≤35	工作型式	—	半自动

5 技术要求

应符合 GB/T 17327 畜类屠宰加工通用技术条件的规定。

5.1 原材料、外购件、外协件

应有供货单位的检验合格证或质量保证书，或由制造厂检验，合格后方可使用。

5.2 外观

5.2.1 设备外表面涂层应色泽均匀，附着牢固，无流挂现象，应符合 SB/T 228 的规定。

5.2.2 设备内表层涂层应附着牢固，均匀，无露底现象。

5.3 电气安全

机器的绝缘电阻不得小于 1 MΩ，接地电阻不得大于 0.1 Ω，有明显的接地标识，符合 SB/T 227 的规定。

电气系统应符合 GB 5226.1 的规定。

5.4 设备安全卫生

应符合 GB 16798 的规定。

5.5 传动

5.5.1 设备各传动部件应运转灵活，无卡滞、撞击、抖动现象，脱毛辊最大外径处静平衡偏重量不大于 0.5 kg。

5.5.2 设备单机运转时，其噪声声压级应不超过 60 dB(A)。

5.5.3 连续运转 1 h 以上，轴承部位温升应不高于 40 ℃。

5.6 焊接

设备各焊接部位应焊接牢固、平整、美观，无夹渣、裂纹和虚焊等现象。

6 试验方法

6.1 外观

采用手触和目测进行检验。

6.2 焊接

用专用锤敲打各焊接部位。

6.3 轴承温升

整机运转中用点温计检测。

6.4 噪声

整机空载运转中，用精度不低于 1 dB 的声级计，按 GB/T 3768 的规定进行检测。

6.5 传动

整机空运转 30 min，检查各部位。

6.6 静平衡

采用水平排列四轴承两端支承方式进行检测。

6.7 电气安全

在带电部件与机器外壳之间，用精度为1.0级的兆欧表测量绝缘电阻；在接地端子与机器外壳之间用精度为0.001 Ω级的数字微欧计测量接地电阻。

7 检验规则

7.1 出厂检验

7.1.1 每台脱毛机出厂前按5.2～5.6要求进行检验和试验。

7.1.2 产品应按出厂检验项目逐台检验，合格后发合格证和使用说明书方可出厂。

7.2 型式检验

7.2.1 有下列情况之一者，应进行型式检验：

a) 新产品或老产品转厂生产的试制定型鉴定；

b) 正式生产后，如结构、材料、工艺有较大改变，可能影响产品性能时；

c) 正式批量生产时，每年抽试一次；

d) 产品停产一年以上，重新恢复生产时；

e) 出厂检验结果与上次型式检验有较大差异时；

f) 国家质量监督机构提出进行型式检验的要求时。

7.2.2 型式检验为本标准中第4章和第5章全部项目。

7.2.3 型式检验的样本从出厂检验合格的产品中抽取，每次不少于一台。

7.2.4 型式检验中若有不合格项目，则加倍抽取该产品，对不合格项目进行检验，若仍有不合格，则判本批次型式检验不合格。

8 标志、包装、运输

8.1 标志

应在明显位置固定产品标牌，标牌尺寸及技术要求应符合GB/T 13306的规定，其内容包括：

a) 名称、规格型号；

b) 制造商名称、地址、电话；

c) 商标；

d) 出厂编号、生产日期；

e) 执行标准编号；

f) 主要技术参数。

8.2 包装、运输

8.2.1 运输装卸时应小心轻放，严禁堆垛挤压。

8.2.2 包装标志应符合GB/T 191的规定。

8.2.3 随机文件、附件和专用工具应放于防水的容器内，并固定于适当位置。

8.2.4 仪器、仪表和电气设备应用防水包装或单独包装，应符合JB/T 2759的规定。

ICS 67.260
X 99
备案号:25137—2008

中华人民共和国国内贸易行业标准

SB/T 10491—2008

畜禽屠宰加工设备　猪燎毛炉

Meat and poultry processing equipment—Pigs flaming furnace

2008-09-27 发布　　2009-03-01 实施

中华人民共和国商务部　发布

前　言

本标准由中华人民共和国商务部提出并归口。

本标准由商务部屠宰技术鉴定中心、青岛建华食品机械制造有限公司负责起草。

本标准主要起草人：郗文来、杨华建、张新玲、胡新颖。

畜禽屠宰加工设备　猪燎毛炉

1　范围

本标准规定了用于猪屠宰过程中的燎毛炉的型式、基本参数、技术要求、试验方法、检验规则和标志、包装、运输的要求。

本标准适用于用燃气对脱毛后猪屠体的残毛进行烧除的设备。

2　规范性引用文件

下列文件中的条款通过本标准的引用而成为本标准的条款。凡是注日期的引用文件，其随后所有的修改单(不包括勘误的内容)或修订版均不适用于本标准，然而，鼓励根据本标准达成协议的各方研究是否可使用这些文件的最新版本。凡是不注日期的引用文件，其最新版本适用于本标准。

GB/T 191　包装储运图示标志

GB 5226.1　机械安全　机械电气设备　第1部分:通用技术条件

GB/T 13306　标牌

GB 15322(所有部分)　可燃气体探测器

GB 16798　食品机械安全卫生

CJ 3057　家用燃气泄漏报警器

JB/T 2759　机电产品包装通用技术条件

QB/T 1588.1　轻工机械　焊接件通用技术条件

QB/T 1588.3　轻工机械　装配通用技术条件

SB/T 227　食品机械通用技术条件　电气装置技术要求

3　型式和基本参数

3.1　型式

燃气式猪燎毛炉。

3.2　基本参数

应符合表1的要求。

表1

项目	单位	数值	项目	单位	数值
燃气供气压力(37.8℃)	MPa	≤0.13	燃气消耗量	kg/头	≤0.18
燃气工作压力	MPa	液化气≤0.05	点熄火控制		自动
		天然气≤0.35			
燎毛时间	s	0～7(可调)	泄露检测控制		自动报警

4　技术要求

4.1　原材料、外购件、外协件

应有供货单位的检验合格证或质量保证书，或由制造厂检验，合格后方可使用。

4.2 外观

外观应光滑平整,不应有图样规定外的明显凹凸现象。

4.3 安全

4.3.1 燃气管道系统应密封无泄漏。

4.3.2 在设备外设置的燃气泄漏检测报警装置应灵敏可靠,符合 GB 15322(所有部分)的规定。

4.3.3 各燃气头应能调整空气混合量,燃烧充分无黑烟。炉上方应设有排烟设施。

4.3.4 电器系统应符合 GB 5226.1 和 SB/T 227 的有关规定。

4.4 设备安全卫生要求

应符合 GB 16798 的规定。

4.5 焊接要求

设备各焊接部位应焊接牢固、平整、美观,无夹渣、裂纹、虚焊等现象,并进行修磨抛光处理,焊接件应符合 QB/T 1588.1 的规定。

4.6 装配要求

装配应符合 QB/T 1588.3 的规定。

5 试验方法

5.1 按技术文件及设计图样要求,采用通用测量器具检测。

5.2 外观采用手触和目测进行检验。

5.3 压力试验

5.3.1 燃气系统试验按照 GB 15322(所有部分)执行。

5.3.2 对各燃气管路进行通气压力试验,涂发泡液检漏应符合 4.3.1 要求。

5.3.3 泄漏报警试验按照 CJ 3057 执行。

6 检验规则

6.1 出厂检验

6.1.1 每台燎毛炉出厂前按 4.2～4.6 要求进行检验和试验。

6.1.2 设备应按出厂检验项目逐台检验,合格后发合格证和使用说明书方可出厂。

6.2 型式检验

6.2.1 有下列情况之一者,应进行型式检验:

a) 新产品或老产品转厂生产的试制定型鉴定;
b) 正式生产后,如结构、材料、工艺有较大改变,可能影响产品性能时;
c) 正式批量生产时,每年抽试一次;
d) 产品停产一年以上,重新恢复生产时;
e) 出厂检验结果与上次型式检验有较大差异时;
f) 国家质量监督机构提出进行型式检验的要求时。

6.2.2 型式检验的项目为本标准中全部项目。

6.2.3 型式检验的样本从出厂检验合格的产品中抽取,每次不少于一台。

6.2.4 型式检验中若有不合格项目,则加倍抽取该产品,对不合格项目进行检验,若仍有不合格,则判本批次型式检验不合格。

7 标志、包装、运输

7.1 标志

在明显位置固定产品标牌,标牌尺寸及技术要求应符合 GB/T 13306 的规定,其内容包括:

a) 名称、规格型号；

b) 制造商名称、地址、电话；

c) 商标；

d) 出厂编号、生产日期；

e) 执行标准编号；

f) 主要技术参数。

7.2 包装、运输

7.2.1 包装应适合陆路和水路运输及装载要求，运输装卸应小心轻放，严禁倒置和堆垛，应符合JB/T 2759的规定。

7.2.2 随机文件、附件和专用工具应置于防水的容器内，并固定于适当的位置。

7.2.3 仪器、仪表和电气设备应用防水包装或单独装箱。

7.2.4 包装标志应符合GB/T 191的规定。

ICS 67.260
X 99
备案号：25138—2008

中华人民共和国国内贸易行业标准

SB/T 10492—2008

畜禽屠宰加工设备　猪抛光机

Meat and poultry processing equipment— Pigs polishing machine

2008-09-27 发布　　2009-03-01 实施

中华人民共和国商务部　　发 布

前 言

本标准由中华人民共和国商务部提出并归口。

本标准由商务部屠宰技术鉴定中心、青岛建华食品机械制造有限公司负责起草。

本标准主要起草人：郗文来、杨华建、张新玲、胡新颖。

畜禽屠宰加工设备　猪抛光机

1　适用范围

本标准规定了猪抛光机的型式、基本参数、技术要求、试验方法、检验规则和标志、包装、运输的要求。

本标准适用于对燎毛后的猪体表面进行冲刷光洁的设备。

2　规范性引用文件

下列文件中的条款通过本标准的引用而成为本标准的条款。凡是注日期的引用文件，其随后所有的修改单(不包括勘误的内容)或修订版均不适用于本标准，然而，鼓励根据本标准达成协议的各方研究是否可使用这些文件的最新版本。凡是不注日期的引用文件，其最新版本适用于本标准。

GB/T 191　包装储运图示标志

GB/T 3768　声学　声压法测定噪声源声功率级　反射面上方采用包络测量表面的简易法

GB 5226.1　机械安全　机械电气设备　第1部分:通用技术条件

GB/T 13306　标牌

GB 16798　食品机械安全卫生

JB/T 2759　机电产品包装通用技术条件

QB/T 1588.1　轻工机械　焊接件通用技术条件

SB/T 227　食品机械通用技术条件　电气装置技术要求

3　型式和基本参数

3.1　型式

立式多轴抛光机。

3.2　基本参数

应符合表1的规定。

表 1

项目	单位	数值	项目	单位	数值
转子数量	个	≥4	每转子分档	个	≥12
总功率	kW	≤6	每档刷条数	个	12
每头用水量	L	≤6	刷条长度	mm	≥400
喷水方式		自动感应	转速	r/min	120～200

4　技术要求

4.1　原材料、外购件、外协件

应有供货单位的检验合格证或质量保证书，或由制造厂检验，合格后方可使用。

4.2　刷条材质为软质胶条，应符合美国食品和药物管理局(FDA)的要求，并不致于损伤猪体表面。

4.3　轴承应有防水措施。

4.4 外观

4.4.1 不锈钢件表面应光滑平整,不应有图样规定外的明显凹凸现象。

4.4.2 零、部件同轴装配,刷条分布均匀。

4.5 电气安全

机器的绝缘电阻不得小于1 MΩ,接地电阻不得大于0.1 Ω,并有明显接地标识。

电气系统应符合GB 5226.1和SB/T 227的有关规定。

4.6 设备安全卫生

应符合GB 16798的规定,并有防止水喷出机外的措施。

4.7 运转

4.7.1 设备各运转部件应运转灵活,无撞击、抖动、卡滞现象。

4.7.2 设备单机空运转时,其噪声声压级最大不超过80 dB(A)。

4.7.3 连续运转中,轴承温升不得高于40 ℃。

4.7.4 轴的径向跳动量应≤3 mm。

4.8 焊接

设备各焊接部位应焊接牢固、平整、美观,无夹渣、虚焊等现象.表面应符合QB/T 1588.1的规定。

5 试验方法

5.1 按技术文件及设计图样要求,采用通用测量器具检测。

5.2 标准规定之外的检验项目或检验方法可按产品有关销售合同执行。

5.3 外观采用手触和目测进行检验。

5.4 设备空载运转中,查看运行情况,应符合4.7.1要求。

5.5 设备运转中用点温计检测轴承温升符合4.7.3要求。

5.6 设备空载运转中,用精度为±1 dB的声级计,按GB/T 3768的规定进行噪声检测。

5.7 用专用锤敲打各焊接部位符合4.8要求。

5.8 绝缘电阻、接地电阻

在带电部件与机器外壳之间,用精度为1.0级的500 V兆欧表测出绝缘电阻;在接地端子与机器外壳之间,用精度为0.001 Ω的数字微欧计测出接地电阻。

6 检验规则

6.1 出厂检验

6.1.1 出厂前按4.4～4.8要求进行检验和试验。

6.1.2 设备应按出厂检验项目逐台检验,合格后发合格证和使用说明书方可出厂。

6.2 型式检验

6.2.1 有下列情况之一者,应进行型式检验:

a) 新产品或老产品转厂生产的试制定型鉴定;

b) 正式生产后,如结构、材料、工艺有较大改变,可能影响产品性能时;

c) 正式批量生产时,每年抽试一次;

d) 产品停产一年以上,重新恢复生产时;

e) 出厂检验结果与上次型式检验有较大差异时;

f) 国家质量监督机构提出进行型式检验的要求时。

6.2.2 型式检验的项目为本标准中全部项目。

6.2.3　型式检验的样本从出厂检验合格的产品中抽取，每次不少于一台。

6.2.4　型式检验中若有不合格项目，则加倍抽取该产品，对不合格项目进行检验，若仍有不合格，则判本批次型式检验不合格。

7　标志、包装、运输

7.1　标志

应在明显位置固定产品标牌，标牌应符合 GB/T 13306 的规定，内容包括：

a)　名称、规格型号；

b)　制造商名称、地址；

c)　商标；

d)　出厂编号、生产日期；

e)　执行标准编号；

f)　主要技术参数。

7.2　包装、运输

7.2.1　包装应适合陆路和水路运输及装载要求，应符合 JB/T 2759 的规定。

7.2.2　包装标志应符合 GB/T 191 的规定。

ICS 67.260
X 99
备案号：25139—2008

中华人民共和国国内贸易行业标准

SB/T 10493—2008

畜禽屠宰加工设备　猪剥皮机

Meat and poultry processing equipment—Pigs dehiding machine

2008-09-27 发布　　2009-03-01 实施

中华人民共和国商务部　发布

前 言

本标准由中华人民共和国商务部提出并归口。

本标准由商务部屠宰技术鉴定中心、青岛建华食品机械制造有限公司负责起草。

本标准主要起草人：郗文来、杨华建、张新玲、胡新颖。

畜禽屠宰加工设备　猪剥皮机

1　范围

本标准规定了猪剥皮机的型式、基本参数、技术要求、试验方法、检验规则、标志、包装、运输的要求。

本标准适用于卷筒夹皮并旋转、刀片往复运动剥离猪皮的设备。

2　规范性引用文件

下列文件中的条款通过本标准的引用而成为本标准的条款。凡是注日期的引用文件，其随后所有的修改单(不包括勘误的内容)或修订版均不适用于本标准，然而，鼓励根据本标准达成协议的各方研究是否可使用这些文件的最新版本。凡是不注日期的引用文件，其最新版本适用于本标准。

GB/T 191　包装储运图示标志

GB/T 3768　声学　声压法测定噪声源声功率级　反射面上方采用包络测量表面的简易法

GB 5226.1　机械安全　机械电气设备　第1部分:通用技术条件

GB/T 13306　标牌型式与尺寸

GB 16798　食品机械安全卫生

JB/T 2759　机电产品包装通用技术条件

QB/T 1588.1　轻工机械　焊接件通用技术条件

QB/T 1588.2　轻工机械　切削加工件通用技术条件

QB/T 1588.3　轻工机械　装配通用技术条件

SB/T 227　食品机械通用技术条件　电气装置技术要求

SB/T 228　食品机械通用技术条件　表面涂漆

3　术语和定义

下列术语和定义适用于本标准。

3.1

带脂量　inserted fat quantity

附着在被剥下皮张上的脂肪量。

3.2

皮破损率　skin breakage rate

破损张数占总张数的百分比。

4　型式和基本参数

4.1　型式

卧式剥皮机。

4.2　基本参数

应符合表1的要求。

表 1

项目	单位	数值	项目	单位	数值
生产能力	头/h	≤180	滚筒直径	mm	600～650
最大剥皮长度	mm	1 800	刀片尺寸	mm	1 800×85×1.25 1 800×100×1.25
往复刀片电机功率	kW	1.5	皮破损率	%	≤5
刀往复一次滚筒进给量	mm	≈12	带脂量	kg/张	≤0.5

5 技术要求

5.1 原材料、外购件、外协件

应有供货单位的检验合格证或质量保证书，或由制造厂检验，合格后方可使用。

5.2 加工和装配

5.2.1 热处理件应符合有关标准和技术文件的规定。

5.2.2 切削加工件应符合 QB/T 1588.2 的规定。

5.2.3 装配应符合 QB/T 1588.3 的规定。

5.3 外观

5.3.1 卷筒、刀片等与猪屠体接触面应保持金属光泽，无锈蚀。

5.3.2 外表面涂层应色泽均匀，附着牢固，应符合 SB/T 228 的规定。

5.3.3 内表层涂层应附着牢固，均匀，无露底现象。

5.3.4 对于裸露、影响安全的零部件应涂红色。

5.3.5 金属材料制成的操作手柄应有防锈层。

5.4 电气安全

机器的绝缘电阻不得小于 1 MΩ，接地电阻不得大于 0.1 Ω，并有明显的接地标识。

电气系统应符合 GB 5226.1 和 SB/T 227 的规定。

5.5 设备安全卫生

5.5.1 应符合 GB 16798 的规定。

5.5.2 在操作人员可以看到的位置应有明显安全警示标志。

5.5.3 卷筒启动、停止开关和行程开关应灵敏可靠。

5.5.4 减速机不得有渗漏现象。

5.6 传动

5.6.1 设备各传动部件应运转灵活，无卡滞现象。设备空运转时，其噪声声压级最大不超过 80 dB(A)。

5.6.2 刀片横向移动两端应同步，移动行程有可靠的定位措施。

5.6.3 连续运转 1 h 以上，轴承及减速机温升不得高于 40 ℃。

5.7 焊接

设备焊接部位焊接牢固、平整，无夹渣、虚焊等现象，应符合 QB/T 1588.1 的规定。

5.8 动作

设备各动作部位动作准确、灵敏，不得有迟钝和误动作现象。

6 试验方法

6.1 按技术文件及设计图样要求，采用通用测量器具检测。

6.2 标准规定之外的检验项目或检验方法可按产品有关销售合同执行。

6.3 外观采用手触和目测进行检验。

6.4 刀片刃口应保持锋利。

6.5 设备运转中用点温计，检测轴承和减速机温升符合 5.6.3 要求。

6.6 设备空载运转中，用精度为±1 dB 的声级计，按 GB/T 3768 的规定进行噪声检测。

6.7 设备空载运行循环 30 次，查看各动作部位，应符合 5.8 要求。

6.8 绝缘电阻、接地电阻

在带电部件与机器外壳之间，用精度为 1.0 级的 500 V 兆欧表测量绝缘电阻；在接地端子与机器外壳之间，用精度为 0.001 Ω 的数字微欧计测量接地电阻。

6.9 皮破损率的测定以连续剥皮 100 张计，带脂量以连续剥皮 20 张计。

7 检验规则

7.1 出厂检验

7.1.1 每台猪剥皮机出厂前按 5.3～5.8 要求进行检验和试验。

7.1.2 设备出厂应按出厂检验项目逐台检验，合格后发合格证和使用说明书方可出厂。

7.1.3 应提供刀片刃磨的工具或技术。

7.2 型式检验

7.2.1 有下列情况之一者，应进行型式检验：

a) 新产品或老产品转厂生产的试制定型鉴定；

b) 正式生产后，如结构、材料、工艺有较大改变，可能影响产品性能时；

c) 正式批量生产时，每年抽试一次；

d) 产品停产一年以上，重新恢复生产时；

e) 出厂检验结果与上次型式检验有较大差异时；

f) 国家质量监督机构提出进行型式检验的要求时。

7.2.2 型式检验的项目为本标准中全部项目。

7.2.3 型式检验的样本从出厂检验合格的产品中抽取，每次不少于一台。

7.2.4 型式检验中若有不合格项目，则加倍抽取该产品，对不合格项目进行检验，若仍有不合格，则判本批次型式检验不合格。

8 标志、包装、运输

8.1 标志

猪剥皮机应在明显位置固定产品标牌，标牌应符合 GB/T 13306 的规定，其内容包括：

a) 名称、规格型号；

b) 制造商名称、地址、电话；

c) 商标；

d) 出厂编号、生产日期；

e) 执行标准编号；

f) 主要技术参数。

8.2 包装、运输

8.2.1 包装应适合陆路和水路运输装载要求，运输装卸应小心轻放，严禁倒置和堆垛。应符合 JB/T 2759的规定。

8.2.2 随机文件、附件和专用工具应置于防水的容器内，并固定于适当的位置。

8.2.3 包装标志应符合 GB/T 191 的规定。

ICS 67.260
X 99
备案号:25140—2008

中华人民共和国国内贸易行业标准

SB/T 10494—2008

畜禽屠宰加工设备　猪胴体劈半锯

Meat and poultry processing equipment—Pigs carcass splitting saw

2008-09-27 发布

2009-03-01 实施

中华人民共和国商务部　发布

前言

本标准由中华人民共和国商务部提出并归口。

本标准由商务部屠宰技术鉴定中心、青岛建华食品机械制造有限公司负责起草。

本标准主要起草人：郗文来、杨华建、张新玲、胡新颖。

畜禽屠宰加工设备　猪胴体劈半锯

1　范围

本标准规定了用于猪屠宰过程的劈半锯的型式、基本参数、技术要求、试验方法、检验规则、标志、包装、运输。

本标准适用于采用带锯条对猪胴体沿脊椎锯开的手持设备。

2　规范性引用文件

下列文件中的条款通过本标准的引用而成为本标准的条款。凡是注日期的引用文件，其随后所有的修改单(不包括勘误的内容)或修订版均不适用于本标准，然而，鼓励根据本标准达成协议的各方研究是否可使用这些文件的最新版本。凡是不注日期的引用文件，其最新版本适用于本标准。

GB/T 191　包装储运图示标志

GB/T 3768　声学　声压法测定噪声源声功率级　反射面上方采用包络测量表面的简易法

GB/T 13306　标牌

GB/T 13912　金属覆盖层　钢铁制件热镀锌层技术要求及试验方法

GB 16798　食品机械安全卫生

QB/T 1588.2　轻工机械　切削加工件通用技术条件

QB/T 1588.3　轻工机械　装配通用技术条件

SB/T 228　食品机械通用技术条件　表面涂漆

3　术语和定义

下列术语和定义适用于本标准。

3.1

锯路损耗　meat loss along sawing path

劈半中产成的骨、肉损耗重量。

4　型式和基本参数

4.1　型式

手持带式劈半锯。

4.2　基本参数

应符合表1的规定。

表1　手持带式劈半锯基本参数

项目	单位	数值	项目	单位	数值
额定功率	kW	≤2.2	锯切速度	m/min	≥900
两锯轮平行误差	mm	≤0.05	锯路骨肉损耗	g/头	160～200

5　技术要求

5.1　原材料、外购件、外协件

应有供货单位的检验合格证或质量保证书，或由制造厂检验，合格后方可使用。

5.2 加工和装配质量

5.2.1 切削加工件应符合 QB/T 1588.2 的规定。

5.2.2 热处理件应符合有关标准和技术文件的规定。

5.2.3 装配应符合 QB/T 1588.3 的规定。

5.3 外观

5.3.1 外表面涂层应色泽均匀,附着牢固,无流挂现象,应符合 SB/T 228、GB/T 13912 的规定。

5.3.2 内表层涂层应附着牢固,均匀,无露底现象。

5.3.3 锯条工作段应与电机轴垂直,误差不得大于 0.1 mm。

5.3.4 外观应光滑平整,不应有图样规定外的明显凹凸现象。

5.4 电气安全

机器的绝缘电阻不得小于 1 MΩ,接地电阻不得大于 0.1 Ω。

5.5 设备安全卫生

5.5.1 应符合 GB 16798 的规定。

5.5.2 带锯条应有可靠的张紧措施。

5.5.3 在工作时有自动喷水进行冷却、润滑的功能。

5.6 传动

5.6.1 设备各传动部件应运转灵活,无卡滞、抖动现象。

5.6.2 设备单机空运转时,其噪声声压级最大不超过 80 dB(A)。

5.6.3 连续运转中,轴承温升不得高于 40 ℃。

5.7 焊接

设备旋转部位应联接牢固,并有防松措施。

6 试验方法

6.1 按技术文件及设计图样要求,采用通用测量器具检测。

6.2 外观采用手触和目测进行检验。

6.3 设备空载运转 30 min,查看运行及停机情况,应符合 5.6.1 的要求。

6.4 设备空载运转中,用精度不低于±1 dB 的声级计,按 GB/T 3768 的规定进行噪声检测。

6.5 设备运转中用点温计检测轴承温升符合 5.6.3 要求。

6.6 绝缘电阻、接地电阻

在带电部件与机器外壳之间,用精度为 1.0 级的 500 V 兆欧表测量绝缘电阻;在地线与机器外壳之间,用精度为 0.001 Ω 的数字微欧计测量接地电阻。

7 检验规则

7.1 出厂检验

出厂前按 5.2~5.7 要求进行检验和试验。检验合格后配发合格证和使用说明书方可出厂。

7.2 型式检验

7.2.1 有下列情况之一者,应进行型式检验:

a) 新产品或老产品转厂生产的试制定型鉴定;

b) 正式生产后,如结构、材料、工艺有较大改变,可能影响产品性能时;

c) 正式批量生产时,每年抽试一次;

d) 产品停产一年以上,重新恢复生产时;

e) 出厂检验结果与上次型式检验有较大差异时;

f) 国家质量监督机构提出进行型式检验的要求时。

7.2.2 型式检验的项目为本标准中全部项目。

7.2.3 型式检验的样本从出厂检验合格的产品中抽取，每次不少于一台。

7.2.4 型式检验中若有不合格项目，则加倍抽取该产品，对不合格项目进行检验，若仍有不合格，则判本批次型式检验不合格。

8 标志、包装、运输

8.1 标志

劈半机应在明显位置固定产品标牌，标牌应符合 GB/T 13306 的规定，内容包括：

a) 名称、规格型号；

b) 制造商名称、地址、电话；

c) 商标；

d) 出厂编号、生产日期；

e) 标准号；

f) 主要技术参数。

8.2 包装、运输

8.2.1 包装应适合陆路和水路运输及装载要求，产品运输装卸应小心轻放，严禁倒置和堆垛。

8.2.2 包装标志应符合 GB/T 191 的规定。

ICS 67.260
X 99
备案号:25141—2008

中华人民共和国国内贸易行业标准

SB/T 10495—2008

畜禽屠宰加工设备 手推式猪胴体输送轨道

Meat and poultry processing equipment—Pigs carcass hand-push conveying rail

2008-09-27 发布 2009-03-01 实施

中华人民共和国商务部 发布

前　言

本标准由中华人民共和国商务部提出并归口。

本标准由商务部屠宰技术鉴定中心、青岛建华食品机械制造有限公司负责起草。

本标准主要起草人：郗文来、杨华建、张新玲、胡新颖。

畜禽屠宰加工设备
手推式猪胴体输送轨道

1 范围

本标准规定了手推式猪胴体输送轨道的型式、基本参数、技术要求、试验方法、检验规则、标志、包装、运输 。

本标准适用于用吊架联接、型钢或钢管结构的手推式猪胴体输送轨道。

2 规范性引用文件

下列文件中的条款通过本标准的引用而成为本标准的条款。凡是注日期的引用文件，其随后所有的修改单(不包括勘误的内容)或修订版均不适用于本标准，然而，鼓励根据本标准达成协议的各方研究是否可使用这些文件的最新版本。凡是不注日期的引用文件，其最新版本适用于本标准。

GB/T 191 包装储运图示标志

GB/T 13912 金属覆盖层 钢铁制件热镀锌层技术要求及试验方法

GB 16798 食品机械安全卫生

3 型式和基本参数

3.1 型式

型钢或钢管结构的手推轨道，含轨道道岔。

3.2 基本参数

应分别符合表 1、表 2 的规定。

表 1 型钢结构手推轨道基本参数

项目	单位	数值	项目	单位	数值
轨道高度	m	≥2.5	吊架间距	mm	600～800
型钢规格	mm	≥40×4	轨道承重挠度	%	≤0.15

表 2 钢管结构手推轨道基本参数

项目	单位	数值	项目	单位	数值
轨道高度	m	≥2.5	吊架间距	mm	600～800
钢管规格	mm	ϕ60×3	轨道承重挠度	%	≤0.15

4 技术要求

4.1 原材料、外购件、外协件

应有供货单位的检验合格证或质量保证书，或由制造厂检验，合格后方可使用。

4.2 承载力应大于等于最大载荷的 1.5 倍，吊架密度均匀。

4.3 道岔接轨应平滑过渡，承重滑轮经过时应无阻滞现象。

4.4 外观

4.4.1 设备外表面镀层应色泽均匀，附着牢固，无流挂现象，应符合 GB/T 13912 的规定。

4.4.2 轨道面平整、光滑，不应出现扭曲、急弯和凹凸不平现象。

4.5 设备安全卫生

4.5.1 设备安全卫生应符合 GB 16798 的规定。

4.5.2 吊架承载力应符合 4.2 的要求。

4.6 焊接

设备各焊接部位应焊接牢固、平整、美观,无夹渣、错位等现象,并进行防锈处理。

5 试验方法

5.1 按技术文件及设计图样要求,采用通用测量器具检测。

5.2 实际载重测量轨道挠度。

5.3 外观采用手触和目测进行检验或负荷检验。

5.4 用专用锤敲打各焊接部位符合 4.6 要求。

6 检验规则

设备出厂按 4.2～4.6 要求进行检验,合格后配发合格证方可出厂。

7 包装、运输

包装应适合陆路和水路运输及装载要求,包装标志应符合 GB/T 191 的规定。

ICS 67.260
X 99
备案号：25142—2008

中华人民共和国国内贸易行业标准

SB/T 10496—2008

畜禽屠宰加工设备 兽医卫生同步检验输送装置

Meat and poultry processing equipment — Synchronized vet quarantine conveying equipment

2008-09-27 发布

2009-03-01 实施

中华人民共和国商务部　发布

前　言

本标准由中华人民共和国商务部提出并归口。

本标准由商务部屠宰技术鉴定中心、青岛建华食品机械制造有限公司负责起草。

本标准主要起草人：郗文来、杨华建、张新玲、胡新颖。

畜禽屠宰加工设备
兽医卫生同步检验输送装置

1 范围

本标准规定了猪屠宰过程中兽医卫生同步检验输送装置的型式、基本参数、技术要求、试验方法、检验规则和标志、包装、运输的要求。

本标准适用于与猪胴体输送机同步运行，以对猪内脏进行检验的输送装置。

2 规范性引用文件

下列文件中的条款通过本标准的引用而成为本标准的条款。凡是注日期的引用文件，其随后所有的修改单(不包括勘误的内容)或修订版均不适用于本标准，然而，鼓励根据本标准达成协议的各方研究是否可使用这些文件的最新版本。凡是不注日期的引用文件，其最新版本适用于本标准。

GB/T 191 包装储运图示标志

GB 5226.1 机械安全 机械电气设备 第1部分:通用技术条件

GB/T 13306 标牌

GB 16798 食品机械安全卫生

JB/T 2759 机电产品包装通用技术条件

QB/T 1588.3 轻工机械 装配通用技术条件

SB/T 227 食品机械通用技术条件 电气装置技术要求

SB/T 228 食品机械通用技术条件 表面涂漆

3 型式和基本参数

3.1 型式

3.1.1 按输送方式，分为落地盘式输送机、悬挂式输送机。

3.1.2 落地盘式输送机分为落地白脏盘式和红脏悬挂钩式；悬挂式输送机为白脏悬挂盘和红脏悬挂钩同机输送。

3.2 基本参数

应分别符合表1、表2的规定。

表1 落地盘式输送机基本参数

项目	单位	数值	项目	单位	数值
驱动功率	kW	2.2～3	盘中心距	m	0.8～1.2
待检时间	min	≥3	运行速度(可调)	m/min	4～11
盘(钩)工作高度	mm	1 100(1 700)	待检段盘(钩)数量	个	待检时间×运行速度÷输送间距

表 2 悬挂式输送机基本参数

项目	单位	数值	项目	单位	数值
驱动功率	kW	1.5～3	盘中心距	m	0.8 ～1.2
待检时间	min	≥3	运行速度(可调)	m/min	4～11
盘(钩)工作高度	mm	1 500(1 700)	待检段盘(钩)数量	个	待检时间×运行速度÷输送间距

4 技术要求

4.1 原材料、外购件、外协件

应有供货单位的检验合格证或质量保证书，或由制造厂检验，合格后方可使用。

4.2 加工和装配

4.2.1 各种零件的材料型号应符合有关标准的规定。

4.2.2 装配应符合 QB/T 1588.3 的规定。

4.3 外观

4.3.1 设备外表面涂层应色泽均匀，附着牢固，无流挂、露底现象，应符合 SB/T 228 的规定。

4.3.2 不锈钢盘、钩表面应抛光处理，无锐边毛刺。

4.3.3 外观应光滑平整，不应有图样规定外的明显凹凸现象，焊缝均匀、平整。

4.4 电气安全

绝缘电阻不应小于 1 MΩ，接地电阻不应大于 0.1 Ω，有明显接地标识，并符合 GB 5226.1 和 SB/T 227的规定。

4.5 设备安全卫生

4.5.1 应符合 GB 16798 的规定。

4.5.2 检验段长度应满足检验工序的需要。

4.5.3 落地盘式输送机应设有自动翻盘、自动脱盘(钩)热水清洗消毒装置。

4.5.4 悬挂式输送机应有自动脱钩和钩热水清洗消毒装置。

4.5.5 用于消毒的水温应为 82 ℃±1 ℃。

4.6 传动

4.6.1 连续运转中，轴承、减速机温升不得高于 40 ℃。

4.6.2 设备单机空运转时，其噪声不大于 80 dB(A)。

4.6.3 落地盘式输送机链条应设在隐蔽轨道内防止水溅入，其他运行部件应有防锈措施。

4.6.4 减速机不得有渗漏现象。

4.7 焊接

设备各焊接部位应焊接牢固、平整，无夹渣、虚焊等现象，并进行防锈处理。

4.8 动作

4.8.1 整机应运转灵活，无抖动、卡滞现象。

4.8.2 兽医卫生同步检验输送机应与猪胴体输送机按输送工位同步运行。

5 试验方法

5.1 按技术文件及设计图样要求，采用通用测量器具检测。

5.2 标准规定之外的检验项目或检验方法可按产品有关销售合同执行。

5.3 外观采用手触和目测进行检验。

5.4 用专用锤敲打各焊接部位，应符合 4.7 要求。

5.5 设备运转中用点温计检测减速机和轴承的温升，应符合 4.6.1 要求。

5.6 设备空载运转中，用精度为±1 dB 的声级计进行噪声检测，应符合 4.6.2 要求。

5.7 设备空载运转 30 min，查看各动作部位，应符合 4.8 要求。

5.8 在带电部件与输送链之间，用精度为 1.0 级的 500 V 兆欧表测出绝缘电阻，在接地点与机器外壳之间，用精度为 0.001 Ω 的数字微欧计测出接地电阻。

6 检验规则

6.1 出厂检验

6.1.1 产品出厂前按 4.3～4.8 的要求进行检验。

6.1.2 产品出厂前应逐台检验，合格后配发合格证和使用说明书方可出厂。

6.2 型式检验

6.2.1 有下列情况之一者，应进行型式检验：

a) 新产品或老产品转厂生产的试制定型鉴定；

b) 正式生产后，如结构、材料、工艺有较大改变，可能影响产品性能时；

c) 正式批量生产时，每年抽试一次；

d) 产品停产一年以上，重新恢复生产时；

e) 出厂检验结果与上次型式检验有较大差异时；

f) 国家质量监督机构提出进行型式检验的要求时。

6.2.2 型式检验的项目为本标准中全部项目。

6.2.3 型式检验的样本从出厂检验合格的产品中抽取，每次不少于一台。

6.2.4 型式检验中若有不合格项目，则加倍抽取该产品，对不合格项目进行检验，若仍有不合格，则判本批次型式检验不合格。

7 标志、包装、运输

7.1 标志

兽医卫生同步检验输送机应在明显位置固定产品标牌，标牌应符合 GB/T 13306 的规定，其内容包括：

a) 名称、规格型号；

b) 制造商名称、地址、电话；

c) 商标；

d) 出厂编号、生产日期；

e) 执行标准编号；

f) 主要技术参数。

7.2 包装、运输

7.2.1 包装应适合陆路和水路运输及装载要求，产品运输装卸应小心轻放，严禁倒置和堆垛，包装应符合 JB/T 2759 的规定。

7.2.2 包装标志应符合 GB/T 191 的规定。

ICS 67.260
X 99
备案号：25143—2008

中华人民共和国国内贸易行业标准

SB/T 10497—2008

畜禽屠宰加工设备　切割机

Meat and poultry processing equipment—Meat segment saw

2008-09-27 发布　　2009-03-01 实施

中华人民共和国商务部　发布

前　言

本标准由中华人民共和国商务部提出并归口。

本标准由商务部屠宰技术鉴定中心、常熟市屠宰成套设备厂有限公司负责起草。

本标准主要起草人：陆文胜、吴潮生、张涛、张屹、杨晓燕、张新玲、胡新颖。

畜禽屠宰加工设备　切割机

1　范围

本标准规定了片猪肉分割加工设备中各种切割机产品的型式、基本参数、技术要求、试验方法、检验规则、标志、包装、运输、贮存。

本标准适用于屠宰企业进行片猪肉分割加工中，对片猪肉进行分段切割的专用设备。

2　规范性引用文件

下列文件中的条款通过本标准的引用而成为本标准的条款。凡是注日期的引用文件，其随后所有的修改单(不包括勘误的内容)或修订版均不适用于本标准，然而，鼓励根据本标准达成协议的各方研究是否可使用这些文件的最新版本。凡是不标注日期的引用文件，其最新版本适用于本标准。

GB 16798—1997　食品机械安全卫生

SB/T 10456—2008　畜禽屠宰加工设备通用技术条件

3　术语和定义

下列术语和定义适用于本标准。

3.1

肉损耗　meat loss

正常操作下，切割毛猪体重 100 kg±2.5 kg 的片猪肉正中横向分段时损耗的肉量。

3.2

切割边缘熟化　cut edge denaturation

切割过程中的锯片与肉的摩擦发热，导致切割边缘肉质熟化变性。

4　型式及基本参数

4.1　型式

切割机根据切割锯的类型分为带式切割机和圆盘式切割机，圆盘式切割机根据齿刃的分布，又分为全齿圆盘式切割机和间齿圆盘式切割机。

4.2　基本参数

4.2.1　带式切割机基本参数见表1。

表1　带式切割机

项目	单位	数值	项目	单位	数值
带速	m/s	19～23	肉损耗	g	≤200
锯条厚度	mm	≤0.6	切割边缘熟化	无熟化现象	

4.2.2　全齿圆盘式切割机基本参数见表2。

表2　全齿圆盘式切割机

项目	单位	数值	项目	单位	数值
全齿锯转速	r/min	1 000～1 400	肉损耗	g	≤300
圆盘直径	mm	550～700	切割边缘熟化	无熟化现象	
锯片厚度	mm	<4			

4.2.3　间齿圆盘式切割机基本参数见表3。

表3　间齿圆盘式切割机

项目	单位	数值	项目	单位	数值
间齿锯转速	r/min	40～150	肉损耗	g	≤100
圆盘直径	mm	650～800	切割边缘熟化	无熟化现象	
锯片厚度	mm	<4			

5　技术要求

具体内容应按 SB/T 10456—2008 的规定执行。

5.1　设备安全卫生要求

应符合 GB 16798—1997 的规定，同时对锯条、锯片应有设计合理的防护罩，并应在防护罩明显部位标明锯条、锯片的运动方向。

5.2　传动要求

5.2.1　设备各传动部件应运转灵活，无卡滞、撞件、抖动现象。

5.2.2　设备单机空运转时不得有异常响声，其噪声声压级最大不超过 80 dB(A)。

5.2.3　连续运转中，轴承部位温升不得高于 40 ℃。

6　试验方法

按 SB/T 10456—2008 的规定执行。

振动试验：圆盘式切割机做静平衡，启动、工作、停机时，整机的振动烈度不得超过Ⅰ类机械的B级范围。带式切割机应检验带轮的静平衡，启动、工作、停机的振动烈度不得超过Ⅰ类机械的B级范围。

7　检验规则

应符合 SB/T 10456—2008 的规定。

8　标志、包装、运输与贮存

应符合 SB/T 10456—2008 的规定。

ICS 67.260
X 99
备案号:25144—2008

中华人民共和国国内贸易行业标准

SB/T 10498—2008

畜禽屠宰加工设备　分割输送机

Meat and poultry processing equipment—Cutting conveyer

2008-09-27 发布　　　　2009-03-01 实施

中华人民共和国商务部　发布

前　言

本标准由中华人民共和国商务部提出并归口。

本标准由商务部屠宰技术鉴定中心、常熟市屠宰成套设备厂有限公司负责起草。

本标准主要起草人：陆文胜、吴潮生、张涛、张屹、杨晓燕、张新玲、胡新颖。

畜禽屠宰加工设备　分割输送机

1　范围

本标准规定了片猪肉分割加工设备中各种输送机产品的型式、基本参数、技术要求、试验方法、检验规则、标志、包装、运输与贮存的要求。

本标准适用于屠宰企业进行片猪肉分割加工中，对胴体分割部位肉自动化输送的专用设备。

2　规范性引用文件

下列文件中的条款通过本标准的引用而成为本标准的条款。凡是注日期的引用文件，其随后所有的修改单(不包括勘误的内容)或修订版均不适用于本标准，然而，鼓励根据本标准达成协议的各方研究是否可使用这些文件的最新版本。凡是不注日期的引用文件，其最新版本适用于本标准。

SB/T 10456　畜禽屠宰加工设备通用技术条件

3　术语和定义

下列术语和定义适用于本标准。

3.1

工作高度　operational height

输送机的工作面与地面的垂直距离。

3.2

线速度　linear velocity

输送水平(切向)速度。

3.3

层间距　interlayer spacing

多层输送机中输送平面之间的垂直距离。

4　型式及基本参数

4.1　型式

分割输送机按照结构可分为单层、双层、三层，根据需要可设计斜坡、弯道。

4.2　基本参数

4.2.1　单层输送机

基本参数见表1。

表1　单层输送机基本参数

项目	单位	数值	项目	单位	数值
工作面宽	mm	500/600/800/1 300	工作高度	mm	800
线速度	m/min	6～10	功率	kW	0.55～2.2

4.2.2　双层输送机

基本参数见表2。

表 2 双层输送机基本参数

项目	单位	数值	项目	单位	数值
工作面宽	mm	500/600	工作高度	mm	800,1 650/370,850
线速度	m/min	6～10	功率	kW	0.55～2.2

4.2.3 三层输送机

基本参数见表3。

表 3 三层输送机基本参数

项目	单位	数值	项目	单位	数值
工作面宽	mm	500/600	工作高度	mm	330,800,1 400
线速度	m/min	6～10	功率	kW	0.55～2.2

4.2.4 斜坡、弯道

基本参数见表4。

表 4 斜坡、弯道基本参数

项目	单位	数值	项目	单位	数值
工作面宽	mm	500/600	工作高度	mm	根据实际需求
线速度	m/min	6～10	功率	kW	0.55～2.2

4.3 分割工作台

分割工作台是配合分割输送机进行分割操作的。其高度一般取 800 mm～900 mm,与分割输送机输送原料肉层等高。

5 技术要求

应参照 SB/T 10456—2008 的规定和要求。

带式输送机打滑率≤3%;输送机中心线的跑偏应不大于±2 mm。

6 试验方法

参照 SB/T 10456。

附加模拟重物和水,达到设计能力,在主动滚桶和带之间固定记号,观察记号错位距离;持续运行观察跑偏情况。

7 检验规则

应参照 SB/T 10456 的规定和要求。

8 标志、包装、运输与贮存

应参照 SB/T 10456 的规定和要求。

ICS 67.260
X 99
备案号:25145—2008

中华人民共和国国内贸易行业标准

SB/T 10499—2008

畜禽屠宰加工设备　自动下降机

Meat and poultry processing equipment—Automatic dropping conveyor

2008-09-27 发布　　2009-03-01 实施

中华人民共和国商务部　发布

前　言

本标准由中华人民共和国商务部提出并归口。

本标准由商务部屠宰技术鉴定中心、常熟市屠宰成套设备厂有限公司负责起草。

本标准主要起草人:陆文胜、吴潮生、张涛、张屹、杨晓燕、张新玲、胡新颖。

畜禽屠宰加工设备　自动下降机

1　范围

本标准规定了片猪肉分割加工设备中各种自动下降机产品的型式、基本参数、技术要求、试验方法、检验规则、标志、包装运输、贮存。

本标准适用于猪屠宰生产线用于片猪肉从高轨道下降到低轨道或者从轨道下降至操作台的专用设备。

2　规范性引用文件

下列文件中的条款通过本标准的引用而成为本标准的条款。凡是注日期的引用文件，其随后所有的修改单(不包括勘误的内容)或修订版均不适用于本标准，然而，鼓励根据本标准达成协议的各方研究是否可使用这些文件的最新版本。凡是不注日期的引用文件，其最新版本适用于本标准。

SB/T 10456　畜禽屠宰加工设备通用技术条件

3　术语和定义

下列术语和定义适用于本标准。

3.1

下降高度　lowering height

下降机高轨与低轨之间的高度差。

3.2

传送速度　transportation speed

下降机上片猪肉在轨道方向移动的速度。

3.3

下降坡度　lowering gradient

下降机的下降轨道同水平面的夹角。

4　型式及基本参数

4.1　型式

根据轴的数量可分为双轴型，三轴型。

4.2　基本参数

4.2.1　双轴型下降机基本参数见表1。

表1　双轴型下降机基本参数

项目	单位	数值	项目	单位	数值
输送能力	头/h	150～250	下降高度	mm	≤1 490
传送速度	m/min	8～10	下降坡度	(°)	≤35

4.2.2　三轴型下降机基本参数见表2。

表 2 三轴型下降机基本参数

项目	单位	数值	项目	单位	数值
输送能力	头/h	200～300	下降高度	mm	≤1 300
传送速度	m/min	18	下降坡度	(°)	≤35

5 技术要求

应参照 SB/T 10456 的规定和要求。

设备单机空运转时不得有异常响声，其噪声声压级最大不超过 70 dB(A)。

6 试验方法

应参照 SB/T 10456 的规定和要求。

7 检验规则

应参照 SB/T 10456 的规定和要求。

8 标志、包装、运输与贮存

应参照 SB/T 10456 的规定和要求。